清華 电脑学堂

ASP.NET(C#)4.0程序开发基础教程与实验指导

■ 邵良杉 刘好增 马海军 等编著

清华大学出版社
北 京

内容简介

本书由浅入深地学习ASP.NET编程知识。全书共分11章，介绍ASP.NET面向对象编程的基础知识和技能，从基本的C#语言编程基础、面向对象程序设计，逐步过渡到网页设计基础、内置对象与配置、Web服务器控件和Web验证控件程序设计的高级特征；深入学习用户控件与自定义控件、ADO.NET数据库管理和数据绑定控件等高级应用；最后，通过朝安科技企业网的综合应用，对前面学习的内容进行巩固和提高。本书附有配套光盘，提供了书中实例的源代码和视频教学文件。

本书体现了作者在软件技术教学改革过程中形成的“项目驱动、案例教学、理论实践一体化”教学方法，可以作为ASP.NET职业培训教材和各级院校ASP.NET授课培训教程，也适合作为ASP.NET自学资料和参考资料。

图书在版编目（CIP）数据

ASP.NET(C#) 4.0程序开发基础教程与实验指导 / 邵良杉等编著. —北京：清华大学出版社，2012.3（2019.8重印）
（清华电脑学堂）
ISBN 978-7-302-27390-5

Ⅰ. ①A…　Ⅱ. ①邵…　Ⅲ. ①网页制作工具–程序设计　Ⅳ. ①TP393.092

中国版本图书馆CIP数据核字（2011）第239618号

责任编辑：夏兆彦
封面设计：柳晓春
责任校对：胡伟民
责任印制：丛怀宇
出版发行：清华大学出版社
网　　址：http://www.tup.com.cn, http://www.wqbook.com
地　　址：北京清华大学学研大厦A座　　邮　　编：100084
社 总 机：010-62770175　　邮　　购：010-62786544
投稿与读者服务：010-62776969，c-service@tup. tsinghua. edu. cn
质 量 反 馈：010-62772015，zhiliang@tup.tsinghua.edu.cn
印 装 者：北京虎彩文化传播有限公司
经　　销：全国新华书店
开　　本：185mm×260mm　　印　张：27　　字　数：676千字
附光盘1张
版　　次：2012年3月第1版　　印　次：2019年8月第7次印刷
定　　价：45.00元

产品编号：042196-01

前 言

FOREWORD

ASP.NET 是 Microsoft 公司推出的基于通用语言的编程框架，可以用来在服务器端构建功能强大的 Web 应用程序，ASP.NET 为人们提供了一种崭新的网络编程模型。ASP.NET 的设计目的是使构造基于 Web 的应用程序更加容易和快捷，而这些应用程序能够与各种 Web 服务器、应用服务器、浏览器和开发工具共同工作，目前已经成为开发动态网页的主流技术之一。伴随着技术开发的需要，微软公司于 2010 年发布了 ASP.NET 技术的最新版本 ASP.NET 4.0。

本书定位与特色

- **面向职业技术教学**

本书是作者总结了多年开发经验与成果的基础上编写的，以实际项目为中心，全面、详实地介绍了 ASP.NET 开发所需的各种知识和技能。通过本书的学习，读者可以快速、全面地掌握使用 ASP.NET 进行面向对象开发的方法。本书体现了作者“项目驱动、案例教学、理论实践一体化”教学理念，是一本真正面向职业技术教学的教材。

- **合理的知识结构**

面向程序员职业培训市场，结合程序开发实践介绍 ASP.NET 编程知识，突出了职业实用性；全书各章都有实例分析，带领读者经历程序开发全过程，是一本真正的实训性案例教程。

- **真实的案例教学**

针对每个知识点，本书设计了针对性强的教学案例，这些小案例既相对独立，又具有一定的联系，是综合性开发实例的组成部分。学生在制作这些小案例的过程中可以掌握每个知识点。本书有效避免了其他 ASP.NET 教程抽象、空洞，或者实例不丰富等缺点。

- **理论实践一体化**

在每个案例中有机融合了知识点讲解和技能训练目标，融“教、学、练”于一体。每个案例的讲解都先提出功能目标，然后是实例制作演示和学生模仿练习，让学生掌握案例的完成过程，体现“在练中学，学以致用”的教学理念。

- **阶梯式实践环节**

本书精心设置了 3 个教学环节：实验指导、扩展练习、综合实训。让学生通过不断练习实践，实现编程技能的逐步推进，最终实现与职业能力的接轨。

本书主要内容

本书主要针对初学者，由浅入深地学习 ASP.NET 语言。全书共为 11 章，首先带领读者先了解 ASP.NET 4.0，认识 Microsoft Visual Studio 2010 开发工具。然后，从基本的

C#语言编程基础、面向对象程序设计，逐步过渡到网页设计基础、内置对象与配置、Web 服务器控件和 Web 验证控件等高级特征。其次，深入学习程序的用户控件与自定义控件、ADO.NET 数据库管理和数据绑定控件等。最后，通过朝安科技企业网，全面介绍 ASP.NET 与项目开发的相关内容，并通过该章巩固及提高开发能力。

本书附有配套光盘。光盘提供了书中实例的源代码，全部经过精心调试，在 Windows XP/Windows 2000/Windows 2003 Server 下全部通过，能够保证正常运行。

读者对象

本书体现了作者在软件技术教学改革过程中形成的“项目驱动、案例教学、理论实践一体化”教学方法，读者通过本书可以快速、全面地掌握使用 ASP.NET 应用于 Internet 编程的开发经验和技能。本书可以作为 ASP.NET 职业培训教材和各级院校 ASP.NET 授课培训教程，也适合作为 ASP.NET 自学资料和参考资料。

除了封面署名人员之外，参与本书编写的人员还有李乃文、孙岩、马海军、张仕禹、夏小军、赵振江、李振山、李文采、吴越胜、李海庆、何永国、李海峰、陶丽、吴俊海、安征、张巍屹、崔群法、王咏梅、康显丽、辛爱军、牛小平、贾栓稳、王立新、苏静、赵元庆、郭磊、徐铭、李大庆、王蕾、张勇、郝安林等。在编写过程中难免会有漏洞，欢迎读者通过清华大学出版社网站 www.tup.tsinghua.edu.cn 与我们联系，帮助我们改正提高。

目录

CONTENTS

第 1 章　ASP.NET4.0 概述

ASP.NET 是 Microsoft.NET Framework 中重要的组成部分，是基于.NET 的 Web 开发程序类库。它提供了大量基础实现，用于建立和部署企业级 Web 应用程序，实现服务器与客户机的交互。同时，ASP.NET 能够面向任何 Web 浏览器或设备提供更加安全、更富有可扩展性且更稳定的编程模型和基础架构。

本章以最新的.NET Framework 4.0 版本为基础，介绍.NET Framework 基本架构、新增功能、组件、Web 开发技术以及 ASP.NET 开发环境，并实地操作，部署一个基本的 ASP.NET 开发环境。

本章学习目标：

- 了解.NET Framework 技术
- 了解 ASP.NET 4.0 新特性
- 了解 Web 前端开发的基本技术
- 掌握配置 ASP.NET 4.0 服务器的方法
- 熟悉 Visual Studio 2010 开发环境
- 掌握配置 ASP.NET 开发的技术
- 了解 IIS 服务器系统

1.1 .NET Framework 基础

.NET Framework 技术是微软公司提供的一种致力于快速应用开发的通用编程框架，为开发者提供一种类似虚拟机技术的平台，允许开发者以通用的代码实现多种硬件架构和操作系统的应用程序，降低软件开发的成本，提高工作效率。

1.1.1 Microsoft.NET 简介

Microsoft.NET 框架是微软公司面向下一代移动互联网、服务器应用和桌面应用的基础开发平台，是微软为开发者提供的基本开发工具，其中包含许多有助于互联网应用迅捷开发的新技术，如图 1-1 所示。

1. Microsoft.NET 的产生

在传统的软件开发工作中，开发者需要面对的是多种服务器和终端系统，包括用于个人计算机的 Windows 操作系统、用于服务器的 Windows 服务器系统、非 Windows 系统（如 FreeBSD、Linux 和 BSD）、用于平面设计的 Mac OS X 操作系统，以及各种移动终端系统（如 Windows Mobile、iOS、Android）等。

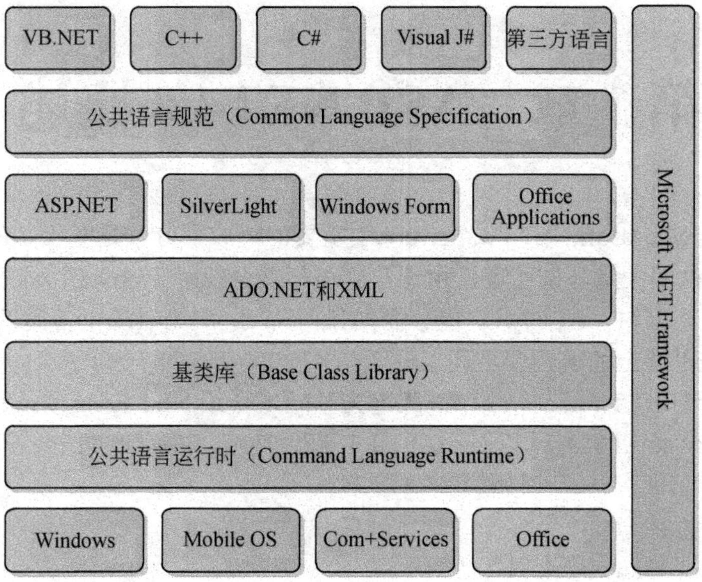

图 1-1　Microsoft.NET 开发平台

在开发基于以上这些系统的软件时，开发者需要针对不同的硬件和操作系统，编写大量实现兼容性的代码，并使用不同的方式对代码进行编译。这一系列的问题，都给软件设计和开发带来很多困难。

以 Windows 操作系统为例，目前主要使用的 Windows 操作系统内核包括 Win9X、NT4、NT 5.0/5.1、NT6.0/6.1、Windows CE、Windows Mobile 6.X 和 Windows Phone OS 等。在这些操作系统下进行软件开发，可使用的技术包括以下几种：

- ❑ 用于图形图像开发的 GDI、DirectX、OpenGL 等技术。
- ❑ 用于数据库操作的 ADO、DAO、RDO、ODBC 等技术。
- ❑ 用于 Web 应用开发的 ASP、JSP、PHP 等技术。
- ❑ 用于移动终端的 XNA、HTML 5 等技术。

以上这些技术都有各自的标准和接口，相互不兼容。有些软件开发者必须学习和使用相同的技术才能实现协作；而企业在实施开发项目时，也需要聘用指定技术的开发人员，才能实现最终的产品。

基于以上问题，微软公司在 21 世纪初开发出一种致力于敏捷而快速的软件开发框架，其更加注重平台无关化和网络透明化，以 CLR（Common Language Runtime，通用语言运行时）为基础，支持多种编程语言，这就是 Microsoft.NET 框架。

2．Microsoft.NET 的特点

Microsoft.NET 框架是一个灵活、稳定的运行服务器端程序、富互联网应用、移动终端程序和 Windows 桌面程序的软件解析工具（类似虚拟机程序），也是软件开发的基础资源包，具有以下特点。

❑ 统一应用层接口

.NET 框架将 Windows 操作系统底层的 API（Application Programming Interface，应

用程序接口）进行封装，为各种 Windows 操作系统提供统一的应用层接口，而消除了不同 Windows 操作系统带来的不一致性。用户只需直接调用 API 进行开发，无需考虑平台。

❑ 面向对象的开发

.NET 框架使用面向对象的设计思想，更加强调代码和组件的重用性，提供了大量的类库。每个类库都是一个独立的模块，供用户调用。同时，开发者也可以自行开发类库给其他开发者使用。

❑ 支持多种语言

.NET 框架支持多种开发语言，允许用户使用符合 CLR 规范的多种编程语言开发程序，包括 C#、VB.NET、J#、C++等，然后再将代码转换为中间语言存储到可执行程序中。在执行程序时，通过.NET 组件对中间语言进行编译执行。

3．Microsoft.NET 的版本

Microsoft.NET 框架与 Windows 操作系统和 Microsoft Visual Studio 集成开发环境保持着紧密的联系，发布的版本也与这两者紧密相关，如表 1-1 所示。

表 1-1　Microsoft.NET 框架版本

发布日期	版本	对应 Windows 版本	对应 Visual Studio 版本
2002 年 2 月 13 日	1.0	Windows XP	Visual Studio.NET
2003 年 4 月 24 日	1.1	Windows Server 2003	Visual Studio.NET 2003
2005 年 11 月 7 日	2.0		Visual Studio 2005
2006 年 11 月 6 日	3.0	Windows Vista/Windows Server 2008	
2007 年 11 月 19 日	3.5	Windows 7/Windows Server 2008 R2	Visual Studio 2008
2010 年 4 月 12 日	4.0		Visual Studio 2010

目前最新版本的.NET 框架 Microsoft.NET Framework 4.0 具有以下特性。

❑ 图表控件

在开发.NET Framework 4.0 的应用程序时，开发者可以直接从 Visual Studio 2010 中调用之前必须从 Technet 下载的图表控件，创建更具可视化效果的数据图表。

❑ 托管扩展框架

托管扩展性框架（MEF）是.NET Framework 4.0 中的一个新库，可以帮助开发者创建可扩展和组合的应用程序，允许开发者指定应用程序中的扩展点，为其他应用程序服务。

❑ 并行计算

针对越来越多支持多线程技术的处理器，.NET Framework 4.0 引入了一种新的编程模式，简化了应用程序和库开发者的编程。此模式可以帮助开发者在不使用线程或线程池时编写高效、具有可扩展性的并行计算程序。

❑ 垃圾收集

.NET Framework 4.0 改进之前版本的并行垃圾收集机制，支持从后台进行垃圾收集，而提供更好的系统性能。

4．Microsoft.NET 的应用

在微软公司发布.NET 框架之初，该技术仅仅是一种面向 Windows XP 和 Windows

Server 2003 桌面应用的实现方式。随着富互联网应用和移动计算技术的发展，.NET 框架不断得到增强，目前已经可以作为一种综合的开发平台，应用到多种领域。

❑ **桌面应用**

桌面应用是.NET 框架最基本的应用，使用 Microsoft.NET 框架，开发者可以开发基于 Windows 2000/NT5 以上版本桌面操作系统和服务器操作系统的桌面应用程序，并通过用户计算机的.NET 组件实现本地文档和数据的操作。

使用.NET 框架开发桌面程序，开发者只需要将精力专注于程序算法和架构的本身，不需再考虑这些桌面操作系统之间的差异。因此可以从繁杂的程序调试和兼容性测试工作中解放出来，极大地提高工作效率。

❑ **服务器应用**

服务器应用也是.NET 框架的重要应用之一，使用.NET 框架开发出的服务器应用程序名为 ASP.NET 程序。相比传统的 ASP 程序，.NET 框架将网页分成前台页面和后台系统两个模块，将页面开发层和应用逻辑层完全隔离，提高网页开发的效率和代码的重用性，增强服务器应用程序的稳定性和安全性。

❑ **Office 增强功能**

作为微软公司提供的开发工具，Microsoft.NET 框架可以与微软公司开发的 Office 系列办公软件紧密地结合，开发应用于该软件的宏、加载项等，增强 Office 系列办公软件的功能，提高办公效率。

❑ **富互联网应用**

为抗衡 Adobe 公司开发的 AIR（Adobe Integrated Runtime，Adobe 集成运行时）等富互联网应用技术，微软公司提出了 Silverlight 计划，通过.NET 框架编写基于 Web 的多媒体应用程序，通过丰富的可视化元素实现用户体验。

❑ **移动应用**

Microsoft.NET 框架不仅可以应用到个人计算机、工作站等平台上，还可以为一些移动计算设备提供支持，例如使用 Windows CE 操作系统的 PDA、使用 Windows Mobile 和 Windows Phone 7 等操作系统的智能手机等。开发者开发的.NET 程序同样可以在这些设备上执行。

5．其他平台中的.NET 框架

除了微软公司开发的桌面、服务器和移动设备操作系统外，.NET 框架还可以应用在其他几种操作系统中，通过以下几种技术实现跨平台应用。

❑ **SSCLI 技术**

SSCLI（Microsoft Shared Source Common Language Infrastructure，微软共享源公共语言平台）是由微软公司提供的代码共享实现，可以允许在 Windows XP、FreeBSD、Mac OS X 等操作系统上执行.NET 框架。

❑ **Mono**

Mono 是一个开源的.NET 框架运行时与开发库实现，由 Novell Ximian 和开源软件社区负责开发维护。目前已经实现了对 ASP.NET 和 ADO.NET 的支持，同时支持部分 Windows Forms 库，允许在 Linux 等类 Unix 系统下开发和执行.NET 程序。

1.1.2 ASP.NET 技术

ASP.NET 技术是.NET 技术的一个子集，提供了大量用于开发 Web 服务端程序的类库，将这些类库封装在 System.Web.dll 文件中。

在编程实现上，这些类库存在于 System.Web 命名空间内，可以实现 Web 内容处理、扩展以及 HTTP 通道的应用程序与通信处理。另外，ASP.NET 还能够实现快速的异步数据交互，以及增强的数据库连接功能。

1. ASP.NET 特点

ASP.NET 是 ASP 技术的后继者，提供比传统 ASP 更加强大、高效而稳定的实现。ASP.NET 具有以下特点。

❑ **高效执行**

ASP.NET技术可将开发者编写的代码编译为中间语言代码，然后再通过专用的编译器转译为服务器计算机可以用的代码。相比传统的 ASP、CGI、PHP 等即时解析的语言，其执行效率更高，更加安全和稳定。

❑ **语言无关性**

ASP.NET 并不是一门编程语言，其本身只是一个类库和程序集。因此，编写 ASP.NET 代码与编程语言无关，开发者可以使用多种编程语言调用 ASP.NET 的类库，例如 Visual C#、Visual Basic.NET、Jscript.NET、Perl、Python 等。

❑ **强大的适应性**

ASP.NET 与 C#程序类似，都是通过.NET 编译工具编译为中间语言，然后再交给解释器执行，因此具有强大的适应性，只要可以安装.NET Framework 的操作系统都可以执行 ASP.NET 程序。开发者可以将通用语言的基本库，消息机制，数据接口的处理无缝地整合到 ASP.net 的 Web 应用中。

❑ **简化的部署方式**

与在 Linux 等服务器系统中配置复杂的 Apache 服务不同，部署 ASP.NET 程序的成本更低，操作更简便。开发者可以直接从 Windows 操作系统光盘中获取 IIS 安装程序，并免费下载.NET Framework 安装包，直接安装后即可部署 ASP.NET 程序。

❑ **便捷的管理**

ASP.NET 使用基于文本格式的分级配置系统，使得应用服务器环境和 Web 应用程序的设置更加简单和方便。由于这些配置文本都是存储于非编译文档中，并且由服务器即时读取，因此大多数新的设置不需要重启服务器即可得到应用。

2. ASP.NET4.0 新特性

相比之前版本的 ASP.NET 技术，ASP.NET 4.0 基于.NET Framework4.0 框架，增强以下特性。

❑ **更多项目模板**

ASP.NET4.0 相比之前的 ASP.NET 3.5，在开发工具 Visual Studio 2010 中新增了多种

项目模板，增加了默认的母版页，能够方便地统一网站网页的展示。除此之外，还集成了 JQuery 类库，一个非常强大的 JavaScript 类库，使 Web 开发者很方便地操作 XHTML 文档。

❑ **对服务器控件的 ID 增强控制**

在 ASP.NET 4.0 中，增加了 ClientIDMode 属性用于控制服务器控件的 ID 模式，当其为 ClientIDMode="AutoID"时与早期版本没有区别；而当其为 ClientIDMode="Static"时，控件的客户端 ID 不会发生变化；当其为 ClientIDMode="Predictable"时件的客户端 ID 中将增加数据行标识。

❑ **ViewState 视图控制**

早期的 ASP.NET 只允许统一为程序使用或禁用 ViewState 视图，而在 ASP.NET 4.0 中，允许开发者针对某个控件单独启用这个技术。

❑ **SEO 优化支持**

在 ASP.NET 4.0 中，允许开发者直接操作 Web 页中的 description 和 keywords 属性，动态更改 Web 页中的关键字字段信息，而实现对搜索引擎的优化。

1.2 Web 前端开发技术

Web 开发工作是一种基于 Web 页面的开发，在 Web 开发中， Web 前端就相当于应用程序中的用户窗体界面。普通的应用程序开发者需要了解窗体设计的各种技术，因此在准备 Web 开发时，Web 开发者应了解一些 Web 前端开发的应用技术。

Web 前端开发所使用的技术主要包括三种，其分别用于定义 Web 界面的基本元素的 XHTML 技术、修饰 Web 元素的 CSS 技术，以及为元素添加行为的 ECMAScript 脚本技术。之前涉及到的 JQuery 技术就是一个第三方开发的 ECMAScript 类库。

1.2.1 XHTML 技术

XHTML 技术是目前应用最广泛的 Web 前端结构语言，可以将 Web 内容以结构化、模块化的方式总结和存储，方便其他语言调用。XHTML 语言的特点是严谨和具有严格的结构与书写格式。在 2000 年 1 月 26 日，XHTML 语言正式被 W3C（World Wide Web Consortium，万维网联盟，一个定制各种互联网标准的非赢利组织）批准为网页设计的国际标准语言，来替代早期的 HTML3.2 和 HTML4.0。

XHTML 语言编写的文档扩展名与 HTML 文档相同，既可以是 htm，也可以是 html。目前，所有的网页浏览器都可以完全解析 XHTML 文档。

可以编辑 XHTML 语言的软件很多，包括各种专业网页设计软件（如 Adobe Dreamweaver，Microsoft Expression Web 等）以及各种文本编辑软件（例如 Windows 记事本、UltraEdit、Notepad ++以及 vi 和 emacs 等）。Visual Studio 2010 内置了强大的 HTML 编辑器，并提供了多种类型的模板供开发者使用。

一个典型的 XHTML 文档由各种以尖括号“<>”括住的标签组成，主要包括 DTD（Document Type Definition，文档类型声明）、HTML 命名空间两部分。其结构如下所示。

```
<!DOCTYPE html PUBLIC "-//W3C//DTD XHTML 1.0 Strict//EN" "http://www.
w3.org/TR/xhtml1/DTD/xhtml1-strict.dtd">
<html xmlns="http://www.w3.org/1999/xhtml">
  <head>
    <meta http-equiv="Content-Type" content="text/html; charset=utf-8" />
    <title>无标题文档</title>
  </head>
  <body>
  </body>
</html>
```

在上面的代码中，“<!DOCTYPE……dtd">”部分为文档的 DTD，其他则为 HTML 命名空间部分，也就是 XHTML 的根元素。HTML 的命名空间部分（html 根标签）还包括文档头（head 标签）和文档主体（body 标签）部分。

文档头的作用是提供网页文档的媒体标记（meta 标签）、标题标记（title 标签）以及加载的各种外部描述性文档（style 标签）或脚本文档（script 标签）等。而文档的主体部分用于存储各种显示于网页中的数据。

相比早期的 HTML，XHTML 结构语言最大的特点就是将网页的结构内容与简单的排版表现功能分离，避免了数据内容的臃肿，提高了网页文档被搜索引擎检索的效率。使用 XHTML 编写的网页文档结构更加规范，体积更小，代码也更加精炼。基于这些优点，XHTML 迅速取代了传统的 HTML，成为网络中应用最广泛的结构语言。

1.2.2 CSS 技术

CSS（Cascading Style Sheets，层叠样式表）技术是一种新兴的结构描述技术，可以为 Web 结构语言中的各种元素定义尺寸、位置、背景，以及文本的各种效果，是目前正在使用的 Web 前端描述语言标准。

CSS 本身是一种数据表格式，作用是为 XML、HTML 以及 XHTML 等结构化的文档添加样式描述，实现对文档中内容的排版和美化。在页面设计时采用 CSS 技术，可以有效地对页面的布局、字体、颜色、背景和其他效果实现更加精确的控制。只要对相应的代码做一些简单修改，就可以改变同一页面的不同部分或者页数不同的网页外观和格式。

CSS 为标记语言提供了一种样式描述，定义其中的元素显示方式。CSS 在设计领域中是一个突破，仅仅通过 CSS 样式表就能够使 Web 开发者控制所有出现在 Web 中的外观及布局，并且为每种标记语言的元素和应用该元素的每个页面定义所需要的样式。简单地改变样式，所有与之相关的元素都会自动更新。

CSS 的出现还使网页文档中结构与表现的分离成为可能。将 CSS 与 XHTML 文档相结合，除了可以完全实现 HTML 语言所能实现的功能外，还增强了对各种网页元素的精确控制，从而使网页中各种元素以精确到像素的方式显示，丰富了网页元素的内涵。

1.2.3 ECMAScript 技术

ECMAScript 本身并非具体的脚本编程语言，而是吸收多种脚本语言的特点和规范，制订的一种标准，其主要由 JavaScript 脚本发展而来。该标准定义了面向对象的程序开发语言所应包含的元素，对脚本语言的设计进行了规范化，符合该标准的脚本编程语言都可被称作 ECMAScript。例如，由 Mozilla FireFox 浏览器支持的 JavaScript 和微软 Internet Explorer 支持的 Jscript 等，都是符合 ECMAScript 的子集、具体实现或扩展。

提 示

在 Web 设计领域中，经常提到的 js 并不是一种脚本语言，而是多种脚本语言的结合体。这些脚本语言之间具有很多的相同之处，但并非完全相同。例如，在 IE 浏览器中，所允许使用的就是 Jscript，而在 FireFox、Safari 和 Opera 等浏览器中，使用的则是最早由 NetScape 和 Sun 提供的 Javascript。除此之外，还有 iCab 浏览器，其所采用的也是符合 ECMAScript 的 InScript 脚本语言等。

ECMAScript 通过一种称作 DOM（Document Object Model，文档对象模型）的技术实现对各种结构化文档的控制，可以根据程序的指令，动态地改变文档中的内容以及描述文档的 CSS 代码。随着技术的发展，越来越多的 Web 开发者开始采用 ECMAScript 的子集脚本编写各种特效、交互响应等。

除了直接应用于网页各种 ECMAScript 脚本外，应用于 Adobe Flash 和 Flex 的 ActionScript 脚本语言也是 ECMAScript 的一个子集。在微软的 ASP 以及 ASP.NET 程序中，也可以使用符合 ECMAScript 标准的 JScript/JScript.NET 语言进行编写。

1.3 ASP.NET 开发环境

与传统的 ASP 技术有所区别，ASP.NET 是一种编译执行的服务器端脚本。因此在开发 ASP.NET 程序时，需要开发者使用专门的开发环境进行开发工作。同时，与开发普通的窗体应用程序不同，开发基于服务器的 ASP.NET 程序还需要获取服务器和数据库等相关支持，以进行调试操作。因此本节将详细介绍构建 ASP.NET 开发环境所使用的相关软件和系统。

1.3.1 Visual Studio 2010 简介

软件开发是一项系统工程，本身需要项目策划、项目开发和后期维护三个主要的步骤。对最主要的项目开发步骤而言，包括代码的编写、编译和调试等过程。在这些过程中，需要使用多种软件，例如编程语言编辑器、编译器/解释器、调试器等。

早期的开发者使用一些非常简陋的软件开发工具，随着软件开发技术的逐渐发展，越来越多的开发者趋向于使用一些集语言编辑、代码编译和调试于一体的综合性软件包，这一趋势促使 IDE 软件诞生。

IDE（Integrated Development Environment，集成开发环境）是一种综合性的软件开发辅助工具，其通常包括编程语言编辑器、编译器/解释器、自动建立工具、调试器；有时还会包含版本控制系统和一些可以设计图形用户界面的工具。在开发基于.NET

Framework 的应用程序时，最常用的开发工具就是微软公司开发的 Microsoft Visual Studio 系列。

Microsoft Visual Studio 2010 是微软公司开发的 Microsoft Visual Studio 系列 IDE 最新版本，也是目前惟一支持.NET Framework 4.0 开发工具的 IDE。Visual Studio 2010 是一套完整的开发工具，本身包含代码编辑器、编译器/解释器、调试工具、安装包建立工具等多种工具，适合开发各种 Windows 程序，与.NET Framework 的关系如图 1-2 所示。

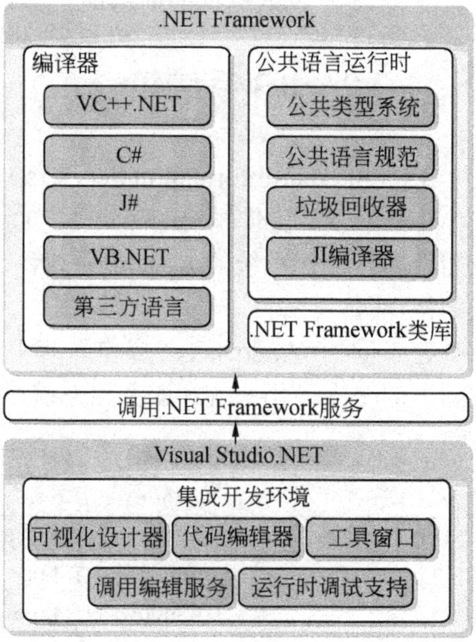

图 1-2 .NET Framework 与 Visual Studio 的关系

Visual Studio 是一款强大的.NET Framework 平台开发工具，也是开发 Windows 应用程序最流行的开发工具。其主要包含以下几种功能。

❑ **支持多种语言的代码编辑器**

Visual Studio 集成开发环境作为之前多种微软提供的开发工具的集大成者，提供了功能强大的代码编辑器和文本编辑器，允许开发者编写 XHTML、HTML、CSS、JavaScript、VBScript、C#、C++、J#、VB.NET、JScript.NET 等多种编程语言的代码，并可以通过组件的方式安装更多第三方的编程语言支持模块，支持编写更多的第三方编程语言。

在编写以上各种编程语言时，Visual Studio 提供了强大的代码提示功能和语法纠正功能，降低开发者学习编程语言的成本，提高了程序开发的效率。

❑ **编译部署**

Visual Studio 提供了强大的编程语言与中间语言编译功能，将其自身支持的多种编程语言和用户扩展的更多编程语言编译为统一的中间语言，并将其打包为程序集，并发布和部署到各种服务器与终端上。

❑ **设计用户界面**

Visual Studio 提供了功能强大的 Windows 窗体设计工具，允许开发者为 Windows 应用程序设计统一风格的窗口、对话框等人机交互界面，使用窗体控件实现软件与用户的交互。

❑ **团队协作**

Visual Studio 提供了代码版本管理工具以及 SVN 平台等多种团队协作工具，帮助开发团队协同开发工作，管理开发进度，提高团队开发的效率。另外，用户可以使用最先进的 Team Foundation Server 服务器套件，更高效地进行版本控制、工作项跟踪、构件自动化、生产报表与规划工作簿。

❑ **多平台程序发布**

Visual Studio 具有强大的代码编译器和解析器，可以发布基于桌面、服务器、移动终端和云计算终端的多种应用程序。在非 Windows 平台应用方面，Visual Studio 也可以开发支持最新 Web 标准的前端网页，并针对多种网页浏览器进行调试。

1.3.2 IIS 系统简介

IIS（Internet Information Services，互联网信息发布服务）是微软公司开发的一种基于 Windows NT 操作系统的 Web 发布系统。相比应用于 Windows 9x 系统的 PWS 系统和应用于多种操作系统的 Apache 系统，IIS 系统具有安装配置简单，执行效率高，运行稳定的特点。

在不同的 Windows NT 操作系统中，使用的 IIS 系统各有不同。在表 1-2 中，列出了各种主流个人操作系统和服务器系统所使用的 IIS 系统版本类型，如表所示。

表 1-2 运行于各主流版本操作系统的 IIS

IIS 版本	Windows 版本
IIS 1.0	Windows NT 3.51 Service Pack 3
IIS 2.0	Windows NT 4.0
IIS 3.0	Windows NT 4.0 Service Pack 3
IIS 4.0	Windows NT 4.0 Option Pack
IIS 5.0	Windows 2000
IIS 5.1	Windows XP Professional
IIS 6.0	Windows Server 2003、Windows XP Professional x64 Edition
IIS 7.0	Windows Vista、Windows Server 2008
IIS 7.5	Windows 7、Windows Server 2008 R2

在早期的 Windows NT 系统中，IIS 是一种静态的网页发布系统，也就是只支持发布简单的静态网页。自 Windows NT 4.0SP3 系统升级为 IIS3.0 后，该系统开始支持 ASP 技术，允许发布基于 ASP 的动态网页。

在 Windows 2000 操作系统自带的 IIS5.0 中，默认提供了 ASP 技术的支持。同时通过安装.NET Framework1.0/1.1/2.0 类库之后，可以支持 ASP.NET 1.0/1.1/2.0 技术。自 Windows XP 之后，所有的对应 IIS 系统都可以安装各种版本的.NET Framework 类库，支持 ASP.NET 对应版本的开发。

1.4 ASP.NET 网页语法

ASP.NET 网页的创建方式与静态 HTML 网页（不包含基于服务器处理的页面）的创建方式相似，但前者包含在页面运行时由 ASP.NET 识别和处理的其他元素。

1.4.1 ASP.NET 网页扩展名

文件扩展名是操作系统用来标志文件格式的一种机制。通常来说，一个扩展名是跟在主文件名后面的，由一个分隔符分隔。例如，ASP.NET 网页的文件扩展名为.aspx，而

HTML 静态网页的文件扩展名为.htm 或者.html。.aspx 文件扩展名可使 ASP.NET 对页面进行处理。表 1-3 中列出了在 ASP.NET 中的一些常见的文件类型。

表 1-3　常见文件类型

文件类型	位置	说明
.asax	应用程序根目录	通常是 Global.asax 文件，该文件包含从 HttpApplication 类派生并表示该应用程序的代码
.ascx	应用程序的根目录或子目录	Web 用户控件文件，该文件定义自定义，可重复使用的用户控件
.ashx	应用程序的根目录或子目录	一般处理程序文件，该文件包含实现 IhttpHandler 接口以处理所有传入请求的代码
.asmx	应用程序的根目录或子目录	XML Web Services 文件，该文件包含通过 SOAP 方式可用于其他 Web 应用程序的类和方法
.aspx	应用程序的根目录或子目录	ASP.NET Web 窗体文件，该文件可包含 Web 控件和其他业务逻辑
.axd	应用程序的根目录	跟踪查看器文件，通常是 trace.axd
.browser	App_Browsers 子目录	浏览器定义文件，用于标识客户端浏览器的启用功能
.cd	应用程序的根目录或子目录	类关系图文件
.compile	Bin 子目录	预编译的 stub（存根）文件，该文件指向相应的程序集。可执行文件类型（.aspx、.ascx、.master 主题文件）已经预编译并放在 Bin 子目录下
.config	应用程序的根目录或子目录	通常是 web.config 配置文件，该文件包含其设置配置各种 ASP.NET 功能的 XML 元素
.cs、.jsl、.vb	App_Code 子目录；但如果是 ASP.NET 页的代码隐藏文件，则与网页位于同一目录	运行时要编译的类源代码文件。类可以是 HTTP 模块，HTTP 处理程序，或者是 ASP.NET 页 HTTP 处理程序介绍的代码隐藏文件
.csproj、.vbproj、.vjproj	Visual Studio 项目目录	Visual Studio 客户端应用程序项目的项目文件
.disco、.vsdisco	App_WebReferences 子目录	XML Web Services 发现文件，用于帮助定位可用的 Web Services
.dsdgm、.dsport	应用程序根目录或子目录	分布式服务关系图（DSD）文件，该文件可以添加到任何提供或使用 Web Services 的 Visual Studio 解决方案，方便对 Web Service 交互的结构视图进行反向工程处理
.dll	Bin 子目录	已编译的类库文件。或者可以将类的源代码放在 App_Code 子目录下
.licx、.webinfo	应用程序的根目录或子目录	许可证文件。控件创作者可以通过授权方法来检查用户是否得到使用控件的授权，而帮助保护自己的知识产权
.master	应用程序的根目录或子目录	母版页，定义应用程序中引用母版页的其他网页的布局
.sdm、sdmDoc、.ument	应用程序的根目录或子目录	系统定义模型（SDM）文件
.sitemap	应用程序的根目录	站点地图文件，该文件包含网站的结构。ASP.NET 中附带了一个默认的站点地图提供程序，它使用站点地图文件可以很方便的在网页上显示导航控件

续表

文件类型	位置	说明
.skin	App_Themes 子目录	用于确定显示格式的外观文件
.sln	Visual Web Developer 项目目录	Visual Web Developer 项目的解决方案文件
.css	应用程序根目录或子目录，或 App_Themes 子目录	用于确定 HTML 元素格式的样式表文件
.mdb、.ldb	App_Data 子目录	Access 数据库文件
.mdf	App_Data 子目录	SQL 数据库文件

注意

在 Internet 信息服务(IIS)中将文件扩展名映射到 ASP.NET。默认情况下，.aspx 页由 ASP.NET 运行，而.htm 和.html 页不是。

1.4.2 ASP.NET 页面指令

ASP.NET 页通常包含一些指令，这些指令允许用户为相应页指定页一属性和配置信息。这些指令由 ASP.NET 用作处理页面的指令，但不作为发送到浏览器标记的一部分呈现。

当使用指令时，虽然标准的做法是将指令包括在文件的开头，但是它们可以位于 .aspx 或 .ascx 文件中的任何位置。每个指令都可以包含一个或多个特定于该指令的属性（与值成对出现）。ASP.NET 中的常用指令：

- **@Page** 定义 ASP.NET 页分析器和编译器使用的页特定属性。只能包含在.aspx 文件中。语法为：<%@ Page attribute=”value” [attribute=”value”…]%>
- **@Control** 定义 ASP.NET 页分析器和编译器使用的控件特定属性。只能包含在.ascx 文件（用户控件）中。语法为：<%@ Control attribute=”value” [attribute=”value”…]%>
- **@Import** 将命名空间显式导入页或用户控件中。语法为：<%@ Import namespace=”value” %>
- **@Implements** 以声明的方式指示页或用户控件实现指定的.NET Framework 接口。语法为：<%@ Implements inter %>
- **@Register** 将别名与命名空间及类名关联起来，从而允许用户控件和自定义服务器控件在被包括到请求的页或用户控件时呈现。语法为：<%@ Register tagprefix=” tagprefix” Namespace=”namepace” Assembly=”assembly” %>或<%@ Register tagprefix=” tagprefix” Tagname=”tagname” Src=”pathname” %>
- **@Assembly** 以声明的方式将程序集链接到当前页或用户控件。语法为：<%@ Assembly Name=”assemblyname” %>或<%@ Assembly Src=”pathname” %>
- **@OutputCache** 以声明的方式控制页或用户控件的输出缓存策略。语法为：<%@ Output Cache Duration=”#ofseconds” Location=”Any | Client | Downstream |

Server | None" Shared="True |False" VaryByControl="controlname" VaryByCustom="browser | customstring" VaryByHeader="headers" VaryByParam="parametername" %>

- **@Reference** 以声明的方式将页或用户控件链接到当前页或用户控件。语法为：<%@ Reference page | control="pathtofile" %>

注意

@Page 指令只能在.aspx 文件中使用，而@Control 指令只能在.ascx 文件中使用。

ASP.NET 将不包含显式指令名的任何指令块(<%@ %>)都当做@Page 指令（用于页）或@Control 指令（用于用户控件）处理。

1. @Page 常见属性

- **AspCompat**

当设为 true 时，允许在单线程单元(STA)线程上执行页、允许页调用 STA 组件、允许页调用 COM+ 1.0 组件，该组件要求可以访问非托管 Active Server Pages (ASP) 内置对象。通过 ObjectContext 对象或 OnStartPage 方法可以访问它们。默认值为 false。

注意

将该属性设为 true 可能导致页的性能降低。有关详细信息，请参见备注部分。

- **AutoEventWireup**

指示页的事件是否自动连网。如果启用事件自动连网，则为 true；否则为 false。默认值为 true。

- **Buffer**

确定是否启用 HTTP 响应缓冲。如果启用页缓冲，则为 true；否则为 false。默认值为 true。

- **ClassName**

指定在请求时将自动进行动态编译页的类名。该值可以是任何有效的类名，但不应包括命名空间。

- **ClientTarget**

指示 ASP.NET 服务器控件应该为其呈现内容的目标用户代理。该值可以是任何有效的用户代理或别名。

- **CodeBehind**

指定包含与页关联的类的已编译文件的名称。该属性由 Visual Studio .NET Web 窗体设计器使用。设计器从该属性中获取页类的位置，以便创建页类的实例供设计时使用。

- **CodePage**

指示响应的代码页值。如果创建 Web 窗体页时使用的代码页不是将运行该页的 Web 服务器上的默认代码页，则必须设置此属性。输入的值应该是在其上创建该页的计算机的代码页。

❑ **CompilerOptions**

包含用于编译页的编译器选项的字符串。在 C# 和 Visual Basic .NET 中，这是编译器命令行开关的序列。

❑ **ContentType**

将响应的 HTTP 内容类型定义为标准的 MIME 类型。支持任何有效的 HTTP 内容类型字符串。

❑ **Culture**

指示页的区域性设置。有关区域性设置和可能的区域性值的信息，请参见 CultureInfo 类。

❑ **Debug**

指示是否应使用调试符号编译该页。如果应使用调试符号编译该页，则为 true；否则为 false。

❑ **Description**

提供该页的文本说明。ASP.NET 分析器忽略该值。

❑ **EnableSessionState**

定义页的会话状态要求。如果启用会话状态，则为 true；如果可以读取但不能更改会话状态，则为 ReadOnly；否则为 false。默认为 true。

❑ **EnableViewState**

指示是否为所有页请求维护视图状态。如果维护视图状态，则为 true；否则为 false。默认值为 true。

❑ **EnableViewStateMac**

指示当页从客户端回发时，ASP.NET 应该对页的视图状态运行计算机身份验证检查(MAC)。如果应该对视图状态运行 MAC 检查，则为 true；否则为 false。默认值为 false。

注意

视图状态 MAC 是隐藏变量的加密版本，当某页被发送到浏览器时，该页的视图状态永久保留到该变量中。当将此属性设置为 true 时，将检查加密的视图状态以验证它在客户端未被篡改。

❑ **ErrorPage**

定义在出现未处理页异常时用于重定向的目标 URL。

❑ **Explicit**

确定是否使用 Visual Basic Option Explicit 模式来编译页。如果值为 true，则表明启用了 Visual Basic 显式编译选项，且所有变量必须是用 Dim、Private、Public 或 ReDim 语句来声明的；否则值为 false。默认值为 false。

❑ **Inherits**

定义供页继承的代码隐藏类。可以是从 Page 类派生的任何类。

❑ **Language**

指定在对页中所有内联呈现（<% %> 和 <%= %>）和代码声明块进行编译时使用

的语言。值可表示任何.NET 支持的语言，包括 Visual Basic、C#或 JScript .NET。

- **LCID**

定义 Web 窗体页的区域设置标识符。注意区域设置标识符是一个 32 位值，该值惟一地定义某个区域设置。除非您使用该属性为 Web 窗体页指定不同的区域设置，否则 ASP.NET 使用 Web 服务器默认的区域设置。

- **ResponseEncoding**

指示页内容的响应编码。支持来自 Encoding.GetEncoding 方法的值。

- **Src**

指定在请求页时动态编译的代码隐藏类的源文件名称。您可以选择将页的编程逻辑包含在代码隐藏类中或.aspx 文件的代码声明块中。

- **SmartNavigation**

指示页是否支持 Internet Explorer 5.5 或更高版本的智能导航功能。

- **Strict**

指示应使用 Visual Basic Option Strict 模式编译该页。如果启用 Option Strict，则为 true；否则为 false。默认值为 false。

- **Trace**

指示是否启用跟踪。如果启用跟踪，则为 true；否则为 false。默认值为 false。

- **TraceMode**

指示当启用跟踪时如何为页显示跟踪消息。可能的值是 SortByTime 和 SortByCategory。当启用跟踪时，默认值为 SortByTime。

- **Transaction**

指示在页上是否支持事务。可能的值包括 Disabled、NotSupported、Supported、Required 和 RequiresNew。默认值为 Disabled。

- **UICulture**

指定用于页的 UI 区域性设置。支持任何有效的 UI 区域性值。

- **ValidateRequest**

指示是否应发生请求验证。如果为 true，请求验证将根据具有潜在危险的值的硬编码列表检查所有输入数据。如果出现匹配情况，将引发 HttpRequestValidationException 类。默认值为 true。

该功能在计算机配置文件 (Machine.config) 中启用。可以在应用程序配置文件 (Web.config) 中或在页上将该属性设置为 false 来禁用该功能。

- **WarningLevel**

指示想要编译器中止对页进行编译的编译器警告等级。可能的值为 0 到 4。

2. @Control 指令

该指令定义 ASP.NET 页分析器和编译器使用的用户控件（.ascx 文件）特定的属性。该指令只能用于用户控件。

- **AutoEventWireup**

指示页的事件是否自动联网。如果启用事件自动联网，则为 true；否则为 false。默认值为 true。

- **ClassName**

指定在请求时将自动进行动态编译的页的类名。该值可以是任何有效的类名，但不应包括命名空间。

- **CompilerOptions**

包含用于编译用户控件的编译器选项的字符串。在 C# 和 Visual Basic .NET 中，这是编译器命令行开关的序列。

- **Debug**

指示是否应使用调试符号编译该页。如果应使用调试符号编译该页，则为 true；否则为 false。

- **Description**

提供该页的文本说明。支持任何字符串说明。

- **EnableViewState**

指示是否为所有页请求维护用户控件的视图状态。如果维护视图状态，则为 true；否则为 false。默认值为 true。

- **Explicit**

确定是否使用 Visual Basic Option Explicit 模式来编译页。true 指示启用 Visual Basic 显式编译选项，且所有变量都必须用 Dim、Private、Public 或 ReDim 语句来声明；否则为 false。默认值为 false。

- **Inherits**

定义用户控件继承的代码隐藏类，可以是从 UserControl 类派生的任何类。

- **Language**

指定在对用户控件中的所有内联呈现（<% %> 和 <%= %>）和服务器端脚本块进行编译时使用的语言。值可表示任何 .NET 支持的语言，包括 Visual Basic、C# 或 JScript .NET。

- **Strict**

指示应使用 Visual Basic Option Strict 模式编译该页。如果启用 Option Strict，则为 true；否则为 false。默认值为 false。

- **Src**

指定当请求用户控件时要动态编译的代码隐藏类的源文件名称。您可以选择将页的编程逻辑包含在代码隐藏类中或 .ascx 文件的代码声明块中。

- **WarningLevel**

指示想要编译器在哪个编译器警告级别中止为用户控件进行编译。可能的值为 0 到 4。

3. @ Import 指令

将命名空间显式导入到页中，使所导入的命名空间的所有类和接口可用于该页。导入的命名空间可以是.NET Framework 类库或用户定义的命名空间的一部分。

- **Namespace**

要导入页的命名空间的名称。这可以包括任何包含在 .NET Framework 中的命名空间或自定义命名空间。

4．@ Implements 指令

指当前页或用户控件实现指定的 .NET Framework 接口。如 interface 即要在页或用户控件中实现的接口，例如<%@ Implements inter %>。

5．@ Register 指令

将别名与命名空间及类名关联起来，方便在自定义服务器控件语法中使用简明的表示法。

- **Tagprefix**　与命名空间关联的别名。
- **Tagname**　与类关联的别名。
- **Namespace**　与 tagprefix 关联的命名空间。
- **Src**　与 tagprefix:tagname 对关联的声明性用户控件文件的位置(相对的或绝对的)。
- **Assembly**　与 tagprefix 关联的命名空间所驻留的程序集。

6．@ Assembly 指令

在编译过程中将程序集链接到当前页，使程序集的所有类和接口都可用在该页上。

- **Name**　表示要链接到页的程序集名称的字符串。
- **Src**　要动态编译和链接的源文件的路径。

> **注意**　不能在同一个 @Assembly 指令中包含 Name 和 Src 属性。如果您要使用这两个属性，页上必须包含多个指令。

7．@ OutputCache 指令

以声明的方式控制 ASP.NET 页或页中包含的用户控件的输出缓存策略。

- **Duration**

页或用户控件进行缓存的时间（以秒计）。在页或用户控件上设置该属性为来自对象的 HTTP 响应建立了一个过期策略，并将自动缓存页或用户控件输出。

- **Location**

OutputCacheLocation 枚举值之一。默认值为 Any。

- **Shared**

一个布尔值，确定用户控件输出是否可以由多个页共享。默认值为 false。

- **VaryByCustom**

表示自定义输出缓存要求的任意文本。如果赋予该属性的值是 browser，缓存将随浏览器名称和主要版本信息的不同而不同。如果输入了自定义字符串，用户必须在应用程序的 Global.asax 文件中重写 HttpApplication.GetVaryByCustomString 方法。

- **VaryByHeader**

分号分隔的 HTTP 标头列表，用于使输出缓存发生变化。当将该属性设为多标头时，

对于每个指定的标头，输出缓存都包含一个请求文档的不同版本。

- **VaryByParam**

分号分隔的字符串列表，用于使输出缓存发生变化。默认情况下，这些字符串与用GET 方法属性发送的查询字符串值对应，或与用 POST 方法发送的参数对应。将该属性设置为多参数时，对于每个指定的参数，输出缓存都包含一个请求文档的不同版本。可能的值包括 none、* 和任何有效的查询字符串或 POST 参数名称。

- **VaryByControl**

一个分号分隔的字符串列表，用于更改用户控件的输出缓存。这些字符串代表在用户控件中声明的 ASP.NET 服务器控件的 ID 属性值。

8. @Reference 指令

以声明的方式指示，应该根据在其中声明此指令的页对另一个用户控件或页源文件进行动态编译和链接。

- **Page**

Web 窗体页，ASP.NET 应该在运行时根据它动态编译和链接当前页。

- **Control**

用户控件，ASP.NET 应该在运行时根据它动态编译和链接当前页。<%@ Reference page | control="pathtofile" %>

1.4.3 ASP.NET 代码注释

ASP.NET 注释使用技巧不是针对 ASP.NET 的，但它是一个良好的编程习惯。注释不仅应当说明代码会执行什么操作，还应当注明原因。例如，不要在注释中说明是在遍历数组，而是要说明遍历数组是根据某一算法计算一个值，除非算法是相当简单的，否则还应当对算法进行简要的说明。

.NET 工程中的不同的编程语言都有各自不同的注释符号，了解 ASP.NET 注释同样来关注下其他语言，如表 1-4 所示为一些语言代码注释的简要说明。

表 1-4　语言代码注释

语言	注释	语言	注释
HTML	<!-- 注释 -->	JavaScript	// 注释
VBScript	' 注释	VB.NET	' 注释
ASP.NET（C#）	// 注释 /* 多行内容 的注释 */	SQL	-- 注释

在服务器控件的开始和结束标记中没有注释符号，但服务器能够忽略掉所有它不能识别的属性，因此能够通过使用没有定义的属性来插入注释。

1.5 了解命名空间

命名空间（namespace）是 ASP.NET 中的各种语言使用的一种代码组织的形式。通过名称空间来分类，区别不同的代码功能。同时也是 ASP.NET 中所有类的完全名称的一部分。

命名空间不过是数据类型的一种组合方式，但命名空间中所有数据类型的名称都会自动加上该命名空间的名字作为前缀。命名空间还可以相互嵌套。例如，大多数用于一般目的的.NET 基类位于命名空间 System 中，基类 Array 在这个命名空间中，所以其全名是 System.Array。

把一个类型放在命名空间中，可以有效地给这个类型指定一个较长的名称，该名称包括类型的命名空间，后面是点(.)和类的名称。下面来了解在.NET 中包含的一些常用命名空间和类的介绍，如表 1-5 所示。

表 1-5　命名空间和类说明

命名空间名称	类的名称	说明
基础命名空间	System.Collections	包含了一些与集合相关的类型，如列表、队列、位数组、哈希表和字典等
	System.IO	包含了一些数据流类型并提供了文件和目录同步异步读写
	System.Text	包含了一些表示字符编码的类型并提供了字符串的操作和格式化
	System.Reflection	包括了一些提供加载类型,方法和字段的托管视图以及动态创建和调用类型功能的类型
	System.Threading	提供启用多线程的类和接口
图形命名空间	System.Drawing	这个主要的 GDI+命名空间定义了许多类型，实现基本的绘图类型（字体，钢笔，基本画笔等）和无所不能的 Graphics 对象
	System.Drawing2D	提供高级的二维和矢量图像功能
	System.Drawing.Imaging	定义了一些类型实现图形图像的操作
	System.Drawing.Text	提供了操作字体集合的功能
	System.Drawing.Printing	定义了一些类型实现在打印纸上绘制图像，和打印机交互以及格式化某个打印任务的总体外观等功能
数据命名空间	System.Data	包含了数据访问使用的一些主要类型
	System.Data.Common	包含了各种数据库访问共享的一些类型
	System.XML	包含了根据标准来支持 X M L 处理的类
	System.Data.OleDb	包含了一些操作 OLEDB 数据源的类型
	System.Data.Sql	枚举安装在当前本地网络的 SQL Server 实例
	System.Data.SqlClient	包含了一些操作 MS SQL Server 数据库的类型，提供了和 System.Data.OleDb 相似的功能，但是针对 SQL 做了优化
	System.Data.SqlTypes	提供了一些表示 SQL 数据类型的类
	System.Data.Odbc	用于 ODBC 的 .NET Framework 数据提供程序
	System.Transactions	提供了编写事务性应用程序和资源管理器的一些类
WEB 命名空间	System.Web	包含启用浏览器/服务器通信的类和接口。用于管理到客户端的 HTTP 输出和读取 HTTP 请求。附加的类则提供了一些功能，用于服务器端的应用程序以及进程、Cookie 管理、文件传输、异常信息和输出缓存的控制
	System.Web.UI	包含 Web 窗体的类，包括 Page 类和用于创建 Web 用户界面的其他标准类

续表

命名空间名称	类的名称	说明
WEB 命名空间	System.Web.UI.HtmlControls	包含用于 HTML 特定控件的类，这些控件可以添加到 Web 窗体中以创建 Web 用户界面
	System.Web.UI.WebControls	创建 ASP.NET 服务器控件的类，当添加到窗体时，这些控件将呈现浏览器特定的 HTML 和脚本，用于创建和设备无关的 Web 用户界面
	System.Web.Mobile	生成 ASP.NET 移动应用程序所需要的核心功能，包括身份验证和错误处理
	System.Web.UI.MobileControls	包括一组 ASP.NET 服务器控件，这些控件可以针对不同的移动设备呈现应用程序
	System.Web.Services	能够使用和生成 XML Web Service 的类，这些服务是驻留在服务器中的可编程实体，并通过标准 Internet 协议公开
框架服务命名空间	System.Diagnostics	该类提供允许启动系统进程，读取和写入事件日志以及使用性能计数器监视系统性能
	System.DirectoryServices	提供的类可便于从托管代码中访问 Active Directory。此命名空间中的类可以与任何 Active Directory 服务提供程序一起使用
	System.Media	用于播放声音文件和访问系统提供的声音的类
	System.Management	提供的类用于管理一些信息和事件，它们关系到系统，设备和 WMI 基础结构所使用的应用程序
	System.Messaging	提供的类用于连接到网络上的消息队列，向队列发送消息，从队列接收或查看消息
	System.ServiceProcess	提供的类用于安装和运行服务，服务是长期运行的可执行文件，它们不通过用户界面来运行
	System.Timers	提供基于服务器的计时器组件，用于按指定的间隔引发事件
安全性命名空间	System.Security	提供公共语言运行库安全性系统的基础结构
	System.Net.Security	提供用于主机间安全通信的网络流
	System.Web.Security	包含的类用于在 Web 应用程序中实现 ASP.NET 安全性
网络命名空间	System.Net	包含的类可为当前网络上的多种协议提供简单的编程接口
	System.Net.Cache	定义了一些类和枚举，用于为使用 WebRequest 和 HttpWebRequest 类获取的资源定义缓存策略
	System.Net.Configuration	包含了以编程方式访问和更新 System.Net 命名空间的配置设置的类
	System.Net.Mime	包含了用于将电子邮件发送到SMTP服务器进行传送的类
	System.Net.Networkinformation	提供对网络流量数据、网络地址信息和本地计算机的地址更改通知的访问，还包含实现 Ping 实用工具的类
	System.Net.Sockets	为严格控制网络访问的开发人员提供 Windows 套接字接口的托管
配置命名空间	System.Configuration	包含用于以编程方式访问.Net Framework 配置设置并处理配置文件中错误的类
	System.Configuration.Assemblies	包含用于配置程序集的类
	System.Configuration.Provider	包含由服务器和客户端应用程序共享，以支持可插接式模型轻松添加或移除功能的基类

续表

命名空间名称	类的名称	说明
本地化命名空间	System.Globalization	定义与区域性相关的信息，其中包括语言、国家\地区、日历、日期格式的模式、货币与数字，以及字符串的排序顺序
	System.Resources	提供一些类和接口，使开发人员创建、存储并管理应用程序中使用的各种区域性特定资源
	System.Resources.Tools	包含 StronglyTypedResourceBuilder 类，该类提供对强类型资源的支持。在编译时功能通过创建包含一组静态只读属性的类封装对资源的访问，而使得使用资源变得更加容易

1.6 扩展练习

1. 安装与配置 Visual Studio 2010

在安装 Visual Studio 2010 时，需要先做好安装的准备工作，包括卸载系统中不必要的软件（最好使用新安装的操作系统），以及从微软官方网站下载和安装.NET Framework3.5、.NET Framework4.0 等安装包。如果在开发过程中需要数据库管理系统的支持，可在安装过程中选择安装 SQL Server 2008 R2 Express 或另外安装相应的数据库程序。

用户可以从多方面获取 Visual Studio 2010 的安装程序，例如从微软的 MSDN Technet 在线购买授权，并通过 MSDN 下载安装镜像或者直接从软件零售店购买实体安装光盘等。

1 安装 Visual Studio 2010

以 Windows XP 操作系统为例，在将实体安装光盘插入本地光盘驱动器或使用虚拟光驱软件加载安装镜像，然后即可在弹出的【自动播放】对话框中选择【运行 autorun.exe】选项，打开【Microsoft Visual Studio 2010 安装程序】对话框，如图 1-3 所示。

提示

如在插入实体光盘或光盘镜像后未弹出【自动播放】对话框，则用户可以直接打开光盘驱动器，双击根目录中的 autorun.exe 可执行程序，同样可打开 Microsoft Visual Studio 2010 安装程序。

图 1-3　开始安装 Visual Studio 2010

在【Microsoft Visual Studio 2010 安装程序】中单击【安装 Microsoft Visual Studio 2010】选项，安装程序就会自动加载安装组件，启动【Microsoft Visual Studio 2010 旗舰版】对话框。在该对话框中单击【下一步】按钮，如图 1-4 所示。

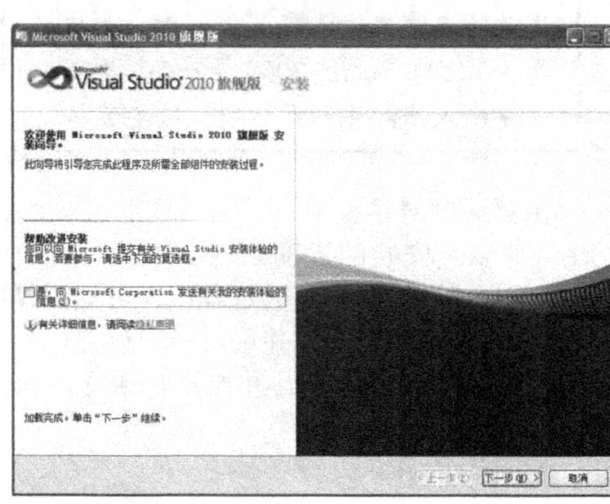

图 1-4　初始化完成后选择

在更新的对话框中选择【我已阅读并接受许可条款】选项，然后单击【下一步】按钮，如图1-5所示。

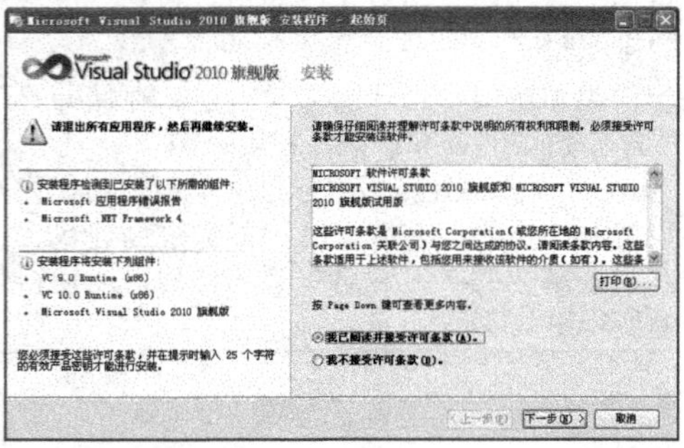

图 1-5　同意许可条款

在更新的对话框中选择安装的路径和各种组件，包括编程语言支持和各种编译与调试工具，然后单击【安装】按钮，如图1-6所示。

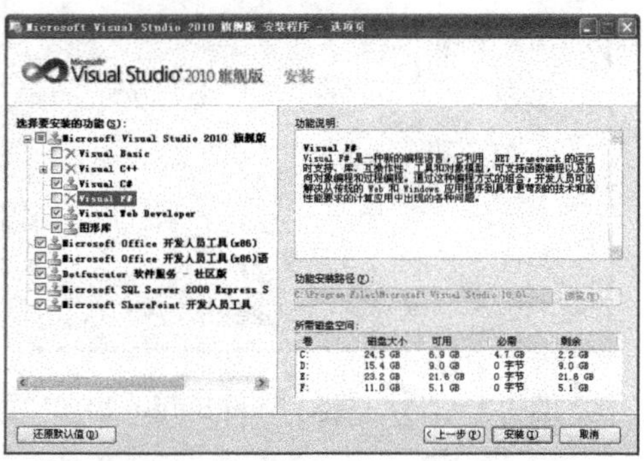

图 1-6　选择安装路径和组件

提 示

> 在本节介绍的安装过程中，之前已安装过 Microsoft SQLServer 2008 R2，因此不再需要输入安装序列号。如用户未安装 SQLServer 2008 等产品，则可能需要输入产品序列号才能继续安装。

在更新的对话框中，即可查看正在安装的各种组件以及安装的进度。这一过程为自动过程，无需用户干涉。在安装过程中，可能需要更新一些 Windows 组件，并重新启动计算机。在安装完成后，将显示完成报告的对话框，如图1-7所示。

2 配置帮助文档

Visual Studio 2010 提供了功能完善的帮助文档提供用户参考和使用。除此之外，还为绝大多数编程语言的语素提供了示范性代码。因此，在安装 Visual Studio 2010之后，有必要安装完整帮助文档。

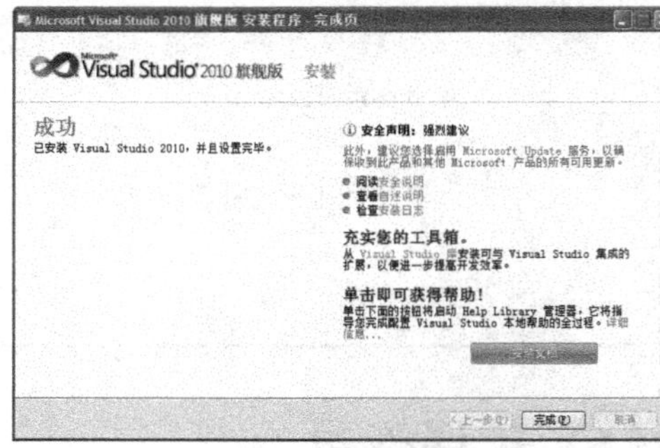

图 1-7　完成安装

首先在【Microsoft Visual Studio 2010 旗舰版安装程序 -完成页】对话框中单击【安装文档】按钮，然后即可在弹出的【Help Library 管理器】对话框中查看和选择可安装的各种库文档，如图1-8所示。

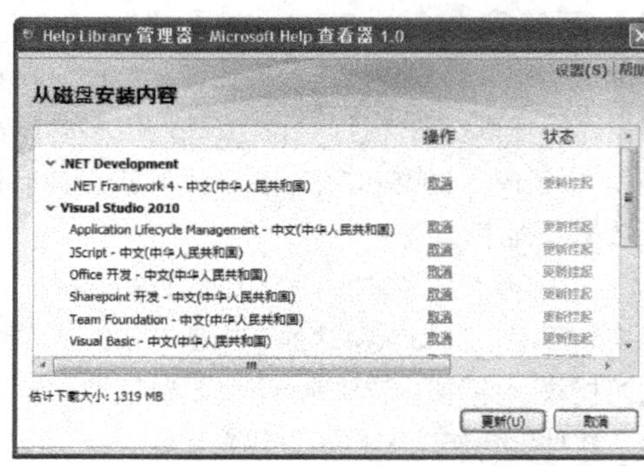

图 1-8　安装帮助文档

单击【设置（S）】按钮后，可以在更新的对话框中选择【我要使用本地帮助】，从本地安装帮助的目录查看帮助内容，提高帮助文档的打开速度，如图1-9所示。

单击【确定】按钮返回之前的对话框，然后单击【更新】按钮，安装所选的鹅帮助文档并查看安装的进度，如图1-10所示。

提 示

> 用户可以单击【隐藏（H）】按钮将安装的对话框隐藏于系统托盘图标中，在后台进行安装。

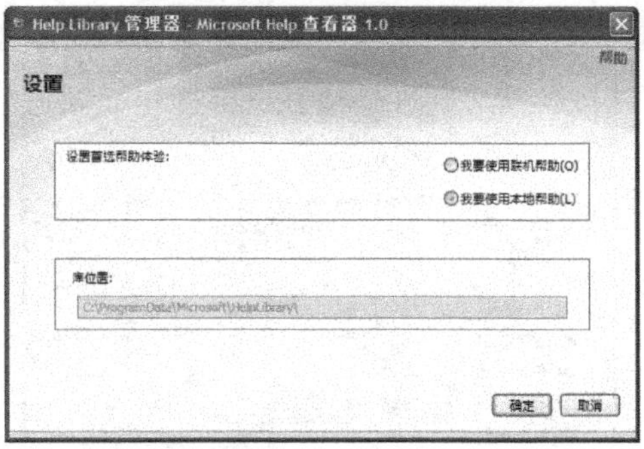

图 1-9　设置本地帮助

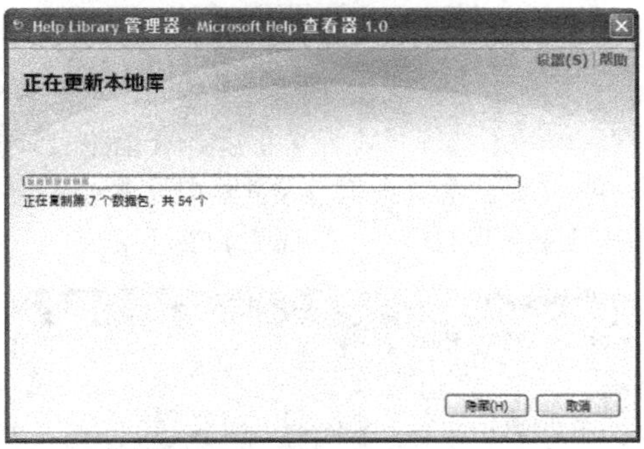

图 1-10　开始安装帮助文档

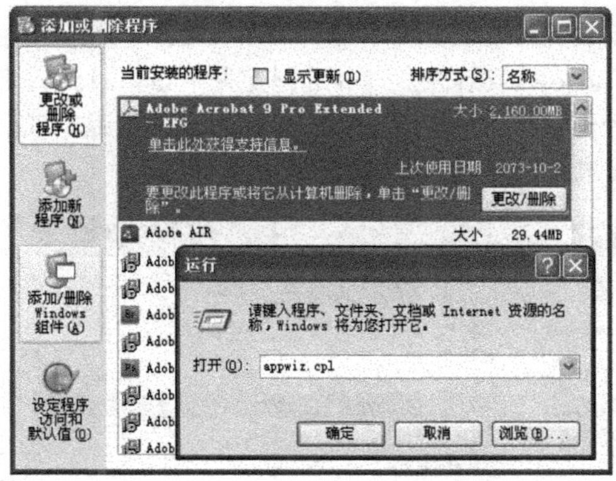

图 1-11　打开【添加或删除程序】对话框

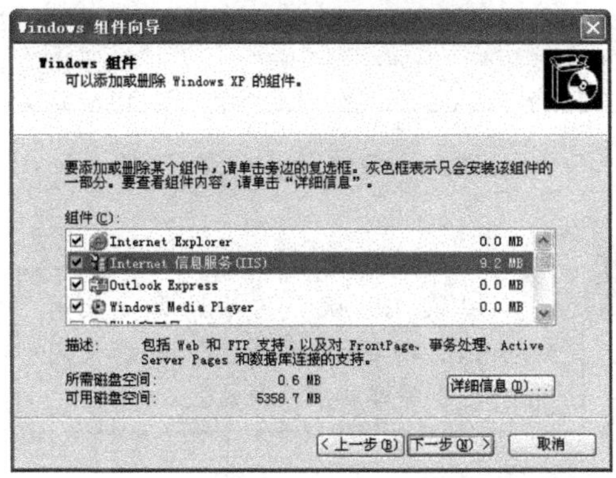

图 1-12　添加 IIS 组件

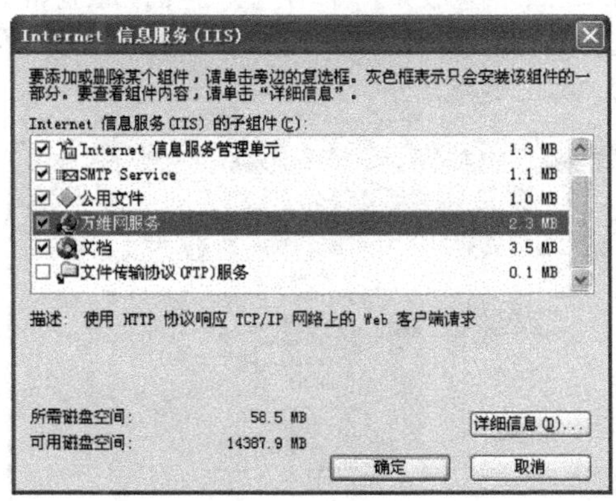

图 1-13　选择万维网服务

2．安装 IIS 服务器

在配置和部署 ASP.NET 服务器时，需要在 Windows 操作系统上安装 IIS 软件，然后才能将 ASP.NET 程序发布到互联网中。IIS 软件是 Windows 操作系统自带的一种扩展，因此开发者可以从 Windows 操作系统内或系统自带的光盘中获取软件的安装程序。

1 安装和配置 Windows XP 服务器

在 Windows XP 操作系统中，先将系统的安装光盘放置到光盘驱动器中，然后再单击【开始】按钮，执行【运行】命令，在弹出的【运行】对话框中输入“appwiz.cpl”，单击【确定】。在弹出的【添加或删除程序】窗口中单击【添加/删除 Windows 组件】按钮，如图 1-11 所示。

在弹出的【Windows 组件向导】对话框中启用【Internet 信息服务（IIS）】复选框，单击【详细信息】按钮，如图 1-12 所示。

在弹出的【Internet 信息服务（IIS）】对话框中选择【万维网服务】项目，单击【详细信息】按钮，如图 1-13 所示。

在【万维网服务】对话框中取消默认选中的【打印机虚拟目录】选项，然后单击【确定】按钮，返回【万维网服务】对话框，如图 1-14 所示。

在【Internet 信息服务（IIS）】对话框中单击【确定】按钮，即可开始安装 IIS 服务器系统。安装 IIS 服务器系统时，可能需要从 Windows XP

安装光盘复制文件，此时，系统会提示用户插入Windows安装光盘，并选择光盘中I386目录的路径位置。例如本地光驱的卷标为G，则用户可设置源文件路径为“G:\i386”。

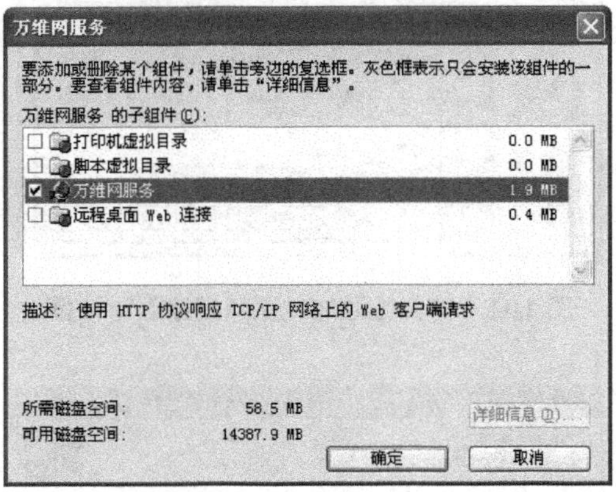

图 1-14　取消打印机虚拟目录

提 示

安装IIS服务器系统需要使用Windows XP的安装光盘，不能使用ghost光盘等非标准系统盘。

在安装完毕后，从【控制面板】的【管理工具】目录中选择【Internet信息服务】图标，开启【Internet 信息服务】窗口，在左侧的列表窗格中选择【默认网站】选项，查看Web发布目录的内容，如图1-15所示。

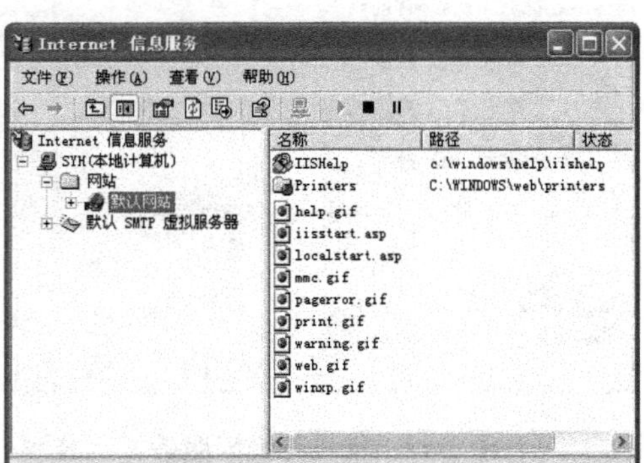

图 1-15　查看目录内容

右击【默认网站】选项，执行【属性】命令，在弹出的【默认网站 属性】对话框中选择【主目录】选项卡，设置网站属性，单击【确定】按钮完成站点配置，如图1-16所示。

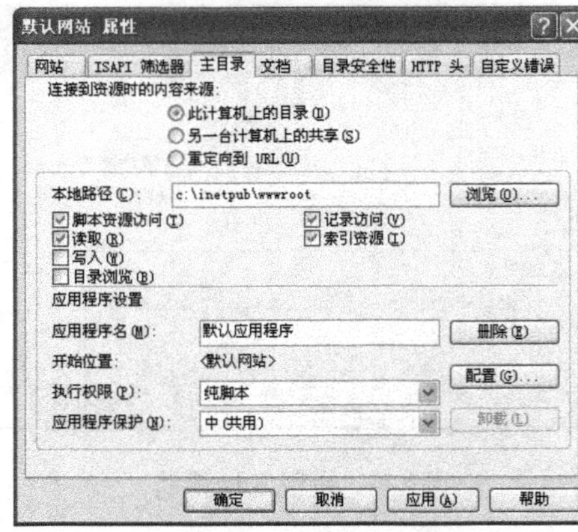

图 1-16　配置网站属性

返回【Internet 信息服务】窗口，再次右击【默认网站】选项，执行【新建】|【虚拟目录】命令，在弹出的【虚拟目录创建向导】对话框中单击【下一步】按钮，如图1-17所示。

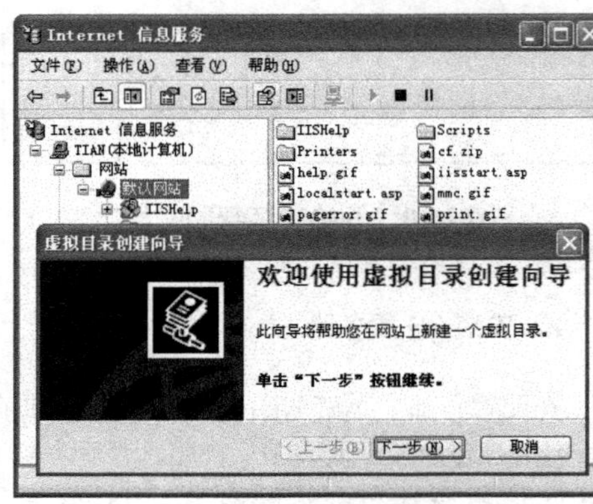

图 1-17　创建虚拟目录

在更新的对话框中设置虚拟目录的【别名】，然后即可单击【下一步】按钮，如图1-18所示。

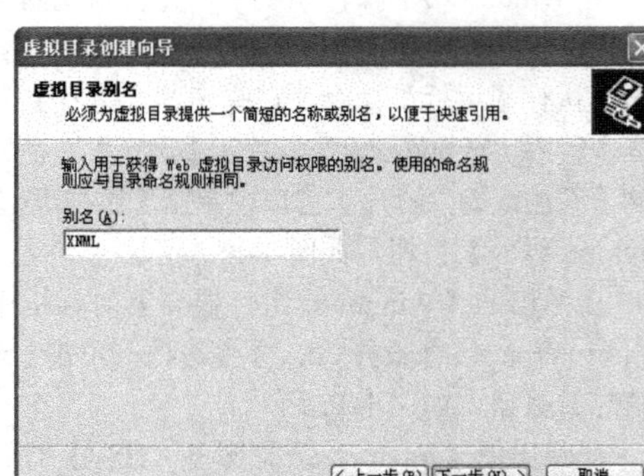

图 1-18　定义虚拟目录名称

在更新的对话框中单击【浏览】按钮，选择虚拟目录的路径，将其设置为【目录】。再单击【下一步】按钮，如图 1-19 所示。

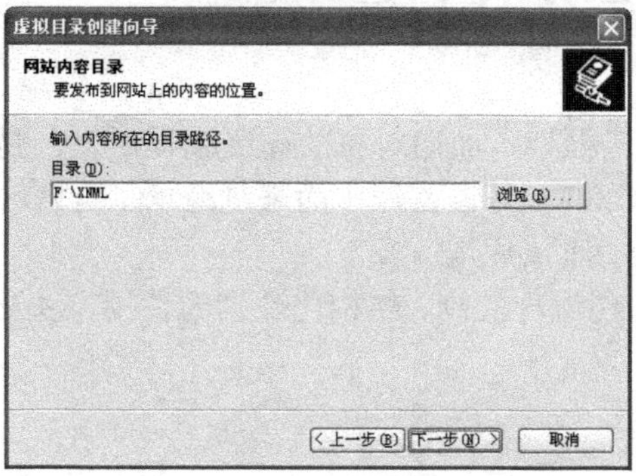

图 1-19　选择虚拟目录路径

依次设置其他的项目，然后为 IIS 系统建立虚拟目录，通过虚拟目录发布网页。

2 安装和配置 Windows 7 服务器

在 Windows7 操作系统中单击【开始】按钮，在【开始菜单】中选择【控制面板】选项，然后在弹出的【控制面板】窗口中单击【程序】选项，如图 1-20 所示。

图 1-20　选择【控制面板】选项

在更新的窗口中选择【打开或关闭 Windows 功能】选项，然后在弹出的【Windows 功能】对话框中选择【Internet 信息服务】的复选按钮，如图 1-21 所示。

图 1-21　选择 IIS 服务

单击【万维网服务】复选框之前的加号“+”，再单击弹出的【应用程序开发功能】复选框之前的加号“+”，选择【ASP.NET】选项，然后单击【确定】按钮，如图 1-22 所示。

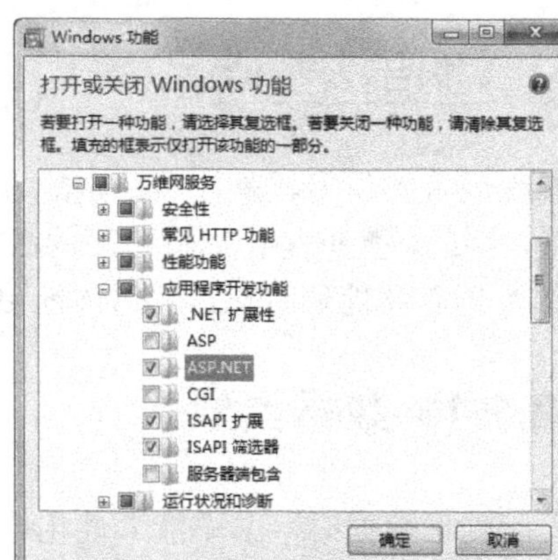

图 1-22　选择 ASP.NET

Windows 7 的虚拟目录管理方式与 Windows XP 类似，都可以通过【计算机管理】窗口创建虚拟目录，在此将不再赘述。

第 2 章　C#编程语言基础

C#编程语言是微软公司推出的一款基于.NET 框架、面向对象的高级编程语言，是专门为.NET 框架设计的语言。C#语言由 Java、C 和 C++语言派生而来，继承了这两种语言的绝大多数语法和特点，是.NET 框架中最常用的编程语言。

本章将详细介绍 C#编程语言的基本语法、语句流程控制、结构化数据的使用，以及各种面向对象编程的理论知识。

本章学习目标：

- 掌握 C#数据类型
- 了解常量和变量
- 掌握运算符的使用
- 了解条件语句控制结构
- 循环语句控制结构
- 数据与集合

2.1 C#语法基础

编程语言的作用就是按照指定的方式对数据进行运算、存储和读取等处理，从而获得结果。因此，数据是计算机程序的必要组成部分。处理数据是 C#最基础的应用，了解 C#中的数据以及处理方法，然后才能更深入学习该内容。

2.1.1 数据类型

程序处理数据时，并不能人性化地区分数据的内容。因此设计程序时，有必要人为地对数据进行分类，使数据得到高效地处理。作为一种典型的高级编程语言，C#同样会根据数据的内容和存储方式等特点对数据进行分类处理。

1. 整数型

整数是不包含小数部分的数字。在数学中，整数包括正整数、负整数和 0 三类数字。在 C#处理整数时，会将整数转换为二进制格式处理，并根据整数的长度再进行详细分类。

在编写 C#程序时，先对所处理的数据进行长度判断，选择符合长度限度的数据类型，而节省存储数据的空间。C#中的整数型数据分为 8 类，如表 2-1 所示。

表 2-1　整数型数据的数据类型

数据类型	说明	取值范围（10 进制）
sbyte	有符号 8 位整数	–128（-2^7）~127（2^7-1）
byte	无符号 8 位整数	0~255（2^8-1）

续表

数据类型	说明	取值范围（10 进制）
short	有符号 16 位整数	–32768（-2^{15}）~32767（$2^{15}-1$）
ushort	无符号 16 位整数	0~65535（$2^{16}-1$）
int	有符号 32 位整数	–2147483648（-2^{31}）~2147483647（$2^{31}-1$）
uint	无符号 32 位整数	0~4294967295（$2^{32}-1$）
long	有符号 64 位整数	–9223372036854775808（-2^{63}）~9223372036854775807（$2^{63}-1$）
ulong	无符号 64 位整数	0~18446744073709551615（$2^{64}-1$）

数据类型所表示的数字位数与其可容纳的数字数量密切相关。假设一个整数数据类型可表示 n 位整数，若其为无符号整数，则其最小值为 0，最大值为 2^n-1，可表示 2^n 个数；对于有符号整数，其最小值为-2^{n-1}，最大值则为 $2^{n-1}-1$。了解数据类型的取值范围后，可以根据实际所操作的数据大小，选择相应的数据类型，防止超出数据类型范围的运算。

例如，某个数据用于表示一个不超过 5 万的正整数，就可以选择 ushort 数据类型，以最大限度节省存储该数据所使用的内存空间。

2．实数型

实数即“确实存在”的数字，是数学中的一种概念。在解析几何中，实数表示数轴上所有点的映射，可以视为包含整数和小数（有限的和无限的）的所有数字。计算机中的实数通常指浮点数（整数和小数）。

计算机对小数的运算效率要远低于整数。因此在 C#中，将实数型数据划分为三种数据类型，通过数据的位数分类处理，包括单精度实数、双精度实数和十进制实数等，作用如表 2-2 所示。

表 2-2　实数型的数据类型

数据类型	说明	所引用的类	精确位数
float	单精度存储 32 位浮点值	System.Single	$\pm3.4\times10^{38}$ 之间精度小于于 1×10^{-44}
double	双精度存储 64 位浮点值	System.Double	$\pm1.79\times10^{308}$ 之间精度小于 1×10^{-323}
decimal	十进制存储 128 位浮点值	System.Decimal	$\pm7.9\times10^{28}$ 之间数位不超过 2^{28} 个

在实际编写程序时，应在精度足够的情况下尽量使用精度较低的实数型数据，以提高运算效率，降低对内存空间的占用。

在使用单精度浮点数时，需要在浮点数之后添加一个小写 f 或大写 F 作为后缀。在使用双精度浮点数时，不需要添加后缀。例如，分别声明两个浮点数，第一个为单精度，第二个为双精度，代码如下。

```
float fData = 1.9f ;
double dData = 2.2 ;
```

如确实需要使用十进制实数 decimal 类型，应该为数字后添加小写 m 或大写 M 作为后缀，对数字的精度作出区分。如果没有添加后缀，则 C#会将数字视为双精度实数（double），而导致编译错误。例如，声明一个十进制实数，代码如下。

```
decimal pi = 3.1415926535897m ;
```

3．逻辑型

逻辑型数据也称为布尔型数据，作用是表达式表示真或者假，其对应的.NET Framework 类为 System.Boolean。在 C#中，逻辑型数据只有两个值，即 true 和 false。声明一个逻辑型变量，其方法如下。

```
bool booleanData = true ;
```

注意

在很多编程语言中，可以使用数字 0 和 1 分别表示逻辑值 false 和 true，例如 C、C++、JavaScript 等。然而在 C#中，不允许以数字作为逻辑型数据的值，因此这一方法是错误的。另外，在使用 true 和 false 两个值时，必须保证所有字符为小写。

4．字符型

字符类型数据的作用是处理在编程过程中遇到的 ASCII 字符和 Unicode 编码字符。ASCII 字符是使用 7 位二进制数字表示的字符，而 Unicode 字符是国际标准化组织制订的采取 16 位二进制编码表示的字符，可以表示全世界绝大多数语言。字符型数据类型只有一种，即 char 类型，如表 2-3 所示。

表 2-3　字符型的数据类型

数据类型	说明	所引用的类	示例
char	用于表示单个 ASCII 或 Unicode 字符	System.Char	'a'，'中'

在使用 char 数据类型时，需要注意值的两侧必须添加单引号“''”，以表示该字符为 char 字符而非变量名，如下所示。

```
char charData= ' 中 ' ;
```

在 C#中输入字符时，如用户需要输入一些特殊的格式化字符时，则这些字符经常会导致程序的错误，例如双引号“""”、单引号“''”等，此时，就需要使用转义符功能。转义符是通过斜杠“\”+符号的方式表示特殊字符的一种方式，如表 2-4 中，列出了 C#中的 14 种转义符。

表 2-4　C#的转义符

转义符	作用	转义符	作用
\'	单引号“''”	\"	双引号“""”
\\	斜杠“\”	\0	空字符
\a	警报	\b	Backspace 回退
\f	换页符	\n	换行符
\r	回车符	\t	水平制表符
\u	Unicode 转义序列	\U	代理项对的 Unicode 转义序列
\v	垂直制表符	\x	Unicode 转义序列类似于“\u”，只是长度可变

在使用字符型数据时，用户可以把 char 类型的数据隐式转换为 ushort、int、uint、long、

ulong、float、double 或 decimal 等多种整数或实数型数据。此时，数据中的值将为字符在 ASCII 或 Unicode 码中的码元。使用这种方法，可以快速获取某个字符的 Unicode 码元，例如获取中文字符“汉”的码元，代码如下。

```
char charData = '汉';
int intData = charData;
Console.WriteLine(intData);
```

提示

除以上几种数据类型外，值类型数据还包括枚举、结构等，这些数据类型将在之后的小节中详细介绍。

在之前介绍的均为值类型数据中，经常存储有实际的数据值。而下面再来介绍一下引用类型，其本身不存储数据值，而是存储对这些实际数据的引用（地址）。当一个数值保存到一个值类型数据中以后，该数值将被赋值到值类型的变量中。而当一个数值被赋予到一个引用类型时，则只是引用（保存数值的变量地址）被赋值，而十几个仍然保留在原内存位置。

C#的引用类型主要包括类类型（class）、字符串类型（string）、数组类型（[]）、接口类型（interface）和委托类型（delegate）等。由于这些类型比较复杂，且涉及到很多面向对象设计方面的知识，因此除字符串类型（string）以外，其他的几种数据类型在之后相关的章节中将逐个进行介绍。

字符串类型数据是一种最简单的引用类型数据，其本身相当于多个字符类型数据构成的集合。在 C#中，字符串数据类型可以存储包含大小写英文字母、汉字、数字和特殊符号的转义符等多种字符。

声明一个字符串类型的数据，就是在内存中创建一个空的引用关系，而初始化一个字符串类型的数据，就相当于引用多个字符类型的数据，其方法如下所示。

```
string StringName = Value;
```

在上面的代码中，StringName 为字符串型数据的名称，Value 为该数据的引用集合。通常在书写字符串型数据时，需要在字符串引用两侧添加双引号“""”，代码如下。

```
string strData = "中华人民共和国" ;
```

提示

与 JScript、JavaScript 等弱类型编程语言不同，C#中的字符串类型数据只能以双引号“""”标识，而字符型数据只能以单引号“''”标识，这两种引号不能嵌套使用。

2.1.2 变量与常量

在编写程序时，需要将数据存储到内存中，这种存储数据的内存单元就被称作变量。常量是变量的一种特殊类型，相比变量，除了存储数据外还会对内存单元进行只读标记，进制对内存单元的数据进行修改。可以说，变量是存储数据的内存单元，而常量则是只读的存储数据的内存单元。

1. 变量

变量是内存中可以读写的内存单元，变量的数据类型决定存储数据的内存单元所占用的内存空间大小，以及其中存储数据的格式。

在 C#中，允许用户使用除系统保留字、特殊符号以外所有的字符命名变量，包括字母、数字、下划线和中文等，但不允许以数字作为变量名称的第一个字符。例如，下面的关键字均可以作为变量的名称使用。

```
aData , b24 , f1 , 汉字 , 中2 , _a , _1
```

注意

C#是一种区分大小写的编程语言。在 C#中，变量 a 和变量 A 是两个不同的变量。

为了增强程序的可读性，在命名变量时应尽量使名称语义化和规范化。尤其在编写同一程序时，应使用同一规范的命名法则，例如匈牙利命名法、驼峰命名法和帕斯卡命名法等。

声明变量的过程，就是在内存中划分单元的过程。在 C#中声明一个变量后，可以在程序执行时在内存中标记出一个空的内存单元。如果在声明变量的过程中还为变量赋值，则在标记空内存单元后会在该单元中填入数据。

C#声明变量的语法与 C、C++和 Java 十分类似，都需要使用变量的数据类型作为关键字，先定义数据类型，然后再书写变量的名称，其方法如下。

```
Type VariableName ;
```

例如，声明一个字符型变量，代码如下所示。

```
char chData;
```

在声明变量的同时，如果还需要赋值，则可以使用等号运算符“=”对其添加数据值，代码如下。

```
Type VariableName = Value ;
```

为变量赋值的过程又被称作变量的初始化或实例化，即为变量添加一个初始的值或将变量定义为一个实际存在的例子。例如，初始化一个逻辑型变量，代码如下所示。

```
bool boolData = false ;
```

在声明变量时，可以使用一个变量类型的关键字同时声明多个同类变量，并为其中若干变量赋值。此时，每个变量或变量赋值的表达式之间应以逗号“,”隔开。例如，依次声明 a、b、c 等三个字符型变量，并为 b 和 c 赋值，代码如下。

```
char a , b = 'b' , c = 'c' ;
```

2. 常量

常量是变量的一种特殊化情况，是占据指定内存单元的只读型数据。在C#中，声明一个常量除了需要使用数据类型名作为关键字外，还需要在之前添加 const 关键字，方法如下。

```
const Type ConstantName;
```

例如，声明一个单精度浮点类型常量 pi，代码如下所示。

```
const float pi;
```

在声明常量时，用户同样可以使用等号运算符“=”为其初始化，方法与初始化变量类似，如下所示。

```
const Type ConstantName = ConstantValue;
```

例如，在声明常量 pi 之后为其初始化，代码如下所示。

```
const float pi = 3.14159265358f;
```

2.1.3 运算符

运算符是处理和操作数据的一种符号单元，作用是标识出数据与数据之间的运算关系，而帮助程序来操作这些数据的运算过程。因此，运算符又被称作操作符。C#支持 6 种类型的运算符，即算术运算符、赋值运算符、关系运算符、逻辑运算符、按位运算符和特殊运算符等。

1. 算术运算符

算术运算符的作用是对整数型或实数型变量进行各种基本的数学运算，在 C#中，算术运算符主要包括 7 种，如表 2-5 所示。

表 2-5 算术运算符

运算符	作用	表达式示例
+	加法运算符，求两数之和	a+b,1+3
-	减法运算符，求两数之差	a-b,5.1f-2.9f
*	乘法运算符，求两数之积	a*b,9.5m*3.1415926m
/	除法运算符，求两数之商	a/b,5m/3m
%	取模运算符，求两数相除后的余数	a%b,9%4
++	递增运算符，在整数变量基础上加 1，将新值赋予原变量	a++,n++
--	递减运算符，在整数变量基础上减 1，将新值赋予原变量	a--,m--

表 2-5 中，前 5 种运算符与数学的基本运算紧密关联，依次对应基本运算的加、减、乘、除和求余等，使用方法也与数学基本运算遵循相同的规则。例如，在除法运算中，除法运算符“/”两侧分别是除法运算的除数和被除数。除数可以是任意实数，被除数则是不能为 0 的任意实数。

递增运算符“++”和递减运算符“--”是两种特殊的一元运算符（所谓元，即操作数的数量。一个操作数为一元，两个操作数为二元，依此类推），其除了分别进行加法运算和减法运算以外，还带有赋值的功能。以递增运算符“++”为例，两种方式如下所示。

```
Value++;
++Value;
```

以上两种方式的区别在于，前缀方式的加法运算是先进行加法运算再进行赋值，后缀方式则是先赋值在进行加法运算。使用如下两段代码了解这两种方式的区别。

```
int a = 5;
int b = ++a;
Console.WriteLine("a=" + a + ",b=" + b);//输出：a=6，b=6
```

在上面的运算中，++a 先将 a 的值加 1，此时 a 的值为 6，然后再将 a 的新值赋予 b，因此 b 的值也是 6。

```
int a = 5;
int b = a++;
Console.WriteLine("a=" + a + ",b=" + b);//输出：a=6，b=5
```


在上面的运算中，先将 a 的值 5 赋予 b，然后再对 a 进行递增运算，将新的值赋予 a，因此 a 的值为 6，b 的值为 5。

2. 赋值运算符

赋值运算符的作用是为常量和变量进行初始化或为变量赋予一个新的值。赋值运算符即变量赋值的方法，可以使用赋值运算符“=”进行赋值操作。赋值运算符不仅可以在变量被声明时为变量赋值，还可以对已初始化的变量进行赋值，方法如下。

```
VariableName = NewValue ;
```

在上面的代码中，关键字 VariableName 表示被赋值的变量，NewValue 表示变量的新值。赋值运算符可以为所有未标识 const 修饰符的变量赋值。如果为某个变量多次赋值，则该变量的值以最新的赋值为准，代码如下。

```
int a = 9;
a = 12;
Console.WriteLine(a);//输出 12
```

算术赋值的作用是结合算术运算为变量赋值，其主要包括 5 种基本的赋值类型，所使用的运算符与基本算术运算的 5 种运算符一一对应，如表 2-6 所示。

表 2-6 算术赋值运算符

运算符	作用	表达式	相似表达式
+=	加法赋值运算，先对变量进行加法运算，再将新值赋予变量	a+=b	a=a+b
-=	减法赋值运算，先对变量进行减法运算，再将新值赋予变量	a-=b	a=a-b
*=	乘法赋值运算，先对变量进行乘法运算，再将新值赋予变量	a*=b	a=a*b
/=	除法赋值运算，先对变量进行除法运算，再将新值赋予变量	a/=b	a=a/b
%=	取模赋值运算，先对变量进行取模运算，再将新值赋予变量	a%=b	a=a%b

在使用算术赋值运算时，需要先对运算符两侧的变量进行相应的算术运算，然后再将运算的结果赋予运算符左侧的变量，代码如下。

```
int a = 22;
a += 1;
Console.WriteLine(a);//输出：23
```

在上面的代码中，就使用了加法赋值运算符“+=”对变量a进行加法赋值运算，输出的结果相当于先对变量a进行加法运算，再将运算的结果赋予变量a。

提示

之前介绍的递增运算符“++”和递减运算符“--”可以被视为“+=”和“-=”等两种赋值运算符的特殊形式。

3. 关系运算

关系运算又被称作比较运算，作用是对运算符两侧的表达式进行比较，获取一个比较后的结果。若成立则返回逻辑真（true），否则返回逻辑假（false）。关系运算是一种重要的运算，通常作为条件分支控制语句和迭代语句中的条件存在，判定语句是否执行。常见的关系运算如表2-7所示。

表2-7 关系运算符

运算符	名称	运算符	名称
==	等于运算符，验证两表达式相等	!=	不等运算符，验证两表达式不相等
<	小于运算符，验证左侧表达式小于右侧表达式	>	大于运算符，验证左侧表达式大于右侧表达式
<=	小于等于运算符，验证左侧表达式小于或等于右侧表达式	>=	大于等于运算符，验证左侧表达式大于或等于右侧表达式
is	主要用于判定对象是否属于某个类的实例	as	在兼容的引用类型之间执行某些类型的转换，其只执行引用转换和装箱转换，无法执行用户自定义的转换
&&	逻辑与运算符，当两个表达式中包含逻辑假（false）时返回逻辑假（false），如均为逻辑真（true）则返回逻辑真（true）	||	逻辑或运算符，当两个表达式中包含逻辑真（true）时返回逻辑真（true），否则返回逻辑假（false）
!	逻辑非运算符，对某个表达式取反，当其为逻辑真（true）时返回逻辑假（false），否则返回逻辑真（true）	&	按位与运算符，将两个数据转换为二进制，然后依数位进行逻辑与运算
|	按位或运算符，将两个数据转换为二进制，然后依数位进行逻辑或运算	~	按位取反运算符，将数据转换为二进制，然后每一位应用1的补码，并返回结果。
^	按位异或运算符，将两个数据转换为二进制，如同数位相同返回0，否则返回1	<<	左移运算符，将左侧操作数转换为二进制，再将数位向左移动右侧操作数个位置，空出的位置补0
>>	右移运算符，将左侧操作数转换为二进制，再向右移动操作数的位置，多余的位置省略	&=	按位与赋值，先对运算符左侧的操作数进行按位与运算，再将所得结果赋予该操作数

续表

运算符	名称	运算符	名称
|=	按位或赋值，先对运算符左侧的操作数进行按位或运算，再将所得的结果赋予该操作数	^=	按位异或赋值，先对运算符左侧的操作数进行按位异或运算，再将所得的结果赋予该操作数
<<=	左移按位赋值运算，将变量的值转换为二进制数字，再左移若干位，将新值赋予变量	>>=	右移按位赋值运算，将变量的值转换为二进制数字，再右移若干位，将新值赋予变量

4．连接运算符

连接运算的作用是将若干字符串型变量连接为一个整体的字符串变量，需要使用到连接运算符。例如，将两个字符串连接在一起，代码如下。

```
string zh = "我们" , g = "学习.NET 编程";
Console.WriteLine(zh + g);//输出：我们学习.NET 编程
```

5．溢出检测运算

在进行整数的运算和显式数据转换时，若运算的结果或显式数据转换超出了原数据类型涵盖的范围时，则可以使用溢出检测技术，详细分为以下 4 种情况。

- 预定义的“++”或“--”等一元运算符，当其操作数类型为整数型时。
- 预定义的“-”二元运算符，当期操作数类型为整数型时。
- 预定义的“/”等二元操作符，当两个操作数数据类型都是整数型时。
- 从一种整数型到另一种整数型显式数据转换时。

当上述整数运算产生一个目标类型无法表示的数字时，需要使用溢出检测运算符 checked 和 unchecked 等，按照以下相应的处理方式进行溢出检查。例如，使用 checked 运行符，则运算是常量表达式，则产生编译错误：The operation overflows at complie time in checked mode。而使用 unchecked 运行符，则无论运算是否是常量表达式，只要没有编译错误或运行时异常发生，返回值被截掉不符合目标类型的高位。

如果运算是常量表达式，默认情况下总是进行溢出检查，同使用 checked 一样，无法通过编译。若运算是非常量表达式，则是否进行溢出检查取决于外部因素，包括编译器状态、执行环境参数等。

6．条件运算

条件运算顾名思义是根据指定的条件决定如何进行运算的一种运算方式，可以代替一些简单的条件语句，实现条件的判定和执行。在进行条件运算时，需要使用条件运算符“?:”，其使用方法如下所示。

```
Condition?Action1:Action2;
```

在上面的代码中，Condition 关键字即判定条件执行的表达式，必须为逻辑型数据或可隐式转换为逻辑型数据的表达式。Action1 为当条件表达式值为“真”时，执行该语句；Action2 为当条件表达式值为“假”时，执行该语句。

例如，编写一个求绝对值的程序，根据变量值进行判断，并返回结果的绝对值，代码如下。

```
int a = 5;
int b = 9;
int result = 0;
result=a > b ? a - b : b - a;
Console.Write(result); //结果：4
```

注意

条件运算符所组成的内容虽然比较复杂，但本身仍然属于一个表达式，因此不能独立作为一个语句存储到行中，必须拥有一个赋值的过程。

7．运算的优先级

在进行数据运算时，如果使用多个运算符进行复杂的运算，则各种运算的步骤先后顺序经常会影响运算的结果。为此计算机中根据数学中的四则运算方式，对运算符进行了优先级的考虑，如表 2-8 所示。

表 2-8　运算符的优先级表

优先级	运算符
1	()、x.y、f(x)、a[x]、x++、x--、new、checked、unchecked
2	+、-、!、~、++x、--x、(T)x
3	*、/、%
4	+、-
5	<<、>>
6	<、>、<=、>=、is
7	==
8	&
9	^
10	|
11	&&
12	||
13	?:
14	=、*=、/=、+=、-=、<<=、>>=、&=、^=、|=

在上表中，优先级数字越小，则优先级越高；优先级数字越大，则优先级越低。当所执行的运算处于同一优先级时，默认以自左至右的顺序进行运算。而如果运算具有优先级的差异，则先计算优先级较高的运算，再计算优先级较低的运算。

如果用户需要改变表达式中的运算过程，则可以使用括号将需要优先运算的运算符和操作数用括号括起来。

2.1.4 类型转换与装箱拆箱

装箱和拆箱是 C#类型系统的核心概念，是将值类型的数据转换为引用类型的数据，或将引用类型数据转换成值类型的数据的操作。这种相互转换可以在两类数据间建立一个等价链接，本质是将所有数据视为对象。

1. 装箱转换

装箱转换是指将一个值类型数据隐式转换为 object 类型，或被该值类型应用的接口类型（interface-type）将其装箱，也就是创建一个基于该值类型的 object 实例的过程。例如，将值类型变量 chData 的值赋予对象 objData，代码如下所示。

```
char chData = 'a';
object objData = chData;
Console.WriteLine(objData);//输出：a
```

在上面的代码中，第二行的赋值暗示调用一个装箱操作，chData 字符变量的值被复制给 objData 对象，字符变量和对象都同时存储在栈中，但对象 objData 的值却留在堆中，如图 2-1 所示。

2. 拆箱转换

拆箱转换是装箱转换的逆操作，指将一个对象类型显式地转换成一个值类型的数据，或者是将一个接口类型显式地转换成一个执行该接口的值类型。

拆箱的过程分为两个步骤，首先需要检查对象实例，判断是否为给定的值类型的装箱，然后再将实例的值赋给值类型变量，如图 2-2 所示。

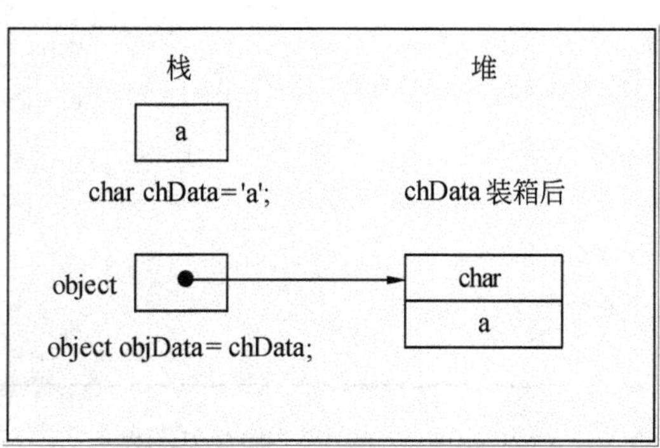

图 2-1 装箱过程

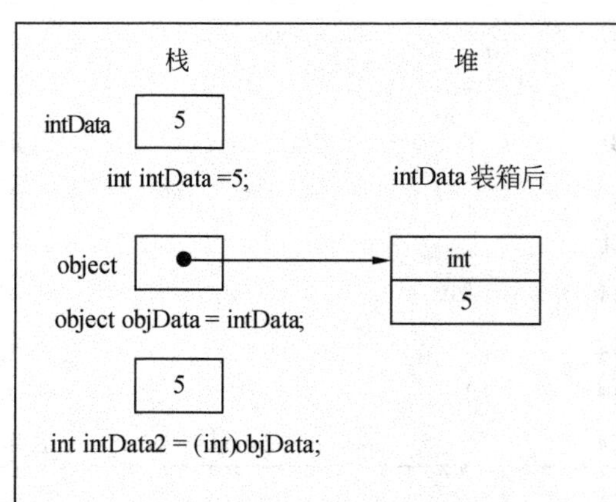

图 2-2 拆箱过程

例如，一个简单的拆箱过程如下所示。

```
int intData = 5;
object objData = intData;
int intData2 = (int)objData;
```

由上面的代码即可看出，拆箱转换过程与装箱过程相反。必须注意的是，装箱转换和拆箱转换必须遵循类型兼容原则，否则会造成编译异常。

2.2 条件语句

C#程序的基本组成单位是语句，每个语句都占据独立一行。在默认状态下，语句按照自上而下的顺序逐行执行。在完成某些功能时，需要改变语句执行的顺序，所以需要通过条件语句来完成。

2.2.1 if 条件语句

条件语句可以根据条件是否满足或根据表达式的值控制代码的执行分支。C#有两个分支代码的结构：if 语句和 switch 语句。对于条件分支，C#继承了 C 和 C++的 if...else 结构。

```
if (condition)
{
   Statement1;
}
Else
{
   Statement2;
}
```

如果在条件中要执行多个语句，就需要用“{ ... }”把这些语句组合为一个块。在上面的代码中，condition 关键字表示判断条件的表达式，值必须为 true 或 false 布尔型数据；当 condition 值为 true 时，执行 Statements 语句块。

除此之外，还可以单独使用 if 语句，不加 else 语句。也可以合并 else if 子句，测试多个条件。

```
if (condition1)
{
   statement1;
}
Else if(condition2)
{
   statement2;
}
Else{
Statement3;
}
```

上述代码中，表述了 if…else if…else 的语法结构，首先执行 condition1 语句，当条件为“真”时，则执行 statement1 语句块；当条件为“假”时，则执行 Else if(condition2) 语句。

在执行 Else if(condition2)语句时，当 condition2 语句的条件为“真”时，执行 statement2 语句；而当条件为“假”时，则执行 else 语句下面的 Statement3 语句。

2.2.2 switch 多分支语句

switch…case 语句是条件语句中的一种，但该语句与前面介绍的 if 语句有区别。该语句根据一个表达式的结果值，在多个分支语句中查找相同的结果，并执行该分支语句下面的语句块。

在 switch…case 语句中，条件的表达式不需要做值类型的限制，既可以是逻辑值，也可以是其他类型的值。switch…case 语句的使用方法如下所示。

```
switch (condition)
{
    case Value1 :
        Statements1;
        break;
    case Value2 :
        Statements2;
        break;
    ……
    case ValueN :
        StatementsN;
        break;
}
```


在上面的代码中，condition 关键字为表达式，当结果为 Value1 时，则执行 Statements1 语句。当表达式结果为 Value2 时，则执行 Statements2 语句，依此类推。

switch…case 语句与 if…else if…语句的区别在于，switch…case 语句是针对一个条件表达式进行的判断，而 if…else if…语句则可以针对多个表达式进行判断。在使用 switch…case 语句时，需要为条件表达式定义多个值。

注 意

在使用 switch…case 语句进行多分支判断时，应在每一个分支所执行的语句下添加 Break 指令，才能实现分支运行，否则 switch…case 语句将依次执行每一个分支。

2.3 循环语句

C#语言提供了 4 种不同的循环机制（for、while、do...while 和 foreach），在满足某个条件之前，可以重复执行代码块。for、while 和 do...while 循环与 C++中的对应循环相同。

2.3.1 while 语句

while 循环与 C++和 Java 中的 while 循环相同，与 VB 中的 While…Wend 循环相同。

与 for 循环一样，while 也是一个预测试的循环。语法是类似的，但 while 循环只有一个表达式。

```
while(condition)
{
  statement(s);
}
```

与 for 循环不同的是，while 循环常用于下述情况：在循环开始前，不知道重复执行一个语句或语句块的次数。通常在某次迭代中，while 循环体中的语句把布尔类型的变量设置为 false，结束循环。

在上面的代码中，condition 关键字为表达式，当值为“真”时，执行 Statements 语句。在循环过程中，当表达式的结果值为“假”时，则不再执行 Statements 语句，而是执行该循环结束下面的语句，即跳出循环。

2.3.2 do…while 语句

do…while…是一种根据条件判断是否重复执行语句块的语句，与 while…语句的区别在于，while…语句是先判断，再执行，而 do…while…语句则是先执行，再判断，其使用方法如下所示。

```
do
{
   Statements;
}while (condition)
```

在上面的代码中，Expression 关键字表示判断条件的表达式，Statements 关键字表示执行的语句块。

在执行 do…while…语句时，会先执行一次“{}”中的 Statements 语句块，才对条件进行判定。如果 condition 表达式的值为“真”时，则返回到 do 关键字的位置，重复 Statements 执行语句块。而当 condition 表达式的值为“假”时，则执行该循环下面的语句，即跳出循环。例如，使用 do…while…语句计算数字的阶乘，代码如下。

```
Console.Write("请输入数字");
int n = int.Parse(Console.ReadLine());
int i = 1;
int j = 1;
do
{
i *= j;
j++;
} while (j<= n);
Console.WriteLine(n + "的阶乘为 a: " + i);
```

2.3.3 for 语句

C#的 for 循环提供的迭代循环机制是在执行下一次迭代前，测试是否满足某个条件，其语法如下：

```
for (initializer; condition; iterator)
{
   statement(s);
}
```

在上述代码中，for 中各参数说明如下：

- **Initialize** 指在执行第一次迭代前要计算的表达式(通常把一个局部变量初始化为循环计数器)。
- **Condition** 在每次迭代新循环前要测试的表达式(它必须等于 true，才能执行下一次迭代)。
- **Iterator** 每次迭代完要计算的表达式(通常是递增循环计数器)。当 condition 等于 false 时，迭代停止。

for 循环是所谓的预测试循环，因为循环条件是在执行循环语句前计算的，如果循环条件为假，循环语句就不会执行。例如，下面的例子是通过 for 循环计算 100 之和。

```
int count=0;
for (int i = 0; i <= 100; i = i + 1)    //for 循环语句
{
    count = count + i;
}
Console.WriteLine(count);
```


在程序开始，先声明了一个 count 变量，其类型为 int 类型。然后，在 for 语句中，先声明一个 int 类型的 i 变量，并初始化赋值为 0，用作循环计数器。接着测试它是否小于等于 100。

当 i 值小于等于 100 时，则执行 count=count+i;语句，并将 i 值与 count 变量值累加后，再赋予 count 变量。

2.3.4 foreach 语句

foreach 循环是 C#语言中最后一种循环结构，也是新增的循环结构，非常受欢迎的一种循环。

foreach 循环可以迭代集合中的每一项，而集合是一种包含其他对象的对象。从技术上看，要使用集合对象，它必须支持 IEnumerable 接口。集合的例子有 C#数组、System.Collection 命名空间中的集合类，以及用户定义的集合类。从下面的代码中可以了解 foreach 循环的语法，其中假定 arrayOfInts 是一个整型数组：

```
foreach (int temp in arrayOfInts)
{
   Console.WriteLine(temp);
}
```

其中，foreach 循环每次迭代数组中的一个元素。它把每个元素的值放在 int 型的变量 temp 中，然后执行一次循环迭代。

需要注意的，不能改变集合中各项(上面的 temp)的值，所以下面的代码不会编译。

```
foreach (int temp in arrayOfInts)
{
   temp++;
   Console.WriteLine(temp);
}
```

如果需要迭代集合中的各项，并改变它们的值，可以通过 for 循环来完成。

2.4 数组与集合

C#中的集合和数组均称为集合，也可以将集合视为数组，它们主要用来存储和管理一组特定类型的数据对象。除了基本的数据处理功能，集合直接提供了各种数据结构及算法的实现，如队列、链表、排序等，可以让用户轻易地完成复杂的数据操作。

2.4.1 了解数组

数组是在程序设计中，为了处理方便，把具有相同类型的若干变量按有序的形式组织起来的。这些按序排列的同类数据元素的集合称为数组。

在C#语言中与 C、C++、Java 等一些编程语言相同，数组属于构造数据类型。一个数组可以分解为多个数组元素，这些数组元素可以是基本数据类型或是构造类型。因此按数组元素的类型不同，数组又可分为数值数组、字符数组、结构数组等各种类别。

数组有一个“秩”。数组的秩又称为数组的维度。“秩”为 1 的数组称为一维数组。“秩”大于 1 的数组称为多维数组。维度大小确定的多维数组通常称为两维数组、三维数组等。

数组的每个维度都有一个关联的长度，它是一个大于或等于零的整数。维度的长度不是数组类型的组成部分，只与数组类型的实例相关联，它是在运行时创建实例时确定的。维度的长度确定了该维度索引的有效范围，如对于长度为 N 的维度，索引的范围可以为 0 到 N - 1（包括 0 和 N - 1）。数组中的元素总数是数组中各维度长度的乘积。如果数组的一个或多个维度的长度为零，则称该数组为空。

1. 声明数组

声明数组时，方括号([ ])必须跟在类型后面，而不是标识符后面。在 C#中，将方括号放在标识符后是不合法的语法。在 C#语言中支持一维数组、多维数组（矩形数组）和数组的数组（交错的数组）。

例如，定义数组就是在内存中划分一组内存单元，按照索引的顺序为这些内存单元编号，为存储数据预留位置，其方法如下所示。

```
Modifier Type[] ArrayName
```

在上面的代码中，Modifier 关键字表示数组的修饰符，Type 关键字表示数组中元素的数据类型，ArrayName 表示数组的名称。

数组的修饰符使用方法与变量的修饰符相同，元素的数据类型可以是值类型，也可以是引用类型或更复杂的其他结构。数组的命名规范与变量也完全相同。例如，定义一个由若干字符串组成的数组，其代码如下。

```
public string[] strArray;
```

注意

在一些弱类型的编程语言或脚本语言中，经常允许在同一数组中存储多种类型的数据，例如 JavaScript、ActionScript 等。而在 C#中，一个数组只能存储一种数据类型的数据。

2. 初始化数组

数组类型从.NET Framework 中的 System.Array 继承，创建一个数组，本身相当于建立一个基于 Array 类的对象，而为一个数组赋值，则相当于初始化这一对象。

```
Modifier Type[] ArrayName = new Type[Length];
```

在上面的代码中，使用了 new 关键字来对数组进行实例化，同时使用 Length 关键字标识数组的长度。例如，定义一个包含 5 个整数元素的数组，代码如下。


```
public int[] intArray = new int[5];
```

除直接定义数组元素数量外，开发者也可以在创建数组时直接为其赋值，在赋值的同时，事实上也就相当于定义了数组的元素数量，方法如下所示。

```
Modifier Type[] = {Element1 , Element2 , …… , ElementN}
```

在上面的代码中，就是用大括号“{}”将所有的数组元素括住，通过数组元素间接地定义数组中包含的元素数。例如，在下面的代码中，就定义了一个包含 3 个字符型变量的数组，代码如下。

```
private char[] = {'a' , 'b' , 'c'};
```

另外，也可以先声明数组，再通过另外的语句定义数组元素的数量或赋值，方法与定义变量后再为变量赋值类似。

提示

在定义数组的元素数量时，C#会自动为每一个数组元素赋予一个默认的值。例如，当数组元素为数字时，其值是 0；而数组元素为字符或字符串时，则会是空字符或字符串等。

3. 锯齿状数组

C#允许定义锯齿状数组，其中每一行的列数不同，作用就是节约内存，有些行或许不需要那么多列。与二维数组一样，这类锯齿状数组（从抽象的数组来看，非常像一个锯齿状）也是二维的，但是其中每一行拥有的元素个数不同。

定义锯齿状数组时，使用两套空的方括号，后面紧跟数组的类型名称。当调用 new 运算符时，可以指定第一维的大小，但是不指定第二维的大小。定义了第一个数组以后，再次调用 new 运算符定义其它的数组：

```
byte[][] array = new byte[8][];
array[0] = new byte[3];
array[1] = new byte[5];
.
.
.
array [7] = ne byte[2];
```

创建锯齿状数组，就像在数组中再次创建数组。而对锯齿数组进行操作时，同操作二维数组一样。

4．操作数组

在应用数组过程中，用户需要对数组进行频繁的操作，如查找数组元素、遍历数组、替换数组内容、数组排序等。例如，获取整数型变量的数组元素数量，可以使用 GetLength() 方法或 Length 属性，其使用方法如下。

```
ArrayName.GetLength();
ArrayName.Length;
```

在上述代码中，ArrayName 表示数组名称，而通过 GetLength()方法和 Length 属性，获取数组的元素数量。

GetLength()等方法与 Length 等属性不仅可以获取简单的一维数组数组元素长度，也可以获取多维数组中的每一维，以及锯齿数组中每一个元素数组的元素数量。

例如，在获取多维数组的元素数时，Length 属性和 LongLength 属性获取的并非每个维度的数组元素，仅能获取数组中所有的元素数量。例如，在下面的多维数组中，获取的就是数组所有的元素数，代码如下。

```
string[,] strArray = new string[3,2];
strArray[0,0] = "计算机编程";
strArray[0,1] = "网站开发";
strArray[1,0] = "照片处理";
strArray[1,1] = "网站美工";
strArray[2,0] = "建筑制图";
strArray[2,1] = "机械设计";
Console.WriteLine(strArray.Length);//输出 6
```

如果需要获取多维数组中每一个维度中的元素数量，则可以使用为 GetLength()方法或 GetLongLength()方法添加参数的方式进行获取。例如，获取上述多维数组第一维的元素数量，可以为 GetLength()方法添加数字 0 的参数，代码如下。

```
Console.WriteLine(strArray.GetLength(0));//输出 3
```

提 示

由于锯齿数组中的每个元素数组长度可以各不相同，因此在使用锯齿数组时，不能通过GetLength()方法的参数获取其元素数组的长度。这也是多维数组与锯齿数组的根本区别所在。

如果需要查找数组中的信息，则需要对数组进行遍历操作。而在遍历数组时，用户可以使用 for 循环语句或者 foreach 循环语句。

例如，使用 for 语句来输出显示，Test 数组中包含的文本内容，代码如下。

```
static void Main(string[] args)
        {
            string[] test = { "计算机图书", "小说", "语文","数学" };
            for (int i = 0; i < test.Length; i++) {
                Console.WriteLine(test[i]);
            }
        }
```

在输出数组中所有变量的值时，应注意 C#与 JavaScript、ActionScript 等脚本不同，无法直接通过输出数组名的方式输出数组内的元素，必须通过遍历的方法实现输出，如图 2-3 所示。

图 2-3 输入数组内容

在对二维数组或锯齿数组进行遍历时，需要分别为数组的各维度或级数进行遍历操作。此时，需要使用 for 循环语句的嵌套功能，才能完成。例如，使用 for 嵌套方式遍历二维数组，代码如下。

```
static void Main(string[] args)
        {
            int count=0;
            int[,] test=new int[5,8];
            for(int i=0;i<test.GetLength(0);i++)
            {
                for(int j=0;j<=test.GetLength(1);j++)
                {
                    Console.Write(j);
                }
                Console.WriteLine();
            }
        }
```

在上面的代码中，分别通过多维数组的GetLength()方法获取每一维度的数组元素数量，因此可以通过嵌套迭代语句的方式进行输出值，如图 2-4 所示。

图 2-4 嵌套输出内容

2.4.2 ArrayList 集合

C#语言中的 ArrayList 又被称为动态数组，它的存储空间可以被动态改变，同时还拥有添加、删除元素的功能。如果要动态地改变数组所占用内存空间的大小，需要以数组为基础进一步抽象，以实现这个功能。

在现实的工作中，可能会为一组数据发生改变，来调整大量的程序。例如，一个班级新转学 10 名新同学，而需要这 10 名新同学能跟原来的学生住在一起。因此，需要调整这个班级的课桌、宿舍等。而如果过一段时间，又发生增减学生的情况，那么还得调整学生相关的内容。

为解决这些问题，在 C#语言中可以使用 ArrayList 集合的方法，动态改变数组大小的。无论数据增加或者减少，集合内容会随着数据的变化，而改变存储的内容。

1．使用 ArrayList

在使用 ArrayList 时，需要通过该对象对所定义的变量进行实例化。如下列实例化 List 为 ArrayList 对象。

```
ArrayList List = new ArrayList();
```

在实例化对象过程时，ArrayList 还提供了 3 个构造器。其详细内容如下：

- **public ArrayList()** 默认的构造器，将会以默认（16）的大小来初始化内部的数组。
- **public ArrayList(ICollection)** 用一个 ICollection 对象来构造，并将该集合的元素添加到 ArrayList。
- **public ArrayList(int)** 用指定的大小来初始化内部的数组。

2．Array 与 ArrayList 区别

在 C#中的数组也是对象，实际上就是 Array 类的实例，Array 类可以说是使用最频繁的，只是大家在使用时都没太在意，如在创建数组 int[]时实际上就创建了一个 Array 类对象的实例。Array 及 ArrayList 类之间的异同，主要有以下几点：

- Array 类型的变量在声明的同时必须进行实例化(至少得初始化数组的大小)，而 ArrayList 可以只是先声明。如：

```
  int[] array = new array[3];
或 int[] array = {1,2,3};
  或 ArrayList myList = new ArrayList();
```

这些都是合法的，而直接使用 int[] array;是不行的。

- Array 只能存储同构的对象，而 ArrayList 可以存储异构的对象。同构的对象是指类型相同的对象，若声明为 int[]的数组就只能存放整形数据，string[]只能存放字符型数据,但声明为 object[]的数组除外。

而 ArrayList 可以存放任何不同类型的数据。（因为它里面存放的都是被装箱了的 Object 型对象，实际上 ArrayList 内部就是使用"object[] _items;"这样一个私有字段来封装对象的）

- Array 是始终是连续存放的，而 ArrayList 的存放不一定连续。
- Array 对象的初始化必须只指定大小，且创建后的数组大小是固定的，而 ArrayList 的大小可以动态指定，其大小可以在初始化时指定，也可以不指定，也就是说该对象的空间可以任意增加。
- Array 不能够随意添加和删除其中的项，而 ArrayList 可以在任意位置插入和删除项。

3．ArrayList 常用方法

在 ArrayList 实例对象中，包含有许多的方法，用来对元素进行操作。ArrayList 常用的方法如下：

- **Add 方法**　用于添加一个元素到当前列表的末尾。
- **AddRange 方法**　用于添加一批元素到当前列表的末尾。
- **Remove 方法**　用于删除一个元素，通过元素本身的引用来删除。
- **RemoveAt 方法**　用于删除一个元素，通过索引值来删除。
- **RemoveRange 方法**　用于删除一批元素，通过指定开始的索引和删除的数量来删除。
- **Insert 方法**　用于添加一个元素到指定位置，列表后面的元素依次往后移动。
- **InsertRange 方法**　用于从指定位置开始添加一批元素，列表后面的元素依次往后移动。
- **Clear 方法**　用于清除现有所有的元素。
- **Contains 方法**　用来查找某个对象在不在列表之中。
- **TrimSize 方法**　这个方法用于将 ArrayList 固定到实际元素的大小，当动态数组元素确定不在添加的时候，可以调用这个方法来释放空余的内存。
- **ToArray 方法**　这个方法把 ArrayList 的元素 Copy 到一个新的数组中。

4．ArrayList 应用

在使用 ArrayList 集合时，需要先引用 System.Collections 命名空间，并且所包含接口和类，这些接口和类定义各种对象（如列表、队列、位数组、哈希表和字典）的集合。

System.Collections.Generic 命名空间包含定义泛型集合的接口和类。泛型集合允许用户创建强类型集合，它能提供比非泛型强类型集合更好的类型安全性和性能。

在下列代码中，通过 ArrayList 实例化，并分别创建 al 和 al2 集合。然后，再分别向两个集合进行赋值等操作。

```
using System;
using System.Collections.Generic;
using System.Text;
using System.Collections;
```

```
namespace ConsoleApplication1
{
    class Program
    {
        static void Main(string[] args)
        {
            ArrayList al = new ArrayList();
            al.Add(80);                    //单个添加内容
            foreach (int number in new int[6] { 9, 3, 7, 2, 4, 8 })
            {
                al.Add(number);        //集体添加方法一
            }
            int[] number2 = new int[2] { 11, 12 };
            al.AddRange(number2);      //集体添加方法二
            al.Remove(3);              //移除值为 3 的内容
            al.RemoveAt(2);            //移除第 3 个（包含 0）
            ArrayList al2 = new ArrayList(al.GetRange(1, 3));
                                       //新 ArrayList 只取旧 ArrayList 一部份
            Console.WriteLine("显示 al 内容:");
            foreach (int i in al)      //不要强制转换
            {
                Console.WriteLine(i); //显示 al 内容
            }
            Console.WriteLine("显示 al2 内容:");
            for (int i = 0; i < al2.Count; i++)  //数组是 length
            {
                int number = (int)al2[i];          //一定要强制转换
                Console.WriteLine(number);         //显示 al2 的内容
            }
        }
    }
}
```

通过执行上述的代码，了解 ArrayList 集合的创建，添加数据、删除数据、删除指定元素，以及取出部分数据和类型强制转换等。其执行的结果，如图 2-5 所示。

图 2-5　ArrayList 集合应用

2.5 扩展练习

1. 进行四则运算

本实例通过用户输入的数字和运算符，判断运算并计算两个数字之间的结果。通过该实例，可以巩固 Switch 分支语句的应用。

```
using System;
using System.Collections.Generic;
using System.Linq;
using System.Text;

namespace arithmetic
{
    class Program
    {
        static void Main(string[] args)
        {
            Console.WriteLine("四则运算");
            Console.WriteLine("请输入第 1 个数");
            int nb1 = int.Parse(Console.ReadLine());//接收输入的数字
            Console.WriteLine("请输入运算符");
            char yun = char.Parse(Console.ReadLine());//接收运算符
            Console.WriteLine("请输入第 2 个数");
            int nb2 = int.Parse(Console.ReadLine());//接收输入的数字
            int count=0;
            switch (yun)
            {
                case '+'://判断运算符
                    count = nb1 + nb2;//进行相加运算
                    break;
                case '-':
                    count = nb1 - nb2;
                    break;
                case '*':
                    count = nb1 * nb2;
                    break;
                case '/':
                    count = nb1 / nb2;
                    break;
            }
            Console.Write("计算结果为：");
            Console.Write(count);//输出运算结果
        }
    }
}
```

通过执行上述代码，将在窗口中提示用户输入第 1 个数字，如图 2-6 所示。例如，在光标处输入数字 5，并按【回车】键。然后，再在“请输入运算符”下面，输入加号（+），并按【回车】键，如图 2-7 所示。

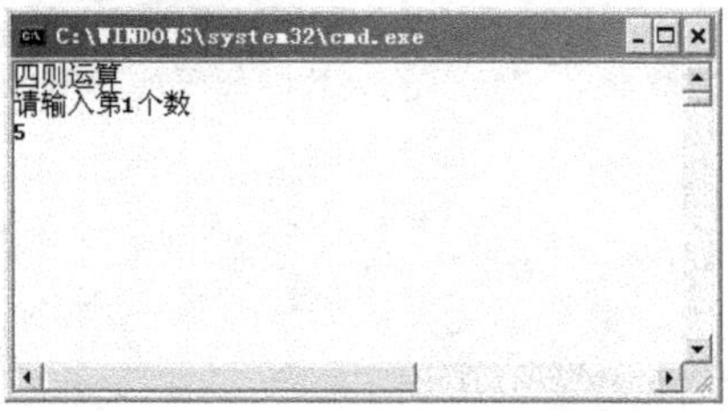

图 2-6　输入第 1 个数字

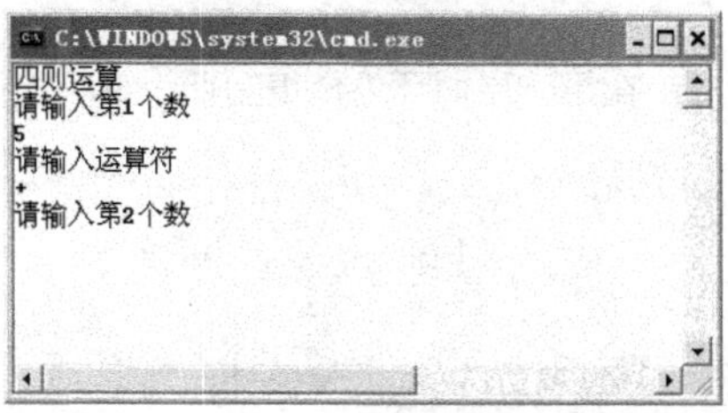

图 2-7　输入运算符

其次，再在“请输入第 2 个数”下面，输入数字，并按【回车】键，如图 2-8 所示。最后，显示计算的结果，如图 2-9 所示。

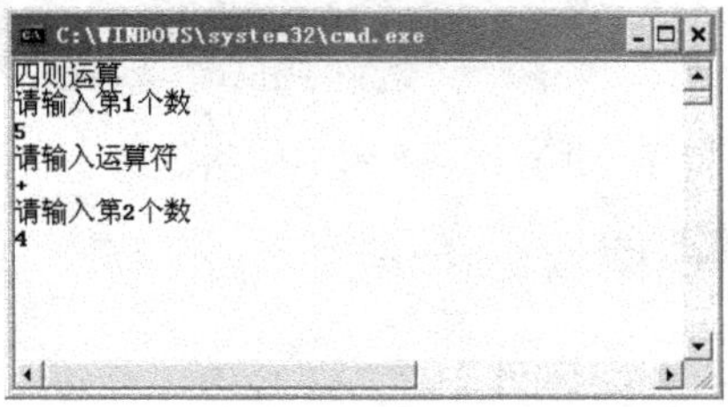

图 2-8　输入第 2 个数字

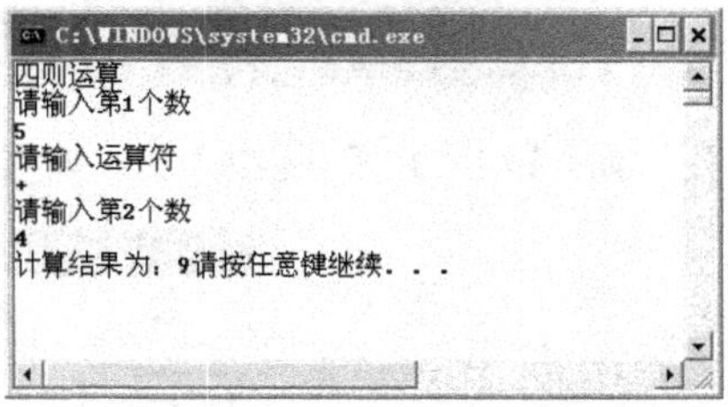

图 2-9　显示计算结果

2，输出三角形

通过输出三角形图案，可以更容易理解循环语句的应用。尤其，用户在使用嵌套式循环语句时，经常由于对不同循环语句作用的不理解，无法解决实际问题。或者是程序代码运行比较混乱，输出的结果与想到结果不相同。

1 将光标置于 Program.cs 文件的 main()函数内，声明一个变量确定图形行数，然后编写第一层循环，代码如下所示。

```
using System;
using System.Collections.Generic;
using System.Linq;
using System.Text;

namespace Triangle
{
    class Program
    {
        static void Main(string[] args)
        {
            int iRow = 5;
            //行数循环
           for (int row = 1; row <= iRow; row++)
            {
```

```
            }
        }
    }
}
```

2 在第一层循环内，编写两个 for 循环分别确定每行空格数和三角形的列数，代码如下所示。

```
//空格循环
for (int space = 6; space > row; space--)
{
  Console.Write(" ");
}
//列数循环
for (int col = 0; col < row * 2 - 1; col++)
{
  Console.Write("*");
}
Console.WriteLine();
```

3 执行【调试】|【开始执行（不调试）】命令，命令行显示执行结果如图 2-10 所示。

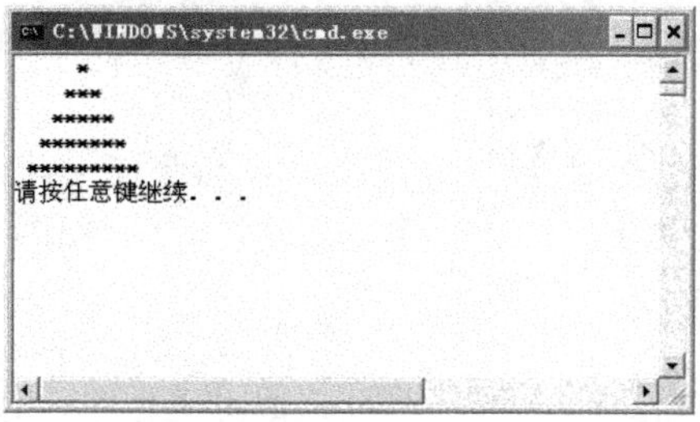

图 2-10 执行结果

3. 计算整数的质数

质数又称素数，指在一个大于 1 的自然数中，除了 1 和此整数自身外，没法被其他自然数整除的数。换句话说，只有两个正因数（1 和自己）的自然数即为素数。

下面通过在 Vsiual.NET 中，通过 C#语言来编写一段代码，用于计算一个整数的质数。而该代码将分别显示该整数的质数个数以及质数数字内容。

```
using System;
using System.Collections.Generic;
using System.Text;
using System.Collections;
namespace zhishu
{
   public class zhishu
    {
      bool div = false;
      ArrayList list = new ArrayList();
       public void zs(int range)
```

```
        {
            for (int i = 2; i < range + 1; i++)
            {
                div = false;
                for (int j = 2; j < i; j++)
                {
                    if (i % j == 0)
                    {
                        div = true;
                        break;
                    }
                }
                if (!div)
                {
                    list.Add(i);
                }
            }
        }
        public void print(int range)
        {
            Console.WriteLine("{0}的质数个数为：", range);
            Console.WriteLine(list.Count);
            Console.WriteLine("具体的质数如下：");
            for (int i = 0; i < list.Count; i++)
            {
                Console.WriteLine(list[i].ToString());
            }
            Console.ReadLine();
        }
        public static void Main(String[] args)
        {
            Console.WriteLine("输入质数的范围：");
            int range = Int32.Parse(Console.ReadLine());
            Console.WriteLine("要算出{0}以内的质数,按Enter计算",range);
            Console.ReadLine();
            zhishu zis = new zhishu();
            zis.zs(range);
            zis.print(range);
        }
    }
}
```

通过上述代码，可以看到分别定义了两个类：第一个类，是通过If语句和for循环语句，计算该整数之间的质数，并添加到ArrayList集合中；第二个类，用显示整数的质数个数，以及通过for循环语句，输出质数的内容。

执行上述代码，将在窗口中，提示用户输入质数的范围，如输出15，如图2-11所示。

然后，按Enter键，并弹出“要算出15以内的质数，按Enter计算”信息，并按Enter键，如图2-12所示。

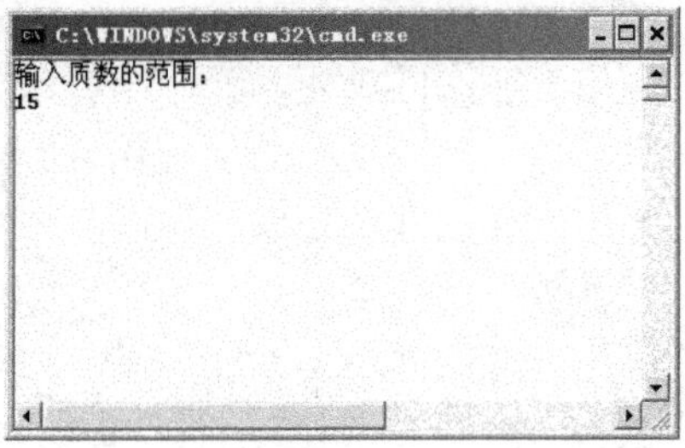

图 2-11　输入质数

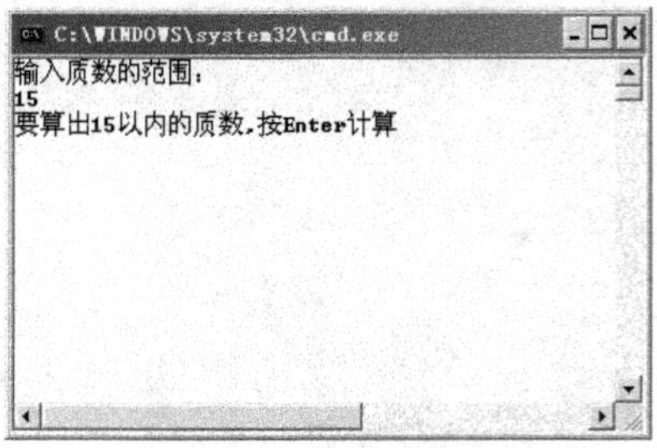

图 2-12　确认计算

最后，将显示 15 的质数包含 6 个数，并显示出具体的质数内容，如图 2-13 所示。

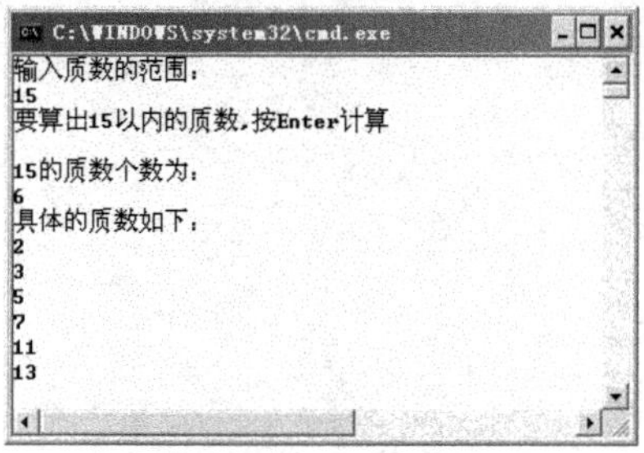

图 2-13　显示质数内容

第 3 章　面向对象程序设计

许多编程语言都提出面向对象程序设计理念，但开发人员真正能做到程序实现面向对象程序的设计的，可能比较少。因为许多程序开发人员，更多地追求程序的实效性，以及开发的速度。

对于面向对象程序设计来说，它并不是编程语言的一种革新，而只是程序设计的一种范型，或者说是程序开发的一种方法。在程序设计过程中，它更多地将对象作为程序的基本单元，将程序和数据封装在其中，以提高软件的重用性、灵活性和扩展性。

如果要真正了解与学习，面向对象程序设计的方法。用户必须了解更多关于面向对象系统分析和面向对象设计方面的知识。

本章就围绕面向对象系统分析、面向对象设计，面向对象程序设计等相关内容，来详细介绍在 C#语言中面向对象程序设计的真正理念。

本章学习目标：

- 面向对象基础
- 对象模型要素
- 对象和类
- 面向组件的概念
- 定义类
- 类的成员
- 继承、多态和接口
- 委托和事件

3.1 深入了解面向对象

面向对象（Object Oriented，OO）是当前计算机编程行业最关心的问题，它是 90 年代软件开发方法的主流。面向对象的概念和应用已超越了程序设计和软件开发，扩展到很宽的范围，如数据库系统、交互式界面、应用结构、应用平台、分布式系统、网络管理结构、CAD 技术、人工智能等领域。

3.1.1 面向对象基础

早期的语言开发思想，都是针对某一件事，而一步一步地来完成，称之为“面向过程开发”。而面向对象是将某一件事，以一个整体的对象化进行考虑，按照不同的动作使用不同的方法来完成。

另外，面向对象可以认为是一种哲学的思想，将客观实体和实体之间的联系构成了现实世界的所有问题，而每一个实体都可以抽象为对象。这种思想尽可能地按照人类认识世界的方法和思维方式来分析和解决问题，使人们分析、设计一个系统的方法尽可能接近认识一个系统的方法。

1. 面向对象分析和设计

面向对象的分析和设计（Object Orient Analysis & Design，OOAD）是现代软件企业广为采用的一项有效技术，其中包含了面向对象分析和面向对象设计两个方法。OOAD方法要求在设计中要映射现实世界中指定问题域中的对象和实体，例如乘客、公交汽车和售票员等。这就需要设计要尽可能地接近现实世界，以最自然的方式表述实体。

面向对象分析（OOA）是指利用面向对象的概念和方法为软件需求构造出关系模型，使用户需求逐步明确、细化、一致性、完整性的分析过程。

分析的过程也是提取需求的过程，主要包括理解、表达和验证。由于现实世界中存在的问题通常比较复杂，所以在分析过程中需要进行交流，并且也需要具有随意性和非形式化等特点。

对于软件需求说明的正确性、完整性和有效性，需要进一步验证，以便及时加以修正。面向对象分析中构造的模型主要分为对象模型、动态模型和功能模型。其关键是识别出问题域中的对象，在分析它们之间相互关系之后建立起问题域的简洁、周详、可以理解的模型。对象该模型通常由 5 个层次组成：类与对象层、属性层、服务层、结构层和主题层，如图 3-1 所示。

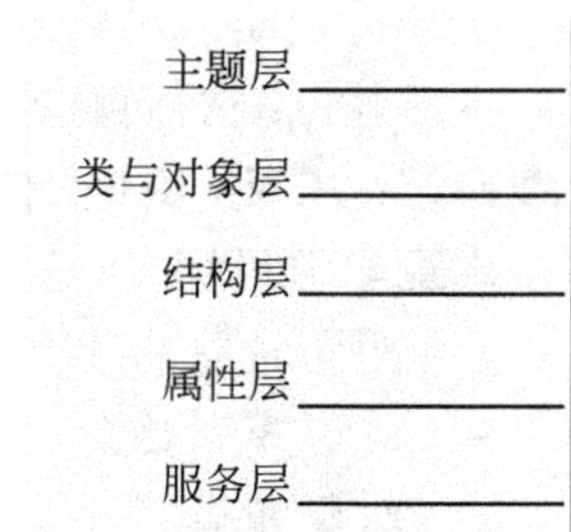

图 3-1 复杂问题的对象模型的

这 5 个层次对应着在面向对象分析过程中，构造对象模型的 5 项主要活动，如发现对象、定义类、定义属性、定义服务、建立结构。面向对象的分析过程如图 3-2 所示。

从面向对象分析（OOA）到面向对象设计（OOD）是一个逐渐扩充模型的过程，也可以说面向对象设计是用面向对象观点建立求解域模型的过程。面向对象分析主要是模拟问题域和系统任务，而面向对象设计是面向对象分析的扩充，主要增加各种组成部分。

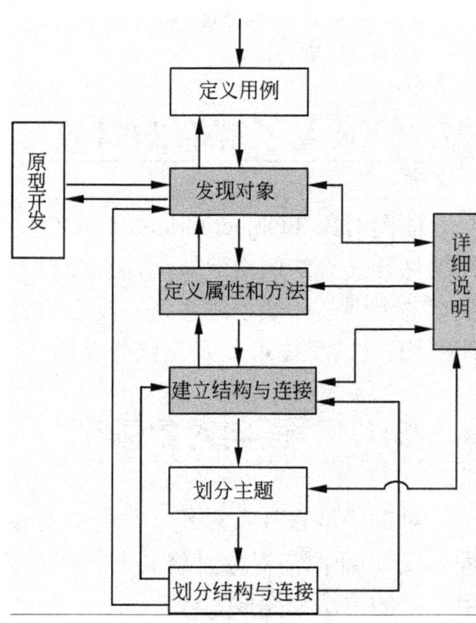

图 3-2 面向对象分析过程模型

由上述内容，了解到面向对象分析有 5 层组成，在设计期间主要扩充 4 个组成部分，如人机交互、问题域、任务管理和数据管理。面向对象设计模型如图 3-3 所示。

- **人机交互** 有效的人机交互所必须的实际显示和输入。
- **问题域** 放置面向对象分析结果并管理面向对象分析的某些类和对象、结构、属性和方法。
- **任务管理** 任务定义、通信和协调、硬件分配及外部系统。

- **数据管理** 对永久性数据的访问和管理。

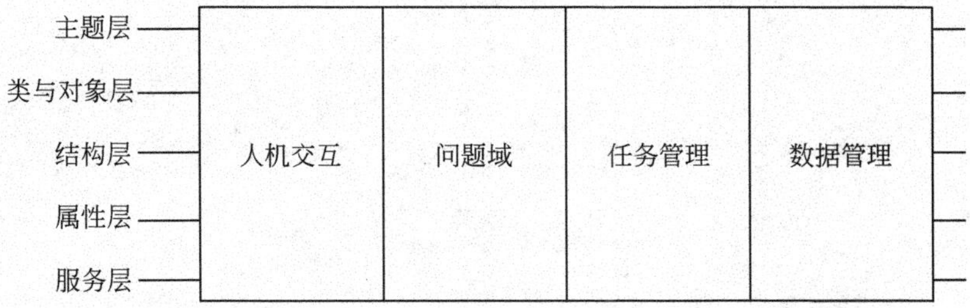

图 3-3 面向对象设计模型

2. 面向对象编程

面向对象编程（Object Oriented Programming，OOP，面向对象程序设计）是一种计算机编程架构，也是一种起源于 20 世纪 60 年代，发展已经将近 40 多年的程序设计思想。OOP 的一条基本原则是计算机程序由单个能够起到子程序作用的单元或对象组合而成。OOP 达到了软件工程的三个主要目标：重用性、灵活性和扩展性。为了实现整体运算，每个对象都能够接收信息、处理数据和向其他对象发送信息。

为了解决问题，可以通过面向对象来分析和设计相关内容，并通过面向对象的程序，来编写程序代码，如利用下面一段 C#代码来解决个人所得税（其中，计算所得税方面不完整）的问题。

```
class Program                               //主程序类
   {
      public Boolean estimate(int gz)       //判断工资金额是否符合缴纳所得税
      {
        Boolean sf=false;                   //定义布尔型变量
         if (gz > 3500)
         {
            sf = true;                      //需要缴纳个人所得税
         }
         return sf;
      }
      public int count_cc(int gz)           //计算超出标准工资数量
      {
         return gz - 3500;                  //需要缴纳部分的金额
      }
      public double count_sds(int gz)       //计算个人所得税
      {
         int sds_gz=gz;                     //获取传递的变量值
         double count=0;                    //保存缴纳所得税的金额
         int cc = this.count_cc(sds_gz);    //获取缴纳的金额
         if (cc <= 1500)                    //当缴纳部分大于1500元时
         {
```

```
                count = cc * 0.03;
            }
            else if (cc <= 4500)            //缴纳部分大于 4500 元时
            {
                count = cc * 0.1 + 105;
            }
            else                            //超越 4500 元后
            {
                count = cc * 0.2 + 555;
            }
            return count;
        }
        static void Main(string[] args)     //静态方法
        {
            Console.WriteLine("请输入扣除保险金后的工资金额：");
            int gz = int.Parse(Console.ReadLine());       //获取工资金额
            Program zz = new Program();           //将对象实例化
            if (zz.estimate(gz))                  //判断是否需要缴纳所得税
            {
                Console.WriteLine("需要缴个人所得税");
                Console.Write("缴付金额：");
                Console.WriteLine(zz.count_sds(gz));      //缴纳金额
                Console.WriteLine("实际工资金额：");
                Console.WriteLine(gz - zz.count_sds(gz));
                                                  //剩余金额（实际金额）
            }
            else
            {
                Console.WriteLine("不需要缴个人所得税");
            }
        }
    }
```


在上述代码中，在 Program 类中，分别创建 estimate(int gz)、count_cc(int gz)和 count_sds(int gz)三个方法，来判断是否需要缴纳所得税、超出 3500 元标准的工资部分、计算需要缴付的金额。

然后，在 main()方法中，可以通过“int gz = int.Parse(Console.ReadLine());”获取用户输入的金额。对该主程序类，进行实例化对象。

其次，通过调用不同的方法，来进行判断、计算相同的金额，以及输出相关信息，如图 3-4 所示。

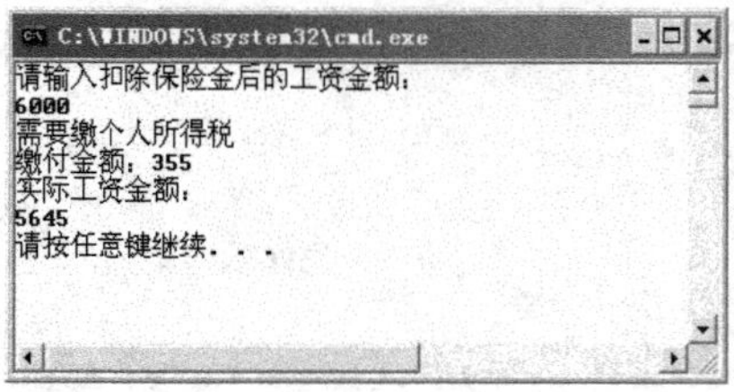

图 3-4　计算金额

3.1.2　对象模型主要要素

对象模型是以面向对象的思想为基础，通过对问题进行抽象，构造出一组相关的模型。这些模型描述了现实世界中“类与对象”以及它们之间的关系，表示了目标系统的静态数据结构，能够全面地捕捉问题空间的信息。

1．抽象

抽象是从众多的事物中抽取出共同的、本质性的特征，而舍弃非本质的特征。例如，苹果、香蕉、生梨、葡萄、桃子等，它们共同的特性就是水果。得出水果概念的过程，就是一个抽象的过程。要抽象，就必须进行比较，没有比较就无法找到在本质上共同的部分。

特征是指把一类事物与他类事物区分开来的部分，这些具有区分作用的特征又称本质特征。因此抽取事物的共同特征就是抽取事物的本质特征，舍弃非本质的特征。

所谓的共同特征，是相对的，是指从某一个方面看是共同的。比如，对于汽车和大米，从买卖的角度看都是商品，都有价格，这是他们的共同的特征。从其他方面来比较是，汽车的主要作用是运输，大米主要作用是饮食（食物）。

在程序设计过程中，抽象是简化复杂的现实问题的途径，它可以为具体问题找到最恰当的类定义，并且可以在最恰当的继承级别解释问题。它可以更充分地关注与主题相关的特征。抽象并不打算了解全部问题，而只是选择其中的一部分，暂时不用部分细节。抽象包括两个方面，一是过程抽象，二是数据抽象。

2．封装

封装是隐藏对象的属性和实现细节，只对外公开接口，控制在程序中属性的读和修改的访问级别。

封装将抽象得到的数据和行为（或功能）相结合，形成一个有机的整体，也就是将数据与操作数据的源代码进行有机的结合，形成“类”，其中数据和方法都是类的成员。

封装的目的是增强安全性和简化编程，不需要了解具体的实现细节，而只是要通过外部接口，特定的访问权限来使用类的成员。

3．共享性

面向对象技术在不同级别上促进共享，如：同一类中的对象有着相同数据结构。这些对象之间是结构、行为特征的共享关系；在同一应用的类层次结构中，存在继承关系的各相似子类中，存在数据结构和行为的继承，使各相似子类共享共同的结构和行为。面向对象不仅允许在同一应用中共享信息，而且为未来目标的可重用设计准备了条件。通过类库这种机制和结构来实现不同应用中的信息共享。

3.1.3 对象和类

类和对象在面向对象开发过程中，非常重要。掌握类与对象，程序员可以从深层次去理解面向对象语言的开发理念。

1．什么是对象

“对象”一词来源于英文单词 object，其语义是物体、对象、客体和实体等。尽管目前的中文文献都把 object 翻译为“对象”，但是在面向对象程序开发过程中的不同阶段，object 的含义有所不同。

对象是人们要进行研究的任何事物，从最简单的整数到复杂的事物都可以看作对象，它不仅能表示具体的事物，还能表示抽象的规则、计划或事件。

客观世界中的任何事物都可以称为对象，一个人是一个对象，一辆汽车是一个对象，汽车中每个部件都是对象。

2．对象的状态和行为

对象具有状态，一个对象用数据值来描述它的状态。对象还有操作，用于改变对象的状态，对象及其操作就是对象的行为。对象实现了数据和操作的结合，使数据和操作封装于对象的统一体中。

3．什么是类

类是 C#中功能最为强大的数据类型，一个类定义一组对象。像结构一样，类也定义了数据类型的数据和行为，它描述一个对象能够做什么以及做的方法(method)，它们是可以对这个对象进行操作的程序和过程。

类是对某个对象的定义。它包含有关对象动作方式的信息，包括它的名称、方法、属性和事件。实际上它本身并不是对象，因为它不存在于内存中。当引用类的代码运行时，类的一个新的实例，即对象，就在内存中创建。虽然只有一个类，但能从这个类在内存中创建多个相同类型的对象。

4．类和对象的关系

类是对象的抽象，而对象是类的具体实例。类是抽象的，不占用内存，而对象是具体的，占用存储空间。

3.1.4 面向组件的概念

在面向组件开发中，应用程序是由一系列可以互相交互的二进制模块组合而成的。

面向组件技术建立在对象技术之上，它是对象技术的进一步发展，类仍然是组件技术中一个基础的概念，但是组件技术更核心的概念是接口。组件技术的主要目标是复用——粗粒度的复用，这不是类的复用，而是组件的复用，如一个 DLL、一个中间件、一个框架。

例如，将代码封装在一个类，然后对类进行组织协调，通过编译器对类或类库进行编译，形成 DLL 组件。在应用程序中使用 DLL，提高代码的重用性。

3.2 面向对象中类与类成员

在上述内容中，已经对面向对象、类，以及面向组件等概念有所了解。以下详细介绍在 C#语言中，如何创建类及类的成员等。

3.2.1 定义类

在定义类时，还可以声明该类的可访问型、所从属的类，以及类的接口等性质。在类的内部，可以定义类的各种成员。

1. 定义一个类

在 C#中定义类，需要使用 class 关键字进行创建，并用修饰符规定类的定义域等性质。对于由其他类衍生的子类，还需要表明其继承的类，代码如下所示。

```
[Modifier] class ClassName [:Class-Base] [:Interface]
{
   Member;
}
```

在上面的代码中，中括号“[]”内的关键字为可选的内容，其作用如下所示。

- **Modifier**

Modifier 关键字表示类的修饰符，是一个可选的关键字，用于定义类的具体作用。类可以使用变量的所有修饰符，同时还可以使用修饰符，如表 3-1 所示。

表 3-1　类的修饰符

修饰符	使用说明
new	仅允许在嵌套类声明时使用，表明类中隐藏了由基类中继承而来的与基类中同名的成员
public	表示不限制对该类的访问
protected	表示只能从所在类和所在类派生的子类进行访问
internal	只有其所在类才能访问
private	只有对包.Net 中的应用程序或库才能访问
abstract	抽象类不允许建立类的实例
sealed	密封类不允许被继承

- **ClassName**

ClassName 关键字表示类的名称。类的命名与变量和函数的命名类似，都可以是任意字母、下划线“_”、中文字符开头，且允许出现数字的字符组合。

- **Class-Base**

Class-Base 关键字表示类的基类名，也是一个可选的关键字，即当前类所继承的其他类。在 C#中，类的基类是惟一的，不允许某个类同时继承几个类。

- **Interface**

Interface 关键字表示类可用的接口，是一个可选的关键字。与基类不同，一个类可以有多个接口，因此 Interface 关键字可以是以逗号（“,”）隔开的若干接口的列表。

- **Member**

Member 关键字表示类的各种成员，例如字段、属性、方法和事件等，这些都应放到类的大括号“{ }”中书写。

2. new 关键字与类的实例化

一个包装好的功能的代码块就可以作为一个类。但用户不能直接用它，因为面向对象概念中不允许随便修改类的内容，要用对类进行实例化，所以 new 关键字表示实例化一个类。

例如，定义一个汽车类，在该类中包含有轮子、方向盘、发动机、车门等。如果用户想购买这一辆车，就得用 new 关键字，并给这辆车取一个名字，如宝马。

```
汽车 宝马 = new 汽车
```

如果还需要再购买一辆车：

```
汽车 奔驰 =new 汽车
```

因此，类的实例化，是通过特殊的方法将类进行具体化，从而创建对象的方法。实例化某个类，其方法主要包括两种：

❑ **声明对象**

若开发者只需要声明一个空对象，在内存中占据一块单元，则只需要声明类名，然后再定义对象的实例名称，代码如下。


```
ClassName ObjectName;
```

在上述代码中，ClassName 关键字表示声明对象的类名；ObjectName 表示对象的实例名称。

❑ **声明对象并实例化**

如果开发者在声明对象的同时还需要为对象创建实例，即在内存中占据单元并填入数据，则可以使用 new 关键字为对象进行定义，代码如下。

```
ClassName ObjectName = new ClassName(Arguments);
```

在上面的代码中，ClassName 和 ObjectName 分别表示类和对象的名称，Arguments 表示该类的构造函数参数。如果声明的对象是一个简单的数据类型，还可以直接为对象赋值，此时方法与实例化变量十分类似，代码如下。

```
ClassName ObjectName = Value;
```

在上面的代码中，Value 关键字就是该对象具体的数据值。在定义绝大多数类时，都需要对类进行实例化，然后再通过对象进行各种数据操作。

3. 特殊关键字

在定义类时，用户可以使用两种特殊的关键字来指代相应基类或对象的名称，而实现代码的省略和动态内容的创建，这就是 base 关键字和 this 关键字。

❑ **base 关键字**

base 关键字用于从派生类中访问基类的成员，调用基类上已被其他方法重写的方法。指定创建派生类实例时应调用的基类构造函数。基类访问只能在构造函数、实例方法或实例属性访问器中进行。

```
namespace test
{
    class fruit                    //水果类
    {
        public fruit()             //构造函数1
        {
            Console.WriteLine("香蕉信息");
        }
        public fruit(string str) //构造函数2
        {
            Console.WriteLine("英文: " + str);
        }
        public void OutPut()       //自定义方法
        {
            Console.WriteLine("该水果的产地。");
        }
        private string name;
        public string Name         //属性
        {
            get { return this.name; }
            set { this.name = value; }
        }
        public void getName()
        {
            Console.WriteLine("产地: " + name);
        }
    }
    class add_data : fruit
    {
        static string hello = "banana";
        public add_data()
            : base(hello)     //子类的构造函数继承的为父类第二个构造函数,注意写法
        {
        }
        public void myOutPut()   //自定义函数
        {
            base.OutPut();         //引用父类的函数
        }
        public string myName      //自定义属性
        {
            get { return base.Name; }
            set { base.Name = "中国" + value; }
        }
        public void title()
        {
            new fruit();
```

```
        }
    }
    class Test
    {
        static void Main(string[] args)
        {
            add_data j = new add_data(); //直接输出父类构造函数内容
            j.title();
            j.myOutPut();                        //输出信息
            j.myName = "台湾、广东最多";
            j.getName();                         //输出完整名称
        }
    }
}
```

执行上述代码，通过显示的信息，可以了解信息输出的先后顺序，并判断语句的作用，如图 3-5 所示。

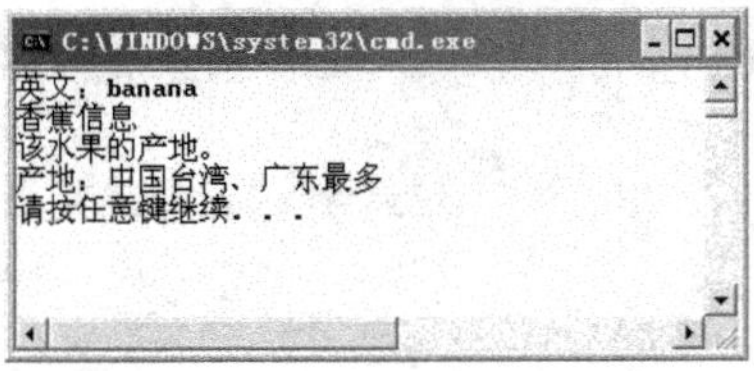

图 3-5　显示香蕉的信息

❑ **this 关键字**

在 C#中，this 关键字代表当前实例，用户可以用“this.”来调用当前实例的成员方法、变量、属性、字段等；也可以用 this 来做为参数状当前实例做为参数传入方法；还可以通过 this[]来声明索引器。


```
// 声明命名空间 this_content
namespace this_content
{
    // 声明类 Car
    public class Car
    {
        // 在 Car 类中:
        // 声明一个非静态的整型变量 petalCount,初始值为 0
        // 未用 Static 声明的变量叫做静态变量,非静态成员属于类的实例
        int petalCount = 0;
        // 声明一个非静态的字符串变量 s,初始值为"null";
        // 注意:s = "null"与 s = null 是不同的
        String s = "null";
        // Car 类的默认构造函数
        Car(int petals)
        {
            // Car 类的默认构造函数中为 petalCount 赋值为传入的参数 petals 的值
            petalCount = petals;
            // 输出 petalCount
            Console.WriteLine("Constructor w/int arg only,petalCount = " +
            petalCount);
        }
        // 重载 Car 类的构造函数
        // : this(petals) 表示从当前类中调用 petals 变量的值来作为构造函数重载方
        法 Car(String s, int petals)的第二个参数
```

```
        Car(String s, int petals)
            : this(petals)
        {
            // 在构造函数中为 s 赋值
            // 非静态成员可以在构造函数或非静态方法中使用 this
            this.s = s;
            Console.WriteLine("String & int args");
        }
        // 重载构造函数,: this("hi", 47) 表示调 Car(String s, int petals) 这
        个重载的构造函数,并直接传入变量"hi"和 47
        Car()
            : this("hi", 47)
        {
            Console.WriteLine("default constructor");
        }
        public static void Main()
        {
            Car x = new Car();
            Console.Read();
        }
    }
}
```


通过上述对代码进行分析，以及执行上述代码，可以非常清楚了解 this 关键字在代码中的作用，如图 3-6 所示。

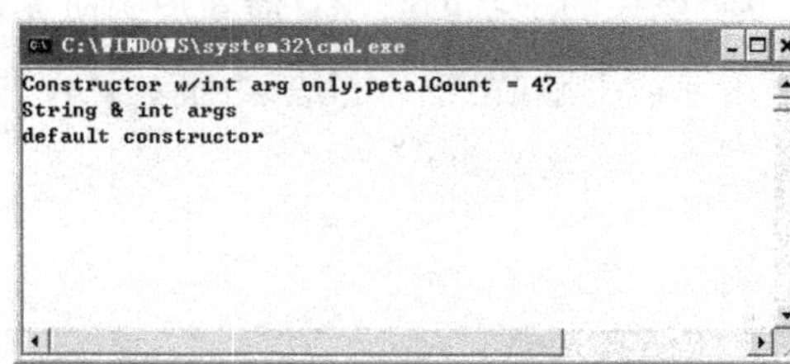

图 3-6　显示信息

3.2.2　类的成员字段

字段是类最简单的成员，既可以是常量，也可以是变量，是描述类的一种基本属性。为类创建一个字段，声明方法与声明变量类似，需要先设置修饰符，再定义字段类型，最后为字段命名。

```
Modifier Type FieldName;
```

上面的代码包含三种关键字，其中 Modifier 表示字段的修饰符，Type 表示字段的数据类型，FieldName 表示字段的名称。

在修饰字段时，可以使用 public、protected、internal、private、static 和 readonly 等修饰符，表 3-2 所示。

表 3-2　类成员修饰符

修饰符	作用
Public	最开放，所有的本程序集以及其他的程序集里面的对象都能够访问
Protected	比较开放，自身成员以及子类成员可访问
Private	只有自身成员才能够访问

续表

修饰符	作用
Internal	本程序集内的成员可以访问
Static	修饰类时表示该类时静态类，不能够实例化该类的对象，既然不能实例化该类，那么这个类也就不能够含有对象成员，即该类所有成员为静态；修饰类成员时，该成员为类成员，只能通过【类.成员名】的方式访问
readonly	修饰符表示该字段为只读字段，类似常量的效果

字段的数据类型可以是基本的数据类型、用户定义的结构或其他的类等。在为字段命名时，同样适用变量的命名法等规范，且不能使用 C#的关键字。

字段和属性、方法、事件是同一级别的，因此声明一个字段时，应将其放置在方法和事件的代码块之外。

例如，Animal 类中的 color 字段，用来描述动物的颜色。当然，在该类中，还可以声明不同的字符，对 Animal 类进行描述，示例代码如下所示。

```
class Animal
{
    public string color;                          //声明颜色字段
    public bool haveFeather;                      //声明是否含有羽毛字段
    public int age;                               //年龄字段
}
```


上述代码中，对 Animal 类声明了 3 个字段，用于颜色、是否有羽毛、年龄。当需要访问该类的字段的时候，需要声明对象，并使用点“.”操作符实现，示例代码如下所示。

```
Animal bird = new Animal();                  //创建对象
bird.haveFeather = true;                     //鸟有羽毛
 bird.color = "black";                       //这是一只黑色的鸟
```

提 示

在 C#中，系统会为每个未初始化的变量确定一个默认值，以保证程序的安全性。字段的默认值分为两种情况，若字段为静态字段（带有 static 修饰符），则该字段将在类的装载时初始化；若字段为非静态字段，则在类的实例创建时初始化。

3.2.3 类的成员属性

在 C#中，属性可以像类中的字段一样进行访问。属性可以为字段提供保护，避免字段在用户创建的对象不知情的情况下被更改。属性机制非常灵活，提供了读取、编写或计算私有字段的值，可以像公共数据成员一样使用属性。

```
public class aa
{
    private int _age;                  //定义私有变量
    public int Age                     //赋值属性
```

```
    {
        get { return  _age; }
        set { _age = value; }
    }
}
```

上述代码中为 aa 类声明了一个属性 Age。在主程序中，同样可以通过“.”操作符来访问属性，示例代码如下所示。

```
aa bird = new aa();                              //创建对象
bird.Age = 1;                                    //Age 访问了_age
```

在类中，属性可以使类能以公开的方式获取或设置值，并隐藏实现或验证的代码；get 属性访问语句用于返回属性值；set 访问语句用于为属性分配值。

在 set 语句中，用户可以通过条件分支判断，根据某些外部条件定义多个属性值，但最终有效的属性值只能有一个。如果一个属性没有 set 取值函数，则该属性将是只读的。

例如，根据显示一个商品的信息，了解 set 和 get 属性的应用。代码如下：

```
namespace getaddset
{
   class Product                             //商品类
   {
      //私有字段
      private string _Pname;                 //商品名称
      private bool _IsNoEmperty;             //是否有库存
      private double _Price;                 //商品单价
      private int _PCount;                   //商品数量
      //属性:
      //可读写
      public string Pname
      {
         set { _Pname = value; }
         get { return _Pname; }
      }
      //只读
      public bool IsNoEmperty
      {
         get { return _IsNoEmperty; }
      }
      //可检测赋值是否正确
      public double Price
      {
         set
         {
            if (value >= 0)
               _Price = value;
            else
               throw new Exception("Price 的赋值范围");
```

```
            }
            get
            {
                return _Price;
            }
        }
        //赋值时更改其他状态
        public int PCount
        {
            set
            {
                _PCount = value;
                _IsNoEmperty = true;        //改变了_IsNoEmperty 字段的值
            }
            get { return _PCount; }
        }
        public void Print()
        {
            Console.WriteLine("产品信息如下：");
            Console.WriteLine("产品名称：{0}", _Pname);
            Console.Write("产品价格：{0}", _Price);
            Console.WriteLine("元/500g");
            Console.WriteLine("库存数量：{0}", _PCount);
        }
        static void Main(string[] args)
        {
            Product P1 = new Product();
            P1.Pname = "西瓜";
            P1.Price = 0.5;
            P1.PCount = 20;
            P1.Print();
        }
    }
}
```


通过上述代码，用户可以了解到set和get属性在不同情况下的应用。通过执行上述代码来，查看显示的信息，如图3-7所示。

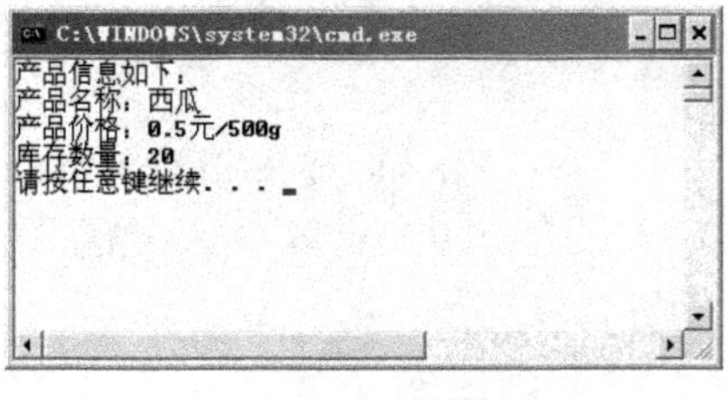

图3-7　显示商品信息

在定义属性时，可以使用 public、private、protected、internal或protected internal等修饰符，设置属性的访问权限。同一属性的get和set语句可能具有不同的修饰符。例如，用户可以在get语句中使用公共修饰符public，可以允许外部访问。但在具体赋值的set语句中，则使用私有修饰符private，禁止外部访问。

除使用以上几种修饰符外，开发者也可以使用virtual修饰符，定义属性为虚属性，然后派生类就可以通过override修饰符来重写事件行为。

另外，使用 virtual 修饰符的虚属性还可以再添加一个 sealed 修饰符，表示其派生类不再是虚拟的。如果为属性使用 abstract 修饰符，这意味着类中没有任何实现，派生类必须编写自己的实现。

> **提示**
> 在为属性定义修饰符时，如果设置其修饰符为 static（即定义该属性为静态属性），则不能再为其添加 virtual、abstract 或 override 等修饰符。

3.2.4 类的成员方法

在面向对象编程的语言中，方法几乎等同于函数，但也有一定的区别。方法是类或对象可以执行的功能。

1. 声明方法

方法是指定名称的一组语句，每个方法都有一个方法名和一个方法体。方法名用来指定方法的名称，方法体用来描述该方法使用何种算法和结构来完成计算。方法的声明语法如下所示。

```
描述 权限 返回值类型 方法名称(参数)
{
    方法体
}
```

上述伪代码说明了方法的声明语法，用户可以参照以上伪代码进行编写方法，示例代码如下所示。

```
static public string process ()                    //返回值类型为string
{
    string username = "BeiJing";                    //定义字符串变量
    return username;                                //返回string类型
}
```

编写一个方法必须按照方法声明的语法来编写，在编写方法时需要指定描述、权限、返回值类型等，这些必要的条件作用如下所示。

- **描述** 用来描述方法，例如是否是静态方法等。
- **权限** 权限用来描述方法的访问性，确定外部对象是否能引用或直接访问此方法或类成员。
- **返回值类型** 用来描述方法体中所返回的值的类型。
- **方法名称** 描述方法的命名称。
- **参数** 用来向方法传递参数，可以为 0 个或多个参数，多个参数用逗号分隔。
- **方法体** 用来描述方法所要执行的操作。

如果创建了一个方法，并且说明该方法必须有返回值，则该方法必须有返回值并且返回值的类型与声明的方法的返回值类型相同。若方法中的返回值和修饰符中返回值的修饰不相同，则编译器会报错；若方法无返回值，可使用 void 关键字修饰方法。

2．方法的参数传递

在 C#中，方法的参数传递有 4 种类型：传值参数（by value），引用参数（by reference），输出参数（by output），数组参数（by array）。传值参数不需要额外的修饰符，引用参数需要 ref 修饰符，输出参数需要 out 修饰符，数组参数需要 params 修饰符。

❑ **传值参数**

传值参数在方法调用过程中如果改变了参数的值，那么传入方法的参数在方法调用完成以后并不因此而改变，而是保留原来传入时的值。

```
class Program
{
   public void  GetUserName(string name)          //包括参数传递的方法
   {
      string username = name;                     //内部变量赋值
   }
   static void Main(string[] args)
   {
      Program pro = new Program();                //创建一个新对象
      pro.GetUserName("BeiJing");                 //传递了一个值
   }
}
```

上述代码创建了一个类，并在类中创建了一个 GetUserName 方法，包含一个参数传递。在创建一个对象后，可以直接通过传递值来传递参数。

❑ **传址参数**

传址参数则恰恰相反，如果方法调用过程改变了参数的值，那么传入方法的参数在调用完成以后也随之改变。实际从名称上用户可以清楚地看出两者的含义——传值参数传递的是调用参数的一份备份，而传址参数传递的是调用参数的内存地址，该参数在方法内外指向的是同一个存储位置。

```
class Myclass
      {
         public void Sort(ref int x, ref int y, ref int z)
         {
            int tmp;                      // tmp是方法Sort的局部变量
                                          // 将x, y, z按从小到大排序
            if (x > y) { tmp = x; x = y; y = tmp; }
            if (x > z) { tmp = x; x = z; z = tmp; }
            if (y > z) { tmp = y; y = z; z = tmp; }
         }
      }
      class Test
      {
```

```
        static void Main()
        {
            Myclass m = new Myclass();          //实例化对象
            int a, b, c;                        //定义变量
            a = 30; b = 20; c = 10;             //变量赋值
            m.Sort(ref  a, ref  b, ref  c);     //引用参数调用
            Console.WriteLine("a={0}, b={1}, c={2}", a, b, c);
        }
    }
```

通过执行上述代码，从显示的结果中可以观察到 a、b 和 c 三个数，进行了从小到大的排列，如图 3-8 所示。

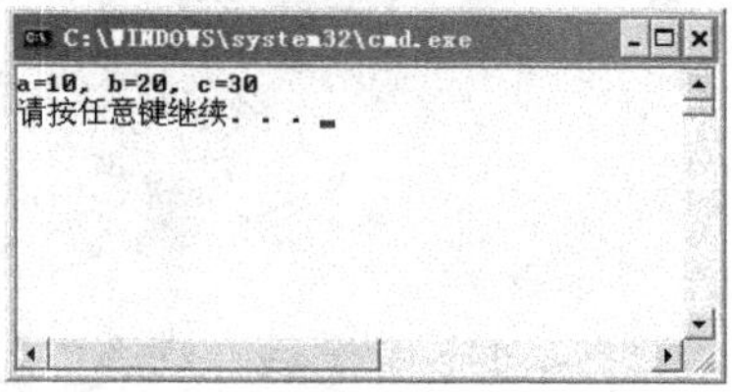

图 3-8　重新排列数字

ref 关键字仅对跟在它后面的参数有效，而不能应用于整个参数表。例如 Sort 方法中 x, y, z 都要加 ref 修饰。在调用方法时，也用 ref 修饰实参变量。因为是引用参数，所以要求实参与形参的数据类型必须完全匹配，而且实参必须是变量，不能是常量或表达式。

在方法外，ref 参数必须在调用之前明确赋值。在方法内，ref 参数被视为初始值已赋过。

- **输出参数**

为了把方法的运算结果保存到外部变量，因此需要知道外部变量的引用(地址)。输出参数用于向方法传递外部变量引用(地址)，所以输出参数也是引用参数，它与引用参数的差别在于在调用方法前不需要对变量进行初始化。

```
class test
    {
        static void swap(out int i, out int j)
        {
            i = 20;
            j = 30;
        }
        static void Main()
        {
            int i;
            int j;
            swap(out i, out j);
            Console.WriteLine("i = {0}, j = {1}", i, j);
        }
    }
```

- **数组参数**

params 关键字可以指定在参数数目可变处采用参数的方法参数。在方法声明中的 params 关键字之后不允许任何其他参数，并且在方法声明中只允许一个 params 关键字。

```
class Class1
    {
```

```
        static void array(params int[] args)          //数组 params 参数
        {
            Console.Write("数组长度:", args.Length);
            foreach (int i in args)                   //循环输出数组内容
                Console.Write(" {0}", i);
            Console.WriteLine();
        }
        static void Main()
        {
            int[] a = { 2,4,6 };
            array(a);                                 //实参为数组类引用变量a
            array(12, 15, 30, 35);//等价于array (new int[] {12, 15, 30, 35});
            array(new int[] { 22,21, 18,17 });        //实参为数组类引用
            array(new int[] { });               //实参为数组类引用，数组无元素
        }
    }
```

通过上述代码，已经了解 params 关键字的应用。其中，一个方法中只能声明一个 params 参数，如果还有其他常规参数，则 params 参数应放在参数表的最后。

用 params 修饰符声明的参数是一个一维数组类型。由于 params 参数是一个数组，所以在调用时可以为参数数组指定零个或多个参数，其中每个参数的类型都应与参数数组的元素类型相同或能隐式地转换。

当调用具有 params 参数的方法时，可以作为一个元素列表或作为一个数组传递给 params 参数。因此，无论采用哪种方式来调用方法，params 参数都是作为一个数组被处理。

params 参数在内部会进行数据的复制，不可能将 params 修饰符与 ref 和 out 修饰符组合起来用。所以在这个方法中对参数数组的元素进行修改，在这个方法之外的数值也不会发生变化。

3．静态方法

静态方法是指以静态修饰符 static 定义的方法，是无法为类的对象和子类继承的方法。这类方法只能通过类来访问，用于实现各种抽象的命令。定义静态方法时，必须在该方法的数据类型前添加 static 修饰符。在调用静态方法时，不需要对类进行实例化，只需要直接输入类的名称和方法名，代码如下。

```
ClassName.MethodName(Arguments);
```

在上面的代码中，关键字 ClassName 表示方法所属的类名；MethodName 关键字表示静态方法的名称；Arguments 关键字表示方法的参数。在之前介绍的一些命令中，很多命令都属于静态方法，例如在命令行中输出字符串的 Write()、WriteLine()等方法，就是 Console 类的两种静态方法。

4．实例方法

实例方法是可以被类成员所继承的方法，操作的对象往往就是实例本身，因此在使

用上经常需要将类实例化，然后再通过实例调用这些方法，其调用方式如下所示。

```
ObjectName.MethodName(Arguments);
```

在上面的代码中，关键字 ObjectName 表示实例的名称；MethodName 关键字表示所调用的实例方法名；Arguments 关键字表示实例方法的参数。例如，在下面的代码中，就创建了一个基于商品信息的类，并定义了两个实例方法，分别用于更改商品名称和获取商品价格，代码如下。

```
public class goods
{
    uint gId;
    string gName;
    string gType;
    float gPrice;
    public void changeName(string newName)
    {
        this.gName = newName;
    }
    public float getPrice()
    {
        return this.gPrice;
    }
}
```


实例方法可以被重复地调用。在上面代码中，更改名称的实例方法 changeName()是一个虚函数，可以根据参数获取新的名称，然后再使用 this 关键字调取当前的对象，进行更名操作；获取商品价格的实例方法 getPrice()是一个实函数，可以使用 this 关键字调取当前对象的 gPrice 字段并返回。

3.2.5 构造函数

构造函数的作用是在调用时对类进行实例化，根据类成员创建一个对象实例，名称通常与类的名称相同，可以执行类的各种初始化任务。当代码访问一个类时，最先开始执行的就是构造函数。

1. 定义构造函数

在定义构造函数时，通常需要将类的名称定义为函数名，并且将类的必要字段、必要属性等作为构造函数的参数，同时还需要定义其修饰符等，如下所示。

```
class ClassName
{
    public ClassName(Arguments)
    {
        //……
    }
}
```

在上面的代码中，定义了一个构造函数。其中，关键字 ClassName 既表示类的名称，也表示构造函数的名称；关键字 Arguments 则表示构造函数的参数。需要注意的是，构造函数本身是不会返回任何数据的，因此在编写构造函数时，不需要为其设定数据类型。

> **提示**
> 在对实例的字段和属性等进行读写操作时，需要确保在当前代码块中对类成员有访问权限。例如，在入口函数 main()中操作外部类的字段，就需要该字段具有 public 修饰符。

2. 构造函数的重载

构造函数和普通方法一样可以被重载，重载构造函数的方法与重载普通的方法相同。具体来讲，就是为一个类定义两个以上的构造函数，通过函数的参数差异实现构造函数的参数多样化。例如，在下面的代码中，重载了构造函数，以实现不同的功能。

```
public class additive
{
   public additive(int n1, int n2)
   {
      Console.WriteLine(n1 + n2);
   }
   public additive(double n1, double n2)
   {
      Console.WriteLine(n1 + n2);
   }public additive(string str1, string str2)
   {
      Console.WriteLine(str1 + str2);
   }
}
```


在上面的代码中，对 additive 类的构造函数进行了 3 次重载，其参数分别为两个整数、两个双精度浮点数和两个字符串。这样对函数使用不同类型的参数，获得的结果也不尽相同。例如，分别使用这三种重载函数，代码如下。

```
additive add1 = new additive(1, 2);              //整数运算
additive add2 = new additive(1.5, 2.2);          //浮点数运算
additive add3 = new additive("重载", "函数");    //字符串连接运算
```

重载构造函数与重载普通的方法相同，都需要根据参数的数据类型、数量和顺序判断调用的版本。因此在重载构造函数时，对参数的差异要求与重载普通方法相同。

3.2.6 析构函数

析构函数的功能与构造函数完全相反，构造函数用于创建类的实例，析构函数则主要用于将类的实例清除，释放内存，并执行相关的各种语句，因此析构函数又被称作

“逆构造函数”。析构函数的命名方式是在类名之前添加“~”，如下所示。

```
class ClassName
{
    ~ClassName()
    {
        //……
    }
}
```

在上面的代码中，关键字 ClassName 为类的名称。析构函数通常没有参数，也没有返回值。在使用析构函数时，同样不能直接显式调用。当没有任何代码要使用一个实例时，即可使用析构函数，如下所示。

```
static void Main(string[] args)
{
    test aa = new test();
}
class test
{
    public test()
    {
        Console.WriteLine("创建 test 实例");
    }
    ~test()
    {
        Console.WriteLine("test 实例被析构");
    }
}
```

在上面的代码中，定义了一个名为 test 的类，并编写了该类的构造函数和析构函数。在执行该程序时，即可发现析构函数~test()会在程序结束时自动被调用。

3.3 继承、多态和接口

在类的设计中，经常需要管理和开发相似功能。在设计这些类时，可以使用继承的原则。而多态性是指同一操作作用于不同类的实例，不同的类将进行不同的解释，最后产生不同的执行结果。接口是把隐式公共方法和属性组合起来，以封装特定功能的一个集合。

3.3.1 类的继承

继承是面向对象编程技术的一块基石，通过它可以创建分等级层次的类。例如，创建在一个汽车类中，包含了汽车的属性（如车轮、方向盘、发动机、车门）和操作方法（如前进、倒退、刹车等）。

```
类  汽车
{
    属性：车轮；
    属性：方向盘；
    属性：发动机；
    属性：车门；
    方法：前进；
    方法：倒退；
    方法：刹车；
}
```

从这个已有的类中可以通过继承的方法派生出新的子类，如卡车、轿车、客车等。而这些子类都是汽车类中更具体的类，每个具体的类还可增加自己一些特有的属性及方法。

```
类  轿车
{
    属性：颜色；
    属性：车箱；
    属性：车门；
    方法：车档；
    方法：倒退控制器；
}
```


继承是使用已经存在的定义作为基础，建立新定义的技术。新类的定义可以是即存类所声明的数据和新类所增加的声明组合，新类复用即存的定义，不需要修改即存类。即存类可以作为基类来引用，而新类可以作为派生类来引用。

继承是父类和子类之间共享数据和方法的机制，通常把父类称为基类，子类称为派生类。一个基类可以有任意数目的派生类，从基类派生出的类还可以被派生，一群通过继承相联系的类就构成了类的树型层次结构，如图 3-9 所示。

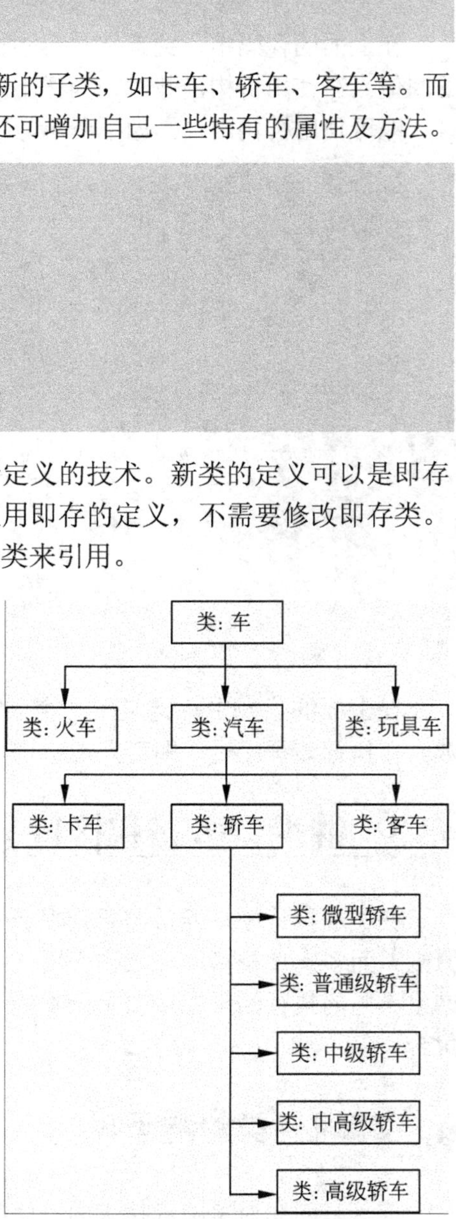

图 3-9　类的分层结构

如果一个类有两个或两个以上的直接基类，那么这样的继承结构被称为多重继承或多继承。在现实世界中这种模型非常常见，如车轮既有车类的属性，又有轮胎的属性。

尽管多继承从形式上看比较直观，但在实现上多继承可能引起继承操作或属性的冲突。C#语言也对多继承的使用进行了限制，它通过接口来实现。接口可以从多个基接口继承。因此，C#语言类继承有如下特点：

- 只允许单继承，即派生类只能有一个基类。
- 继承是可以传递的，如 C 从 B 派生，B 从 A 派生，那么 C 不但继承 B 的成员，还要继承 A 中的成员。

- 派生类可以添加新成员，但不能删除基类中的成员。
- 派生类不能继承基类的构造函数、析构函数和事件，但能继承基类的属性。
- 派生类可以覆盖基类的同名成员，如果在派生类中覆盖了基类同名成员，那么基类该成员在派生类中就不能被直接访问，只能通过base基类方法名访问。
- 派生类对象也是基类的对象，但基类对象却不是派生类的对象。C#语言规定，基类的引用变量可以引用派生类对象，但派生类的引用变量不可以引用基类对象。

在应用程序开发过程中，需要完成功能相近但是实现不同的类来抽象对象的时候，就需要用到继承。例如，创建一个汽车基类，包含有车轮、重量等。而再创建一个轿车类，并继承汽车基类，代码如下所示。

```
class car_base                              //定义汽车类
    {
        public int wheels;                  //公有成员  轮子个数
        protected double weight;            //保护成员  重量
        public car_base() { ;}
        public car_base(int w, double g)
        {
            wheels = w;
            weight = g;
        }
        public void Speak()
        {
            Console.WriteLine("the w vehicle is speaking!");
        }
    }
    class Car : car_base                    //定义轿车类  从汽车类中继承
    {
        int passengers;                     //私有成员  乘客数
        public Car(int w, double g, int p)
            : base(w,g)
        {
            wheels = w;
            weight = g;
            passengers = p;
        }
    }
    class test
    {
        static void Main(string[] args)
        {
            Car qc = new Car(4,2.5,5);
        }
    }
```

上述代码中可以看出，在设计类的时候，对于同一个类的重复使用，可能会使用户非常的迷惑。通过使用派生类，可以让程序的代码意义更加地明确和容易阅读；可以通过改造派生类去实现更多的方法，而不用修改基类，以免影响到其他的派生类。示例代码如下所示。

```
public class car_base                              //创建基类
{
    public string type;                            //创建基类成员
    public string color;                           //创建基类成员
    public string sound;                           //创建基类成员
}
public class car : car_base                        //创建派生类
{
    public string country;                         //创建派生类成员
}
```

使用冒号（“:”）运算符说明该类是派生自一个基类，上述代码创建了一个新的类 car 来描述轿车类，而通过冒号（“:”）运算符说明了 car 类派生自 car_base 汽车基类。

创建派生类，说明该派生类继承了基类的共有或保护的方法和属性，在派生类中可以不需要再声明变量。

> **注意**
>
> 当基类的字段或者方法等访问修饰符为 public 或 protected 时，继承的派生类可以使用基类的字段或方法。但是当基类的字段或方法等访问修饰符为 private 时，继承的派生类不能使用基类的 private 字段或方法。

3.3.2 认识多态

类的多态性是指多种形式或多种形态。在面向对象编程中，多态是指同一个消息或操作作用于不相同的对象，可以有不相同的解释，产生不相同的执行结果。

```
public class vehicle
{
    public virtual void Colour()
    {
        Console.WriteLine("红色的汽车");
    }
}
public class bus : vehicle                         //继承 vehicle 类
{
    public override void Colour()
    {
        Console.WriteLine("蓝色的公交车");
    }
}
public class saloon_car : vehicle                  //继承 vehicle 类
{
```

```
    public override void Colour()
    {
        Console.WriteLine("黑色的轿车");
    }
}
class Testa
{
    static void Main(string[] args)
    {
        vehicle[] animals = new vehicle[3];
        animals[0] = new vehicle();
        animals[1] = new bus();
        animals[2] = new saloon_car();
        for (int i = 0; i < 3; i++)
        {
            animals[i].Colour();
        }
    }
}
```


在上面的例子中，通过继承使 vehicle 对象数组中的不同对象，在调用 Colour()方法时，表现出不同的行为，如图 3-10 所示。

多态的实现看起来很简单，但是要完全理解及灵活地运用多态机制，也不是一件容易的事。

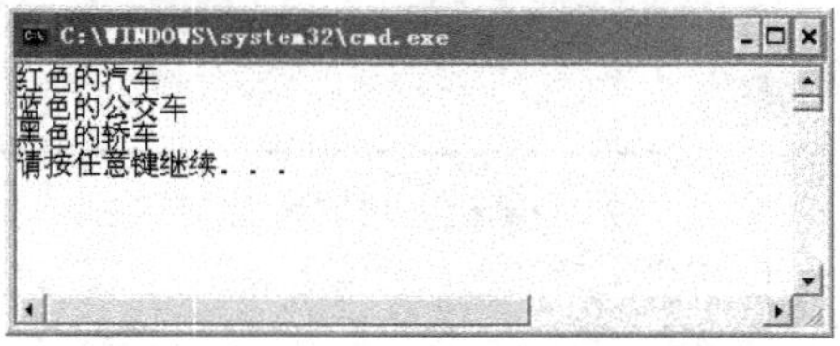

图 3-10　显示继承的结果

1．New 关键字在多态中的用法

先通过下列例子，来了解 new 关键字的应用，并通过实例来分析多态性。代码如下：

```
public class vehicle
{
        public virtual void Colour()
        {
            Console.WriteLine("红色的汽车");
        }
}
public class bus : vehicle
{
    public new void Colour()
    {
        Console.WriteLine("蓝色的公交车");
    }
}
class Testa
{
    static void Main(string[] args)
    {
```

```
        vehicle a = new vehicle();
        a.Colour();
        vehicle b = new bus();
        b.Colour();
        bus c = new bus();
        c.Colour();
    }
}
```

在上述代码中，当派生类 bus 的 Colour( )方法使用 new 修饰时，bus 类实例化后转换为 vehicle 对象。而调用 bus 对象的方法时，则调用的是 vehicle 类中的 Colour ( )方法，其显示结果如图 3-11 所示。

图 3-11 显示结果

使用 new 关键字后，使得 bus 中的 Colour( )方法和 vehicle 类中的 Colour( )方法成为两个独立的方法，而只是名字相同而已。因此，无论 vehicle 类中的 Colour( )方法是否使用 virtual 修饰，也不管访问权限如何，都不会对 bus 类中的 Colour( )方法产生任何影响。

提 示

严格地说，用户不能通过 new 关键字来实现多态性效果，只能说在某些特定的时候，碰巧实现了多态的效果。

2. override 实现多态

一般使用 override 来实现多态，如在上述的代码 vehicle 基类中，在 Colour( )方法使用 virtual 修饰符标记为虚拟方法。

在派生类 bust 和 saloon_car 中，用 override 修饰符来对 Colour( )方法进行修饰。这样实现方法重写，并且很简单地就实现了多态性。

注 意

要对一个类中一个方法用 override 修饰，该类必须从父类中继承一个对应的用 virtual 修饰的虚拟方法，否则编译器将报错。

在多层继承中，如 vehicle 基类，有一个 virtual 修饰的 Colour( )方法。而 saloon_car 类继承自类 vehicle 基类，并使用 override 修饰 Colour( )方法，进行重写。

其次，还有一个 minicar 类又继承自 saloon_car 类，并且还可以使用 override 修饰 Colour( )方法，进行重写并实现多态性效果。

```
public class vehicle
{
    public virtual void Colour()
```

```
        {
            Console.WriteLine("红色的汽车");
        }
    }
    public class saloon_car : vehicle                    //继承 vehicle 类
    {
        public override void Colour()
        {
            Console.WriteLine("黑色的轿车");
        }
    }
    public class minicar : saloon_car                    //继承 saloon_car 类
    {
        public override void Colour()
        {
            Console.WriteLine("灰色的微型轿车");
        }
    }
    class Testa
    {
        static void Main(string[] args)
        {
            vehicle[] animals = new vehicle[3];
            animals[0] = new vehicle();
            animals[1] = new saloon_car();
            animals[2] = new minicar();
            for (int i = 0; i < 3; i++)
            {
                animals[i].Colour();
            }
        }
    }
```

执行上述代码时，可以非常确定 minicar 类继承自 saloon_car 类，并且通过 override 修饰符对 Colour( )进行了重写，实现了多态效果，如图 3-12 所示。

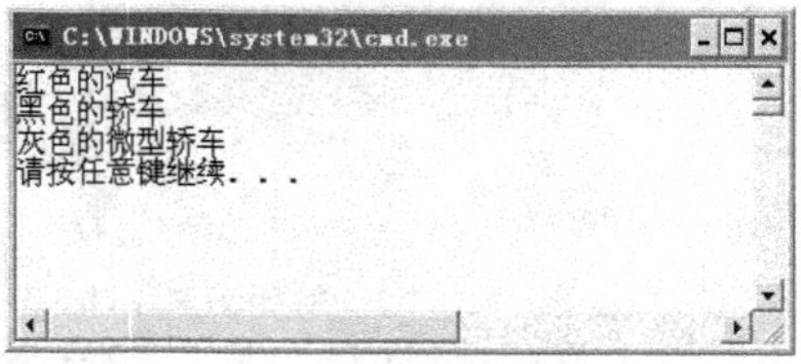

图 3-12　显示多态效果

因此，不管继承多少层，如果父类方法用 override 修饰，则都可以在子类对父类已经重写的方法继续进行重写。如果子类继承了该方法，也可以用 override 修饰符修饰该类中的方法，并且实现多层继承中的多态效果。如果要想终止重写，只需在修饰方法时，用 sealed 修饰符即可。

3. abstract-override 实现多态

用 abstract 修饰的类表示抽象类，抽象类不能被实例化。没有用 abstract 修饰的类称为具体类，具体类可以被实例化。

用 abstract 修饰的方法表示抽象方法，抽象方法没有方法体。抽象方法用来描述系统具有什么功能，但不提供具体的实现。没有用 abstract 修饰的方法称为具体方法，具体方法必须要有方法体。

对于类中的抽象方法，可以在派生类中用 override 修饰方法进行重写。如果不重写，派生类也要被声明为抽象类。

```
public abstract class vehicle
{
    public abstract void Colour();
}
public class bus : vehicle
{
    public override void Colour()
    {
        Console.WriteLine("蓝色的公交车");
    }
}
public class saloon_car : vehicle
{
    public override void Colour()
    {
        Console.WriteLine("黑色的轿车");
    }
}
public class minicar : saloon_car
{
    public override void Colour()
    {
        Console.WriteLine("灰色的微型轿车");
    }
}
class Tester
{
    static void Main(string[] args)
    {
        vehicle[] animals = new vehicle[3];
        animals[0] = new bus();
        animals[1] = new saloon_car();
        animals[2] = new minicar();
        for (int i = 0; i < animals.Length; i++)
        {
            animals[i].Colour();
        }
    }
}
```


通过上述代码，可以看出使用 abstract-override 和使用 virtual-override 一样可以实现多态效果，包括多层继承也是一样的，如图 3-13 所示。

不同之处在于，包含虚拟方法的类可以被实例化，而包含抽象方法的类不能被实例化。

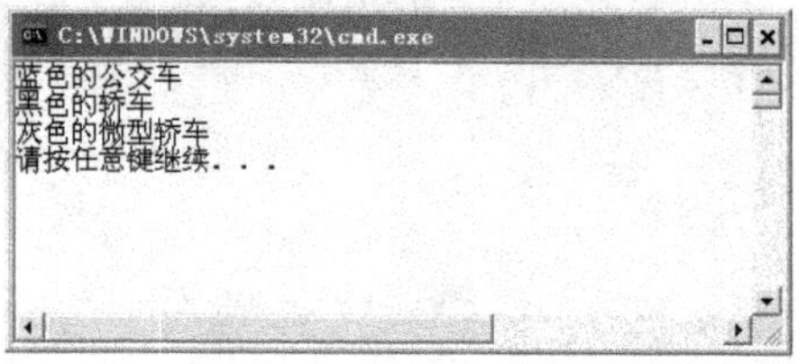

图 3-13　使用 virtual-override 修饰

3.3.3　了解接口

接口是若干个类的进阶抽象，定义了一类事物（类）都必须实现的行为，包括方法、属性、事件的集合。在项目中，需要通过接口规范类、操作类以及抽象类的概念，对类进行限制。

1．定义接口

与类一样，在接口中可以定义一个和多个方法、属性、索引指示器和事件。但与类不同的是，接口中只是它们的声明，并不提供实现。因此接口是函数成员声明的集合。定义接口代码如下：

```
Modifier interface IName
{
    uint uId(uint uid);
    string uName(string uname);
}
```

在上面的代码中，Modifier 关键字是为定义接口而使用的修饰符，其中包含 public、protected、protected internal、internal、private 和 new 等修饰；接口的命名通常是以 I 开头，如 Iname、IpartA、IpartB 等。接口的成员可以是方法、属性、索引器和事件，但不可以有任何的成员变量，也不能在接口中实现接口成员。接口不能被实例化，接口的成员默认是公共的，因此不允许成员加上修饰符。

```
public interface IExample
{                                              //所有接口成员都不能包括实现
    string this[int index] {get;set;}          //索引指示器声明
    event EventHandler E;                      //事件声明
    void F(int value);                         //方法声明
    string P { get; set;}                      //属性声明
}
```

下面代码中，先创建一个 IControl 接口，并创建 Paint( )方法。然后，再创建一个 EditBox 类，并继承该接口，代码如下：

```
interface IControl
 {
    void Paint();
 }
 public class EditBox : IControl
 {
    public void Paint()
    {
```

```
            Console.WriteLine("类继承接口");
        }
    }
    class Test
    {
        static void Main()
        {
            EditBox editbox = new EditBox();
            editbox.Paint();
            ((IControl)editbox).Paint();
        }
    }
```

在上述代码中，通过将 EditBox 类进行实例化对象之后，则通过对象可以直接调用 Paint( )方法。而与((IControl)editbox).Paint();语句执行的效果相同，如图 3-14 所示。

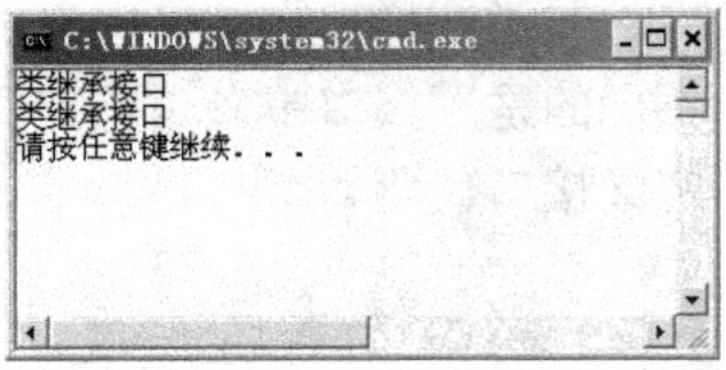

图 3-14　显示继承接口

2．派生接口

接口和接口之间也可以存在继承关系。当一个接口继承另一个接口时，继承的接口拥有被继承接口的所有内容。接口之间实现继承的语法形式与类之间的继承相同，例如，对之前定义的 IName 接口进行派生，新增两个方法，代码如下。

```
interface Ifo:IName
{
    string uAddress(string uaddress);
    string uPhone(string uphone);
}
```

在上面的代码中，IName 接口派生于 Ifo 接口，在该接口中定义了 uAddress(string uaddress)和 uPhone(string uphone)两种方法。同时，该接口仍然拥有 IName 接口的两个方法。

在下面的代码中，创建 IControl 和 Icx 接口，并且通过 Icontrol 接口派生出 Icx 接口，代码如下：

```
interface IControl
{
    void Paint();
}
interface Icx:IControl
{
    void Name();
    void address();
}
public class information : Icx
{
```

```
    public void Paint()
    {
        Console.WriteLine("个人信息");
    }
    public void Name()
    {
        Console.WriteLine("张小华");
    }
    public void address()
    {
        Console.WriteLine("清华路 45 号");
    }
}
class Test
{
    static void Main()
    {
        information mg = new information();
        mg.Paint();
        mg.Name();
        mg.address();
    }
}
```

执行以上代码，可实例化 information 类，并通过该对象分别调用两个接口中的方法，并显示类的内容，如图 3-15 所示。

图 3-15　接口继承效果

3.4 委托与类事件

委托是一种间接使用方法的变量类型，可以调用匹配于特定方法签名的任意方法，提供在程序运行期间对几个方法进行选择的功能。事件是类的一种重要成员，可以根据用户的操作触发相应的机制，执行相应的指令并反馈处理的结果。

事件和委托紧密相关，绝大多数委托的应用都是基于事件的。同时在声明事件时，也需要通过委托来实现。

3.4.1　了解委托

在声明委托时，会指定一个方法名，其中包括返回值类型和参数列表等。声明委托之后，即可声明该委托类型的变量，将该变量初始化为与委托具有相同签名的方法引用。

委托的方法和其他所有的方法一样，具有参数以及返回值，委托用关键字 delegate 修饰，示例代码如下所示。

```
public delegate string MySound(string sound);        //声明一个委托
```

委托是一种安全的类型，并将方法安全的封装。在委托对象被创建的时候，通常情况下提供委托包装的方法或匿名方法。实例化委托后，委托将把对它进行的方法调用传递给方法，委托允许将方法作为参数进行传递并定义回调的方法，调用方传递给委托的参数被传递给方法，相应委托的方法的返回值返回给调用方，示例代码如下所示。

```
class Program                                                //应用程序主类
{
    public delegate void Print(string message);         //声明一个委托
    public static void PrintMethod(string message) //声明调用委托
    {
        Console.WriteLine("提示信息: " + message);     //输出字串
    }
    static void Main(string[] args)                      //应用程序入口方法
    {
        Print pr = PrintMethod;                          //注意这里初始化
        pr("正在打印中，请等待...!");                    //使用委托
        Console.ReadKey();                               //等待用户按键
    }
}
```


当创建委托并实例化委托对象时，委托把对它进行的方法调用传递方法。上述代码中，将创建 Print()方法委托，而传递参数为 message。当实例化委托方法后，并使用委托时，则调用 PrintMethod 方法接收传递的委托参数，如图 3-16 所示。

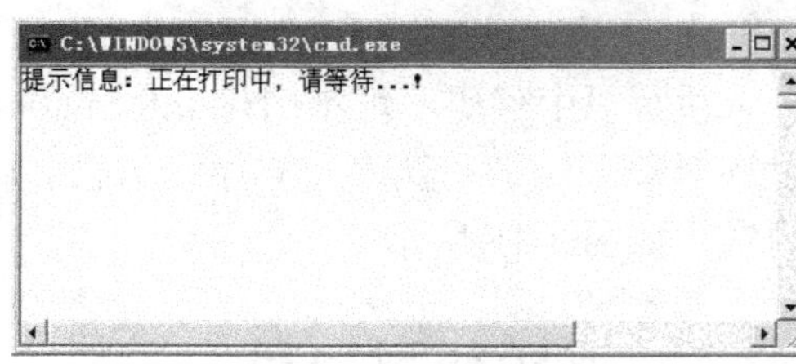

图 3-16　委托结果

3.4.2　声明事件

在 C#中，定义事件之前应先定义委托，用委托来定义事件。触发事件时，需要调用委托实现事件的响应。C#的事件处理机制具有以下特点：

- 事件发行者（类）确定如何触发事件，事件订阅者确定如何响应事件。
- 事件可以有多个订阅者，订阅者也可以处理来自多个发行者的多个事件。
- 订阅者是事件调用的必要条件。无订阅，无调用。
- 如一个事件有多个订阅者，当引发该事件时，会同步调用多个事件处理程序。

在 C#中定义一个委托和一个事件，并将委托应用于事件的方法如下所示。

```
Modifier1 delegate Type DelegateName (Arguments);
Modifier2 event DelegateName EventName;
```

在上面的代码中，关键字 Modifier1 和 Modifier2 等表示两个语句的修饰符；Type 关键字表示委托的函数返回类型；DelegateName 关键字表示委托的名称；Arguments 表示

委托的参数列表；EventName 表示事件的名称。

例如，定义一个相应鼠标事件的委托，再将该委托应用到事件中，代码如下：

```
public delegate void eventHandler(object sender);
public event eventHandler Click;
```

事件响应的方法委托经常是没有返回值的。通常具有 sender 和 arg 两个参数，前者为 object 类型，表示事件的触发者；后者为事件的参数，通常由 System.EventArgs 派生而来。在定义一个事件之前，需要先定义事件的参数类型，然后才能从事件的触发者方向向订阅者传递数据信息。

触发事件的过程就是调用委托对象的过程。但是在事件定义后，该对象默认为 null，即空对象。在未触发事件时，调用该对象会引发异常，所以在调用之前需要判断事件是否为 null（即是否已被订阅）。

3.4.3 为类定义事件

为类定义事件就是在类中定义事件，而使类的实例可以继承这些事件，对用户触发的交互进行处理。在为类定义事件时，需要将定义委托的语句放在类的外部，并将事件的定义语句放在类的内部。例如，定义一个简单的按钮类的重置事件，如下所示。


```
public delegate void eventHandler(object sender);
public class button
{
    public event eventHandler Click;
    public void reset()
    {
        Click = null;
    }
}
```

在上面的代码中，为自定义类 button 定义一个类型为 eventHandler 的 Click 事件。Click 成员与 eventHandler 类型的私有字段相对应。在定义了类事件后，编译器将会产生 3 个方法来管理底层委托，如下所示。

- **add_<EventName>**

该方法为公共方法，可调用 System.Delegate 类的 Combine 静态方法，将另一个方法添加到内部的调用列表中。

- **remove_<EventName>**

该方法同样为一个公共方法，能够调用 System.Delegate 类的 Remove 静态方法，从事件的内部调用方法列表中移除一个方法。

- **raise_<EventName>**

该方法为一个受保护的方法，能够调用委托中由编译器生成的Invoke方法，调用事件的方法列表中所有的方法。

以上三种方法中，add 和 remove 等方法都无法被直接调用，通常由加法赋值运算符

“+=”、减法赋值运算符“-=”等代替。

为限制开发者在添加和删除事件句柄方面的代码，当事件成员在类的外部时，只能用在“+=”或“-=”等运算符的左侧。在下面的代码中，将编写触发事件的一段代码。

```
using System;
public class form1
{
    public form1()
    {
       button1.Click += new EventHandler(button1_Click);
    }
    button button1 = new button();
    void button1_Click(object sender)
    {
       Console.WriteLine("button1 was clicked!");
    }
    public void disconnect(){
       button1.Click -=new EventHandler(button1_Click):
    }
}
```


在上面的代码中，介绍了为 button1 的 Click 事件添加 button1_Click 作为事件句柄的类 form1，在 disconnect()方法中又去掉了事件句柄。在下面的代码中，类 button 需要被重写来使用像属性一样的事件声明，而不是像字段一样的事件声明。

```
public class button
{
    public event EventHandler Click
    {
       get()
       set()
    }public void reset(){
       Click = null;
    }
}
```

在上面的代码中，对 button 类的改写不会影响到客户代码，但是由于 Click 的事件句柄不需要用字段来实现，因此可以使 button 的执行更加灵活。

3.5 扩展练习

1．编写一个类，用方法计算圆的面积和圆球的体积

在计算圆的面积时用户需要先了解圆面积计算公式，如面积(s)=圆周率 π(3.14)*半径(r)的平方。而计算圆球的体积时，其公式为球体积(v)=(4/3)πR 的 3 次方。

由此，用户可以分别根据这两个公式，计算面积和体积的大小，详细代码如下所示：

```
using System;
using System.Collections.Generic;
using System.Text;
namespace Calculate
{
    public interface Calculate                              //定义接口
    {
        void area();
        void volume();
    }
    class Rectangle : Calculate                             //定义类
    {
        double radius;
        double PI = 3.1416;
        public Rectangle(double x)                          //定义方法
        {
          this.radius = x;                                  //将传递值，赋于变量
        }
        public void area()                                  //计算圆的面积
        {
            double s;
            s = PI * radius * radius;
            Console.WriteLine("圆的面积：{0}", s);
        }
        public void volume()                                //计算球体积
        {
            double v;
            v = ((4*PI )*( radius * radius * radius))/3;
            Console.WriteLine("球体积：{0}", v);
        }
    }
    class Test
    {
        static void Main()
        {
            Console.WriteLine("当圆的半径为5时，其面积和球体积分别为：");
            Rectangle rect1 = new Rectangle(5);
            rect1.area();
            rect1.volume();
            Console.Read();
        }
    }
}
```

通过执行上述代码，可以计算圆的面积和圆球的体积，其结果如图 3-17 所示。

2．求最大公约数和最小公倍数

如果有一个自然数 a 能被自然数 b 整除，则称 a 为 b 的倍数，b 为 a 的约数。几个自然数公有的

约数，叫做这几个自然数的公约数。公约数中最大的一个公约数，称为这几个自然数的最大公约数。对于两个整数来说，指该两数共有倍数中最小的一个。

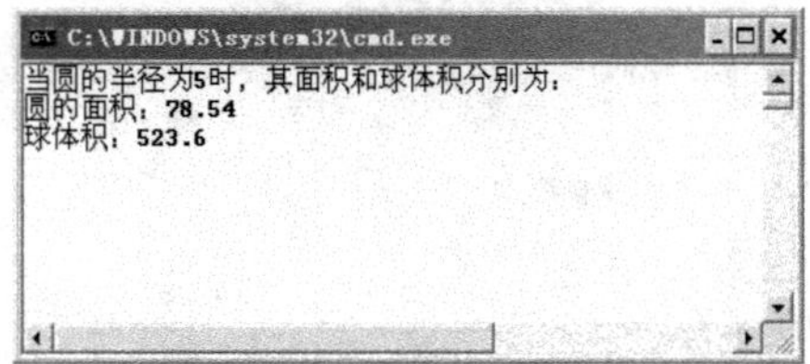

图 3-17　显示面积和体积

首先，编写返回类型为 int 类型的 getDivisor()函数求出指定两个数的最大公约数，代码如下所示。

```
//求参数 n 的最大公约数
public static int getDivisor(int m,int n)
{
    int min;
    if(m<=0 || n<=0)
    {
       return -1;
    }
    if (m > n)//将 m,n 中较小的一个赋值给 min
    {
       min = n;
    }
    else {
       min = m;
    }
    while(min != 0)
    {
       if(m%min == 0 && n%min == 0)     //判断公因数
       {
          return min;                   //返回最大公约数
       }
       min--;                           //没有找到最大公约数，min 减 1
    }
    return -1;
}
```


编写返回类型为 int 类型的 getMultiple()函数求出指定两个数的最小公倍数，并将其返回，代码如下所示。

```
//求参数 n 的最小公倍数
public static int getMultiple(int m, int n)
{
    int max;
    if(m<=0 || n<=0)
    {
       return -1;
```

```
    }
    if (m > n)                              //找到m,n中的较大数赋值给max
    {
        max = m;
    }
    else {
        max = n;
    }
    while(max!=0)
    {
        if(max%m==0 && max%n==0)            //判断公倍数
        {
            return max;                     //返回最小公倍数
        }
        max++;                              //没有找到最小公倍数，max+1
    }
    return -1;
}
```

在 main()函数中声明两个 int 类型的变量，并将用户命令行输入的值赋值于声明的变量。然后，调用函数 getDivisor()和 getMultiple()函数，并将声明的两个变量作为两个函数的参数。


```
static void Main(string[] args)
{
    int m,n;
    Console.Write("请输入两数字范围中的第一个值：");
    m = int.Parse(System.Console.ReadLine());
    Console.Write("请输入两数字范围中的第二个值：");
    n = int.Parse(System.Console.ReadLine());
    Console.WriteLine(m + "和" + n + "的最大公约数是：" + getDivisor(m, n));
    Console.WriteLine(m + "和" + n + "的最小公倍数是：" + getMultiple(m, n));
}
```

执行该程序，在命令行中输入任意两个数字，就会显示这两个数字的最大公约数和最小公倍数，如图 3-18 所示。

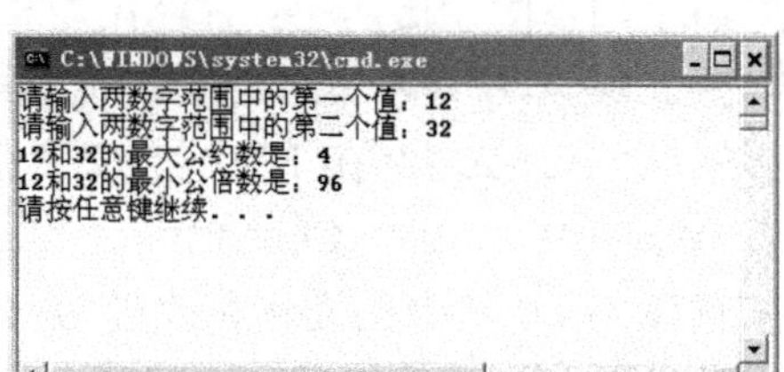

图 3-18　执行结果

第 4 章　页面设计基础

在开发 ASP.NET 网站之前，我们需要学习 XHTML 语言。在 ASP.NET 开发中我们要用到很多 XHTML 语言的知识，必须熟练掌握包括 XHTML 标记和 HTML 控件等内容。本章将通过理论和实例相结合的方式，使读者能够熟练使用 XHTML 语言来编辑简单的 ASP.NET 网页。

本章学习目标：

- 了解 XHTML 语言
- 掌握 XHTML 标记
- 掌握 HTML 控件

4.1 XHTML 语言

XHTML 是 The Extensible HyperText Markup Language（可扩展标识语言）的缩写，它的目标是取代 HTML。从某种意义上讲，它是一种增强了的 HTML，它的可扩展性和灵活性将适应未来网络应用更多的需求。

4.1.1 XHTML 概述

HTML 是一种基本的 WEB 网页设计语言。XHTML 是一种基于 XML 的置标语言，看起来与 HTML 有些相像，只有一些细小但重要的区别。XHTML 是一种扮演着类似 HTML 的角色的 XML。本质上说，XHTML 结合了部分 XML 的强大功能及大多数 HTML 的简单特性。

HTML 的最初目的是在不同种类的计算机上显示文档。最早使用 SGML 定义 HTML。在 XHTML 之前，HTML 经历了如下的发展历史：HTML 2.0 在 1995 年 11 月作为 RFC 在 1866 发布，在 RFC 2854 于 2000 年 6 月发布之后被宣布已经过时；HTML 3.2 在 1996 年 1 月 14 日成为 W3C 推荐标准；HTML 4.0 在 1997 年 12 月 18 日成为 W3C 推荐标准。

2000 年底，国际 W3C（World Wide Web Consortium）组织公布发行了 XHTML 1.0 版本。XHTML 1.0 是一种在 HTML 4.0 基础上优化和改进的的新语言，目的是基于 XML 应用。XML 虽然数据转换能力强大，完全可以替代 HTML，但面对成千上万已有的基于 HTML 语言设计的网站，直接采用 XML 还为时过早。因此，在 HTML 4.0 的基础上，用 XML 的规则对其进行扩展，得到了 XHTML。所以，建立 XHTML 的目的就是实现 HTML 向 XML 的过渡。目前国际上在网站设计中推崇的 WEB 标准就是基于 XHTML 的应用（即通常所说的 CSS＋DIV）。

之所以要使用 XHTML 而不使用 HTML，是因为 HTML 语法规则松散，XHTML 需要遵循一系列严格规则；HTML 处理器甚至不对某些 HTML 语法进行检查，而要检查

XHTML 文档的语法正确与否。

4.1.2 XHMTL 文档结构

XHTML 的文档由三部分组成：声明、头部、主体。其中头部和主体组成文档部分。

1．声明部分

```
<?xml version="1.0" encoding-"utf-8"?>
<!DOCTYPE html PUBLIC "-//W3C//DTD XHTML 1.0 Transitional//EN" "http:
//www.w3.org/TR/xhtml1/DTD/xhtml1-transitional.dtd">
```

其中<!doctype>定义文档使用的 DTD 版本、类型、下载位置等。

2．文档部分

文档部分由<html>…</html>定义。这是 HTML 文档的开始标签和结束标签，所有 HTML 文档内容都应该放在这个标签之间。<html>标签必须带 xmlns 属性：

```
<html xmlns="http://www.w3.org/1999/xhtml">
```

该属性声明命名空间，但也可以省略不写，如果省略，系统会自动添加。

其中，文档头部由<head>…</head>定义的部分。这部分内容主要用来定义文档的相关信息，如文档标题、说明信息、样式定义、脚本代码等。文档主体由<body>…</body>定义的部分，部分内容就是要展示给用户的部分，可以包含文本、图片、音频、视频等各种内容。

提示

书写在头部的信息不会显示在界面上。

4.1.3 HTML 和 XHTML 的区别

HTML 和 XHTML 的区别，简单来说，XHTML 可以认为是 XML 版本的 HTML，为符合 XML 要求，XHTML 语法上要求更加严谨。主要的区别有以下几点：

- XHTML 要求正确嵌套。
- XHTML 所有元素必须关闭。
- XHTML 区分大小写。
- XHTML 属性值要用双引号。
- XHTML 用 id 属性代替 name 属性。
- XHTML 特殊字符的处理。
- XHTML 所有元素必须关闭。

这是我们从协议的角度来看待 XHTML 与 HTML 之间的区别。如果从浏览器的角度，对上述的这些特点，我们可以如此描述：

- XHTML 要求正确嵌套：如果没有嵌套，浏览器会试图帮助嵌套。
- XHTML 所有元素必须关闭：如果没有关闭，浏览器会试图帮助关闭。
- XHTML 区分大小写：若定要写成大写，浏览器会帮助转换成为小写。
- 属性值要用双引号：若定要不肯加，浏览器帮助加。
- 特殊字符的处理：You & Me 也好，You & amp Me 也好，浏览器都能读入
- 用 id 属性代替 name 属性，若定要用 name 也可以。

除了以上的区别，HTML 处理器可以不对某些 HTML 语法进行检查，而要检查 XHTML 文档的语法正确与否。

4.2 XHTML 标记

XHTML 用于描述功能的符号称为“标记”，如“HTML”、“BODY”、“TABLE”等。标记在使用时必须用尖括号“< >”，而且是成对出现的。无斜杠的标记表示该标记的作用开始，有斜杠的标记表示该标记的作用结束。

4.2.1 字体标记

在对网页中显示文字的字体、大小和颜色进行设置时，可以使用<font>元素。<font>元素的属性有 color、size、face 等。color 属性用于指定字体的颜色，如果不设置该属性，则默认字体颜色为黑色。size 属性用于指定字体大小，其值 1～7 从小到大表示字体。face 属性用于设置字体格式，<font>元素各属性格式如下：

```
<font size="3" color="blue" face="黑体">蓝色 3 号黑体</font>
```

上述代码中，表示<font>与</font>之间的所有字符均以 3 号、蓝色、黑体形式显示。

<font>元素还可以与<b>元素和<i>元素结合使用，前者设置字体为粗体，后者设置字体为斜体。这两种元素也需要设置关闭符号</b>和</i>，以设置其作用范围。例如：

```
< font size="3" color="blue" face="黑体"><i>蓝色 3 号斜黑体</i></font>
```

提示

如果对一个对象使用多种标记定义样式，原则上标记之间不要交叉，即标记允许嵌套，但要注意嵌套的顺序。

下面是一个使用字体标记设置字体大小和颜色的实例，代码如下所示。

文件名：font.html

```
<!DOCTYPE html PUBLIC "-//W3C//DTD XHTML 1.0 Transitional//EN" "http:
//www.w3.org/TR/xhtml1/DTD/xhtml1-transitional.dtd">
<html xmlns="http://www.w3.org/1999/xhtml">
<head>
```

```
<title>font 标签使用实例</title>
</head>
<body>
这是普通文字<br/>
<font size="12" color="blue">这是大小为 12，蓝色显示的文字</font>
</body>
</html>
```

执行上述代码，结果如图 4-1 所示。

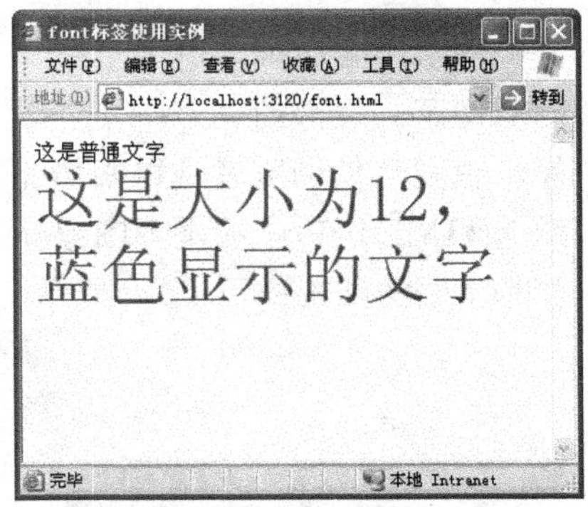

图 4-1　执行结果

4.2.2　换行标记

写文章时，要在一个段落中间另起一行，就要用到换行，在网页中也是可以换行的，但需要换行标记。换行可以在行文中另起一行，显示出段落层次性，给人的感觉更有亲和力。

在网页编写代码时的换行与按回车键的换行是不同的，在编写 XHTML 代码中的回车只多了一行空格，在代码中另起一行，但浏览器解释时，会忽视多余空格，只保留一个空格的位置。从上一节内容了解到，网页显示时会去掉里面的空格，与正常文档换行不同，所以没达到换行效果。现在学习的换行就是在网页编写换行代码标记后将在页面中显示出换行效果，当浏览器在解释换行代码时会强制换行，这样在网页中就达到用户在输入时的换行标记效果。

换行标记不会成对出现。语法是在尖括号中包括 br 的单标记，其完整语法代码如下所示：

```
<br>
```

一个
标记表示换一行，如果在一行文字中出现多次
，就会换行多次。应当记住，本代码是强制换行，表示内容从下一行的头部开始。在下面实例中是一行文字多次出现换行符的用法，代码如下所示。

文件名：br.htm

```
<!DOCTYPE html PUBLIC "-//W3C//DTD XHTML 1.0 Transitional//EN" "http:
//www.w3.org/TR/xhtml1/DTD/xhtml1-transitional.dtd">
<html xmlns="http://www.w3.org/1999/xhtml">
<html>
<head>
<title>换行标记</title>
</head>
<body>
<!—注解：在一行不换行的文本中，多次出现换行符-->
<br>这几天心里颇不宁静。<br>今晚在院子里坐着乘凉，忽然想起日日走过的荷塘，<br>在这
满月的月光里，总该另有一番样子吧。<br>月亮渐渐地升高了，墙外马路上孩子们的欢笑，已经
听不见了；<br>妻在屋里拍着闰儿，迷迷糊糊地哼着眠歌。<br>我悄悄地披了大衫，带上门
```

```
出去。
</body>
</html>
```

执行上述代码，结果如图 4-2 所示。

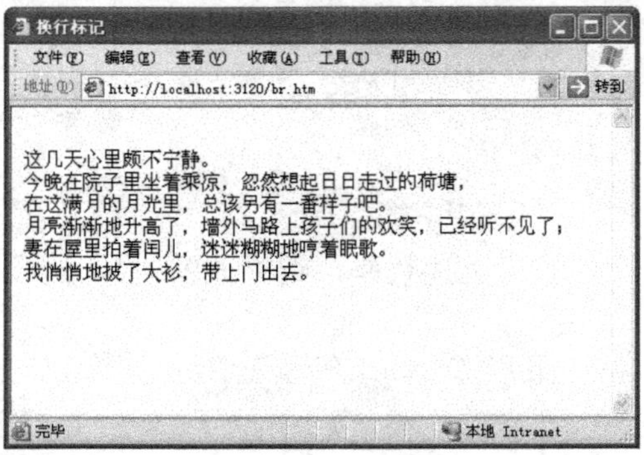

图 4-2　执行结果

4.2.3　图片标记

网页中最引人入胜的莫过于那丰富多彩的图像了。成熟的站点中不能没有绚丽的图像，否则会使浏览者觉得索然无味。下面介绍 XHTML 语言中的基本图像标记：<img>。其基本语法结构如下：

```
<img
align=top | middle | center | bottom | left | right
class=type   id=Value  name=value
src=url  title=text  alt=value  border=n
height=n   width=n  hspace=n  vspace=n
ismap=image    usemap=url
onload=function   onabort=function   onerror=function
dynsrc=url    controls=controls   loop=n
start=type>
```

从上述代码中可以看出，关于基本图像标记<img>的应用参数多达 21 项。当然，我们实际应用的只是其中几项，只有在需要实现特殊效果的情况下，才需要使用较多的参数。语法中各参数的具体含义如表 4-1 所示。

表 4-1　图片标记

名称	解释
align	指定图像的位置是靠左、靠右、居中、靠上或者是靠底。默认情况下是靠上，即 align=top。在图文混排时，这个参数很有用
class 和 id	分别指定图像所属的类型和图像的 id 号
name	用于设定图像的名称
src	规定插入图像的 url 地址，也就是含路径的图像文件名
title	设定图像的标题
alt	表示图像的替代字，主要用于在浏览器还没有装入图像（或关闭图像显示）的时候，先显示有关此图像的信息
border	设定图片的边框
height 和 width	分别用于指定图像的高度和宽度，可以与图片原来的宽度和高度不同
hspace 和 vspace	分别用于设定图像的左右边框大小和上下边框大小，在图文混排时会用到
ismp 和 usemap	在应用图像地图时使用。ismap 表示图像地图的数据存放在服务器中，当鼠标在图像上的某个区域上时，可以将此区域的坐标传送给服务器处理 usemap 则用于设定图像地图的名称

续表

名称	解释
onload、onabort、onerror	对应于设定的子程序，分别在图像被载入、取消载入、载入出错的情况下各自对应的子程序，不常用
dynsrc	指定要下载影像片断的 url 地址
controls	设定影像播放的控制接钮
loop	指定影像片断的播放次数，当 loop=-1 时，影像片断将循环播放直至页面更新
start	设定何时开始播放影像片断，有三种选择：start=fileopen 表示页面载入后即开始播放，默认的就是这种状态；start=mouseover 表示当鼠标移到影像上即开始播放；start=fileopen,mouseover 表示当有上面两种情况之一发生时就开始播放

下面是一个向网页中添加图片的实例，代码如下所示。

文件名：img.html

```
<!DOCTYPE html PUBLIC "-//W3C//DTD XHTML 1.0 Transitional//EN" "http:
//www.w3.org/TR/xhtml1/DTD/xhtml1-transitional.dtd">
<html xmlns="http://www.w3.org/1999/xhtml">
<head>
<title>img 标签使用实例</title>
</head>
<body>
下面为网页添加一张图片<br/>
<img src="04.jpg" border="1" alt="手绘" />
</body>
</html>
```

执行上述代码，结果如图 4-3 所示。

图 4-3 执行结果

4.2.4 表格

表格在网页中可以表现出 Word 中的表格效果，在 Word 中表现的表格效果如果希望在网页中显示，就需要将 XHTML 中的表格标记。表格标记不仅用于表现表格中的效果，还可以用表格来给网页布局。布局中的表格不需要表格中的边框，因此需要对表格进行设置。

表格是 XHTML 常用的标签，代表在网页中插入一张表格。表格是用 table 标签对表示，其他语法形式如下：

```
<!—设置表格标记 -->
<table></table>
```

这只是表示一张表格而已，但表格是有行和列的，那么，如何在表格内表示行和列呢？这又要另外二个代码，<tr>标签对表示表行，每出现一个<tr></tr>代表表格的一行；<th>标签对表示表头，表头是在表格上显示下面列的；<td>标签对表示表元，表元就是在表格中显示的每一方格。下面的实例说明表格的基本语法，代码如下所示。

文件名：Table.htm

```
<!DOCTYPE html PUBLIC "-//W3C//DTD XHTML 1.0 Transitional//EN" "http:
//www.w3.org/TR/xhtml1/DTD/xhtml1-transitional.dtd">
<html xmlns="http://www.w3.org/1999/xhtml">
<head>
<title>表格的基本语法</title>
</head>
<body>
<!—设置表格和边框-->
<table border="1">
  <!—设置表格中的表头  -->
  <tr>
    <th>姓名</th>
    <th>年龄</th>
  </tr>
  <tr>
   <!—设置表格中的表项  -->
    <td>张三</td>
    <td>28</td>
  </tr>
</table>
</body>
</html>
```

在上述代码中，<table>标签对中包括两个行表示符：<tr>标签对，表示两行。在第一个行表示符中包括了表头符，在第二个行表示符中包括了表元表示符，为了显示出效果，在表格中加入 border 属性，来显示表格边框。执行上述代码，结果如图 4-4 所示。

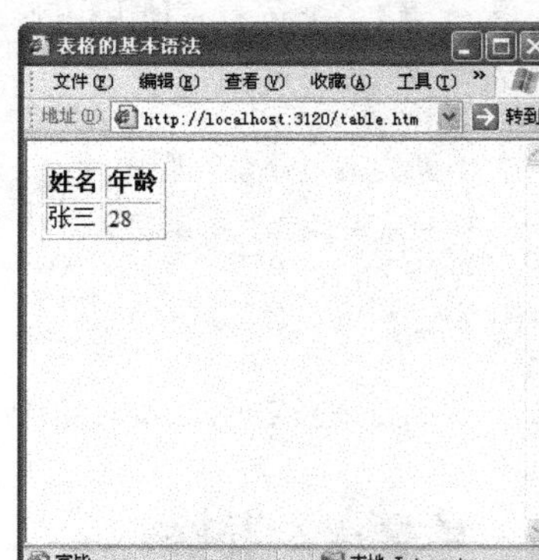

图 4-4 表格

提 示

在<table>中的<tr>、<th>、<td>是常用的，<th>可以省略，三者都在<table></table>中，不能交叉。

❑ **跨多行、多列表元**

当表格中的单元格有相同的或者需要设置相同的内容时，需要设置单元格合并。合并可以为不同行的单元格，也可以为不同列的单元格。在网页中可以来设置不同的单元格合并，所表现的效果与 Word 中的表格一样。

在表格中有时会合并单元格，所以对表格要进行跨行或跨列处理，使多个表元合成一个单元格。跨表元分为跨多行和跨多列，包括跨表头 th 和表元 td，跨行用 rowspan

表示。同理，跨列用 colspan 表示。

跨多行表元应用在合并多行单元格时，跨多行表元语法在 th 和 td 上加 rowspan 表示，rowspan 后面的值是数字，数字表示跨多少行表元，如跨 4 行表元表示如下：

```
<!—设置表格中的跨多行 -->
<th rowspan=4></th>
或者如下表示：
<!—设置表格中 td 的跨多行 -->
<td rowspan=4></td>
```

与跨多行一样，跨多列也放在 td 和 th 中，表示在一行中跨多列表元。语法用 colspan 表示，完整语法如下：

```
<!—设置表格中跨多列 -->
<th colspan=4></h>
或
<td colspan=4></td>
```

提示

colspan 与 rowspan 要分清楚，表示跨多行和跨多列在表格中的单元格布局不一样。

❑ **表格内文字的对齐方式**

在表格内，文字对齐有在 tr、th 和 td 中对齐。在 tr 设置对齐方式后，tr 内的 th 和 td 都按设置的要求对齐。同理在多行中可以设置不同的 tr 对齐方式，th 和 td 都可以设置里面的文字或图片的对齐。

对齐语法用 align 表示，后面接的值是 left、center 和 right，分别代表向左、居中和向右对齐，语法形式如下：

```
<!—设置表格对齐 -->
<tr align=#></tr>
<th align=#></th>
<td valign=#></td>
```

上面代表对齐在 tr、th 和 td 中，#表示 align 后面接的值，即 left、center 和 right 中的一个。下面是一个文字在表格内对齐方式的实例，代码如下所示。

文件名：TableAlign.htm

```
<!DOCTYPE html PUBLIC "-//W3C//DTD XHTML 1.0 Transitional//EN" "http:
//www.w3.org/TR/xhtml1/DTD/xhtml1-transitional.dtd">
<html xmlns="http://www.w3.org/1999/xhtml">
<head>
<title>表格内文字的对齐方式</title>
</head>
<body>
<!—设置表格边框和宽度 -->
<table border="1" width="400">
```

```
<!—设置表格的行居中对齐 -->
<tr align="center">
<td>1</td><td>2</td><td>3</td><td>4</td>
</tr>
<!—设置表格行向右对齐 -->
<tr align="right">
<td>1</td><td>2</td><td>3</td><td>4</td>
</tr>
<!—设置表格对齐为默认值，即向左 -->
<tr>
<td>1</td><td>2</td><td>3</td><td>4</td>
</tr>
</table>
</body>
</html>
```

在上述代码中，表格第一行用居中对齐；第二行向右对齐；第三行默认的向左对齐，可以省略不写。执行上述代码，结果如图 4-5 所示。

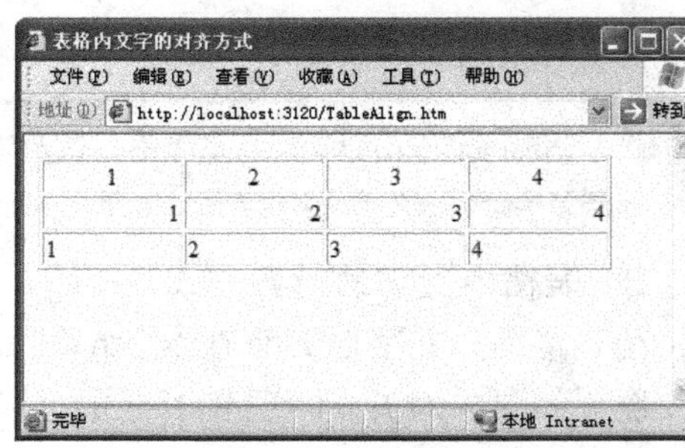

图 4-5 表格对齐方式

4.2.5 段落标记

一篇文章由标题和正文组成，正文又是由多个段落组成的，所以说段落是构成文章的主体。既然一篇文章是由多个段落组成的，那么又如何区分段落呢？段落与段落之间有什么不同呢？带着这些问题来学习本小节的段落标记。

在学习段落与段落的区别前，先了解段落的基本语法。段落语法代码是由尖括号对里放置 p 的双标记来表示，在标记对里面放置的内容就构成了一个段落。段落完整语法表示如下。

```
<p>这里表示段落</p>
```

在<p></p>标记对中可以表示一个段落，那么如何在一篇文章中存放多个段落呢？很简单，每个标签对表示一个段落，有多少段落就有多少<p></p>，这就是从代码上区别段落与段落的不同。同理，从网页表现出的效果来看段落，段落与段落间有一行空格不显示任何内容，也就是常常看到新闻中的段落间有空行。那么可以利用 XHTML 的段落标记来显示出文章内容美观效果，使用户对文章理解有层次感。段落不管是在新闻还是书籍中都会出现，下面请看段落在网页中如何表现效果，代码如下所示。

文件名：p.htm

```
<!DOCTYPE html PUBLIC "-//W3C//DTD XHTML 1.0 Transitional//EN" "http:
//www.w3.org/TR/xhtml1/DTD/xhtml1-transitional.dtd">
<html xmlns="http://www.w3.org/1999/xhtml">
<head>
```

```
<title>段落</title>
</head>
<body>
<!—这是注解，不会在网页中显示，下面表示有 4 个段落-->
<p>这里表示段落一</p>
<p>段落二</p>
<p>段落三</p>
<p>段落四</p>
</body>
</html>
```

在上述代码中，<body></body>存在一行注解和四个<p></p>对，注解在 XHTML 标记中用<!—注解内容-->。浏览解释注解行时，不会在网页中显示出来，只起注解作用，让网页制作者更好地理解 XHTML 代码。而 4 个段落由 4 个<p></p>标记对组成的段落表示，每个段落都是不同内容。段落和段落间的空行效果与正常的换行是不相同的，如图 4-6 所示。

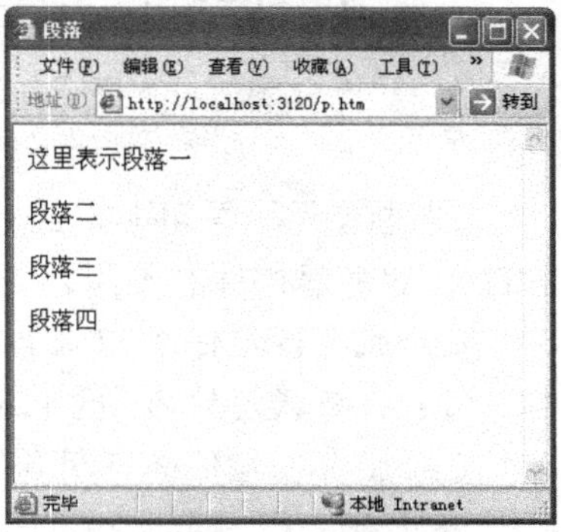

图 4-6　段落标记

段落中的空格，当浏览器解释 XHTML 文件多个空格时，自动去掉多余的空格，只显示出一个空格效果。不论 XHTML 中加上多少空格，都被看作一个空格。如果想出现多个空格的效果，必须加上 XHTML 代码" "，想要多个空格，可以加上多个" "代码，注意后面的分号。

提 示

段落之间要空一行。从上面效果中可以看出，四个段落中间有三行空出来的，这只是段落与段落间的间隔。

4.3 HTML 控件

HTML 控件由 HTML 标记衍生而来，HTML 控件在外形上与普通的 HTML 标记很相似，几乎所有的 HTML 标记加上 runat="Server"这个 Server 控件的标识属性后，都可以变成 HTML 控件。它们之间最大的区别就是 HTML 可以通过服务器端的代码来控制。

4.3.1 了解 HTML 控件

对使用 HTML 进行网页设计的人来说，应该对简单的 HTML 控件比较熟悉，比如文本框、按钮、复选框等。使用这些控件设计基于 Windows 风格的可视化的操作界面，是实现页面外观显示的最基本的元素，也是进行 ASP.NET 开发必须要掌握的基本内容之一。

ASP.NET 中包含了两大类控件，即 HTML 控件和 Web 服务器控件。HTML 控件是由原来的 HTML 标签加上 runat="server"属性所构成的，它展示给服务器的是 HTML 元素，可以更好地提高编译效率。

Web 控件是一个抽象、加强型对象模板的服务器端控件。它不仅包括表单型控件，如 Label 和 Text Box；还包括类似于 Visual Basic 控件的专用控件，如日历控件。ASP.NET 在普通的 HTML 控件的基础上提出了 HTML 服务器控件的概念。简单地说，服务器控件是在普通的 HTML 控件基础上产生的可直接应用于服务器端编程的 HTML 控件。

下面的语句声明了一个 HTML 服务器端控件：

```
<input type="submit" id=submit value="submit" onserverclick="button_
click"runat="server">
```

下面的语句声明了一个普通的 HTML 控件：

```
<input type="submit" name="submit" value="submit" onclick="button_
click">
```

通过这两种语句形式的对比，可以发现声明一个普通的 HTML 控件和声明一个 HTML 服务器控件的不同之处，如下所示。

- ❑ 服务器控件用 id 属性代替普通控件的 name 属性。
- ❑ 服务器控件用 onserverclick 属性代替普通控件的 onclick 属性。
- ❑ 服务器控件的声明多了一个 runat 属性。

下面是分析产生这些不同点的原因及使用上的区别。

- ❑ id 属性是标识服务器控件的惟一标志，通过它可以像引用一个对象一样直接在服务器端中引用服务器控件。
- ❑ 用 onserverclick 属性代替 onclick 属性，表明响应按钮的单击事件是在服务器端进行的，而不是在客户端。
- ❑ 多出的 runat="server"属性说明该控件为服务器控件，这是区别 HTML 控件是服务器控件还是普通控件的惟一方法。

4.3.2 HTML 控件常用属性

在对 HTML 控件进行操作时，经常会用到 HTML 控件的属性。常用属性包括 Style 属性、Attributes 属性、Visible 属性、Disabled 属性、InnerHtml 属性及 InnerText 属性等，以下内容是详细介绍。

1. Sty1e 属性

由于 Html 控件均由普通 HTML 标记衍生而来，所以定义 HTML 标记样式表的方法同样适用于 Html 控件：

```
<a style="Golor:#008000;font-size:10pt;text-decoration:none:font-style:
italic" href="http: //www.microsoft.com/china" runat="server">http://
www.microsoft.com/china</a>
```

上面为 HtmlAnchor 控件定义的样式表与普通<a>标记的样式定义是相同的。显示结果也没有丝毫差别。ASP.NET 为每个 Html 控件提供一个 Style 的属性，Style 属性实际上是一个样式表属性集合。通过设置 Style 中的属性，能通过程序代码在程序执行过程中改变 Html 控件的样式。表 4-2 列出 Style 属性可以设定的样式。

表 4-2　Style 属性可以设定的样式

样式名称	说明	设定值
Background-Color	背景色	RGB 值或指定颜色
Color	前景色	RGB 值或指定颜色
Font-Family	字型	标楷体
Font-Size	字体大小	20pt
Font-Style	斜体	Italic（斜体）或 Normal（一般）
Font-Weight	粗体	Bold（粗体）或 Normal（一般）
Text-Decoration	效果	Underline（底线）、Strikethrough（穿越线）、Overline（顶线）或是 None（无）
Text-Transform	转大小写	Uppercase（全转大写）、Lowercase（全转小写）、Initial Cap（前缀大写）或是 None（无）

下面是一个使用 style 属性的实例，代码如下所示。

文件名：style.aspx

```
<%@ Page Language="C#" AutoEventWireup="true" CodeFile="style.aspx.cs"
Inherits="style" %>
<!DOCTYPE html PUBLIC "-//W3C//DTD XHTML 1.0 Transitional//EN" "http:
//www.w3.org/TR/xhtml1/DTD/xhtml1-transitional.dtd">
   <html>
   <head><title>style 属性的使用</title>
   </head>
   <body id="body1" runat="Server">
   <a id="Anchor1" href="http:// www.microsoft.com/china" runat=
   "Server">
   http:// www.microsoft.com/china
   </a>
   </body>
   </html>
```

文件名：style.aspx.cs

```
using System;
using System.Collections.Generic;
using System.Linq;
using System.Web;
using System.Web.UI;
using System.Web.UI.WebControls;
public partial class style : System.Web.UI.Page{
   protected void Page_Load(object sender, EventArgs e){
```

```
            //指定超级链接的属性
            Anchor1.Style["color"] = "#008000";
            Anchor1.Style["font-size"] = "20pt";
            Anchor1.Style["text-decoration"] = " none";
            Anchor1.Style["font-style"] = " italic";
        }
    }
```

在上述代码中，首先给网页添加一个超链接，然后当运行程序进行加载页面时，使用 Style 属性给超链接添加样式。执行上述代码，结果如图 4-7 所示。

图 4-7 style 属性

2. Attributes 属性

Attributes 属性实质上是一个 Server 控件(包括 Html 控件、Web 控件、用户控件)的属性集合。

控件的属性值可以通过 Attributes 任意指定，ASP.NET 程序会将其原样发送到浏览器解释。这里有三点需要注意：

- 因为可以任意指定属性，所以对于控件来说，有些指定的属性是不合法的，那么这种属性是无效的。如：假设当前操作的控件为 HtmlImage，名为 imagel。假设通过 Attribute 给指定一个 Text 属性，属性值为“你好”。因为 HtmlImage 控件将会被转化为<img>标记，而指定的 Text 属性将按原样发送，所以就会出现<img Text="你好"...>这种代码。显然，<img>标记根本没有 Text，所以这个属性会被浏览器忽略。
- 指定属性必须为 Server 控件对应的 HTML 标记所支持的属性，否则浏览器会不能达到。例如：HtmlImage 控件有 Title 属性，它的作用是当图像没有正确加载时，显示在图像位置的文字，可以通过 HtmtImage.Title = "描述文字"设置。通常所犯的错误就是在 Attributes 设置时，直接使用 Title，如：

```
HtmlImage.Attributes["Title"]= "描述文字"    (这是错误的)
```

- 按照原样发送的规则，那么发送至浏览器的代码就会是<img Title="描述文字"...>而<img>标记中没有 Title 属性，所以这个属性也是不合法的。正确的设置方法是：

```
HtmlImage.Attributes["alt"]= "描述文字"    (正确)
```

下面是一个使用 Attributes 属性确定 HtmlSelect 控件特性的实例，代码如下所示。

文件名：Attributes.aspx

```
<%@ Page Language="C#" AutoEventWireup="true" CodeFile="Attributes.
aspx.cs" Inherits="Attributes" %>
<!DOCTYPE html PUBLIC "-//W3C//DTD XHTML 1.0 Transitional//EN" "http:
```

```
//www.w3.org/TR/xhtml1/DTD/xhtml1-transitional.dtd">
<html xmlns="http://www.w3.org/1999/xhtml">
<head runat="server">
   <title>Attribute 属性实例</title>
</head>
<body>
     <h3>Html 控件 Attribute 属性实例</h3>
     请选择:
     <select id="Select" style="font: 12pt verdana; background-color:
     yellow; color:red;"
           runat="server" NAME="Select">
       <option>选项 1</option>
       <option>选项 2</option>
       <option>选项 3</option>
     </select>
     <p>
     <span id="Message" MaintainState="false" runat="server" />
</body>
</html>
```

文件名：Attributes.aspx.cs

```
using System;
using System.Collections.Generic;
using System.Linq;
using System.Web;
using System.Collections;
using System.Web.UI;
using System.Web.UI.WebControls;
public partial class Attributes : System.Web.UI.Page{
   protected void Page_Load(object sender, EventArgs e){
      Message.InnerHtml = "<h4>选择框的属性集包括:</h4>";
      IEnumerator keys = Select.Attributes.Keys.GetEnumerator();
      while (keys.MoveNext()){
         String key = (String)keys.Current;
         Message.InnerHtml += key + "=" + Select.Attributes[key] +
         "<br>";
      }
   }
}
```

执行上述代码，结果如图 4-8 所示。

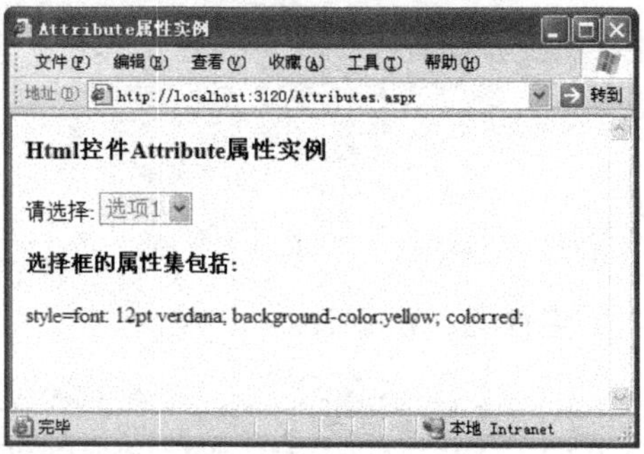

图 4-8　执行结果

3．Visible 属性

Visible 属性可以让一个对象的视觉元素消失，换句话说就是将对象隐藏起来让使用者看不到。

4．Disabled 属性

Disabled 属性被称为禁止功能。禁止功能就是将一个对象的功能关闭，让对象暂时无法执行工作。所以，如果将对象的 Disabled 属性设为 True 时，该对象会显示为灰色并且停止工作。只有将 Disabled 属性设回 False，该控件才可以正常工作。以 Button 对象为例，如果该对象的 Disabled 属性被设定为 True，则无法按下按钮。

5．InnerHtml 属性及 InnerText 属性

使用 InnerHtml 属性以编程方式修改 HTML 服务器控件的开始和结束标记中的内容。InnerHtml 属性不自动对进出 HTML 实体的特殊字符进行编码。HTML 实体允许显示特殊字符（如<字符），浏览器通常会将这些字符解释为具有特殊含义。<字符会被解释为标志的开头，并且不会在页面上显示。若要显示<字符，将需要使用实体&lt。

使用 InnerText 属性，以编程方式修改 HTML 服务器控件的开始和结束标记之间的内容。与 InnerHtml 属性不同，InnerText 属性自动对进出 HTML 实体的特殊字符进行编码。

下面是一个使用 InnerHtml 属性及 InnerText 属性，改变<span>标记内容的实例，代码如下所示。

文件名：InnerHtml.aspx


```
<%@ Page Language="C#" AutoEventWireup="true" CodeFile="InnerHtml.
aspx.cs" Inherits="InnerHtml" %>
<!DOCTYPE html PUBLIC "-//W3C//DTD XHTML 1.0 Transitional//EN" "http:
//www.w3.org/TR/xhtml1/DTD/xhtml1-transitional.dtd">
<html xmlns="http://www.w3.org/1999/xhtml">
<head runat="server">
   <title>InnerHtml 属性及 InnerText 属性实例</title>
</head>
<body>
  <Form Runat="Server" ID="Form1">
       <input type="button" Id="Button1" Runat="Server" OnServerClick=
       "Button1_Click" value="请按此处">
           <P>
               <Span Id="Sp1" Runat="Server" />
               <br>
               <Span Id="Sp2" Runat="Server" />
           </P>
       </Form>
</body>
</html>
```

文件名：InnerHtml.aspx.cs

```
using System;
using System.Collections.Generic;
using System.Linq;
using System.Web;
```

```
using System.Web.UI;
using System.Web.UI.WebControls;
public partial class InnerHtml : System.Web.UI.Page
{
    public void Page_Load(object sender, EventArgs e)
    {
        Sp1.InnerHtml="InnerHtml 属性";
        Sp2.InnerText="InnerText 属性";
    }
    public void Button1_Click(object sender,EventArgs e)
    {
        Sp1.InnerHtml="<b>改变 InnerHtml 属性</b>";
        Sp2.InnerText="<b>改变 InnerText 属性</b>";
    }
}
```

执行上述代码，如图 4-9 所示。单击【请按此处】按钮，结果如图 4-10 所示。

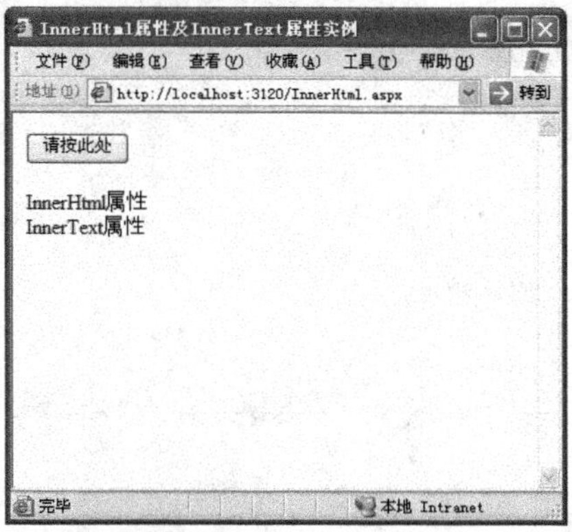

图 4-9　执行结果

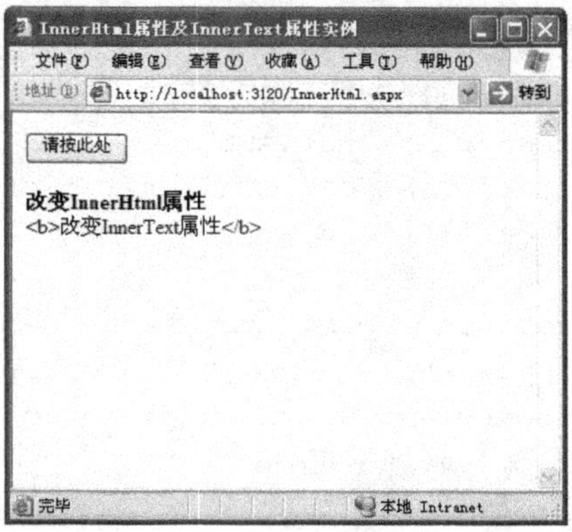

图 4-10　执行结果

4.3.3 表单控件

表单是包含其他控件的容器。它可以收集用户的数据，传回服务器进行处理，然后服务器再把处理结果回传到客户端，返回给用户。在 HTML 中，可以使用标记<form>…</form>定义一个普通表单。在该表单中，可以加入任意的普通控件。在 ASP.NET 中，要定义一个表单控件，应该采用如下的格式：

```
<form id="programmaticID"
method=POST|GET
action="srcpageURL" //事件处理程序的 URL 地址
runat="server">      //声明控件在服务器端运行
'其他一些表单域内容
< /form >
```

其中各属性含义如下。

- **Id** 该表单控件的标识，通过它可以在程序中引用该表单对象。
- **runat= “server”** 指明它是服务器端的 HTML 控件。
- **method** 指明表单的数据传输方式。可以是 POST 或 GET 方式。
- **action** 指定处理 Web 表单数据的 ASP.NET 程序。如果该属性没有指定，则默认使用同一个 ASP.NET 程序来处理该 Web 表单的数据。

提 示

一个网页最多只能有一个标记 runat="server"的 HtmlForm 控件。使用 HtmlForm 控件可以使几个关系紧密或者需要能够同时被移动的控件具有很强的整体性。

下面是一个使用 Form 表单控件来传递数据的实例，代码如下所示。

文件名：htmlForm.aspx

```
<%@ Page Language="C#" AutoEventWireup="true" CodeFile="htmlForm.aspx.
cs" Inherits="htmlForm" %>
<!DOCTYPE html PUBLIC "-//W3C//DTD XHTML 1.0 Transitional//EN" "http:
//www.w3.org/TR/xhtml1/DTD/xhtml1-transitional.dtd">
<html xmlns="http://www.w3.org/1999/xhtml">
<head runat="server">
<title>htmlForm 表单控件</title>
</head>
<body>
<form id="form1" runat="server">
<input type="text" id="name" runat="server"/>
<input type="button" Id="Button1" Runat="Server" OnServerClick="Button1_
Click" value="请按此处">
<br>
<span id="showinfo" runat="server"/>
</form>
</body>
</html>
```

文件名：htmlForm.aspx.cs

```
using System;
using System.Collections.Generic;
using System.Linq;
using System.Web;
using System.Web.UI;
using System.Web.UI.WebControls;
public partial class htmlForm : System.Web.UI.Page{
    protected void Page_Load(object sender, EventArgs e){   }
    public void Button1_Click(object sender, EventArgs e){
        showinfo.InnerHtml = "你输入的姓名是: "+ name.Value;
    }
}
```

执行上述代码，在对话框中输入姓名，单击【请按此处】按钮，结果如图 4-11 所示。

4.3.4 文本框控件

文本框控件按可以写入的行数可分为单行文本框控件和多行文本框控件两种，详细介绍如下。

- **单行文件框控件**

单行文本框控件属于表单控件。在应用中，可以利用它来输入基本文本数据，比如输入用户姓名、联系地址、联系电话等。它分为普通单行文本框控件和密码框控件。

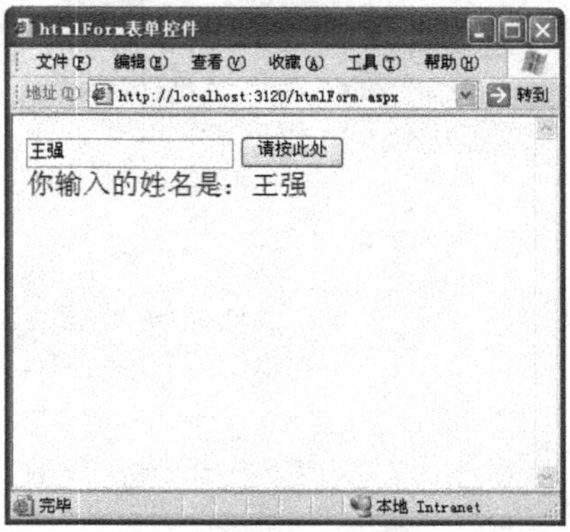

图 4-11 执行结果

该控件包括<input type=text>和<input type=password>这两种 HTML 控件，用于创建可以让用户输入一行文字的文本框，语法格式如下所示。

```
<input type=text|password
Id="programmaticID"
Maxlength="max#ofcharacters"
Size="widthoftextbox"
Value="defaulttextboxcontents"
Runat="server">
```

其中，Maxlength 表示可以在文本框中输入的最大字符数，size 表示文本框的宽度，Value 表示文本框中的内容。

- **多行文本框控件**

单行文本框只能输入一行数据，也就是说在文本框里输入数据，当输入的数据超出文本框的时候，它不换行。多行文本框是可以换行的文本框，它可以输入一段文本，而不是一行文本，比如在一些电子邮件系统中，系统提供给用户用以输入信件内容的文本框。HtmlTextArea 控件的基本属性如表 4-3 所示。

表 4-3 HtmlTextArea 控件的属性

名称	解释
Runat="server"	声明控件在服务器端运行
Id	控件在程序段中的引用名称
Cols	指定可输入的列数
Name	指定控件的名称
Rows	指定可输入的行数
Onserverchange	在值改变时触发的事件处理程序名称

下面是一个使用 HtmlTextArea 控件显示输入信息的实例，代码如下所示。

文件名：HtmlTextArea.aspx

```
<%@ Page Language="C#" AutoEventWireup="true" CodeFile="HtmlTextArea.
```

```
aspx.cs" Inherits="HtmlTextArea" %>
<!DOCTYPE html PUBLIC "-//W3C//DTD XHTML 1.0 Transitional//EN" "http:
//www.w3.org/TR/xhtml1/DTD/xhtml1-transitional.dtd">
<html xmlns="http://www.w3.org/1999/xhtml">
<head runat="server">
    <title>textarea 多行文本框实例</title>
</head>
<body>
    <form id="form1" runat="server">
        <!--提供用户输入留言内容的多行文本框-->
        <textarea id="content" rows=5 cols=30 runat="server" ></textarea>
        <input type="button" id="button" value="确定" OnServerClick=
        "button_click" runat="server"/> <br>
        <!--提供显示用户输入数据的 HTML 控件-->
        <span id="showContent" runat="server"></span>
    </form>
</body>
</html>
```

文件名：HtmlTextArea.aspx.cs


```
using System;
using System.Collections.Generic;
using System.Linq;
using System.Web;
using System.Web.UI;
using System.Web.UI.WebControls;
public partial class HtmlTextArea : System.Web.UI.Page{
    protected void Page_Load(object sender, EventArgs e){    }
    public void button_click(object sender, EventArgs e){
        showContent.InnerHtml = "你输入的留言内容是：" + content.InnerText;
    }
}
```

执行上述代码，在多行文本框中输入留言内容，单击【确定】按钮，结果如图 4-12 所示。

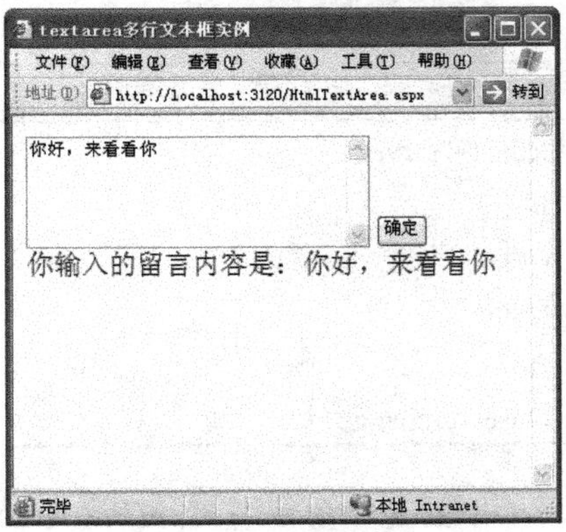

图 4-12　执行结果

4.3.5　下拉列表框控件

下拉列表框控件提供给用户一个下拉菜单，用户可以从中选择一个或多个数据项。HtmlSelect 控件的语法格式如下：

```
<select id="programmaticID"
OnServerChange="onserverchangehandler"
        //选项改变引起的触发的事件
DataSource="databindingsource"
        //控件的数据源
```

```
DataMember="datamembervalue"
DataTextFieled="fieldtodatabindoptionttext"    //显示选项引用的字段
DataValueField="fieldtodatabindoptionvalue"    //返回值引用的数据字段
Multiple                                       //是否允许选择多个
Items="collectionofoptionelements"             //可选项的集合名称
SelectedIndedx="indexofcurrentlyselecteditem"  //当前选中的索引值
Size="#ofvisibleitems"                         //控件在页面上显示的宽度
Value="currentitemvalue"                       //当前选项的文字
Runat="server">                                //声明控件是在服务器端运行的
<option>value1</option>
<option>value2</option>
…
</select>
```

在 ASP.NET 中，HtmlSelect 控件除使用原有的 Option 属性加入选项外，还添加了动态加入选项的功能，其中有个很重要的属性就是 Item 属性。

Item 属性是指所有的选项，它是一个集合，属性如表 4-4 所示。

表 4-4 Item 属性

名称	解释
Add	添加选项
Clear	删除所有选项
Remove	删除特定选项
Count	选项总数
Select	取得或设置选项是否被选中

下面是一个使用 HtmlSelect 下拉列表框控件选择教育水平的实例，代码如下所示。

文件名：HtmlSelect.aspx

```
<%@ Page Language="C#" AutoEventWireup="true" CodeFile="HtmlSelect.
aspx.cs" Inherits="HtmlSelect" %>
<!DOCTYPE html PUBLIC "-//W3C//DTD XHTML 1.0 Transitional//EN" "http:
//www.w3.org/TR/xhtml1/DTD/xhtml1-transitional.dtd">
<html xmlns="http://www.w3.org/1999/xhtml">
<head runat="server">
    <title>HtmlSelect 下拉列表框控件实例</title>
</head>
<body>
    <form id="form1" runat="server">
        选择你的文化程度:
        <select id="aa" runat="server">
            <option value="高中"/>
            <option value="大专"/>
            <option value="本科"/>
            <option value="研究生"/>
            <option value="硕士"/>
        </select>
```

```
        <input type="button" id="button" value="确定" OnServerClick=
        "button_click" runat="server"/> <br>
        <span id="showInfo" runat="server"></span>
    </form>
</body>
</html>
```

文件名：HtmlSelect.aspx.cs

```
using System;
using System.Collections.Generic;
using System.Linq;
using System.Web;
using System.Web.UI;
using System.Web.UI.WebControls;
public partial class HtmlSelect : System.Web.UI.Page{
    protected void Page_Load(object sender, EventArgs e){   }
    public void button_click(object sender, EventArgs e){
        showInfo.InnerText = "你的教育文化程度是：" + aa.Value;
    }
}
```


执行上述代码，选择你的文化程度，然后单击【确定】按钮，如果如图 4-13 所示。

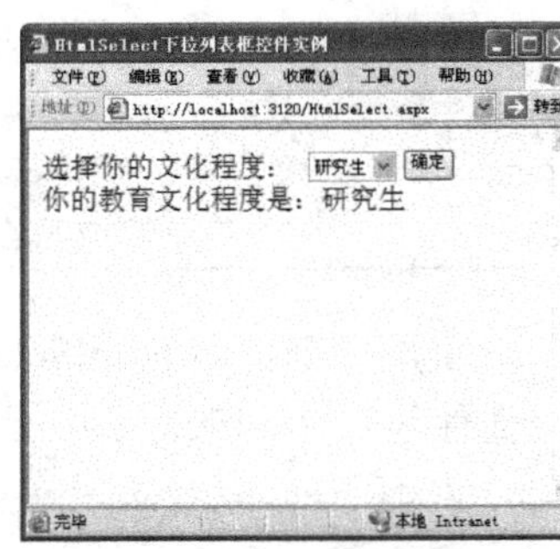

图 4-13 执行结果

4.3.6 提交、重置和普通按钮控件

按钮控件包括<Input type=Button>普通按钮、<Input type=Submit>提交按钮、<Input type=Reset>重置按钮这 3 种控件。它们的语法格式如下：

```
<input type=button|submit|reset
Id="programmaticID"
OnServerClick="onserverclickhandler"
Runat="server">
```

除此之外，它还有以下一些特别的属性。

- **Value** 设置或取得控件的内容。
- **Disabled** 设置或取得一个 HTML 控件是只读或可以使用。若此属性为 True，则该 HTML 控件不起作用。

创建一个服务器端控件时，该控件将映射到<input type=button>、<input type=submit>和<input type=reset>HTML 元素，并允许用户分别创建命令按钮、提交按钮或重置按钮。

使用 HtmlInputButton 控件可以对<input type=button>、<input type=submit>和<input type=reset>HTML 元素进行编程。用户单击 HtmlInputButton 控件时，来自嵌有该控件的窗体的输入被发送到服务器并得到处理。然后，服务器将响应发送给浏览器。

通过为 ServerClick 事件提供自定义事件处理程序，可以在单击控件时执行特定的指令集。注意【重置】按钮不支持 ServerClick 事件。单击【重置】按钮时，未必清除了所有输入控件。相反，在加载网页时，它们返回到其原始状态。例如，如果文本框最初包含值“JohnDoe”，则单击【重置】按钮会使文本框返回到该值。HtmlInputButton、HtmlInputText 和 HtmlTextArea 控件一起使用时，可创建可以在服务器上处理的用户输入页或身份验证页。

提示

此控件不需要结束标记。

下面是一个使用按钮控件获取用户身份验证的实例，代码如下所示。

文件名：htmlInput.aspx

```
<%@ Page Language="C#" AutoEventWireup="true" CodeFile="htmlInput.aspx.
cs" Inherits="htmlInput" %>
<!DOCTYPE html PUBLIC "-//W3C//DTD XHTML 1.0 Transitional//EN" "http:
//www.w3.org/TR/xhtml1/DTD/xhtml1-transitional.dtd">
<html xmlns="http://www.w3.org/1999/xhtml">
<head runat="server">
    <title>HTMLInput 按钮控件实例</title>
</head>
<body>
    <Form Runat="Server" ID="Form1">
        姓名: <Input Type="Text" Id="Text1" Runat="Server" NAME="Text1">
        <br>
        密码: <Input Type="Password" Id="Text2" Runat="Server" NAME=
        "Text2"><br>
        <Input Type="Button" Id="Button1" Runat="Server" OnServerClick=
        "Button1_Click" Value="执行程序" NAME="Button1">
        <Input Type="Submit" Id="Submit1" Runat="Server" OnServerClick=
        "Submit1_Click" Value="确定" NAME="Submit1">
        <Input Type="Reset" Runat="Server" Value="重置" ID="Reset1" NAME=
        "Reset1">
        <br />
        <Span Id="ShowInfo" Runat="Server" />
    </Form>
</body>
</html>
```

文件名：htmlInput.aspx.cs

```
using System;
using System.Collections.Generic;
using System.Linq;
using System.Web;
using System.Web.UI;
using System.Web.UI.WebControls;
public partial class htmlInput : System.Web.UI.Page{
```

```
    protected void Page_Load(object sender, EventArgs e){   }
    public void Button1_Click(object sender, EventArgs e){
        CheckUser();
    }
    public void Submit1_Click(object sender, EventArgs e){
        CheckUser();
    }
    public void CheckUser(){
        if (Text1.Value == "aa" && Text2.Value == "123")
            ShowInfo.InnerHtml="使用者名称及密码正确,你好!";
        else{
            ShowInfo.InnerHtml = "使用者名称及密码错误, 请重新输入!";
            Text1.Value = "";
            Text2.Value = "";
        }
    }
}
```


执行上述代码，用户在文字输入框中输入的数据会被存储在 Value 属性中。当用户输入完数据后，按下 Button 或是 Submit 则会触发相对应的 OnServerClick 事件程序。我们在事件程序中调用检查用户名称及密码是否正确的子程序 CheckUser()，如果使用者输入正确的使用者名称及密码，则会出现输入正确的信息，如图 4-14 所示。如果输入错误的用户名称或密码，则会显示输入错误，并将用户所输入的使用者名称及密码清除，如图 4-15 所示。

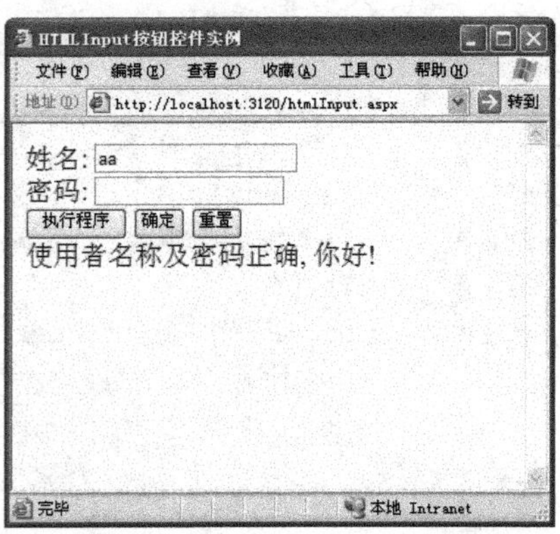

图 4-14 用户名和密码正确

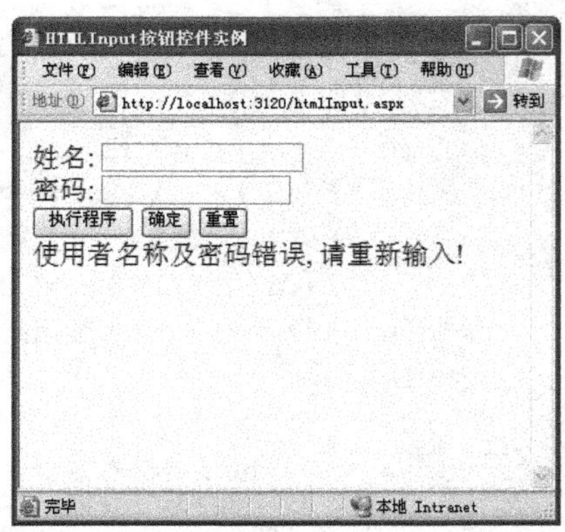

图 4-15 用户名和密码错误

4.3.7 单选框控件

使用 HtmlInputRadioButton 控件对 HTML<input type=radio>元素进行编程，通过将 Name 属性设置为组中所有<input type=radio>元素所共有的值，可以将多个 HtmlInputRadioButton 控件组成一组。同组中的单选按钮互相排斥，一次只能选择该组中的一个单选按钮。

HtmlRadioButton 控件不会自动向服务器传送。必须依赖于使用某个按钮控件（如 HtmlInputButton、HtmlInputImage 或 HtmlButton）来传送到服务器。可通过为 ServerChange 事件编写处理程序来对 HtmlRadioButton 控件进行编程。

提示

只为更改成选中状态的单选按钮引发 ServerChange 事件。

当我们要限制使用者的选择为单选，并只能够在我们所提供的项目中选择一个答案时，使用 HtmlInputRadio。以输入使用者性别数据为例，我们提供使用者“男”及“女”的选项让使用者选择，利用单选按钮可以限制他只能选择一个答案。其中 HtmlInputRadio 控件最重要的属性为 Name 属性，用来设定单选按钮的群组。单选按钮有一个规则，那就是同一个群组的单选按钮同一时间内只能有一个按钮被选择，所以它可以用在单选的选项上。此时被选取的单选按钮其 Checked 属性则为 True，没有被选取的则为 False。

单选框控件声明的语法格式如下所示：

```
<input type=radio
Id="programmaticID"
Checked
Name="radiobuttongroup"
Runat="server">
```


HtmlInputRadioButton 控件是选项控件。如果 Name 属性设置为相同，则表示这是一组单选按钮。在一组单选按钮中，在某一时刻只能有一个按钮是选中状态。如果 checked 属性被选中，则表示该单选框默认是选中状态。

下面是一个使用 HtmlInputRadioButton 控件选择用户喜欢运动的实例，代码如下所示。

文件名：RadioButton.aspx

```
<%@ Page Language="C#" AutoEventWireup="true" CodeFile="RadioButton.
aspx.cs" Inherits="RadioButton" %>
<!DOCTYPE html PUBLIC "-//W3C//DTD XHTML 1.0 Transitional//EN" "http:
//www.w3.org/TR/xhtml1/DTD/xhtml1-transitional.dtd">
<html xmlns="http://www.w3.org/1999/xhtml">
<head runat="server">
    <title>HtmlInputRadioButton 控件实例</title>
</head>
<body>
    <h3>请从下面选项中选择你喜欢的运动</h3>
    <form id="form1" runat="server">
    <input id="Radio1" type="radio" name="Mode" runat="server" />篮球<br />
    <input id="Radio2" type="radio" name="Mode" runat="server" />足球<br />
    <input id="Radio3" type="radio" name="Mode" runat="server" />台球<br />
    <p />
    <span id="showInfo" runat="server" />
    <p />
```

```
    <input id="Button1" type="button" value="确定" onserverclick="button_
    click" runat="server" />
    </form>
</body>
</html>
```

文件名：RadioButton.aspx.cs

```
using System;
using System.Collections.Generic;
using System.Linq;
using System.Web;
using System.Web.UI;
using System.Web.UI.WebControls;
public partial class RadioButton : System.Web.UI.Page{
    protected void Page_Load(object sender, EventArgs e){    }
    public void button_click(object sender, EventArgs e){
        if (Radio1.Checked == true){
            showInfo.InnerText = "你喜欢的运行是篮球";
        }
        if (Radio2.Checked == true){
            showInfo.InnerText = "你喜欢的运行是足球";
        }
        if (Radio3.Checked == true){
            showInfo.InnerText = "你喜欢的运行是台球";
        }
    }
}
```


执行上述代码结果，选择单选按钮中你喜欢的运动，单击【确定】按钮，结果如图 4-16 所示。

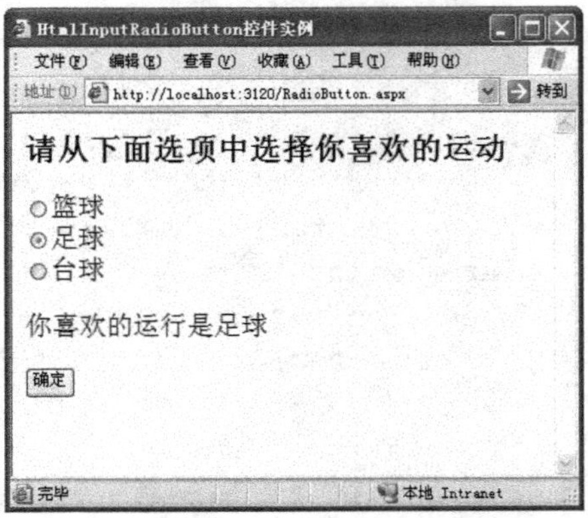

图 4-16　执行结果

4.3.8　复选框控件

复选框属于 Web 表单的切换开关，可以让用户选择是否打开某一项设置，或者设定特定的参数。与单选框类似，复选框一般也是成组使用，提供给用户一些系统预定义的数据进行选择。在一组单选框中，在某一时刻用户只能选择其一；而复选框则相当于“多选一”，用户在某一时刻可以选择一个或多个选择项。

复选框控件声明的语法格式如下所示：

```
<input type=checkbox
id="programmaticID"
checked
```

```
runat="server" >
例如:
<input type="checkbox" id="tel" runat="server">电话
```

下面是一个使用复选框选择专长的实例，代码如下所示。

文件名：checkbox.aspx

```
<%@ Page Language="C#" AutoEventWireup="true" CodeFile="checkbox.aspx.
cs" Inherits="checkbox" %>
<!DOCTYPE html PUBLIC "-//W3C//DTD XHTML 1.0 Transitional//EN" "http:
//www.w3.org/TR/xhtml1/DTD/xhtml1-transitional.dtd">
<html xmlns="http://www.w3.org/1999/xhtml">
<head runat="server">
    <title>复选框控件实例</title>
</head>
<body>
    <form id="form1" runat="server">
    请选择您的专长:<br>
    <Input Type="CheckBox" Id="Check1" Runat="Server">ASP.Net<br>
    <Input Type="CheckBox" Id="Check2" Runat="Server">JSP<br>
    <Input Type="CheckBox" Id="Check3" Runat="Server">SQLServer<br>
    <Input Type="CheckBox" Id="Check4" Runat="Server">JAVA<br>
    <Input Type="Button" ID="Button1" Runat="Server" OnServerClick=
    "button_click" Value="确定">
    </form>
    <p><Span ID="showInfo" Runat="Server"/></p>
</body>
</html>
```

文件名：checkbox.aspx.cs

```
using System;
using System.Collections.Generic;
using System.Linq;
using System.Web;
using System.Web.UI;
using System.Web.UI.WebControls;

public partial class checkbox : System.Web.UI.Page
{
    protected void Page_Load(object sender, EventArgs e){   }
    public void button_click(object sender, EventArgs e){
        string str="你的专长是: ";
        if (Check1.Checked == true){
            str += "ASP.Net" + "   ";
        }
        if (Check2.Checked == true){
            str += "JSP" + "   "; ;
        }
```

```
        if (Check3.Checked == true){
            str += "SQL Server" + "   "; ;
        }
        if (Check4.Checked == true){
            str += "JAVA" + "   "; ;
        }
        showInfo.InnerHtml = str;
    }
}
```

执行上述代码，如图 4-17 所示，在复选框中选择你的专长单击【确定】按钮，结果如图 4-18 所示。

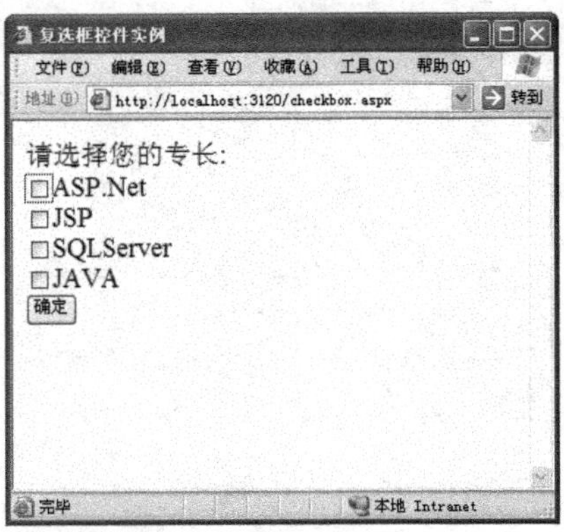

图 4-17　执行结果

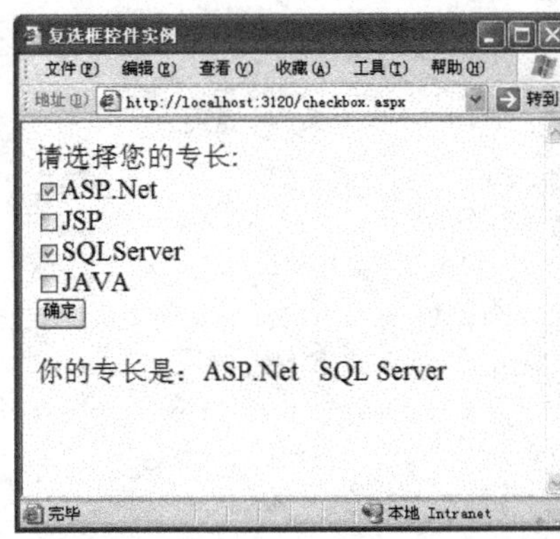

图 4-18　执行结果

4.3.9　图片控件

HtmlImage 控件用来控制<img>元素。在 HTML 中，<img>元素被用来显示一个图像。它的使用方法和 HTML 的<img>标注很类似，只是在 ASP.NET 里变为一个可以随程序来动态改变属性的 HTML 控件。

使用该控件可以在 Web 页上显示图像，可以用编程方式操作 HtmlImage 控件来更改显示的图像、图像大小及图像相对于其他页元素的对齐方式。

HtmlImage 控件声明的语法格式如下所示：

```
<Img
Id="被程序代码所控制的名称"
Runat="Server"
Alt="无法显示图形时所显示的小提示"
Align="Top | Middle | Bottom | Left | Right"
Border="边框宽度"
Height="影像高度"
Src="影像所在的地址"
Width="影像宽度"
>
```

HtmlImage 控件的常用属性如表 4-5 所示。

表 4-5　HtmlImage 控件的常用属性

名称	解释
Src	图形文件的地址 URL
Width	图片宽像素
Height	图片高像素
Border	图片显示时的外框大小数值
Align	设定和图片旁边文字的排列方式 top、middle、bottom、left、right
Alt	当图片无法下载时显示的文字或当鼠标光标移至图片上时显示小提示内的文字字符串

下面是一个使用 Image 图片控件更换图片的实例，代码如下所示。

文件名：Image.aspx

```
<%@ Page Language="C#" AutoEventWireup="true" CodeFile="Image.aspx.cs"
Inherits="Image" %>
<!DOCTYPE html PUBLIC "-//W3C//DTD XHTML 1.0 Transitional//EN" "http://www.
w3.org/TR/xhtml1/DTD/xhtml1-transitional.dtd">
<html xmlns="http://www.w3.org/1999/xhtml">
<head runat="server">
    <title>Image 图片控件实例</title>
</head>
<body>
    <form id="form1" runat="server">
    <h3>Image 图片控件实例</h3>
    <center>
    <button id="Button1" onserverclick="Image1_Click" runat="server">海
    上城</button>
    <button id="Button2" onserverclick="Image2_Click" runat="server">美
    人鱼</button>
    <button id="Button3" onserverclick="Image3_Click" runat="server">油
    菜花</button>
    </center>
        <br /><br />
          <img id ="Image1"
           src="1.jpg"
           width="281"
           height="243"
           alt="海上城"
           border="1"
           align="middle"
           runat="server" />
    </form>
</body>
</html>
```

文件名：Image.aspx.cs

```
using System;
```

```
using System.Collections.Generic;
using System.Linq;
using System.Web;
using System.Web.UI;
using System.Web.UI.WebControls;
public partial class Image : System.Web.UI.Page{
    protected void Page_Load(object sender, EventArgs e){    }
    public void Image1_Click(object sender, EventArgs e){
        Image1.Src = "1.jpg";
        Image1.Height = 243;
        Image1.Width = 281;
        Image1.Border = 2;
        Image1.Align = "center";
        Image1.Alt = "海上城";
    }
    public void Image2_Click(object sender, EventArgs e){
        Image1.Src = "2.jpg";
        Image1.Height = 215;
        Image1.Width = 287;
        Image1.Border = 4;
        Image1.Align = "left";
        Image1.Alt = "美人鱼";
    }
    public void Image3_Click(object sender, EventArgs e){
        Image1.Src = "3.jpg";
        Image1.Height = 201;
        Image1.Width =  288;
        Image1.Border = 3;
        Image1.Align = "right";
        Image1.Alt = "油菜花";
    }
}
```

执行上述代码，如图 4-19 所示，单击【美人鱼】按钮，结果如图 4-20 所示。

图 4-19　执行结果

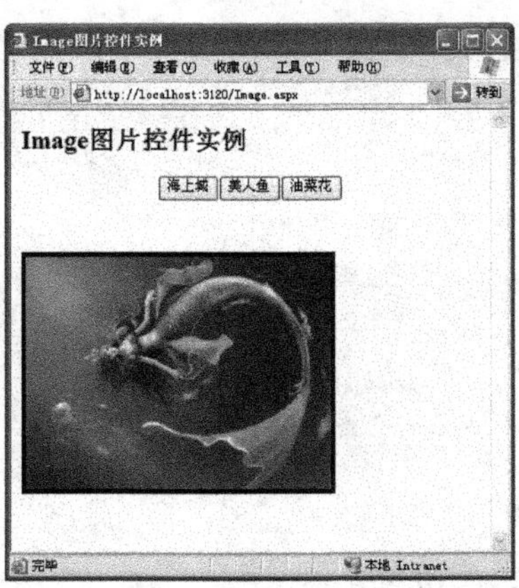

图 4-20　图片变换

4.3.10 表格控件

表格控件有三个控件组成，包括 HtmlTable 控件、HtmlTableRow 控件和 HtmlTable 控件。其中 HtmlTable 控件用来控制<table>元素。在 HTML 中，<table>用来建立一个表格。HtmlTableCell 控件用来控制<td>和<th>元素。在 HTML 中，这些元素用来建立表格单元格和表格标题单元格。HtmlTableRow 控件用来控制<tr>元素。在 HTML 中，<tr>元素用来建立表格行。HtmlTable 控件可以配合 HtmlTableRow 以及 HtmlTableCell 控件来动态地产生表格。

表格控件之间的关系可以这样认为：HtmlTable 控件是由许多列（Row）组成，而每一列中是由许多储存格（Cell）组成。所以 HtmlTable 控件中有 Rows 集合，HtmlTableRow 控件中有 Cells 集合。我们依秩序利用 HtmlTableRow 中 Cells 集合的 Add 方法，将 HtmlTableCell 控件串成一列（Row）后，再将这一列加到 HtmlTable 的 Rows 集合中，这样表格就大功告成。

表格控件的语法格式如下所示：

```
<Table
Id="被程序代码所控制的名称"
Runat="Server"
Align="Left | Center | Right"
BGColor="背景色"
BorderClolr="边框颜色"
CellPadding="像素"
CellSpacing="像素"
Hight="表格高度"
Rows="Row 集合"
Width="表格宽度"
>
<Tr><Td><Td></Tr>
<Tr><Td><Td></Tr>
</Table>
```

下面是一个使用表格控件生成表格的实例，代码如下所示。

文件名：Tabel.aspx

```
<%@ Page Language="C#" AutoEventWireup="true" CodeFile="Tabel.aspx.cs"
Inherits="Tabel" %>
<!DOCTYPE html PUBLIC "-//W3C//DTD XHTML 1.0 Transitional//EN" "http:
//www.w3.org/TR/xhtml1/DTD/xhtml1-transitional.dtd">
<html xmlns="http://www.w3.org/1999/xhtml">
<head runat="server">
   <title>表格控件实例</title>
</head>
<body>
   <form id="form1" runat="server">
```

```
    <div><table id="MyTable" cellpadding="5" cellspacing="0" border="1"
    runat="server" />
        <p> 输入表格行数:<input type="text" id="MyTextOne" value="1" runat=
        "server" /></p>
        <p>输入表格列数:<input type="text" id="MyTextTwo" value="1" runat=
        "server" /></p>
        <p><input id="Submit1" type="Submit" value="生成表格" runat=
        "server" />
        </div>
    </form>
</body>
</html>
```

文件名：Tabel.aspx.cs

```
using System;
using System.Collections.Generic;
using System.Linq;
using System.Web;
using System.Web.UI;
using System.Web.UI.WebControls;
using System.Web.UI.WebControls.WebParts;
using System.Web.UI.HtmlControls;
public partial class Tabel : System.Web.UI.Page{
    protected void Page_Load(object sender, EventArgs e){
        int row = 0;
        int numrows = Convert.ToInt32(MyTextOne.Value);//获得文本框中整形数
        int numCells = Convert.ToInt32(MyTextTwo.Value);
        for (int j = 0; j < numrows; j++){
            HtmlTableRow r = new HtmlTableRow();
            if (row % 2 == 1)          //设置行的背景色
                r.BgColor = "#CCCCCC";
            row++;
            for (int i = 0; i < numCells; i++){
                HtmlTableCell c = new HtmlTableCell();//创建单元格对象;
                c.Controls.Add(new LiteralControl("行:"+(j + 1).ToString()
                + ",列:" + (i + 1).ToString()));
                r.Cells.Add(c);        //添加该单元格对象
            }
            MyTable.Rows.Add(r);       //添加行对象
        }
    }
}
```

执行上述代码，如图 4-21 所示，在文本框中输入要生成表格的行数与列数，单击【生成表格】按钮，如图 4-22 所示。

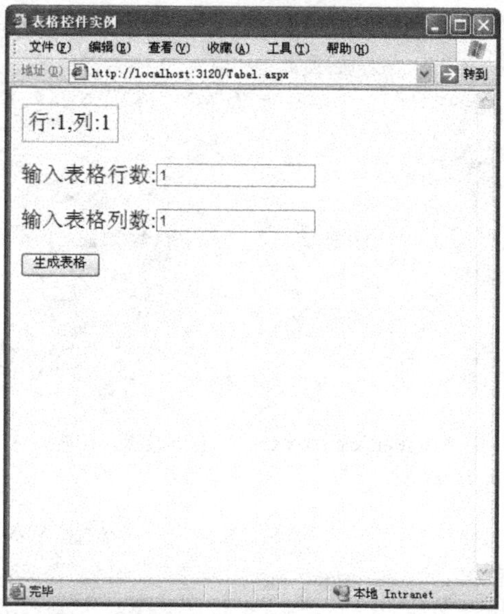

图 4-21　执行结果

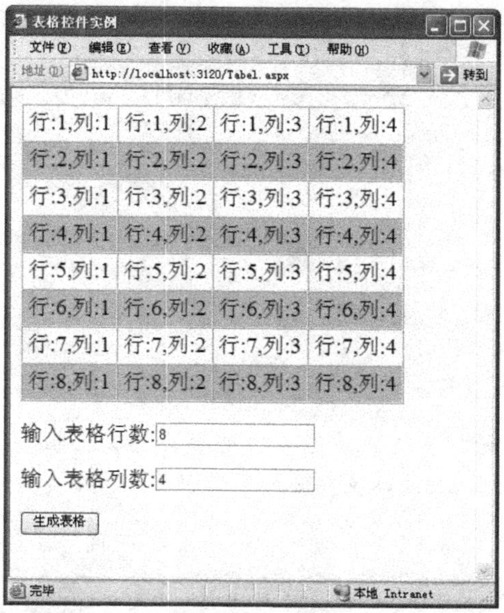

图 4-22　生成表格

4.4 扩展练习

1．选择用户性别并输出

本实例中，使用 HtmlInputRadioButton 单选框控件，实现选择用户性别。当单击提交按钮时，显示用户性别的功能。

1 在 Visual Studio2010 中，执行【文件】|【新建】|【网站】命令，新建名为 ShowContent 的 ASP.NET 空网站。

2 打开【文件】|【新建文件】命令，弹出【添加新项】对话框。在该对话框中选择“Web 窗体”模板，并输入文件名称为 SelectSex.aspx，单击【添加】按钮。可以看到在【解决方案资源管理器】面板中会显示文件 SelectSex.aspx 以及它的代码页文件 SelectSex.aspx.cs。

3 在【解决方案资源管理器】面板中，双击“SelectSex.aspx”树状菜单元素，打开 SelectSex.aspx 文件输入以下代码并保存。

```
<%@ Page Language="C#" AutoEventWireup="true" CodeFile="SelectSex.aspx.
cs" Inherits="SelectSex" %>
<!DOCTYPE html PUBLIC "-//W3C//DTD XHTML 1.0 Transitional//EN" "http:
//www.w3.org/TR/xhtml1/DTD/xhtml1-transitional.dtd">
<html xmlns="http://www.w3.org/1999/xhtml">
<head runat="server">
    <title>单选框控件实例</title>
</head>
<body>
    <form id="form1" runat="server">
    请选择你的性别:
```

```
    <Input Type="Radio" Id="Radio1" Name="G1" Runat="Server" Checked=
    "True">男
    <Input Type="Radio" Id="Radio2" Name="G1" Runat="Server">女<br>
    <p />
    <span id="showInfo" runat="server" />
    <p />
    <Input Type="Button" ID="Button1" Runat="Server" OnServerClick=
    "Button1_Click" Value="确定">
    </form>
</body>
</html>
```

4 在【解决方案资源管理器】面板中，双击“SelectSex.aspx.cs”树状菜单元素，打开 SelectSex.aspx.cs 文件输入以下代码并保存。

```
using System;
using System.Collections.Generic;
using System.Linq;
using System.Web;
using System.Web.UI;
using System.Web.UI.WebControls;
public partial class SelectSex : System.Web.UI.Page{
    protected void Page_Load(object sender, EventArgs e){    }
    public void Button1_Click(object sender, EventArgs e){
        if (Radio1.Checked == true){
            showInfo.InnerText = "你选择的是：男";
        }
        if (Radio2.Checked == true){
            showInfo.InnerText = "你选择的是：女";
        }
    }
}
```


5 执行上述代码，在单选框中选择一个性别，单击【确定】按钮，结果如图 4-23 所示。

2．HtmlAnchor 控件的使用

1 在 Visual Studio2010 中，执行【文件】|【新建】|【网站】命令，新建名为 ShowContent 的 ASP.NET 空网站。

2 打开【文件】|【新建文件】命令，弹出【添加新项】对话框。在该对话框中选择“Web 窗体”模板，并输入文件名称为 anchor.aspx，单击【添加】按钮。然后可以看到在【解决方案资源管理器】面板中会显示文件 anchor.aspx 以及它的代码页文件 anchor.aspx.cs。

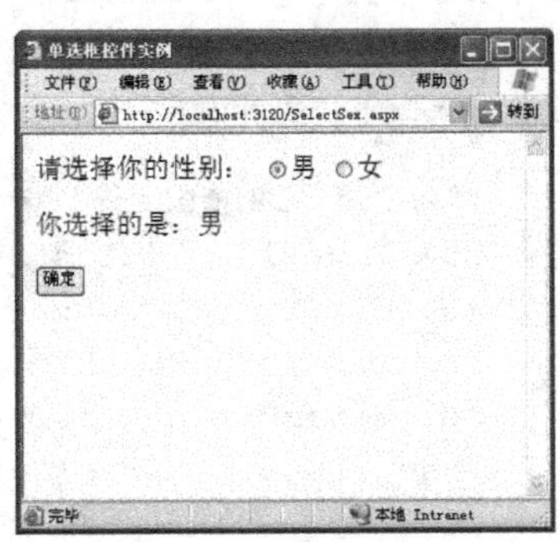

图 4-23　执行结果

3 在【解决方案资源管理器】面板中，双击“anchor.aspx”树状菜单元素，打开 anchor.aspx 文件输入以下代码并保存。

```
<%@ Page Language="C#" AutoEventWireup="true" CodeFile="anchor.aspx.cs"
```

```
Inherits="anchor" %>
<!DOCTYPE html PUBLIC "-//W3C//DTD XHTML 1.0 Transitional//EN" "http:
//www.w3.org/TR/xhtml1/DTD/xhtml1-transitional.dtd">
<html xmlns="http://www.w3.org/1999/xhtml">
<head runat="server">
    <title>HtmlAnchor 实例</title>
</head>
<body>
    <form id="form1" runat="server">
    <a id="link1" runat="server">baidu</a>
    <br />
    <a id="link2" runat="server">sina</a>
    </form>
</body>
</html>
```

4 在【解决方案资源管理器】面板中，双击“anchor.aspx.cs”树状菜单元素，打开 anchor.aspx.cs 文件输入以下代码并保存。

```
using System;
using System.Collections.Generic;
using System.Linq;
using System.Web;
using System.Web.UI;
using System.Web.UI.WebControls;
public partial class anchor : System.Web.UI.Page{
    protected void Page_Load(object sender, EventArgs e){
        link1.HRef="http://www.baidu.com/";
        link1.Target="_blank";
        link1.Title="百度";
        link2.HRef = "http://www.sina.com";
        link2.Target="_blank";
        link2.Title = "新浪";
    }
}
```

5 执行上述代码，结果如图 4-24 所示。单击超链接，会自动跳转到链接指定的页面。

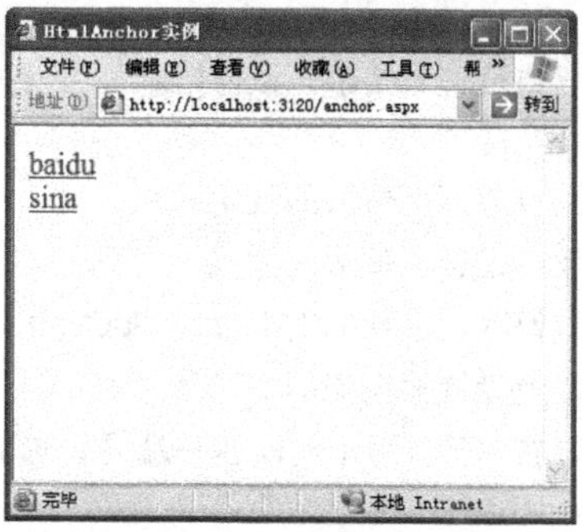

图 4-24　执行结果

第 5 章　内置对象与配置

Web 应用程序在传统的意义上讲是无状态的，Web 应用不像 WinForm 那样能维持客户端状态，所以在 Web 应用中，通常需要使用内置对象进行客户端状态的保存。这些内置对象就能够为 Web 应用程序的开发提供设置、配置以及检索等功能。

本章学习目标：

- 掌握 Response 对象
- 掌握 Request 对象
- 了解 Server 对象
- 了解 Application 对象
- 掌握 Session 对象
- 掌握 Cookie 对象
- 掌握 Web.Config 配置

5.1 Response 对象（请求响应）

Response 对象实际是实现 System Web 命名空间的 HttpResponse 类，它主要用于向客户端浏览器发送数据，用户可以使用该对象将服务器的数据以 html 格式发送到用户端浏览器。它与 Request 组成了一对接受、发送数据的对象，这也是实现动态的基础。

5.1.1 Response 常用属性

Response 对象的常用属性如表 5-1 所示。

表 5-1　Response 对象的常用属性

名称	解释
Buffer={True,False}	获取或设置一个值，该值指示是否缓冲输出，并在完成处理整个响应之后将其发送
BufferOutput={True,False}	获取或设置一个值，该值指示是否缓冲输出，并在完成处理整个页之后将其发送
Cache	传回目前网页快取的设定
Charser="…"	获取或设置字体编码方式
Cookies	获取保存在客户端的 HttpCookieCollection 对象集
ContextType="…"	获取或设置输出流的 HTTP MIME 类型
IsClientConnected	获取布尔值，用于判断客户端是否仍处于和服务器端的连接中，True 表示在连接中

在 Response 对象中最常用的属性是 BufferOutput，该属性的默认属性为 True。当页面被加载时，要输出到客户端的数据都暂时存储在服务器的缓冲期内并等待页面所有事件程序、以及所有的页面对象全部被浏览器解释完毕后，才将所有在缓冲区中的数据发送到客户端浏览器，示例代码如下所示。

文件名：BufferOutput.aspx.cs

```
using System;
using System.Collections.Generic;
using System.Linq;
using System.Web;
using System.Web.UI;
using System.Web.UI.WebControls;
public partial class BufferOutput : System.Web.UI.Page{
    protected void Page_Load(object sender, EventArgs e){
        Response.Write("缓冲区清除前..");//输出缓冲区清除
    }
}
```

上述代码在 cs 文件中重写 Page_Load 事件，该事件用于向浏览器输出一行字符串“缓冲区清除前”。在 ASPX 页面中，可以为页面增加代码以判断缓冲区的执行时间，示例代码如下所示。

文件名：BufferOutput.aspx

```
<%@ Page Language="C#" AutoEventWireup="true" CodeFile="BufferOutput.
aspx.cs" Inherits="BufferOutput" %>
<!DOCTYPE html PUBLIC "-//W3C//DTD XHTML 1.0 Transitional//EN" "http:
//www.w3.org/TR/xhtml1/DTD/xhtml1-transitional.dtd">
<html xmlns="http://www.w3.org/1999/xhtml">
<head runat="server">
    <title>BufferOutput 使用实例</title>
</head>
<body>
    <form id="form1" runat="server">
    <div>
     <% Response.Write("缓冲区被清除"); %> //输出字符串
    </div>
    </form>
</body>
</html>
```

上述代码在页面中插入了一段代码，并输出字符串“缓冲区被清除”。在运行该页面时，数据已经存放在缓冲区中。然后 IIS 才开始读取 HTML 组件的部分，读取完毕后将结果送至客户端浏览器，所以在运行结果中可以发现，“缓冲区清除前”是在“缓冲区被清除”字符串之前出现，如图 5-1 所示。

因为 BufferOutput 属性默认为 true，所以上述代码并无法看到明显的区别。当在浏览器输出前清除缓冲区时，则可以看出区别，代码如下所示。

```
Response.Write("缓冲区清除前..");
Response.Clear();//清除缓冲区
```

当使用 Response 的 Clear 方法时，缓冲区就被显式的清除。在运行后，“缓冲区清除前”字符串被清除，并不会呈现给浏览器。当需要屏蔽 Clear 方法对缓冲区的数据清除，则可以指定 BufferOutput 的属性为 False，代码如下所示。

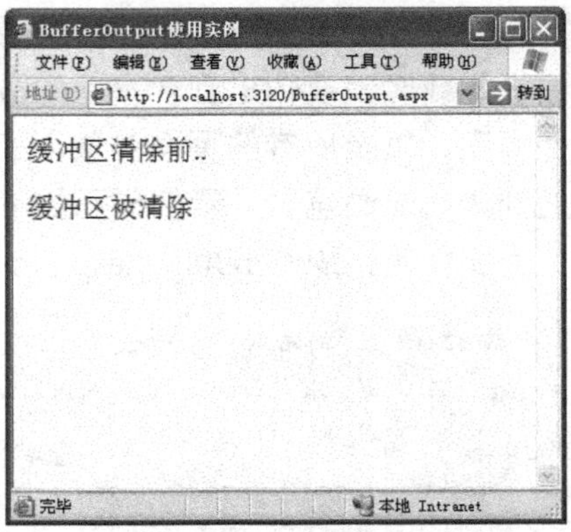

图 5-1 执行结果

```
Response.BufferOutput = false;//设置缓冲区属性
Response.Write("缓冲区清除前..");//设置清除前字符
Response.Clear();//清除缓冲区
```

使用上述代码将指定 BufferOutput 的属性为 False，在运行时缓冲区数据不会被 Clear 方法清除。

5.1.2 Response 常用方法

Response 方法可以输出 HTML 流到客户端，其中包括发送信息到客户端和客户端 URL 重定向。不仅如此，Response 还可以设置 Cookie 的值保存客户端信息。Response 的常用方法如表 5-2 所示。

表 5-2 Response 常用方法

名称	解释
AppendTolog	将自定义的记录信息加到 IIS 记录中
BinaryWrite	将一个二进制字符串写入 HTTP 输出流
Clear	将缓冲区的内容清空
ClearContext()	清除所有存放在缓冲区中尚未发送到客户端的输入
Close	关闭与客户端的连接
End	将目前缓冲区中所有的内容送到客户端后关闭联机
Flush()	将缓冲区中所有输出送到客户端,然后清空缓冲区
Redirect(URL)	将浏览器重定向到地址为 URL 的网页
WriteFile(filename)	将指定的文件写入 HTML 文档
Write(字符串表达式)	将字符串表达式写入 HTML 文档

在 Response 的常用方法中，Write 方法是最常用的，Write 能够向客户端发送指定的 HTTP 流，并呈现给客户端浏览器，代码如下所示。

```
Response.Write("<div style=\"font-size:18px;\">这是一串<span style=
\"color:red\">HTML</span>流</div>");
```

上述代码会向浏览器输出一串 HTML 流并被浏览器解析。

当希望在 Response 对象运行时，能够中途进行停止时，则可以使用 End 方法对页面的执行过程进行停止，示例代码如下所示。

文件名：Write.aspx

```
<%@ Page Language="C#" AutoEventWireup="true" CodeFile="Write.aspx.cs"
Inherits="Write" %>
<!DOCTYPE html PUBLIC "-//W3C//DTD XHTML 1.0 Transitional//EN" "http:
//www.w3.org/TR/xhtml1/DTD/xhtml1-transitional.dtd">
<html xmlns="http://www.w3.org/1999/xhtml">
<head runat="server">
    <title></title>
</head>
<body>
    <form id="form1" runat="server">
    <div>
    </div>
    </form>
</body>
</html>
```

文件名：Write.aspx.cs

```
using System;
using System.Collections.Generic;
using System.Linq;
using System.Web;
using System.Web.UI;
using System.Web.UI.WebControls;
public partial class Write : System.Web.UI.Page{
    protected void Page_Load(object sender, EventArgs e){
        for (int i = 0; i < 100; i++)//循环100次
        {
            if (i < 10)//判断i<10
            {
                Response.Write("当前输出了第" + i
+ "行<hr/>");//i<10则输出i
            }
            else//否则停止输出
            {
                Response.End();//使用了End方法停
止执行
            }
        }
    }
}
```

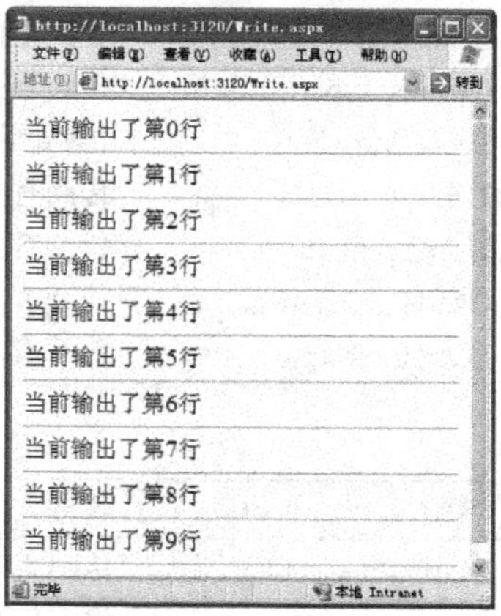

图 5-2　执行结果

上述代码循环输出 HTML 流“当前输出了第 X 行”，当输出到 10 行时，停止输出。执行上述代码，结果如图 5-2 所示。

5.2 Request 对象（获取数据）

Request 对象派生自 HttpRequest 对象，主要用于使服务器获取来自客户端浏览器提交或者上传的信息，如用户填入表单的数据、保存在客户端计算机上的 Cookie 等。

5.2.1 Request 常用属性和方法

Request 对象是 Page 对象的成员之一，在程序中不需要做任何声明即可直接使用。Request 正确的对象类别名称为 HttpRequest。Request 对象的属性和方法比较多，Request 常用属性如表 5-3 所示，常用方法如表 5-4 所示。

表 5-3 Request 常用属性

名称	解释
ApplicationPath	传回当前正在执行程序的服务器端的虚拟目录
Browser	传回有关客户端浏览器的功能信息
ClientCertificate	传回有关客户端安全认证的信息
ConnectionID	传回当前客户端所发出的网页浏览请求的联机 ID
ContentEncoding	传回客户端所支持的字符设定，中文 Internet Explorer 预设是 Chinese Traditonal(Big5)
ContentType	传回当前需求的 MIME 内容类型
Cookies	传回一个 HttpCookieCollection 对象集合
Files	传回客户端上传的文件集合
Form	传回有关窗体变量的集合
HttpMethod	传回当前客户端 HTTP 数据传输的方式是 Post 还是 Get
IsAuthenticated	传回当前的 HTTP 联机是否有效
IsSecureConnection	传回当前的 HTTP 联机是否安全
Params	传回 QueryString、Form、Server、Variable 以及 Cookies 全部的集合
PhysicalApplcationPath	传回当前执行的 Server 端程序在 Server 端的真实路径
QueryString	传回附在网址后面的参数内容
RawUrl	传回当前请求页面的原始 URL
RequestType	传回客户端 HTTP 数据的传输方式是使用 Get 还是 Post
ServerVariables	传回网页 Server 变量的集合
Url	传回有关目前请求的 URL 信息
UserAgent	传回客户端浏览器的版本信息
UserHostAddress	传回客户端机器的主机 IP 地址
UserHostName	传回客户端机器的 DNS 名称

表 5-4 Request 常用方法

名称	解释
MapPath	传回实际路径
SaveAs	将 HTTP 请求的信息存储到磁盘中

5.2.2 Request对象的应用

本节主要对Request对象的四个常用属性进行详细介绍，包括QueryString（请求参数）、Path（获取路径）、UserHostAddress（获取IP记录）和Browser（获取浏览器信息）。

1．QueryString（请求参数）

QueryString属性是用来获取HTTP查询字符串变量的集合，通过QueryString属性能够获取页面传递的参数。在超链接中，需要从一个页面跳转到另外一个页面，跳转的页面需要获取HTTP的值来进行相应的操作，例如新闻页面的“<a href=news.aspx?id=1&type=QueryString&action=get">跳转</a>”。为了获取传递过来的参数值，可以使用Request的QueryString属性，代码如下所示。

```
protected void Page_Load(object sender, EventArgs e){
    if (!String.IsNullOrEmpty(Request.QueryString["id"]))
                                                        //如果传递的ID值不为空
    {
        Label1.Text = Request.QueryString["id"];        //将传递的值赋予标签中
    }
    else{
        Label1.Text = "没有传递的值";                   //提示没有传递的值
    }
    if (!String.IsNullOrEmpty(Request.QueryString["type"]))
                                                    //如果传递的TYPE值不为空
    {
        Label2.Text = Request.QueryString["type"];      //获取传递的TYPE值
    }
    else{
        Label2.Text = "没有传递的值";                   //无值时进行相应的编码
    }
}
```

上述代码使用Request的QueryString属性来接受传递的HTTP的值，当通过访问页面路径为“http://localhost:3120/news.aspx”时，默认传递的参数为空，因为其路径中没有对参数的访问。而当访问的页面路径为“http://localhost:3120/news.aspx?id=1&type=QueryString&action=get”时，就可以从路径中看出该地址传递了三个参数，这三个参数和值分别为id=1、type=QueryString以及action=get。

2．Path（获取路径）

通过使用Path的方法可以获取当前请求的虚拟路径，代码如下所示。

```
Label3.Text = Request.Path.ToString();//获取请求路径
```

当在应用程序开发中使用Request.Path.ToString()时，就能够获取当前正在被请求的文件的虚拟路径的值，当需要对相应的文件进行操作时，可以使用 Request.Path 的信息进行判断。

3．UserHostAddress（获取 IP 记录）

通过使用 UserHostAddress 的方法，可以获取远程客户端 IP 主机的地址，代码如下所示。

```
Label4.Text = Request.UserHostAddress;//获取客户端 IP
```

在客户端主机 IP 统计和判断中，可以使用 Request.UserHostAddress 进行 IP 统计和判断。有些系统中，需要对来访的 IP 进行筛选，使用 Request.UserHostAddress 就能够轻松的判断用户 IP 并进行筛选操作。

4．Browser（获取浏览器信息）

通过使用 Browser 的方法，可以判断正在浏览网站客户端的浏览器的版本，以及浏览器的一些信息，代码如下所示。

```
Label5.Text = Request.Browser.Type.ToString();//获取浏览器信息
```


这些属性能够获取服务器和客户端的相应信息，也可以通过"?"号进行 HTTP 的值的传递和获取。该实例的完整代码如下所示：

文件名：news.aspx

```
<%@ Page Language="C#" AutoEventWireup="true" CodeFile="news.aspx.cs"
Inherits="news" %>
<!DOCTYPE html PUBLIC "-//W3C//DTD XHTML 1.0 Transitional//EN" "http://www.
w3.org/TR/xhtml1/DTD/xhtml1-transitional.dtd">
<html xmlns="http://www.w3.org/1999/xhtml">
<head runat="server">
    <title>Request 对象使用实例</title>
</head>
<body>
    <form id="form1" runat="server">
    <div>
    <a href=news.aspx?id=1&type=QueryString&action=get">跳转</a><br />
    <asp:Label ID="Label1" runat="server" Text="Label"></asp:Label><br />
    <asp:Label ID="Label2" runat="server" Text="Label"></asp:Label><br />
    <asp:Label ID="Label3" runat="server" Text="Label"></asp:Label><br />
    <asp:Label ID="Label4" runat="server" Text="Label"></asp:Label><br />
    <asp:Label ID="Label5" runat="server" Text="Label"></asp:Label><br />
    </div>
    </form>
</body>
</html>
```

文件名：news.aspx.cs

```
using System;
using System.Collections.Generic;
using System.Linq;
using System.Web;
using System.Web.UI;
using System.Web.UI.WebControls;
public partial class news : System.Web.UI.Page{
   protected void Page_Load(object sender, EventArgs e){
      if (!String.IsNullOrEmpty(Request.QueryString["id"]))
                                                   //如果传递的 ID 值不为空
      {
         Label1.Text ="获取的参数 Id 值为："+ Request.QueryString["id"];
                                                   //将传递的值赋予标签中
      }
      else{
         Label1.Text = "没有传递的值";              //提示没有传递的值
      }
      if (!String.IsNullOrEmpty(Request.QueryString["type"]))
                                                   //如果传递的 TYPE 值不为空
      {
         Label2.Text = "参数 type 的值为：" + Request.QueryString["type"];
                                                   //获取传递的 TYPE 值
      }
      else{
         Label2.Text = "没有传递的值";
//无值时进行相应的编码
      }
      Label3.Text = "Path:" + Request.
      Path.ToString(); //获取请求路径
      Label4.Text = "UserHostAddress" +
      Request.UserHostAddress;
                    //获取客户端 IP
      Label5.Text = "Browser:" + Request.
      Browser.Type.ToString();
                    //获取浏览器信息
   }
}
```

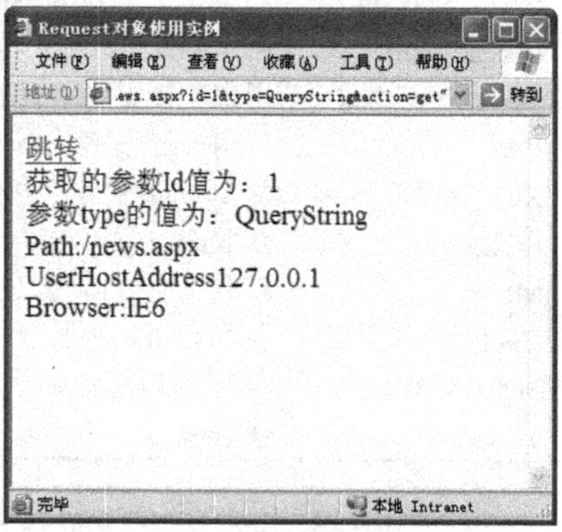

图 5-3　执行结果

执行上述代码，结果如图 5-3 所示。

提示

Request 不仅包括这些常用的属性，还包括其他属性，例如用于获取当前目录在服务器虚拟主机中的绝对路径（如 ApplicationPath）。另外，开发人员也可是使用 Request 中的 Form 属性进行页面中窗体的值集合的获取。

5.3 Session 对象（会话）

Session 对象用来存取客户浏览器端的数据或特定用户的信息。用户浏览 Web 站点时，使用 Session 对象可以为每个用户存储指定的数据。任何存储在用户 Session 对象之中的数据都可以在用户调用下一个页面时取得。一个 Session 对象的值对于同一个用户是相同的，对于不同用户是不同的。

5.3.1 Session 对象的属性和方法

Session 对象的功能和 Application 对象一样，都是用于记录存储网页程序的变量或对象。但与 Application 对象不同的是，Session 对象为某一个用户私有并且有生存期。从一个用户开始访问某个特定的网页起，到用户离开为止，服务器分配给整个用户一个 Session 对象，用来存储该用户的信息。用户在应用程序的页面之间切换时，存储在 Session 对象中的变量不会被清除；而用户在应用程序中访问页面时，这些变量始终存在。Session 对象实际上就是服务器与客户的“会话”。默认的情况下，如果用户在 20 分钟内没有再次访问同一网络，则与该站点建立的 Session 对象将自动释放。

Session 对象的常用属性如表 5-5 所示。

表 5-5 Session 对象的属性

名称	解释
Codepage	获取或设置当前会话的代码页标识符
Count	获取 Session 的集合中的项数
IsCookieless	获取一个值，该值指示会话 ID 是嵌入在 URL 中还是存储在 HTTP Cookie 中
IsNewSession	如果是一个新 Session 则返回 True，如果该 Session 已存在则返回 False
IsRead Only	用来判断 Session 是否为只读，默认为 False
IsSynchronized	用来判断是否为同步访问 Session 对象，默认为 False
Item	让用户通过名称(name)或索引(index)找回 Session State 的项目
Keys	从 Contents 集合内获取的所有变量。Keys 属性的返回值为变量集合
LCID	获取或设置当前会话的区域设置标识符(LCID)
Mode	获取 Session 对象的状态模式
Count	获取 Contents 集合中的项数
Session ID	获取用来识别每个 Session 对象的状况码
Timeout	获取或设置 Session 对象的失效时间，默认为 20 分钟

Session 对象的常用方法如表 5-6 所示。

表 5-6 Session 对象的常用方法

名称	解释
Abandon	结束 Session 对象，调用此方法时会触发 On End 事件
Add	新增一个 Session 对象变量
Clear	清除所有的 Session 对象变量
Remove	删除会话状态集合中的项
Remove All	清除所有的 Session 对象变量

5.3.2 Session 对象的应用

Session 对象可以使用于安全性相比之下较高的场合，例如后台登录。在后台登录的制作过程中，管理员拥有一定的操作时间。如果管理员在这段时间不进行任何操作，为了保证安全性，后台将自动注销。如果管理员需要再次进行操作，则需要再次登录。在管理员登录时，如果登录成功，则需要给管理员一个 Session 对象，示例代码如下所示。

文件名：Session.aspx

```
<%@ Page Language="C#" AutoEventWireup="true" CodeFile="Session.aspx.cs"
Inherits="Session" %>
<!DOCTYPE html PUBLIC "-//W3C//DTD XHTML 1.0 Transitional//EN" "http:
//www.w3.org/TR/xhtml1/DTD/xhtml1-transitional.dtd">
<html xmlns="http://www.w3.org/1999/xhtml">
<head runat="server">
    <title>Session 使用实例</title>
</head>
<body>
    <form id="form1" runat="server">
    <div>
        <asp:Button ID="Button1" runat="server" Text="登录" onclick=
        "Button1_Click" />
        <asp:Button ID="Button2" runat="server" Text="注销" onclick=
        "Button2_Click" Visible=false />
        <br />
        <asp:Label ID="Label1" runat="server" Text=""></asp:Label>
    </div>
    </form>
</body>
</html>
```

文件名：Session.aspx.cs

```
using System;
using System.Collections.Generic;
using System.Linq;
using System.Web;
using System.Web.UI;
using System.Web.UI.WebControls;
public partial class Session : System.Web.UI.Page
{
    protected void Page_Load(object sender, EventArgs e)
    {
        if (Session["admin"] != null)//如果 Session[“admin”]不为空
        {
            if (String.IsNullOrEmpty(Session["admin"].ToString()))
                                                    //则判断是否为空字符串
```

```
            {
                Button1.Visible = true;                         //显式登录控件
                Button2.Visible = false;                        //隐藏注销控件
                //Response.Redirect("admin_login.aspx"); //跳转到登录页面
            }
            else
            {
                Button1.Visible = false;                   //隐藏登录控件
                Label1.Text = "admin用户已登录";
                Button2.Visible = true;                    //显式注销控件
            }
        }
    }
    protected void Button1_Click(object sender, EventArgs e)
    {
        Session["admin"] = "admin";                        //新增 Session 对象
        Response.Redirect("Session.aspx");                 //页面跳转
    }
    protected void Button2_Click(object sender, EventArgs e)
    {
        Session.Clear();                                   //删除所有 Session 对象
        Response.Redirect("Session.aspx");
    }
}
```

在上述代码中，Page_Load 方法可以判断是否已经存在 Session 对象。如果存在 Session 对象，说明管理员当前的权限是正常的；而如果不存在 Session 对象，则说明当前管理员的权限可能是错误的，或者是非法用户正在访问该页面。执行上述代码，单击【登录】按钮，结果如图 5-4 所示。

当管理员单击【注销】按钮时，会注销 Session 对象并提示再次登录，结果如图 5-5 所示。

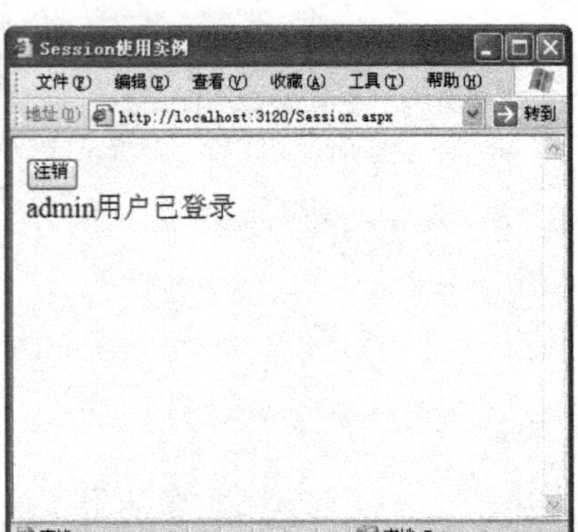

图 5-4　用户登录

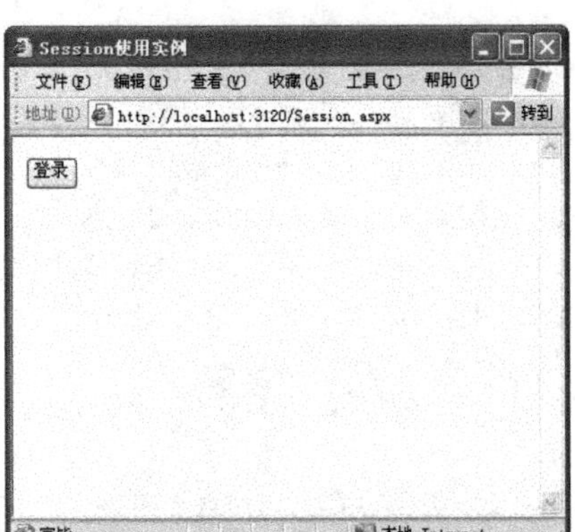

图 5-5　执行结果

5.4 Server 对象（获取服务器信息）

Server 对象同样也是 Page 对象的成员之一，Server 对象的对象类别名称是 HttpServerUtility。Server 对象的属性反映了 Web 服务器的各种信息，它提供了服务器可以提供的各种服务。这个对象与 Application 和 Session 对象不同，它不负责为用户存储信息，也没有任何事件。利用该对象，可以实现控制页面显示时间、创建捆绑对象和转换字符串为合适的格式等功能。

5.4.1 Server 对象的属性和方法

Server 对象提供对服务器的属性和方法的访问，其中大多数属性和方法是为应用程序的功能提供服务的。Server 提供的属性很少，而最常用的方法就是创建 ActiveX 组件的实例。其他方法用于 URL 或 HTML 编码成字符串，将虚拟路径映射到物理路径以及设置脚本的超时期限。

Server 对象的常用属性和方法如表 5-7 所示。

表 5-7 Server 对象的常用属性和方法

类型	名称	解释
属性	MachineName	获取服务器端的计算机名称
	ScriptTimeOut	获取或设置 Script 的超时时间
方法	ClearError()	清除之前发生的异常错误
	CreateObject(type)	创建参数 type 指定的服务器组件的实例（创建一个对象）
	HtmlEncode(string,writer)	对字符进行 HTML 编码，以免该字符被解释为 HTML 语法
	HtmlDecode(string,writer)	HtmlEncode 方法的逆运算
	URLEncode(string,writer)	对字符进行 URL 编码，将其转换成特殊的字符串。当 URL 中存在会使系统误解的字符时应用该方法
	URLDecode()	URLEncode 方法的逆运算
	MapPath()	将虚拟路径转换为实际路径
	Execute()	执行另一个 ASP.NET 网页，执行后返回原来网页继续执行
	Transfer	终止当前网页（即实现重定向）
	GetLastError	检索最后一次发生的错误

5.4.2 Server 对象的应用

Server 对象可以访问服务器上的方法和属性，比如获取服务器的名称，在服务器上创建和启动组件实例，对 HTML 和 URL 进行解码，把相对或虚拟路径映射到服务器上对应的物理目录等。下面我们来学习如何应用 Servere 对象。

1．HtmlDecode 和 HtmlEncode 方法

在 ASP.NET 中，默认编码是 UTF-8，所以在使用 Session 和 Cookie 对象保存中文字

符或者其他字符集时经常会出现乱码。为了避免乱码的出现，可以使用 HtmlDecode 和 HtmlEncode 方法进行编码和解码。下面是一个使用 HtmlDecode 和 HtmlEncode 方法进行编码和解码的实例，代码如下所示：

文件名：Server.aspx

```
<%@ Page Language="C#" AutoEventWireup="true" CodeFile="Server.aspx.cs"
Inherits="Server" %>
<!DOCTYPE html PUBLIC "-//W3C//DTD XHTML 1.0 Transitional//EN" "http:
//www.w3.org/TR/xhtml1/DTD/xhtml1-transitional.dtd">
<html xmlns="http://www.w3.org/1999/xhtml">
<head runat="server">
    <title>HtmlDecode 和 HtmlEncode 方法使用实例</title>
</head>
<body>
    <form id="form1" runat="server">
    <p>
        HtmlDecode 编码:
        <asp:Label ID="Label1" runat="server" Text="Label"></asp:Label>
    </p>
    <p>
        HtmlEncode 解码:
        <asp:Label ID="Label2" runat="server" Text="Label"></asp:Label>
    </p>
    </form>
</body>
</html>
```


上述代码使用了两个文本标签控件用来保存并呈现编码后和解码后的字符串，在 CS 页面可以对字符串进行编码和解码操作，示例代码如下所示。

文件名：Server.aspx.cs

```
using System;
using System.Collections.Generic;
using System.Linq;
using System.Web;
using System.Web.UI;
using System.Web.UI.WebControls;
public partial class Server : System.Web.UI.Page{
    protected void Page_Load(object sender, EventArgs e){
        string str = "<p>编码与解码</p>";                    //声明字符串
        Label1.Text = Server.HtmlEncode(str);              //字符串编码
        Label2.Text = Server.HtmlDecode(Label1.Text);      //字符串解码
    }
}
```

上述代码将 str 字符串进行编码并存放在 Label1 标签中，Label2 标签将读取 Label1 标签中的字符串再进行解码。在使用 HtmlEncode 方法后，编码后的 HTML 标注会被转换成相应的字符，如符号“<”会被转换成字符“<”。在进行解码时，相应的字符会被转换回来，并呈现在客户端浏览器中。当需要让浏览器能够接受 HTML 字符时，URL 地址栏中对页面的参数的传递不能够包括空格、换行等符号。如果需要使用该符号，可以使用 UrlEncode 方法和 UrlDecode 方法进行变量的编码解码。执行上述代码，结果如图 5-6 所示。

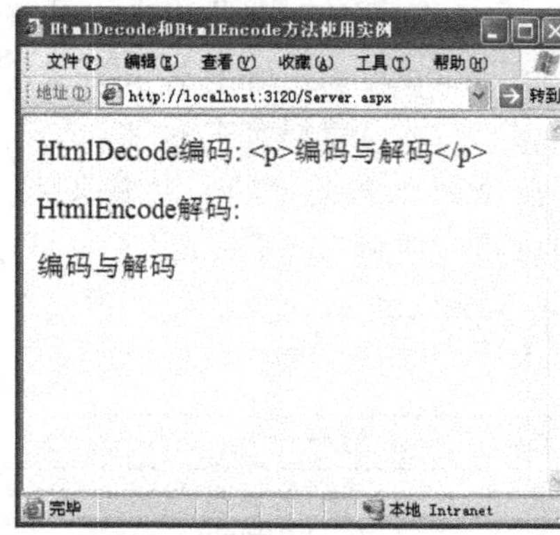

图 5-6　执行结果

2. Server.MapPath 方法

在创建文件、删除文件或者读取文件类型的数据库时（如 Access 和 SQLite），都需要指定文件的路径并显式的提供物理路径执行文件的操作，如 D:\ProgramFiles。但是这样做却暴露了物理路径，如果有非法用户进行非法操作，很容易就显示物理路径，这样就造成安全问题。

如果在使用文件和创建文件时，为创建文件的保存地址设置一个物理路径，这样将非常不方便并且用户体验的效果不好。当用户需要上传文件时，用户不可能知道也不应该知道服务器路径。使用 MapPath 方法能够实现。MapPath 方法以“/”开头，则返回 Web 应用程序根目录所在的路径；若 MapPath 方法以“../”开头，会从当前目录开始寻找上级目录。

论坛根目录为 root，在根目录下有一个文件夹为 file1，在 file1 中的文件可以使用 MapPath 访问根目录中文件的方法有 Server.MapPath(“../文件名称”)或 Server.MapPath(“/文件名称”)，示例代码如下所示。

```
string FilePath = Server.MapPath("../Default.aspx");   //设置路径
string FileRootPath = Server.MapPath("/Default.aspx"); //设置路径
```

Server.MapPath 其实返回的是物理路径，但是通过 MapPath 的封装，通过代码无法看见真实的物理路径。若需要知道真实的物理路径，只需输出 Server.MapPath，示例代码如下所示。

```
Response.Write(Server.MapPath("../Default.aspx"));//输出路径
```

5.5 Application 对象（全局共享数据）

Application 对象可以用来存储正在运行应用程序的所有用户的状态（即简单变量、对象、数组等）。绝大部分的应用程序在整个程序中需要共享数据及功能。Web 页允许 Application 对象从任何网页中存取共同数据。Application 对象在 Web 页中被定义为虚拟根目录及其所属子目录下的应用程序。

5.5.1 Application 对象简介

Application 对象是用来记录整个网站的信息的，是 Page 对象的成员，可以直接使用。Application 对象正确的对象类别名称为 HttpApplication，每个 Application 对象变量都是 Application 对象集合中的对象之一，由 Application 对象统一管理。Application 对象是运行在 Web 服务器上的一个虚拟目录及其子目录下的所有文件、页面、模块及可执行代码的总和。使用 Application 对象可以在给定的应用程序的所有用户之间共享信息。

Application 对象的属性如表 5-8 所示。

表 5-8 Application 对象的属性

名称	解释
All	传回全部的 Application 对象变量到一个 Object 类型的数组
Allkeys	传回全部的 Application 对象变量名到一个 String 类型的数组中
Count	取得 Application 对象变量的数量
Item	使用索引或 Application 对象变量名称传回内容值

Application 对象的方法如表 5-9 所示。

表 5-9 Application 对象的方法

名称	解释
Add	新增一个新的 Application 对象变量
Clear	清除全部的 Application 对象变量
Get	使用索引值或变量名称传回变量值
GetKey	使用索引值取得变量名称
Lock	锁定全部的 Application 变量
Remove	使用变量名称删除一个 Application 对象变量
RemoveAll	删除全部的 Application 对象变量
Set	使用变量名称更新一个 Application 对象变量的内容
Unlock	解除锁定 Application 变量

Application 对象的事件只能在 Global.asax 文件中定义，Global.asax 文件必须存放在 Web 主目录中（默认为 C:\Inteput\www\root）。当浏览器与 Web 服务器连接时，先检查 Web 主目录中有没有 Global.asax 文件。如果有，就先执行该文件。Application 对象有如表 5-10 所示的两个事件。

表 5-10 Application 对象的事件

名称	解释
OnStart	当第一个用户读取网页时会触发此事件，此事件只会触发一次。在第一次触发之后，除非服务器关机或重新启动，否则，即使又有其他人读取网页，也不会触发此事件。此事件通常使用 Add()方法添加 Application 对象的变量
OnEnd	当 Web 服务器关机或重新启动时会触发此事件，此事件通常用来清除 Application 对象记录的变量

5.5.2 Application 对象应用

通过使用 Application 对象的方法，能够对 Application 对象进行操作，使用 Add 方法能够创建 Application 对象。如果需要使用 Application 对象，可以通过索引 Application 对象的变量名进行访问，实例代码如下所示。

文件名：application.aspx

```
<%@ Page Language="C#" AutoEventWireup="true" CodeFile="application.aspx.
cs" Inherits="application" %>
<!DOCTYPE html PUBLIC "-//W3C//DTD XHTML 1.0 Transitional//EN" "http:
//www.w3.org/TR/xhtml1/DTD/xhtml1-transitional.dtd">
<html xmlns="http://www.w3.org/1999/xhtml">
<head runat="server">
    <title>Application 使用实例</title>
</head>
<body>
    <form id="form1" runat="server">
    <div>
    </div>
    </form>
</body>
</html>
```

文件名：application.aspx.cs

```
using System;
using System.Collections.Generic;
using System.Linq;
using System.Web;
using System.Web.UI;
using System.Web.UI.WebControls;
public partial class application : System.Web.UI.Page
{
    protected void Page_Load(object sender, EventArgs e)
    {
        Application.Add("name1", "张三");
        Application.Add("name2", "李四");
        Application.Add("name3", "王五");
        for (int i = 0; i < Application.Count; i++)
        {
            Response.Write("变量名: " + Application.GetKey(i));
            Response.Write(",值:" + Application[i] + "<p>");
        }
        Application.Clear();
    }
}
```

在上述代码中，首先给 Application 内置对象添加三个变量并赋值；然后通过 for 循环使用 Response 内置对象输出 Application 内置对象的值。执行上述代码，结果如图 5-7 所示。

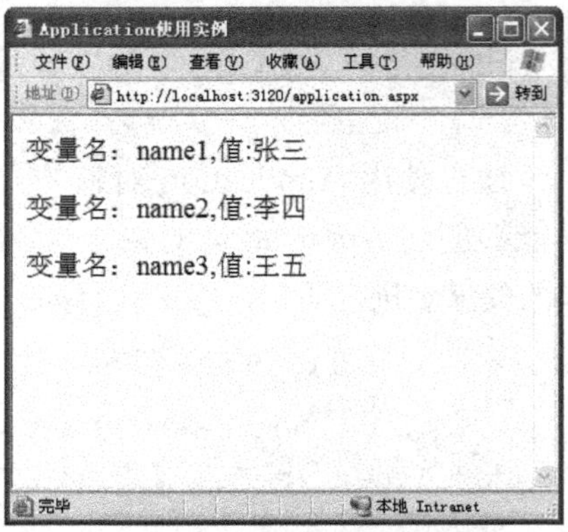

图 5-7 执行结果

5.6 Cookie 对象

Cookie 对象是在浏览者访问某些网站时，在客户端磁盘记录中浏览者的个人信息、浏览器的类型、何时访问网站、从事哪些活动等。浏览者再次访问同一网站时，只需要查询 Cookie 对象中的记录就能辨别。

5.6.1 Cookie 对象简介

Session 对象能够保存用户信息，但是 Session 对象并不能够持久的保存用户信息。当用户在限定时间内没有任何操作时，用户的 Session 对象将被注销和清除。在持久化保存用户信息时，Session 对象并不适用。

使用 Cookie 对象能够持久化的保存用户信息，相比于 Session 对象和 Application 对象而言，Cookie 对象保存在客户端，而 Session 对象和 Application 对象保存在服务器端，所以 Cookie 对象能够长期保存。Web 应用程序可以通过获取客户端 Cookie 的值判断用户的身份进行认证。

ASP.NET 内包含两个内部的 Cookie 集合。通过 HttpRequest 的 Cookies 集合进行访问，Cookie 不是 Page 类的子类，所以使用方法和 Session 和 Application 不同。相比于 Session 和 Application，Cookie 的优点如下所示。

- **可以配置到期的规则** Cookie 可以在浏览器会话结束后立即到期，也可以在客户端中无限保存。
- **简单** Cookie 是一种基于文本的轻量级结构，包括简单的键值对。
- **数据持久性** Cookie 能够在客户端上长期进行数据保存。
- **无需任何服务器资源** Cookie 不需要任何服务器资源，存储在本地客户端中。

虽然 Cookie 包括若干优点，这些优点能够弥补 Session 对象和 Application 对象的不足，但是 Cookie 对象同样有缺点，Cookie 的缺点如下所示。

- **大小限制** Cookie 包括大小限制，并不能无限保存 Cookie 文件。
- **不确定性** 如果客户端配置禁用 Cookie 配置，则 Web 应用中使用的 Cookie 将被限制，客户端将无法保存 Cookie。
- **安全风险** 现在有很多的软件能够伪装 Cookie，这意味着保存在本地的 Cookie 并不安全，Cookie 能够通过程序修改为伪造，这会导致 Web 应用在认证用户权限时会出现错误。

Cookie 是一个轻量级的内置对象，Cookie 并不能将复杂和庞大的文本进行存储。在进行相应的信息或状态的存储时，应该考虑 Cookie 的大小限制和不确定性。

Cookie 对象的常用属性如表 5-11 所示。

表 5-11　Cookie 对象的常用属性

名称	解释
All	将全部的 Cookie 变量传回一个数组中
Allkeys	将全部 Cookie 变量的名称传回一个字符串类型的数组中
Count	传回 Cookie 变量的数量
Item	以 Cookie 变量名称或索引值传回 Cookie 变量的内容

Cookie 对象的常用方法如表 5-12 所示。

表 5-12　Cookie 对象的常用方法

名称	解释
Add	新增一个 Cookie 变量到 Cookies 集合内
Clear	对 Cookies 集合内的变量全部清除
Get	以 Cookie 变量名称或索引值传回 Cookie 变量
GetKey	以索引值取回 Cookie 变量名称
Remove	以 Cookie 变量名称删除 Cookie 变量
Set	更新一个 Cookie 变量

Cookie 变量的常用属性如表 5-13 所示。

表 5-13　Cookie 变量的常用方法

名称	解释
Expires	设置 Cookie 变量的有效时间，默认为 100 分钟
Name	Cookie 变量的名称
Value	获取或设置 Cookie 变量的内容值

5.6.2　Cookie 对象的应用

在 HTTP 协议下，Cookie 是一个文本文件，它是服务器或脚本用于维护用户信息的一种方式。Cookie 集合是 Request 对象和 Response 对象经常用到的集合。Cookie 包括会话 Cookie 和永久 Cookie 两种。会话 Cookie 是临时性的，它只在浏览器打开时存在；而永久 Cookie 则永久地保存在客户机上，并且在指定过期日期之前均可用。如果没有给 Cookie 设置过期日期，它将自动成为一个会话 Cookie。如果设置。则会成为一个永久 Cookie。

下面是一个利用 Cookie 实现密码记忆功能的实例，代码如下所示。

文件名：Cookie.aspx

```
<%@ Page Language="C#" AutoEventWireup="true" CodeFile="Cookie.aspx.cs"
Inherits="Cookie" %>
```

```
<!DOCTYPE html PUBLIC "-//W3C//DTD XHTML 1.0 Transitional//EN" "http:
//www.w3.org/TR/xhtml1/DTD/xhtml1-transitional.dtd">
<html xmlns="http://www.w3.org/1999/xhtml">
<head runat="server">
   <title>利用 Cookie 实现密码记忆</title>
      <style type="text/css">
      .style1{
         width: 200;
         float: left;
         height: 92px;
      }
      .style2{
         text-align: left;
      }
      .style3{
         text-align: left;
         height: 33px;
      }
      .style4{
         height: 33px;
      }
       #form1{
         height: 114px;

      </style>
</head>
<body>
   <form id="form1" runat="server">
      <table align="left" cellpadding="0" cellspacing="0" class="style1"
         style="font-size: small">
         <tr><td class="style2">用户名: </td>
            <td>
               <asp:TextBox ID="txtname" runat="server" Width="120px"
               AutoPostBack="True"
                  ontextchanged="txtname_TextChanged"></asp:TextBox>
            </td></tr><tr>
            <td class="style2">
               密    码: </td>
            <td>
               <asp:TextBox ID="txtpwd" runat="server" TextMode=
               "Password" Width="120px"></asp:TextBox>
            </td></tr>
         <tr><td class="style3"></td><td class="style4">
```

```
                <asp:CheckBox ID="ckbauto" runat="server" Text="记住密码" />
            </td></tr>
        <tr>
            <td class="style2" colspan="2">
                <asp:Button ID="Button1" runat="server" Text="登录"
                onclick="Button1_Click" />
 
                <asp:Button ID="Button2" runat="server" onclick=
                "Button2_Click" Text="重置" />
            </td></tr>
        <tr><td class="style2" colspan="2"><br />
                <asp:Label ID="Label1" runat="server" Text="">
                </asp:Label>
            </td></tr></table>
        <br />
    </form>
</body>
</html>
```

文件名：Cookie.aspx.cs

```
using System;
using System.Collections.Generic;
using System.Linq;
using System.Web;
using System.Web.UI;
using System.Web.UI.WebControls;
public partial class Cookie : System.Web.UI.Page{
    protected void Page_Load(object sender, EventArgs e){   }
    protected void Button2_Click(object sender, EventArgs e){
        txtname.Text = "";
        txtpwd.Text = "";
        Label1.Text = "";
    }
    protected void Button1_Click(object sender, EventArgs e){
        if (txtname.Text.Trim().Equals("admin") && txtpwd.Text.Trim().
        Equals("admin"))
        {
            Session["username"] = txtname.Text.Trim();
            if (ckbauto.Checked){
                if (Request.Cookies["username"] == null){
                    Response.Cookies["username"].Expires = DateTime.Now.
                    AddDays(30);
```

```
                    Response.Cookies["username"].Value = txtname.Text.Trim();
                    Response.Cookies["userpwd"].Value = txtpwd.Text.Trim();
                }
            }
            Label1.Text="登录成功";
        }
        else{
            ClientScript.RegisterStartupScript(this.GetType(), "", "alert
            ('用户名或密码错误！');", true);
        }
    }
    protected void txtname_TextChanged(object sender, EventArgs e){
        if (Request.Cookies["username"] != null){
            if (Request.Cookies["username"].Value.Equals(txtname.Text.
            Trim())){
                txtpwd.Attributes["value"] = Request.Cookies["userpwd"].
                Value;
            }
            else{
                txtpwd.Attributes["value"] = "";
            }
        }
    }
}
```


在上述代码中，首先创建了两个文本框，用于实现用户登录功能。然后，创建一个复选框，用于选择是否实现记住密码这个功能。如果选择，当用户第一次成功登录后，会使用 Cookie 对象保存该用户的登录名和密码信息。在用户下一次登录时，当用户输入用户名，程序会自动调用 Cookie 对象比对是否有该用户名；如果有，则在密码文本框中自动添加用户密码，不需要用户再次输入。执行上述代码，结果如图 5-8 所示。

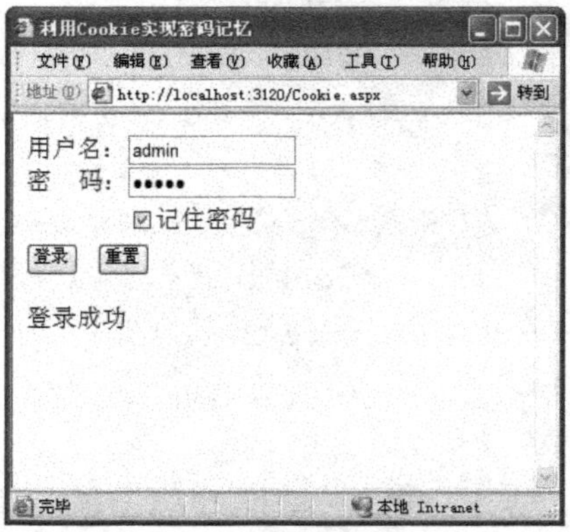

图 5-8 执行结果

5.7 ASP.NET 应用程序配置

ASP.NET 包含一个重要的特性，它为开发人员提供了一个非常方便的系统配置文件，就是常用的 Web.config 和 Machine.config。配置文件能够存储用户或应用程序的配置信息，让开发人员能够快速的建立 Web 应用环境，以及扩展 Web 应用配置。

5.7.1 ASP.NET 应用程序配置

ASP.NET 为开发人员提供了强大的、灵活的配置系统，配置系统通常通过文件的形式存在于 Web 应用根目录下。这些配置文件通常包括两类，分别是 Web.config 和 Machine.config。Machine.config 是服务器配置文件。服务器配置信息通常存储在该文件中，该文件一般存储在系统目录中的“systemroot\Microsoft.NET\Framework\Version Number\CONFIG”目录下。一台服务器只有一个 Machine.config 文件，该文件描述了所有 ASP.NET Web 应用程序所需要的默认配置。

Web.config 是应用程序配置文件，该文件从 Machine.config 文件集成一部分基本配置，并且 Web.config 能够作为服务器上所有 ASP.NET 应用程序配置的跟踪配置文件。每个 ASP.NET 应用程序根目录都包含 Web.config 文件，所以对于每个应用程序的配置都只需要重写 Web.config 文件中的相应配置节。

在 ASP.NET 应用程序运行后，Web.config 配置文件按照层次结构为传入的每个 URL 请求计算惟一的配置设置集合。这些配置只会计算一次便缓存在服务器上。如果开发人员针对 Web.config 配置文件进行了更改，则很有可能造成应用程序重启。值得注意的是，应用程序的重启会造成 Session 等应用程序对象的丢失，而不会造成服务器的重启。

提示

如果对 Web.config 文件中某些配置节（如 processModel 配置节）进行更改，则可能需要重启 IIS 才能够让所做的应用程序配置立即生效。

5.7.2 配置文件 Web.config

ASP.NET 应用程序的配置信息都存放于 Web.config 配置文件中，Web.config 配置文件是基于 XML 格式的文件类型。XML 文件的可伸缩性，使 ASP.NET 应用配置变得灵活、高效、容易实现。同时，ASP.NET 不允许外部用户直接通过 URL 请求访问 Web.config，以提高应用程序的安全性。

1. Web.config 配置文件的优点

Web.config 配置文件使 ASP.NET 应用程序的配置变得灵活、高效和容易实现，同时 Web.config 配置文件还为 ASP.NET 应用提供了可扩展的配置，使应用程序能够自定义配置。不仅如此，Web.config 配置文件还包括以下优点。

- **配置设置易读性** 由于 Web.config 配置文件是基于 XML 文件类型，所有的配置信息都存放在 XML 文本文件中，可以使用文本编辑器或者 XML 编辑器直接修改和设置相应配置节。相比之下，也可以使用记事本进行快速配置而无需担心文件类型。
- **更新的即时性** 在 Web.config 配置文件中某些配置节被更改后，无需重启 Web 应用程序就可以自动更新 ASP.NET 应用程序配置。但是在更改有些特定的配置节时，Web 应用程序会自动保存设置并重启。
- **本地服务器访问** 在更改 Web.config 配置文件后，ASP.NET 应用程序可以自动探测到 Web.config 配置文件中的变化，然后创建一个新的应用程序实例。当浏览者访问 ASP.NET 应用时，会被重新定向到新的应用程序。

- **安全性** 由于 Web.config 配置文件通常存储的是 ASP.NET 应用程序的配置，所以 Web.config 配置文件具有较高的安全性，一般的外部用户无法访问和下载 Web.config 配置文件。当外部用户尝试访问 Web.config 配置文件时，会导致访问错误。
- **可扩展性** Web.config 配置文件具有很强的扩展性。通过 Web.config 配置文件，开发人员能够自定义配置节，在应用程序中自行使用。
- **保密性** 开发人员可以对 Web.config 配置文件进行加密操作而不会影响到配置文件中的配置信息。虽然 Web.config 配置文件具有安全性，但是通过下载工具依旧可以进行文件下载。对 Web.config 配置文件进行加密，可以提高应用程序配置的安全性。

使用 Web.config 配置文件进行应用程序配置，极大地加强了应用程序的扩展性和灵活性，对配置文件的更改也能够立即地应用于 ASP.NET 应用程序中。

2. Web.config 配置文件的结构

Web.config 配置文件是基于 XML 文件类型的文件，所以 Web.config 文件同样包含 XML 结构中的树形结构。在 ASP.NET 应用程序中，所有的配置信息都存储在 Web.config 文件中的“<configuration>”配置节中。在此配置节中，包括配置节处理应用程序声明，以及配置节设置两个部分，其中，对处理应用程序的声明存储在 configSections 配置节内，示例代码如下所示。

```
<configSections>
  <sectionGroup
    name="system.web.extensions"
    type="System.Web.Configuration.SystemWebExtensionsSectionGroup,
    System.Web.Extensions, Version=3.5.0.0, Culture=neutral, Public-
    KeyToken=31BF3856AD364E35">
   <sectionGroup
    name="scripting"
    type="System.Web.Configuration.ScriptingSectionGroup,
    System.Web.Extensions, Version=3.5.0.0, Culture=neutral, PublicKey
    Token=31BF3856AD364E35">
    <section
    name="scriptResourceHandler"
    type="System.Web.Configuration.ScriptingScriptResourceHandlerSection,
    System.Web.Extensions, Version=3.5.0.0, Culture=neutral, Public-
    KeyToken=31BF3856AD364E35"
    requirePermission="false" allowDefinition="MachineToApplication"/>
    <sectionGroup
    name="webServices"
    type="System.Web.Configuration.ScriptingWebServicesSectionGroup,
    System.Web.Extensions, Version=3.5.0.0, Culture=neutral, Public-
    KeyToken=31BF3856AD364E35">
    </sectionGroup>
```

```
    </sectionGroup>
  </sectionGroup>
</configSections>
```

配置节设置区域中的每个配置节都有一个应用程序声明。节处理程序是用来实现ConfigurationSection接口的.NET Framework类。节处理程序生命中包括了配置设置节的名称，以及用来处理该配置节中的应用程序的类名。

配置节设置区域位于配置节处理程序声明区域之后。对配置节的设置还包括子配置节的是配置，这些子配置节同父配置节一起描述一个应用程序的配置。通常情况下这些同父配置节由同一个配置节进行管理，示例代码如下所示。

```
<pages>
  <controls>
    <add tagPrefix="asp" namespace="System.Web.UI"
    assembly="System.Web.Extensions,
    Version=3.5.0.0, Culture=neutral, PublicKeyToken=31BF3856AD364E35"/>
    <add tagPrefix="asp" namespace="System.Web.UI.WebControls"
    assembly="System.Web.Extensions,
    Version=3.5.0.0, Culture=neutral, PublicKeyToken=31BF3856AD364E35"/>
  </controls>
</pages>
```


虽然Web.config配置文件是基于XML文件格式的，但是在Web.config配置文件中并不能随意的自行添加配置节或者修改配置节的位置，例如pages配置节就不能存放在configSections配置节之中。在创建Web应用程序时，系统通常会自行创建一个Web.config配置文件在文件中，系统通常已经规定好了Web.config配置文件的结构。

5.7.3 ASP.NET基本配置节

在Web.config配置文件中包括很多的配置节，这些配置节都用来规定ASP.NET应用程序的相应属性。

1. <configuration>根配置节

所有Web.config的根配置节都存储与<configuration>标记中，在它内部封装了其他的配置节，示例代码如下所示。

```
<configuration>
  <syste.web>
</configuration>
```

2. <configSections>处理声明配置节

该配置节主要用于自定义的配置节处理程序声明，该配置节由多个“<section>”配置节组成，示例代码如下所示。

```
<configSections>
  <sectionGroup
  name="system.web.extensions"
  type="System.Web.Configuration.SystemWebExtensionsSectionGroup,
  System.Web.Extensions, Version=3.5.0.0, Culture=neutral, Public-
  KeyToken=31BF3856AD364E35">
    <sectionGroup name="scripting"
  type="System.Web.Configuration.ScriptingSectionGroup,
  System.Web.Extensions, Version=3.5.0.0, Culture=neutral, Public-
  KeyToken=31BF3856AD364E35">
      <section name="scriptResourceHandler"
  type="System.Web.Configuration.ScriptingScriptResourceHandlerSection,
  System.Web.Extensions, Version=3.5.0.0, Culture=neutral,
  PublicKeyToken=31BF3856AD364E35"
  requirePermission="false" allowDefinition="MachineToApplication"/>
    </sectionGroup>
  </sectionGroup>
</configSections>
```


其中<section>配置节包括 name 和 type 两种属性，name 属性指定配置数据配置节的名称，而 type 属性指定与 name 属性相关的配置处理程序类。

3. <appSettings>用户自定义配置节

“<appSettings>”配置节为开发人员提供 ASP.NET 应用程序的扩展配置，通过使用“<appSettings>”配置节能够自定义配置文件，示例代码如下所示。

```
<appSettings>
    <add key="Name" value="Guojing"/>//增加自定义配置节
    <add key="E-mail" value="soundbbg@live.cn"/>
</appSettings>
```

上述代码添加了两个自定义配置节。这两个自定义配置节分别为 Name 和 E-mail，用于定义该 Web 应用程序的开发者的信息，方便在其他页面中使用该配置节。

若需要在页面中使用该配置节，可以使用 ConfigurationSettings.appSettings(“key 的名称”)方法来获取自定义配置节中的配置值，示例代码如下所示。

```
protected void Page_Load(object sender, EventArgs e)
{
  TextBox1.Text = ConfigurationSettings.AppSettings["name"].ToString();
                                           //获取自定义配置节
}
```

“<appSettings>”配置节包括两个属性，分别为 Key 和 Value。Key 属性指定自定义属性的关键字，以方便在应用程序中使用该配置节；而 Value 属性则定义该自定义属性的值。

4．<customErrors>用户错误配置节

该配置节能够指定当出现错误时，系统自动跳转到一个错误发生的页面，同时也能够为应用程序配置是否支持自定义错误。“<customErrors>”配置节包括两种属性，这两种属性分别为mode和defaultRedirect。其中mode包括3种状态，这三种状态分别为On、Off和RemoteOnly。On表示启动自定义错误；Off表示不启动自定义错误；RemoteOnly表示给远程用户显示自定义错误。另外，defaultRedirect属性配置了当应用程序发生错误时跳转的页面。

“<customErrors>”配置节还包括子配置节“<error>”，该标记用于特定状态的自定义错误页面。子标记“<error>”包括两个属性，分别为statusCode和redirect。其中statusCode用于捕捉发生错误的状态码，而redirect指定发生该错误后跳转的页面。该配置节配置代码如下所示。

```
<customErrors mode="RemoteOnly" defaultRedirect="GenericErrorPage.htm">
    <error statusCode="403" redirect="NoAccess.htm" />
    <error statusCode="404" redirect="FileNotFound.htm" />
</customErrors>
```

上述代码在Web.config文件中配置了相应的customErrors信息。当出现404错误时，系统会自行跳转到FileNotFound.htm页面以提示404错误，开发人员能够编写FileNotFound.htm页面进行用户提示。

5．<globalization>全局编码配置节

“<globalization>”用于配置应用程序的编码类型，ASP.NET应用程序将使用该编码类型分析ASPX等页面，常用的编码类型包括：

- **UFT-8**　Unicode UTF-8字节编码技术，ASP.NET应用程序默认编码。
- **UTF-16**　Unicode UTF-16字节编码技术。
- **ASCII**　标准的ASCII编码规范。
- **Gb2312**　中文字符GB2312编码规范。

在配置“<globalization>”配置节时，编码类型可以参考上述编码类型。如果不指定编码类型，则ASP.NET应用程序默认编码为UTF-8，示例代码如下所示。

```
<globalization fileEncoding="UTF-8" requestEncoding="UTF-8" respons-
eEncoding="UTF-8"/>
```

6．<sessionState>Session状态配置节

<sessionState>配置节用于完成ASP.NET应用程序中会话状态的设置，<sessionState>配置节包括以下5种属性：

- **Mode**　指定会话状态的存储位置，一共有Off、Inproc、StateServer和SqlServer集中设置。Off表示禁用该设置，Inproc表示在本地保存会话状态，StateServer表示在服务器上保存会话状态，SqlServer表示在SQL Server保存会话设置。

- **stateConnectionString** 用来指定远程存储会话状态的服务器名和端口号。
- **sqlConnectionString** 用来连接 SQL Server 的字符串。当在 mode 属性中设置 SqlServer 时，则需要使用到该属性。
- **Cookieless** 指定是否使用客户端 cookie 保存会话状态。
- **Timeout** 指定在用户无操作时超时的时间，默认情况为 20 分钟。

<sessionState>配置节配置示例代码如下所示。

```
<sessionState mode="InProc" timeout="25" cookieless="false"></sessionState>
```

ASP.NET 不仅包括这些基本的配置节，还包括其他高级的配置节。高级的配置节通常用于指定界面布局样式，如母版页、默认皮肤、以及伪静态等高级功能。

5.8 扩展练习

1. 获取客户端信息

在 ASP.NET 编程中，有时候当用户登录网页时，需要获取客户端用户的一些相关信息。在本扩展练习中，将通过使用 Response 对象输出客户端的相关信息。

1 在 Visual Studio2010 中，执行【文件】|【新建】|【网站】命令，新建名为 ShowContent 的 ASP.NET 空网站。

2 打开【文件】|【新建文件】命令，弹出【添加新项】对话框。在该对话框中选择“Web 窗体”模板，并输入文件名称为 RequestInfo.aspx，单击【添加】按钮。然后可以看到在【解决方案资源管理器】面板中会显示文件 RequestInfo.aspx 以及它的代码页文件 RequestInfo.aspx.cs。

3 在【解决方案资源管理器】面板中，双击“RequestInfo.aspx”树状菜单元素，打开 RequestInfo.aspx 文件输入以下代码并保存。

```
<%@ Page Language="C#" AutoEventWireup="true" CodeFile="RequestInfo.
aspx.cs" Inherits="RequestInfo" %>
<!DOCTYPE html PUBLIC "-//W3C//DTD XHTML 1.0 Transitional//EN" "http:
//www.w3.org/TR/xhtml1/DTD/xhtml1-transitional.dtd">
<html xmlns="http://www.w3.org/1999/xhtml">
<head runat="server">
    <title>获取客户端信息</title>
</head>
<body>
    <form id="form1" runat="server">
    <div>
    </div>
    </form>
</body>
</html>
```

4 在【解决方案资源管理器】面板中，双击“ListBox2.aspx.cs”树状菜单元素，打开

RequestInfo.aspx.cs 文件输入以下代码并保存。

```
using System;
using System.Collections.Generic;
using System.Linq;
using System.Web;
using System.Web.UI;
using System.Web.UI.WebControls;
public partial class RequestInfo : System.Web.UI.Page
{
    protected void Page_Load(object sender, EventArgs e)
    {
        Response.Write("获取客户端信息<hr>");
        Response.Write("客户端 IP 地址: ");
        Response.Write(Request.UserHostAddress);
        Response.Write("<Br>") ;
        Response.Write("当前应用程序根目录的实际路径: ");
        Response.Write(Request.PhysicalApplicationPath);
        Response.Write("<Br>");
        Response.Write("当前页面所在的虚拟目录及文件名称: ");
        Response.Write(Request.CurrentExecutionFilePath);
        Response.Write("<Br>当前页面所在的实际目录及文件名称: ");
        Response.Write(Request.PhysicalPath);
        Response.Write("<Br>");
        Response.Write("当前页面的 Url: ");
        Response.Write(Request.Url);
    }
}
```

5 执行上述代码，结果如图 5-9 所示。

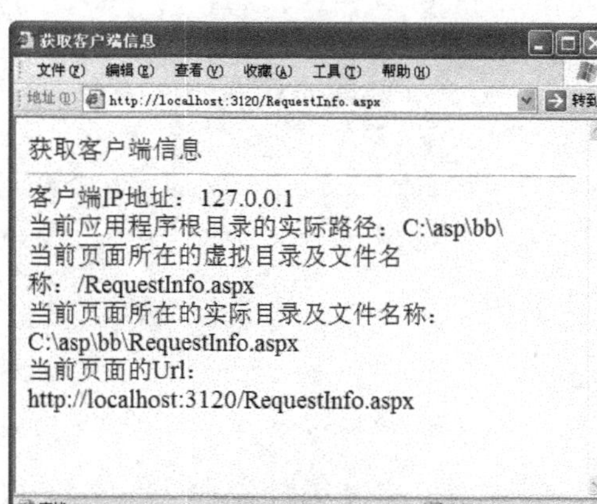

图 5-9　执行结果

2. 获取用户访问次数

在 ASP.NET 编程中，有时候需要统计用户访问网站次数。这时可以使用前面讲到的 Cookie 内置对象来实现该功能。在该内置对象中，用户可以根据需要来设置内置对象的不同属性来完成各种功能。

1 在 Visual Studio2010 中，执行【文件】|【新建】|【网站】命令，新建名为 ShowContent 的 ASP.NET 空网站。

2 打开【文件】|【新建文件】命令，弹出【添加新项】对话框。在该对话框中选择“Web 窗体”模板，并输入文件名称为 Counts.aspx，单击【添加】按钮。然后可以看到在【解决方案资源管理器】面板中会显示文件 Counts.aspx 以及它的代码页文件 Counts.aspx.cs。

3 在【解决方案资源管理器】面板中，双击“Counts.aspx”树状菜单元素，打开 Counts.aspx 文件输入以下代码并保存。

```
<%@ Page Language="C#" AutoEventWireup="true" CodeFile="Counts.aspx.cs"
Inherits="Counts" %>
<!DOCTYPE html PUBLIC "-//W3C//DTD XHTML 1.0 Transitional//EN" "http:
//www.w3.org/TR/xhtml1/DTD/xhtml1-transitional.dtd">
<html xmlns="http://www.w3.org/1999/xhtml">
<head runat="server">
    <title>获取用户访问次数</title>
</head>
<body>
    <form id="form1" runat="server">
    <div>
    <asp:Label id="message" runat="server" />
    </div>
    </form>
</body>
</html>
```


4 在【解决方案资源管理器】面板中，双击“Counts.aspx.cs”树状菜单元素，打开 Counts.aspx.cs 文件输入以下代码并保存。

```
using System;
using System.Collections.Generic;
using System.Linq;
using System.Web;
using System.Web.UI;
using System.Web.UI.WebControls;
public partial class Counts : System.Web.UI.Page
{
    protected void Page_Load(object sender, EventArgs e)
    {
        int counts;  //定义一个访问次数变量
        if (Request.Cookies["counts"] == null)
        {
            counts=1;
        }
        else
        {
            //如果不是第 1 次访问，就令访问次数在原有次数上加 1
            counts = int.Parse(Request.Cookies["counts"].Value) + 1;
        }
        //将新的访问次数保存到 Cookies 中
```

```
        Response.Cookies["counts"].Value =counts.ToString();
        //设置有效期为 1 年后
        Response.Cookies["counts"].Expires = DateTime.Now.AddYears(1);
        message.Text="您是第"+counts + "次访问本站";
    }
}
```

5 执行上述代码，结果如图 5-10 所示。

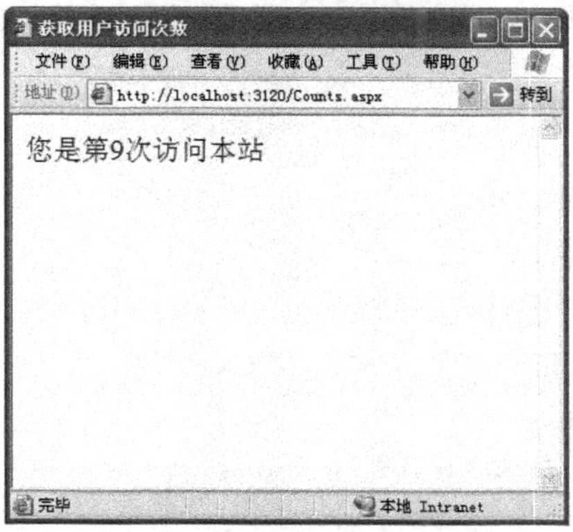

图 5-10　执行结果

第 6 章　ASP.NET 服务器控件

ASP.NET 中不仅提供了众多的 HTML 服务器控件，而且还提供了功能更强大的 Web 服务器控件。一个 HTML 服务器控件通常只对应一个 HTML 服务器标记语言。Web 服务器控件不仅包括与某一个 HTML 标记对应的简单控件，而且提供了一些功能强大的控件。

本章学习目标：

- ➢ 了解服务器控件的概述
- ➢ 掌握文本类型控件
- ➢ 熟练掌握按钮类型控件
- ➢ 掌握列表类型控件
- ➢ 掌握选择类型控件
- ➢ 掌握图形控件
- ➢ 了解其他控件

6.1 服务器控件概述

Web 服务器控件 (Web server control)属于 System.Web.UI.WebControls 命名空间的 ASP.NET 服务器控件。Web 服务器控件比 HTML 服务器控件更丰富、更抽象。Web 服务器控件在 ASP.NET 页上有 asp 标记前缀，例如<asp:Button runat="server"/>。

在 ASP.NET 2.0 中，Web 服务器控件是指在服务器上执行程序逻辑的组件。这个组件可能生成一定的用户界面，也可能不包括用户界面。每个服务器控件都包含一些成员对象，以方便开发人员调用，例如，属性、事件、方法等。

通常情况下，服务器控件都包含在 ASP.NET 页面中。当运行页面时，.NET 执行引擎将根据控件成员对象和程序逻辑定义完成一定的功能。例如，在客户端呈现用户界面。这时，用户可以与控件发生交互行为。当页面被用户提交时，控件可在服务器端引发事件，并由服务器端根据相关事件处理程序来进行事件处理。服务器控件是 WebForm 编程模型的重要元素，它们构成了一个新的、基于控件的表单程序的基础。通过这种方式可以简化 Web 应用程序的开发，提高应用程序的开发效率。

服务器控件的广泛应用，简化了应用程序的开发，提高了工作效率。那么，何时应创建并使用自定义服务器控件呢？下面列举了在三种具体适用情况：

- ❑ 某个现有服务器控件基本符合应用要求，但是缺少某些特殊的功能，这时可以通过从现有控件中派生并重写属性、方法或事件来自定义服务器控件。
- ❑ 需要使用的服务器控件结合了两个或多个现有控件的功能，例如，封装一个按钮和一个文本框的复合控件。此时可以通过创建服务器控件达到这一目的。
- ❑ 现有服务器控件（或其组合）均不符合应用的要求。对于这种情况，可以通过从基类派生的方式来创建自定义服务器控件。

1．服务器控件特性

Web 服务器控件特性经过总结可分为五种，详细介绍如下：

- 功能丰富的对象模型，该模型具有类型安全编程功能。由于 Web 服务器控件是 ASP.NET 框架全新封装提供的新控件，因此具有严格的类型安全检查。
- 自动浏览器检测。Web 服务器控件可以检测浏览器的功能，并为基本型和丰富型(HTML 4.0 或以上) 浏览器创建适当的输出。
- 对于某些控件，可以使用模板来自定义控件的外观。
- 对于某些控件，可以指定控件的事件是立即发送到服务器，还是先缓存然后在提交窗体时引发。
- 可将事件从嵌套控件（例如表中的按钮）传递到容器控件。

2．HTML 服务器控件与 Web 服务器控件的区别

HTML 服务器控件与 Web 服务器控件的区别如表 6-1 所示。

表 6-1　HTML 服务器控件与 Web 服务器控件的区别

项目	HTML 服务器控件	Web 服务器控件
是否映射到 HTML 标签	与 HTML 标签存在一一对应的映射关系。runat=server 属性把传统的 HTML 标签转换成服务器控件。这使得开发人员可以将 ASP 页面移植到 ASP.NET 平台上	不直接映射到 HTML 标签，这使得可以开发人员可以使用第三方的控件
对象模型	使用 HTML 中心对象模型，在该模型中，控件包括一个关健字/值对的属性集合	使用基于组件的对象模型，该模型要求使用一致对象类型
是否能自适应输出	不能根据浏览器的不同，调整所输出 HTML 文档的显示效果	可以自动根据浏览器的不同，调整所输出 HTML 文档的显示效果

3．Web 服务器控件的公共属性

Web 服务器控件的公共属性可分为两类，具体介绍如下。

- **System.Web.UI.WebControls.WebControl 类的属性**

System.Web.UI.WebControls.WebControl 类是 System.Web.UI.WebControls 命名空间中的所有控件的基类，常用属性如表 6-2 所示。

表 6-2　System.Web.UI.WebControls.WebControl 类的属性

名称	解释
AccessKey	表示用于快速定位到 Web 服务器控件的访问键，默认为空，表示不设置该属性
BackColor	表示 Web 服务器控件的背景色，默认为空，表示不设置该属性
BorderColor	表示 Web 控件的边框颜色，默认为空，表示不设置该属性
BorderStyle	表示 Web 服务器控件的边框样式，默认为 NotSet，取值如表 6-3 所示
BorderWidth	表示 Web 服务器控件的边框宽度，默认为空，表示不设置该属性

续表

名称	解释
Enabled	表示是否启用 Web 服务器控件
Font	表示 Web 服务器控件关联的字体属性
ForeColor	表示 Web 服务器控件的前景色（通常是文本颜色）
Height	表示 Web 服务器控件的高度
Style	包含要在 Web 服务器控件的外部标记上呈现的 HTML 样式属性
TabIndex	Web 服务器控件的选项卡索引。默认为 0，表示不设置此属性
ToolTip	表示当鼠标指针悬停在 Web 服务器控件上时显示的文本
Width	表示 Web 服务器控件的宽度

表 6-3　BorderStyle 取值表

名称	解释
NotSet	不设置边框样式
None	无边框
Dotted	虚线边框
Dashed	点划线边框
Solid	实线边框
Double	双实线边框
Groove	用于凹陷边框外观的凹槽状边框
Ridge	用于凸起边框外观的突起边框
Inset	用于凹陷控件外观的内嵌边框
Outset	用于凸起控件外观的外嵌边框

❑ 其他的常用属性

其他常用属性如表 6-4 所示。

表 6-4　服务器控件其他常用属性

名称	解释
ID	继承自 System.Web.UI.Control 类，所有 Web 服务器控件都可以通过该属性来惟一标识和引用
Text	所有接受用户输入、显示数据和提示数据的 Web 服务器控件都可以通过 Text 属性来表示用于在控件上显示的文本，例如 TextBox、Lablel、Button、CheckBox 等控件
AutoPostBack	所有发送窗体或单击按钮时将其数据发送到服务器的 Web 控件都具有 AutoPostBack 属性，该属性是布尔类型。表示当用户修改控件中的文本并使焦点离开该控件时，是否向服务器自动发送。True 表示每当用户更改文本框中的文本并使焦点离开该控件时，都会向服务器自动发送数据，否则为 false。默认为 false
EnableViewState	继承自 System.Web.UI.Control 类，此属性用于定义控件的视图状态或包含当前值在窗体发回到服务器之后是否保留在控件中。默认情况，该属性设为 True，即将窗体回发到服务器后，所有控件输入和选择的数据将保留在控件中，如果不需要保留输入的值，则应将此属性设为 False。例如，首次打开页面时，TextBox 值为空，当输入数据并发回到服务器后，若该值为 False，则将清空 TextBox 的值，否则保留 TextBox 的输入值

6.2 文本类型控件

文本类型控件主要实现文本信息的显示和输入功能，方便服务器对文本信息的处理和显示。该类型控件可分为用于显示文本的 Label 控件和用户输入文本信息的 TextBox 控件。

6.2.1 使用 Label 控件显示文本

Label 控件是 System.Web.UI.WebControls.WebControl 类的子类，通常用于显示各种提示信息。它主要用于文本的显示，在 HTML 中不存在这样的类似控件，这使程序设计过程中为了在页面的某个特定位置显示不同的文本信息(例如一些提示信息等)十分麻烦。尤其在程序的功能比较复杂时，要达到这样的效果只能使用很多的 If 语句，并且如果程序功能发生变化，修改起来也十分麻烦。有了 Label 控件之后，这个功能就很容易实现，语法格式如下所示，该控件的主要属性如表 6-5 所示。

```
<ASP:Label Id="被程序代码所控制的名称" Runat="Server" Text="控件的文字"/>
或
<ASP:Label Id="被程序代码所控制的名称" Runat="Server">标签名称
</ASP:Label>
```


表 6-5　标签控件的属性

名称	解释
Text	获取或设置 Label 控件显示的文字内容
ForeColor	获取或设置 Label 控件显示的文字的颜色
Font	获取或设置 Label 控件显示文字的大小、字体
runat	规定该控件是一个服务器控件。必须设置为"server"
AssociatedControlID	与标签关联的控件的 ID
ToolTip	将鼠标放在控件上时显示的工具提示
Visible	指示该控件是否可见并呈现出现

提示

我们不能遗漏 runat="server" 字样，还有所有的 WEB 控件都要包含在<form runat="server"></form>中间。

6.2.2 使用 TextBox 控件输入数据

TextBox 服务器控件也是 System.Web.UI.WebControls.WebControl 类的子类，用于创建用户可输入文本的文本框。TextBox 控件能完全控制可编辑的文本域。这意味着程序在需要请求用户进行某种文本输入的任何时候都可以使用该控件。

TextBox Web 控件和<Input Type="Text">、<Input Type="Password">以及<TextArea>这三个 HTML 元素功能相似，都是用来接收键盘输入的数据；不过 TextBox 可以用来取代上述三种 HTML 元素。

TextBox 控件的语法声明如下所示，控件中的属性及事件如表 6-6 所示。

```
<ASP:TextBox Runat="Server" Id="被程序代码所控制的名称"
AutoPostBack="{True,False}"
Colums="n"
MaxLength="n"
Rows="n"
Text="控件的文字"
TextMode="{Singleline,Multiline,Password}"
Wrap="{True,False}"
OnTextChanged="事件程序名称" />
```

表 6-6　TextBox 控件属性及事件

类型	名称	解释
属性	AutoPostBack	按 Enter 键或 Tab 键跳开文字输入框时是否自动上传触发 OnTextChanged 事件，默认为 False
	Columns	获取或设置 TextBox 可以输入多少字符
	MaxLength	获取或设置 TextBox 可以接收的最大字符数目(只有当 TextMode=Singleline 或 Password 时才有效)
	Rows	获取或设置 TextBox 的高度为多少行(只有当 TextMode=Multiline 时才有效)
	ReadOnly	获取或设置 TextBox 的内容是否允许编辑，默认为 False
	Text	获取或设置 TextBox 中所显示的内容或者取得使用者的输入
	Wrap	获取或设置是否自动断行(超过内容长度)，默认 True
	TextMode	有三种模式：SingleLine(默认值)只可以输入一行；PassWord 输入的字符以*代替；MultiLine 可以多行输入
事件	OnTextChanged	当 Text 属性的内容改变时会触发此事件(需上传到服务器，服务器检查上传 Text 的属性与最近一次是否相同，不同才会触发此事件)

下面是一个实现具有单文本、密码框、多行文本框控件(分别是用户名、密码和自我介绍)用户注册页面的实例，代码如下所示。

文件名：TextBox.aspx

```
<%@ Page Language="C#" AutoEventWireup="true" CodeFile="TextBox.aspx.cs"
Inherits="TextBox" %>
<!DOCTYPE html PUBLIC "-//W3C//DTD XHTML 1.0 Transitional//EN" "http://
www.w3.org/TR/xhtml1/DTD/xhtml1-transitional.dtd">
<html xmlns="http://www.w3.org/1999/xhtml">
<head runat="server">
<title>文本框控件实例</title>
</head>
<body>
<form id="form1" runat="server">
<center>用户注册<br /><hr /></center>
```

```
用 户 名: <ASP:TextBox Runat="Server" Id="user" TextMode="Singleline" /
><br />
密        码: <ASP:TextBox Runat="Server" Id="pwd"
TextMode="Password" /><br />
个人简介: <ASP:TextBox Runat="Server" Id="userInfo" TextMode="Multiline"
Rows="2"
Columns="30" AutoPostBack="True"  />
<br /> <br />
<center><ASP:Button Runat="Server" Id="Button1" Text="提交" OnClick=
"showText"/> </center><hr />
<ASP:Label Runat="Server" Id="Label1" />
</form>
</body>
</html>
```

文件名：TextBox.aspx.cs

```
using System;
using System.Collections.Generic;
using System.Linq;
using System.Web;
using System.Web.UI;
using System.Web.UI.WebControls;
public partial class TextBox : System.Web.UI.Page
{
    protected void Page_Load(object sender, EventArgs e){   }
    protected void showText(object sender, EventArgs e)
    {
        Label1.Text = "用 户 名:   "+user.Text+"<br/>"+
        "密     码:   " + pwd.Text + "<br/>" +
        "个人简介:   "+userInfo.Text;
    }
}
```

执行上述代码，结果如图 6-1 所示。在文本框里输入用户名、密码和个人简介单击【提交】按钮，结果如图 6-2 所示。

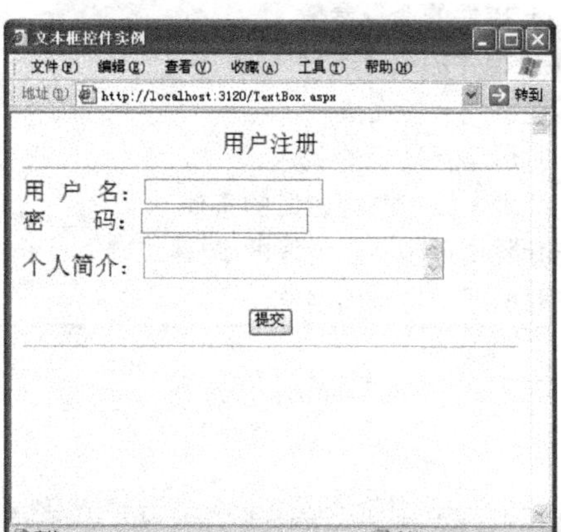

图 6-1　执行结果

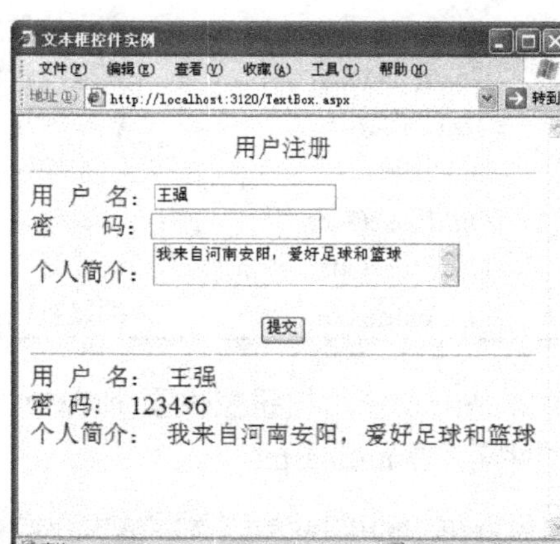

图 6-2　执行结果

6.3 按钮类型控件

按钮是页面上最常用的控件之一，用户常常通过单击按钮来完成提交、确认等功能。

6.3.1 通过 Button 控件提交表单

Button 控件用于显示按钮，按钮可以是提交按钮或命令按钮。默认情况下，该控件是提交按钮。

当提交按钮没有命令名称时，在它被单击时它会把网页发送给服务器，用户可以编写事件句柄来控制提交按钮被单击时执行的动作。当命令按钮拥有命令名称，且允许您在页面上创建多个按钮控件，用户可以编写事件句柄来控制命令按钮被单击时执行的动作。

Button 控件的语法声明格式如下所示，控件中的属性及事件如表 6-7 所示。

```
提交按钮：
<ASP:Button Runat="Server" Id="被程序代码所控制的名称"
Text="控件的文字"
CausesValidation="{True,False}"
onclick="事件程序名称"/>
命令按钮：
<ASP:Button Runat="Server" Id="被程序代码所控制的名称"
Text="控件的文字"
CausesValidation="{True,False}"
CommandArgument="命令参数"
CommandName="命令名称"
OnCommand="命令文本"/>
```


表 6-7　Button 控件属性及事件

类型	名称	解释
属性	CausesValidation	获取或设置按下 Button 控件时是否执行启动验证
	CommandArgument	获取或设置 Button 控件的命令参数
	CommandName	获取或设置 Button 控件的命令名称
	Text	获取或设置显示在按钮上的文本
事件	OnClick	设置按钮被单击时所运行过程的名称
	OnMouseOver	设置为用户的光标进入按钮范围触发的事件
	OnMouseOut	设置当用户的光标脱离按钮范围触发的事件
	OnCommand	设置按钮被单击时所运行过程的名称

下面是一个使用按钮控件显示单击情况的实例，代码如下所示。

文件名：Button.aspx

```
<%@ Page Language="C#" AutoEventWireup="true" CodeFile="Button.aspx.cs"
Inherits="LinkButton" %>
<!DOCTYPE html PUBLIC "-//W3C//DTD XHTML 1.0 Transitional//EN" "http://
```

```
www.w3.org/TR/xhtml1/DTD/xhtml1-transitional.dtd">
<html xmlns="http://www.w3.org/1999/xhtml">
<head runat="server">
    <title>按钮控件实例</title>
</head>
<body>
    <form id="form1" runat="server">
        <ASP:Button ID="LinkButton1" Runat="Server" Text="苹果" CommandName=
        "选择"
            CommandArgument="苹果" OnCommand="CommandButton_Click" />
        <ASP:Button ID="LinkButton2" Runat="Server" Text="香蕉" CommandName=
        "选择"
            CommandArgument="香蕉"  oncommand="CommandButton_Click"  />
         <br><hr>
         <ASP:Label Runat="Server" Id="Label1" />
    </form>
</body>
</html>
```

文件名：Button.aspx.cs

```
using System;
using System.Collections.Generic;
using System.Linq;
using System.Web;
using System.Web.UI;
using System.Web.UI.WebControls;
public partial class LinkButton : System.Web.UI.Page{
    protected void Page_Load(object sender, EventArgs e){   }
    protected void CommandButton_Click(object sender, CommandEventArgs e){
        Label1.Text = "你" + e.CommandName + "了"+e.CommandArgument;
    }
}
```

在上述代码中，创建了两个按钮控件并分别设置它们的 CommandName 和 CommandArgument 属性，指定 oncommand 事件的对象为 CommandButton_Click。执行上述代码，当单击不同的超链接按钮时改变 Label1 标签的值，如图 6-3 和图 6-4 所示。

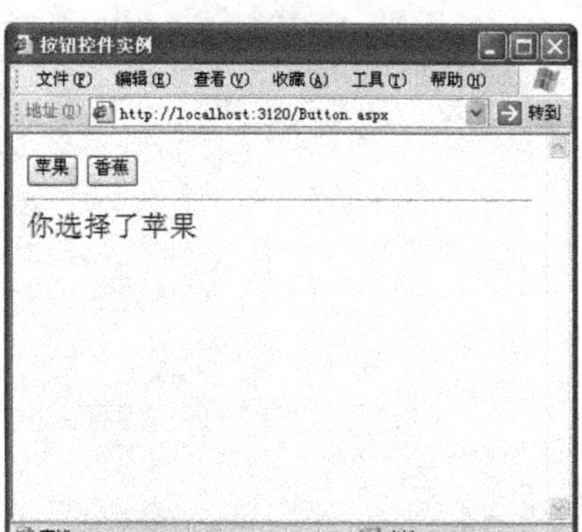

图 6-3　执行结果

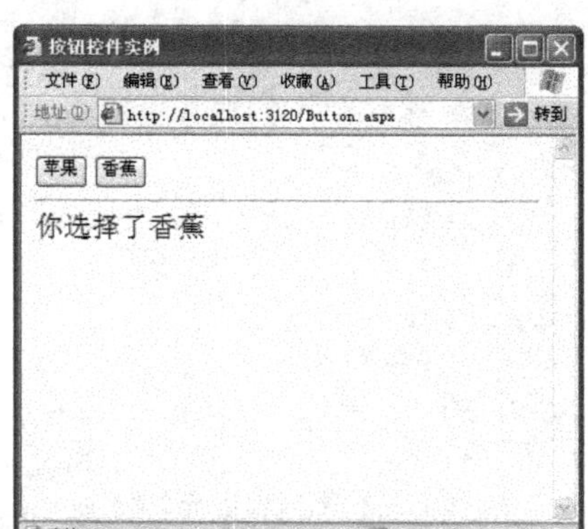

图 6-4　执行结果

6.3.2 显示图像的 ImageButton 控件

ImageButton 控件是 Button 控件的一个变体，它几乎与 Button 控件完全相同。但它可以使用定制图像作为窗体的按钮，而不是使用大多数窗体上的常见按钮。也就是说，可以把自己的按钮创建为图像，终端用户可以单击该图像，提交窗体数据。该控件的声明语法格式如下所示：

```
<ASP:ImageButton
Id="控件名称"
Runat="Server"
Command="命令名称"
CommandArgument="命令参数"
OnClick="事件程序名"
ImageUrl="图片地址"
/>
```

ImageButton 控件的基本属性及常用事件如表 6-8 所示。

表 6-8　ImageButton 控件的基本属性及常用事件

类型	名称	解释
属性	ImageUrl	可指定所显示的图像文件的路径
	AlternateText	当图像不可用时，可用 AlternateText 属性值所表示的文本来代替图像显示
	ImageAlign	用于指定图像相对于 Web 页上其他元素的对齐方式
事件	Click	鼠标单击控件时，并执行相应的事件过程。值得说明的是，在这个事件过程中，可通过 e.x 和 e.y 获得单击图形按钮时鼠标在图片中的坐标值(e.x, e.y)

下面是一个使用 ImageButton 控件获取图片坐标的实例，代码如下所示。

文件名：ImageButton.aspx

```
<%@ Page Language="C#" AutoEventWireup="true" CodeFile="ImageButton.
aspx.cs" Inherits="ImageButton" %>
<!DOCTYPE html PUBLIC "-//W3C//DTD XHTML 1.0 Transitional//EN" "http://
www.w3.org/TR/xhtml1/DTD/xhtml1-transitional.dtd">
<html xmlns="http://www.w3.org/1999/xhtml">
<head runat="server">
   <title>ImageButton 控件实例</title>
</head>
<body>
   <form id="form1" runat="server">
   <ASP:ImageButton Id="Button1" ImageUrl="1.jpg" Onclick="Button1_Click"
      Runat="Server" Height="180px" Width="180px"/><p>
   <ASP:Label Id="Label1" Runat="Server" />
   </form>
</body>
</html>
```

文件名：ImageButton.aspx.cs

```
using System;
using System.Collections.Generic;
using System.Linq;
using System.Web;
using System.Web.UI;
using System.Web.UI.WebControls;
public partial class ImageButton : System.Web.UI.Page{
    protected void Page_Load(object sender, EventArgs e){   }
    protected void Button1_Click(object sender, ImageClickEventArgs e)
    {
        Label1.Text = "你在图片的" + e.X.ToString() + ", " + e.Y.ToString()
        + "位置按下鼠标";
    }
}
```

执行上述代码，在网页中单击显示图像的 ImageButton 控件，会在 Label 控件中显示单击 ImageButton 控件时鼠标的坐标位置，执行结果如图 6-5 所示。

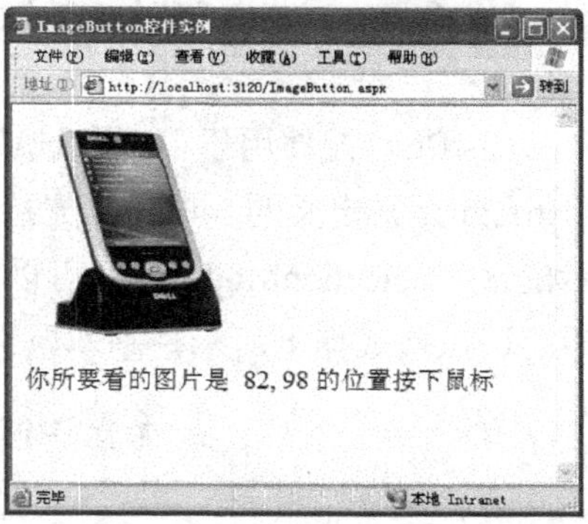

图 6-5　执行结果

6.3.3　超链接按钮控件

LinkButton 超链接按钮控件是 Button 控件的一个变体，它基本与 Button 控件相同，但 LinkButton 控件采用的是超链接的形式，且不是一般的超链接。终端用户单击该链接时，它的行为与按钮类似。如果 Web 窗体上有非常多的按钮，这就是一个理想的控件。该控件的语法声明格式如下所示，基本属性和常用事件如表 6-9 所示。

```
<ASP:LinkButton Runat="Server" Id="被程序代码所控制的名称"
Text="控件的文字"
CausesValidation="{True,False}"
OnClick="事件程序名称"/>
或
<ASP:LinkButton Runat="Server" Id="被程序代码所控制的名称"
Text="控件的文字"
CausesValidation="{True,False}"
OnClick="事件程序名称">按钮文本</ASP>
```

表 6-9　超链接按钮控件的基本属性和常用事件

类型	名称	解释
属性	CausesValidation	获取或设置按下 LinkButton 控件时是否执行启动验证
	CommandArgument	获取或设置 LinkButton 控件的命令
	CommandName	获取或设置 LinkButton 控件的命令名称
	Text	获取或设置显示在按钮上的文本

续表

类型	名称	解释
事件	Onclick	设置按钮被单击时所运行过程的名称
	OnMouseOver	设置为用户的光标进入按钮范围时触发的事件
	OnMouseOut	设置当用户的光标脱离按钮范围时触发的事件
	OnCnmmand	设置按钮被单击时所运行过程的名称

6.4 列表类型控件

列表类型控件可分为下拉框的 DropDownList 控件和列表 ListBox 控件。两者功能非常类似，都是显示一个数据项集合。但 ListBox 控件的操作不同于 DropDownList 控件，它可以为终端用户显示集合中的更多内容，并允许终端用户在集合中选择多项；而 DropDownList 只能选择一项。

6.4.1 列表的 ListBox 控件

ListBox 控件用于创建单选或多选的下拉列表。ListBox 控件中的可选项目是通过 ListItem 元素定义的。该控件支持数据绑定，ListBox Web 控件是一次将所有的选项都显示出来。SelectionMode 属性可以设置是单选或是多选，默认是 Single。ListBox 控件的声明语法格式如下所示，基本属性如表 6-10 所示。

```
<ASP:ListBox Id="被程序代码所控制的名称" Runat="Server"
    AutoPostBack="{True,False}"
    DataSource="<%数据绑定语句%>"
    DataTextField="数据源的字段"
    DataValueField="数据源的字段"
    Rows="一次要显示的列数"
    SelectionMode="{Single,Multiple}"
    OnSelectedIndexChanged="事件程序名称">
    <ASP:ListItem/>
</ASP:ListBox>
```

表 6-10　ListBox 控件的基本属性

名称	解释
AutoPostBack	设置是否要智能 OnSelectedIndexChanged 事件
DataSource	设置数据绑定所要使用的数据源
DataTextField	设置数据绑定所要显示的字段
DateValueFiled	设置选项的相关数据要使用的字段
Items	传回 ListBox Web 控件中 ListItem 的参数
Rows	设置 ListBox Web 控件一次要显示的列数
SelectedIndex	传回被选取到 ListItem 的 Index 值

续表

名称	解释
SelectedItem	传回被选取到 ListItem 的参数，也就是 ListItem 自身
SelectedItems	由于 ListBox Web 控件可以复选，被选取的项目会被加入 ListItems 集合中；本属性可以传回 ListItems 集合
SelectionMode	组件中条目的选择类型即，多选（Multiplle）、单选（Single）

下面是一个使用 ListBox 控件向服务器提交用户职业信息的实例，代码如下所示。

文件名：ListBox.aspx

```
<%@ Page Language="C#" AutoEventWireup="true" CodeFile="ListBox.aspx.cs"
Inherits="BoxList" %>
<!DOCTYPE html PUBLIC "-//W3C//DTD XHTML 1.0 Transitional//EN"
"http://www.w3.org/TR/xhtml1/DTD/xhtml1-transitional.dtd">
<html xmlns="http://www.w3.org/1999/xhtml">
<head runat="server">
   <title>ListBox 控件实例</title>
</head>
<body>
    ListBox 控件示例
   <p>请选择职业
   <form id="form1" runat="server">
      <asp:listbox id="ListBox1" runat="server" SelectionMode="Multiple"
      Height="104px" Width="96px">
          <asp:ListItem Value="程序员">程序员</asp:ListItem>
          <asp:ListItem Value="作家">作家</asp:ListItem>
          <asp:ListItem Value="科学家">科学家</asp:ListItem>
          <asp:ListItem Value="教师">教师</asp:ListItem>
          <asp:ListItem Value="公务员">公务员</asp:ListItem>
      </asp:listbox>
   <asp:Button ID="Button1" runat="server" Text="提 交" onclick="Button1_
   Click"
          style="height: 21px" />
      <p>您的选择结果是:
      <asp:label id="Label1" runat="server" Width="160px"></asp:label>
   </form>
   </p>
</body>
</html>
```

文件名：ListBox.aspx.cs

```
using System;
using System.Collections.Generic;
using System.Linq;
using System.Web;
```

```
using System.Web.UI;
using System.Web.UI.WebControls;
public partial class BoxList : System.Web.UI.Page{
    protected void Page_Load(object sender, EventArgs e)
    {
        if (!this.IsPostBack) Label1.Text = "未选择";
    }
    protected void Button1_Click(object sender, EventArgs e)
    {
        string tmpstr = "";
        for (int i = 0; i < this.ListBox1.Items.Count; i++)
        {
            if (ListBox1.Items[i].Selected) tmpstr = tmpstr + " " + ListBox1.
            Items[i].Text;
        }
        if (tmpstr == "") Label1.Text = "未选择";
        else Label1.Text = tmpstr;
    }
}
```


执行上述代码，如图 6-6 所示。在 ListBox 控件中选择你的职业，单击【提交】按钮，结果如图 6-7 所示。

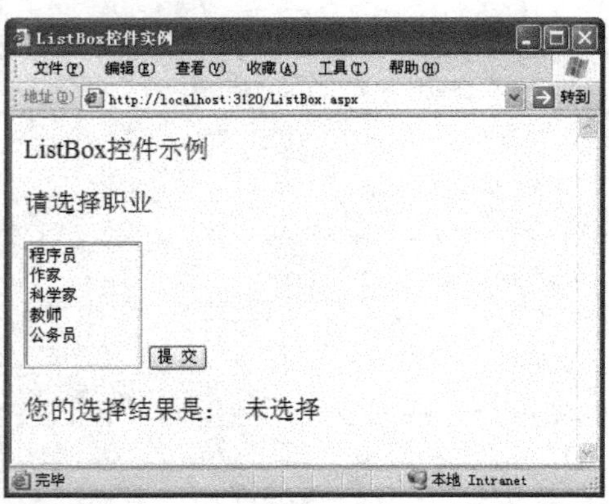

图 6-6　执行结果

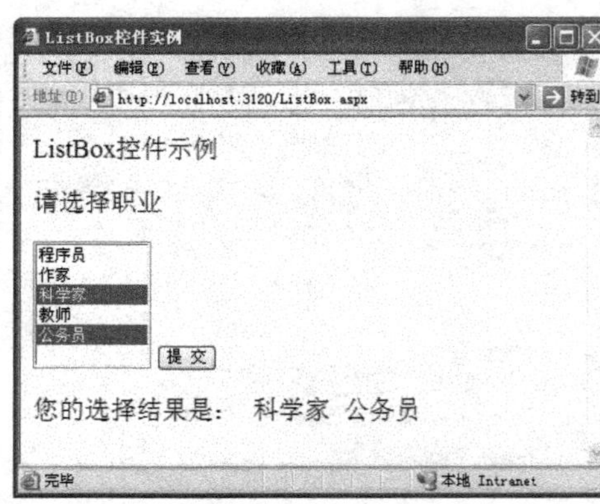

图 6-7　执行结果

6.4.2　实现下拉框的 DropDownList 控件

DropDownList 服务器控件可以把 HTML 选择框放在 Web 页面上，并对它进行编程操作。如果集合中有许多项，希望终端用户选择一项时，使用 DropDownList 服务器控件是很理想的。

DropDownList 服务器控件生成的选择框会显示一项，允许终端用户从较大的项目列表中选择一项。根据选择框中的选项数，终端用户可能需要在一列选项中滚动。注意下列列表中的滚动条是浏览器根据版本和列表包含的项数自动创建的。声明语法格式如下所示，基本属性及常用事件如表 6-11 所示。

```
<ASP: DropDownList Runat="Server" Id="被程序代码所控制的名称"
DataSource="<%数据绑定语句%>"
DataTextField="数据源字段"
DataValueField="数据源字段"
DataTextFormatString="…"
AutoPostBack="{True,False}"
OnSelectedIndexChanged="事件程序名称">
<ASP:ListItem value="…" Selelected="{True,False}">列表项
</ASP:ListItem>
</ASP:DropDownList>
```

表 6-11　DropDownList 服务器控件的基本属性及常用事件

类型	名称	解释
属性	AutoPostBack	设置是否要触发 OnSelectedIndexChanged 事件
	Items	取回 DropDownList 控件中 ListItem 的参数
	SelectedIndex	传回被选取列 ListItem 的 Index 值
	SelectedItem	传回被选取列 ListItem 的参数
	DataSource	获取或设置数据绑定所需要使用的数据源
	DataTextField	获取或设置数据绑定所显示的字段
	DataValueField	获取或设置选项的相关数据要使用的字段
事件	SelectedIndexChange	当控件项目选择变更时触发此事件

下面是一个使用 dropdownlist 控件在下拉列表框中选择喜欢的水果的实例，代码如下所示。

文件名：dropdownlist.aspx

```
<%@ Page Language="C#" AutoEventWireup="true" CodeFile="dropdownlist.
aspx.cs" Inherits="dropdownlist" %>
<!DOCTYPE html PUBLIC "-//W3C//DTD XHTML 1.0 Transitional//EN"
"http://www.w3.org/TR/xhtml1/DTD/xhtml1-transitional.dtd">
<html xmlns="http://www.w3.org/1999/xhtml">
<head runat="server">
    <title>DropDownList 使用实例</title>
</head>
<body>
    <form id="form1" runat="server">
    <div>选择你喜欢的水果:
    <asp:DropDownList id="drop1" runat="server">
        <asp:ListItem>苹果</asp:ListItem>
        <asp:ListItem>香蕉</asp:ListItem>
        <asp:ListItem>橘子</asp:ListItem>
        <asp:ListItem>桃子</asp:ListItem>
```

```
            <asp:ListItem>栗子</asp:ListItem>
            <asp:ListItem>梅子</asp:ListItem>
        </asp:DropDownList>
        <asp:Button ID="Button1" Text="提交" OnClick="submit" runat="server"
        Height="21px"/>
        <p><asp:label id="mess" runat="server" Width="288px"/></p>
        </div>
        </form>
    </body>
    </html>
```

文件名：dropdownlist.aspx.cs

```
using System;
using System.Collections.Generic;
using System.Linq;
using System.Web;
using System.Web.UI;
using System.Web.UI.WebControls;
public partial class dropdownlist : System.Web.UI.Page
{
    protected void Page_Load(object sender, EventArgs e){   }
    protected void submit(object sender, EventArgs e)
    {
        mess.Text = "你选择的水果是：" + drop1.SelectedItem.Text;
    }
}
```


执行上述代码，如图 6-8 所示。在下拉列表框中选择喜欢的水果，单击【提交】按钮，结果如图 6-9 所示。

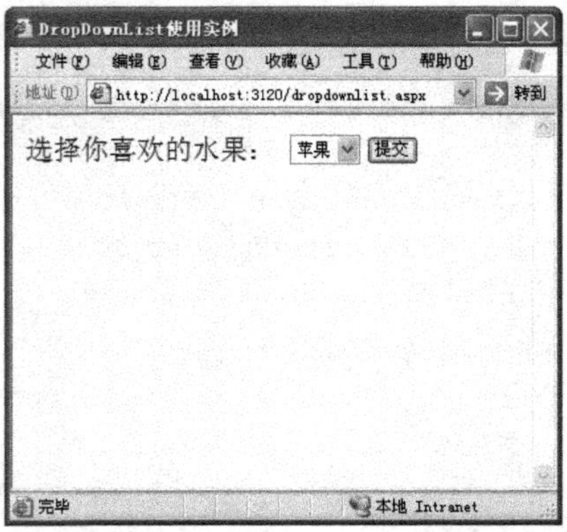

图 6-8　执行结果

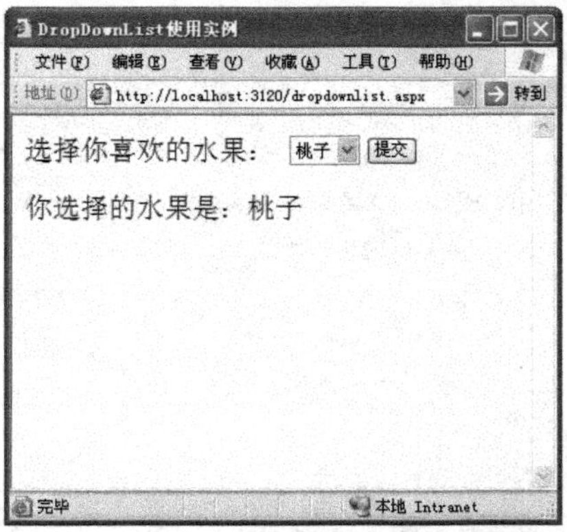

图 6-9　执行结果

6.5 选择类型控件

选择类型控件主要可分为两类，包括 RadioButton 单选框控件和 CheckBox 复选框控件。

6.5.1 实现单选的 RadioButton 控件

单选按钮控件与复选框控件的使用相似，区别在于单选按钮框控件的选择。当只有一种结果时，可以用 RadioButton 实现<input type=radio>标签，声明的语法格式如下所示，基本属性和常用事件如表 6-12 所示。

```
<ASP:RadioButton Runat="Server" Id="被程序代码所控制的名称"
AutoPostBack="{True,False}"
Checked="{True,False}"
GroupName="…"
Text="控件的文字"
TextAlign="{Right,Left}"
OnCheckedChanged="事件程序名"/>
```

表 6-12　RadioButton 控件的基本属性和常用事件

类型	名称	解释
属性	AutoPostBack	当用户选择不同的项目时，是否自动触发 OnCheckedChanged 事件
	Checked	获取或设置该项目是否被选取
	GroupName	获取或设置按钮所属的群组
	TextAlign	获取或设置 CheckBoxList 控件的对齐方式(左对齐，右对齐)，默认为 Right
	GroupName	获取或设置多个 RadioButton 的群组名称，同一时刻只有一个被选中
	Text	获取或设置 RadioButton 中显示的文字
事件	OnCheckdChanged	当 RadioButton 群组所选项目改变时触发此事件

下面是一个使用 RadioButton 控件选择喜欢运动的实例，代码如下所示。

文件名：RadioButton.aspx

```
<%@ Page Language="C#" AutoEventWireup="true" CodeFile="RadioButton.
aspx.cs" Inherits="RadioButton" %>
<!DOCTYPE html PUBLIC "-//W3C//DTD XHTML 1.0 Transitional//EN"
"http://www.w3.org/TR/xhtml1/DTD/xhtml1-transitional.dtd">
<html xmlns="http://www.w3.org/1999/xhtml">
<head runat="server">
   <title>RadioButton 使用实例</title>
</head>
<body>
   <form id="form1" runat="server">
 <div>
     <h3>RadioButton 使用实例</h3>
      <h4>请选择你喜欢的运行:</h4>
      <asp:RadioButton id="Radio1"  Text="足球"  Checked="True" GroupName=
     "RadioGroup1"  runat="server" /><br>
     <asp:RadioButton id="Radio2"  Text="蓝球"  GroupName="RadioGroup1"
     runat="server"/><br>
     <asp:RadioButton id="Radio3" Text="乒乓球"  GroupName="RadioGroup1"
```

```
    runat="server"/><br>
     <asp:Button id="Button1"  Text="确定" OnClick="SubmitBtn_Click"
     runat="server"/>
     <asp:Label id="Label1"  Font-Bold="True"  runat="server" Width=
    "381px" />
     </div>
   </form>
</body>
</html>
```

文件名：RadioButton.aspx.cs

```
using System;
using System.Collections.Generic;
using System.Linq;
using System.Web;
using System.Web.UI;
using System.Web.UI.WebControls;
public partial class RadioButton : System.Web.UI.Page{
    protected void Page_Load(object sender, EventArgs e){   }
    protected void SubmitBtn_Click(object sender, EventArgs e)
    {
        if (Radio1.Checked){
            Label1.Text = "你选择的是：  " + Radio1.Text;
        }
        else if (Radio2.Checked){
            Label1.Text = "你选择的是：  " + Radio2.Text;
        }
        else if (Radio3.Checked)
        {
            Label1.Text = "你选择的是：  " + Radio3.Text;
        }
    }
}
```


执行上述代码，结果如图 6-10 所示。选择喜欢的运动，单击【确定】按钮，结果如图 6-11 所示。

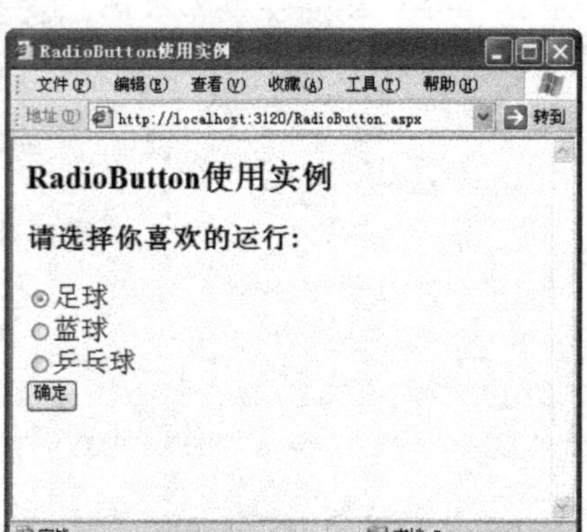

图 6-10　执行结果

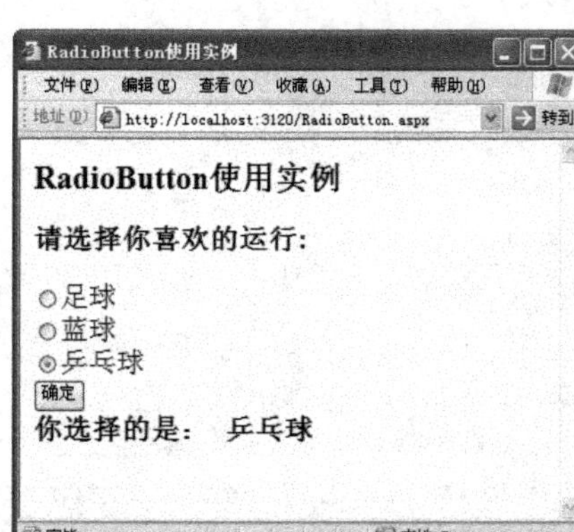

图 6-11　执行结果

6.5.2 实现多选的 CheckBox 控件

Web 服务器控件的复选框控件 CheckBox 与 HTML 中的复选框控件 CheckBox 比较类似，是一种用于了解用户的布尔型数据输入的方法。选中这个控件时，表示要输入的是 True；若没有选中这个控件，表示要输入的是 False。与 HTML 中的 CheckBox 控件不同的是，ASP.NET 中的 CheckBox 控件的属性有一个 AutoPostBack 属性。当这个属性为 True 时，在用户的选择发生变化时可以直接把数据提交给服务器端，语法声明格式如下所示，基础属性与常用事件如表 6-13 所示。

```
<ASP:CheckBox Id="被程序代码所控制的名称" Runat="Server"
AutoPostBack="{True,False}"
Text="控件的文字"
TextAlign="控件文字出现在左方或右方"
Checked="{True,False}"
OnCheckedChanged="事件程序名称"/>
或
<ASP:CheckBox … ></ASP:CheckBox>
```

表 6-13 CheckBox 控件属性和事件

类型	名称	解释
属性	AutoPostBack	设置为单击 CheckBox 控件，页面会自动提交，同时执行 Onclick 或 OnCheckChanged 默认为 False
	Checked	获取或设置 CheckBox 控件的复选状态(复选，无复选)，默认为 False
	Text	获取或设置 CheckBox 控制的文本标签
	TextAlign	获取或设置 CheckBox 控制的对齐方式(左对齐，右对齐)，默认为 Right
	GroupName	传回或设置按钮所属群组
事件	OnCheckedChanged	当 AutoPostBack=True 时提交服务器事件的处理方法

6.6 图形控件

图形控件可分为显示图像的 Image 控件和设置热点区域的 ImageMap 控件两类。Image 控件主要实现在 Web 页面中显示图像，而 ImageMap 控件可以把图像变成热点区域。

6.6.1 显示图像的 Image 控件

Image 服务器控件可以在服务器端代码中操作显示在 Web 页面上的图像。这虽然是一个简单的服务器控件，但可以确定图像如何显示在浏览器的屏幕上。Image 控件的声明语法如下所示，基本属性如表 6-14 所示。

```
<ASP:Image
Id="控件名称"
Runat="Server"
ImageUrl="图片所在地址"
AlternateText="图形还没加载时所替代的文字"
ImageAlign="NotSet | AbsBottom | AbsMiddle | BaseLine | Bottom | Left |
Middle | Right | TextTop | Top"
/>
```

表 6-14　Image 控件的基本属性

名称	解释
AlternateText	图形的替代文本
DescriptionUrl	对图像进行详细描述的位置
GenerateEmptyAlternateText	规定该控件是否创建一个作为替代文本的空字符串
ImageAlign	规定图像的排列方式
ImageUrl	要使用的图像的 URL
Runat	规定该控件是服务器控件，必须设置为"server"

在特定的环境下，有时会阻止终端用户查看 Web 页面上的图像，终端用户可能由于自身原因不能看到图像，或者使用了只支持文本的浏览器。在这些情况下，浏览器会查找<img>元素的 longdesc 属性，它指向包含图像的描述文件，并显示该文件的内容。

对于这些情况，Image 服务器控件包含属性 DescriptionUrl，值是一个文本文件，其中包含所关联图像的完整描述。下面是它的使用方式。

```
<asp:image  runat="server" ID="Img1" DescriptionUrl="img.txt"></asp:image>
```

这段代码在浏览器上生成了如下结果：

```
<asp:image  src="INETA.jpg " ID="Img1" longdesc="img.txt" alt=""></asp:image>
```

提 示

Image 服务器控件不支持用户单击图像的事件。如果希望根据按钮单击来编写事件，应使用 ImageButton 服务器事件。

6.6.2　设置热点区域的 ImageMap 控件

ImageMap 服务器控件可以把图像转变为导航菜单。过去许多开发人员会把图像分解为多个部分，再把它们放在一个表中，将这些部分重新组合成为一个图像。在终端用户单击图像的某一个部分时，应用程序就会选择该部分图像，并根据该选择进行相应的操作。

使用新的 ImageMap 控件，用户就可以使用一个图像，通过坐标指定图像的特定热区并对其进行操作。

下面就是一个使用 ImageMap 控件通过坐标指定图像的热区实现图片切换的功能，代码如下所示。

文件名：ImageMap.aspx

```
<%@ Page Language="C#" AutoEventWireup="true" CodeFile="ImageMap.aspx.cs"
Inherits="ImageMap" %>
<!DOCTYPE html PUBLIC "-//W3C//DTD XHTML 1.0 Transitional//EN"
"http://www.w3.org/TR/xhtml1/DTD/xhtml1-transitional.dtd">
<html xmlns="http://www.w3.org/1999/xhtml">
<head runat="server">
    <title>ImageMap 控件使用实例</title>
</head>
<body>
    <form id="form1" runat="server">
    <div>
        <asp:ImageMap ID="ImageMap1" runat="server">
        </asp:ImageMap>
    </div>
    </form>
</body>
</html>
```


文件名：ImageMap.aspx.cs

```
using System;
using System.Collections.Generic;
using System.Linq;
using System.Web;
using System.Web.UI;
using System.Web.UI.WebControls;
public partial class ImageMap : System.Web.UI.Page{
    protected void Page_Load(object sender, EventArgs e)
{
        string[] imgSrc = new string[] { "1.gif", "2.gif", "3.gif", "4.gif" };
        int id = 0;
        if (Request.QueryString["id"] != null)
            id = Convert.ToInt32(Request.QueryString["id"]);
        ImageMap1.ImageUrl = imgSrc[id];
   System.Drawing.Image img = System.Drawing.Image.FromFile(Server.MapPath
  (imgSrc[id]));
        RectangleHotSpot s = new RectangleHotSpot();
        if (id != 0)
        {
            s.NavigateUrl = "?id=" + (id - 1).ToString() + "";
            s.AlternateText = "上一张";
```

```
            s.Bottom = img.Height;
            s.Top = 0;
            int width = img.Width;
            s.Right = width / 2;
            s.Left = 0;
            this.ImageMap1.HotSpots.Add(s);
        }
        if (id < imgSrc.Length - 1)
        {
            s = new RectangleHotSpot();
            s.NavigateUrl = "?id=" + (id + 1).ToString() + "";
            s.AlternateText = "下一张";
            s.Bottom = img.Height;
            s.Top = 0;
            s.Right = img.Width;
            s.Left = img.Width / 2;
            this.ImageMap1.HotSpots.Add(s);
        }
    }
}
```


执行上述代码，指向图像的右边区域，会出现一个手的形状，这时图片会变成一个指向下一张图像的超链接，如图 6-12 所示。单击鼠标左键，会自动跳转到下一张图片，结果如图 6-13 所示。

图 6-12　执行结果

图 6-13　执行结果

6.7 其他控件

除了上面章节讲到的常用控件外，ASP.NET 服务器控件还有很多，以下内容只讲述日历控件、广告控件和窗口控件三种。

6.7.1 日历控件

Calendar 日历控件用于在浏览器中显示日历，该控件可显示某个月的日历并允许用户选择日期，也可以跳到前一个或下一个月。Calendar 日历控件的声明语法如下所示，基本属性如表 6-15 所示。

```
<ASP:Calendar Runat="Server" Id="…"
    Cellpadding="n"
    DayNameFormat="{Firstletter|FirstTwoLetters|Full|Short}"
    FirstDayOfWeek="{Default,Monday,Tuesday,Wednesday,Thursday,
    Friday,Saturday,Sunday}"
    NextMonthText="…"
    NextPrevFormat="{ShortMonth,FullMonth,CustomText}"
    PrevMonthText="…"
    SelectedDate="#Date#"
    SelectionMode="{None,Day,Dayweek,DayWeekMonth}"
    SelectMonthText="…"
    SelectWeekText="…"
    ShowDayHeader="{True,False}"
    ShowGridLines="{True,False}"
    ShowNextPrevMonth="{True,False}"
    ShowTitle="{True,False}"
    TitleFormat="{Month,MonthYear}"
    VisibleDate="#Date#"
    OnDayRender="…"
    OnSelectionChanged="…"
    OnVisibleMonthChanged="…"
    <DayHeaderStyle…/>
    <DayStyle…/>
    <NextPrevStyle…/>
    <OtherMonthDayStyle…/>
    <SelectorStyle…/>
    <TitleStyle…/>
    <TodayDayStyle…/>
    <WeekendDayStyle…/>
</ASP:Calendar>
```

表 6-15　Calendar 控件的基本属性

名称	解释
Cellpadding	设置单元格边框与内容的距离(单位为像素)，默认为 2
CellSpacing	设置单元格之间的距离(单元为像素)，默认为 0
DayNameFormat	设置一星期中每一天的显示格式，即星期 x 的显示格式(每一个字母，前两个字母，完整日期，简短日期)，默认为 Short，只有 ShowDayHeader="Ture"才有效
FirstDayOfWeek	所要显示的一周的哪一天为第一天
NextMonthText	设置显示下个月的超链接的文字

续表

名称	解释
NextPrevFormat	设置显示上个月的超链接的文字
PrevMonthText	显示上个月的链接文本由 HTML 设置 ShowNextPrevMonth=True，NextPrevFormat=CustomText
SelectedDate	选定日期的样式
SelectedStyle	用于选择一周或整个月的链接列的样式

下面是一个简单使用日历控件的实例，代码如下所示。

文件名：Calendar.aspx

```
<%@ Page Language="C#" AutoEventWireup="true" CodeFile="Calendar.
aspx.cs" Inherits="Calendar" %>
<!DOCTYPE  html  PUBLIC  "-//W3C//DTD  XHTML  1.0  Transitional//EN"
"http://www.w3.org/TR/xhtml1/DTD/xhtml1-transitional.dtd">
<html xmlns="http://www.w3.org/1999/xhtml">
<head runat="server">
   <title>Calendar日历控件实例</title>
</head>
<body>
   <form id="form1" runat="server">
   <div>
   <ASP:Calendar Id="calA" Runat="Server"
      SelectionMode="DayWeekMonth" ShowGridLines="True"
      ShowNextPrevMonth="True" NextMonthText="[Next]"
      SelectedDayStyle-BackColor="#DBDBDB"
      OnSelectionChanged="calA_SC"/>
      <asp:Label ID="Label1" runat="server" Text=""></asp:Label>
   </div>
   </form>
</body>
</html>
```


文件名：Calendar.aspx.cs

```
using System;
using System.Collections.Generic;
using System.Linq;
using System.Web;
using System.Web.UI;
using System.Web.UI.WebControls;
public partial class Calendar : System.Web.UI.Page
{
   protected void Page_Load(object sender, EventArgs e){   }
   protected void calA_SC(object sender, EventArgs e)
   {
```

```
        Label1.Text = "您所点选的日期为: " + calA.SelectedDate;
    }
}
```

执行上述代码，结果如图 6-14 所示。单击其中一个日期，会显示你选择的当前日期，结果如图 6-15 所示。

图 6-14　执行结果

图 6-15　执行结果

6.7.2　广告控件

AdRotator 控件可以用来制作横幅广告，横幅广告不像 GIF 动画，每隔几秒钟轮流更换图片。但是当用户进入网页或刷新网页时，就会随机显示一张图片，同时当用户单击横幅广告图片时，会被定向到其他的网址。XML 语法格式如下所示。

```
<Advertisements>
    <Ad>
    <ImageUrl>要显示的图形文件地址</ImageUrl>
    <NavigateUrl>用户选取时所要开启的链接</NavigateUrl>
    <AlternateText>提示文字</AlternateText>
    <Keyword>广告分类</Keyword>
    <Impressions>权值</Impressions>
    </Ad>
    其他广告设置…
</Advertisements>
AdRotator 控件声明的语法格式如下所示。
<ASP:AdRotator Id="被程序代码所控制的名称" Runat="Server"
AdvertisementFile="设置文件名称"
KeywordFilter="要显示的分类广告"
Target="{TOP,_NEW,_CHILD,_SELF,_PARENT,_BLANK}"
OnAdCreated="事件程序"/>
```

AdRotator 控件的基本属性如表 6-16 所示。

表 6-16　AdRotator 控件的基本属性

名称	解释
AdvertisementFile	广告控件所设定文件的名称
KeywordFilter	要显示的分类广告
Target	广告看板所要开启的窗口
OnAdCreated	每次要产生新的看板内容时便触发此程序
AdProperties	目前广告旋转板的属性
AlternateText	广告控件的提示文字
ImageUrl	广告控件使用图片的地址
NavigateUrl	用户选取时所要打开的链接

下面是一个使用 AdRotator 控件指向链接网址的实例，代码如下所示。

文件名：AdRotator.xml

```
<?xml version="1.0" encoding="utf-8" ?>
<Advertisements>
  <Ad>
    <ImageUrl>baidu.jpg</ImageUrl>
    <NavigateUrl>http://www.baidu.com</NavigateUrl>
    <AlternateText>百度</AlternateText>
    <Impressions>80</Impressions>
    <Keyword>baidu</Keyword>
  </Ad>
  <Ad>
    <ImageUrl>sogou.jpg</ImageUrl>
    <NavigateUrl>http://www.sogou.com/</NavigateUrl>
    <AlternateText>搜狗</AlternateText>
    <Impressions>50</Impressions>
    <Keyword>sogou</Keyword>
  </Ad>
</Advertisements>
```


在上述代码中，主要用于编写广告的配置文件，包括两个广告的图片来源分别为 biadu.jpg 和 sogou.jpg，链接的网页分别为 http://www.baidu.com 和 http://www.sogou.com/，关键字分别为 baidu、sogou,重要程度 80、50。

文件名：AdRotator.aspx

```
<%@ Page Language="C#" AutoEventWireup="true" CodeFile="AdRotator.
aspx.cs" Inherits="_Default" %>
<!DOCTYPE html PUBLIC "-//W3C//DTD XHTML 1.0 Transitional//EN"
"http://www.w3.org/TR/xhtml1/DTD/xhtml1-transitional.dtd">
<html xmlns="http://www.w3.org/1999/xhtml">
<head runat="server">
    <title>AdRotator 广告控件实例</title>
</head>
<body>
    <form id="form1" runat="server">
```

```
    <div>
        <asp:AdRotator ID="AdRotator1" AdvertisementFile="AdRotator.xml"
            runat="server"  target="_blank" onadcreated="AdRotator1_
            AdCreated" />
    <br /><br />
    <asp:Label ID="showInfo" runat="server" Text=""></asp:Label>
    </div>
    </form>
</body>
</html>
```

文件名：AdRotator.aspx.cs

```
using System;
using System.Collections.Generic;
using System.Linq;
using System.Web;
using System.Web.UI;
using System.Web.UI.WebControls;
public partial class _Default : System.Web.UI.Page
{
    protected void Page_Load(object sender, EventArgs e){   }
    protected void AdRotator1_AdCreated(object sender, AdCreatedEventArgs e)
    {
        string Info = "替换文本:" + e.AlternateText+"<br />";
        Info += "图片源地址:" + e.ImageUrl + "<br />";
        Info += "链接地址:" + e.NavigateUrl + "<br />";
        showInfo.Text = Info;
    }
}
```

在上述代码中，主要实现当每次要产生新的广告看板内容时便触发此程序。执行上述，如图 6-16 所示，刷新该页面实现广告内容的切换，结果如图 6-17 所示。

图 6-16　执行结果

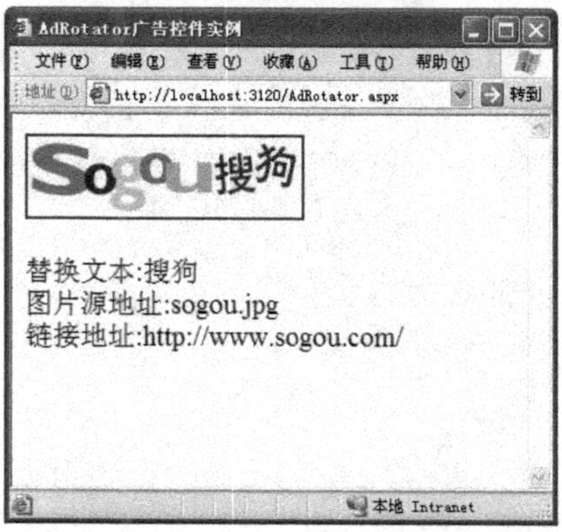

图 6-17　执行结果

6.7.3 容器控件

容器控件主要指 Panel 控件，是一个放置其他控件的容器，通常用来显示或隐藏一群控件，Panel 控件的声明语法格式如下所示，基本属性如表 6-17 所示。

```
<ASP:Panel Id="被程序代码所控制的名称" Runat="Server"
    BackImageUrl="URL"
    HorziontalAlign="{Center,Justify,Left,NotSet,Right}"
    Wrap="{true,false}"]
其他控件…
</ASP:Panel>
```

表 6-17 Panel 控件的基本属性

名称	解释
BackImageUrl	设置 Panel 的背景图形
HorizontalAlign	设置水平对齐方式
Wrap	设置是否自动折行，预设为 True
Visible	设置是否显示，预设为 True

下面是一个显示和隐藏 Panel 控件的实例，代码如下所示。

文件名：Panel.aspx

```
<%@ Page Language="C#" AutoEventWireup="true" CodeFile="Panel.aspx.cs"
Inherits="Panel" %>
<!DOCTYPE html PUBLIC "-//W3C//DTD XHTML 1.0 Transitional//EN"
"http://www.w3.org/TR/xhtml1/DTD/xhtml1-transitional.dtd">
<html xmlns="http://www.w3.org/1999/xhtml">
<head runat="server">
   <title>显示或隐藏 Panel 控件</title>
</head>
<body>
   <form id="form1" runat="server">
   <center>显示或隐藏 Panel 控件</center><hr />
<ASP:Panel Runat="Server" Id="myPanel" HorizontalAlign="Left">
        这是一段静态文本<Br>
        Panel 里也可以放置 HTML 控件或 Web 控件
</ASP:Panel><Br>
<ASP:Button Runat="Server" Id="Button1" Text="隐藏 Panel 控件" OnClick=
"Button1_Click"/>
   </form>
</body>
</html>
```

文件名：Panel.aspx.cs

```
using System;
```

```
using System.Collections.Generic;
using System.Linq;
using System.Web;
using System.Web.UI;
using System.Web.UI.WebControls;
public partial class Panel : System.Web.UI.Page{
    protected void Page_Load(object sender, EventArgs e){   }
    protected void Button1_Click(object sender, EventArgs e)
{
        if(myPanel.Visible==true)
        {
            myPanel.Visible =false;
            Button1.Text = "隐藏 Panel 控件";
        }
        Else
       {
            myPanel.Visible = true;
            Button1.Text = "显示 Panel 控件";
        }
    }
}
```


执行上述代码，如图 6-18 所示，单击【隐藏 Panel 控件】按钮，如图 6-19 所示。

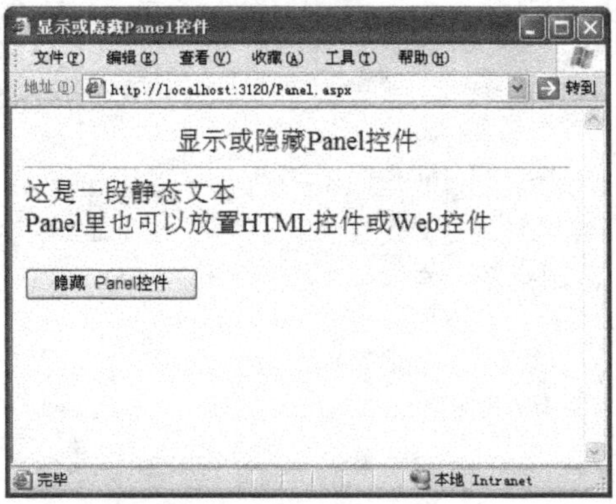

图 6-18　显示 Panel 控件

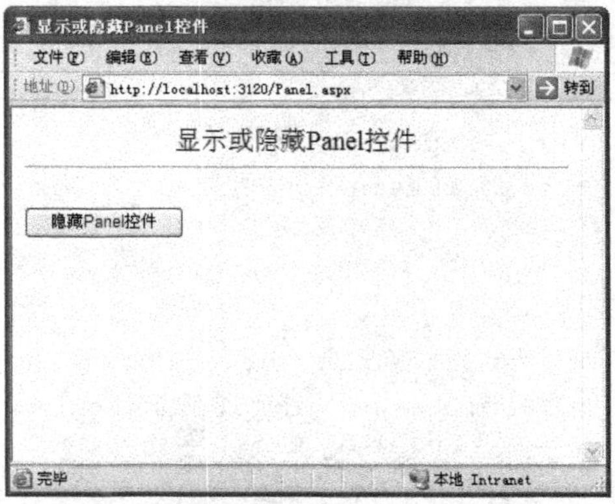

图 6-19　隐藏 Panel 控件

6.8 扩展练习

1. ListBox 列表项的移动

本扩展练习，主要实现两个 ListBox 列表中列表框的移动。例如，选择列表 1 中的“项目 1”元素，单击【→】按钮，列表 1 中的元素“项目 1”会移动到列表 2 中去。

1 在 Visual Studio2010 中，执行【文件】|【新建】|【网站】命令，新建名为 ShowContent 的 ASP.NET 空网站。

2 打开【文件】|【新建文件】命令，弹出【添加新项】对话框。在该对话框中选择“Web 窗体”模板，并输入文件名称为 ListBox2.aspx，单击【添加】按钮。可以看到在【解决方案资源管理器】面板中会显示文件 ListBox2.aspx 以及它的代码页文件 ListBox2.aspx.cs。

3 在【解决方案资源管理器】面板中，双击“ListBox2.aspx”树状菜单元素，打开 ListBox2.aspx 文件输入以下代码并保存。

```
<%@ Page Language="C#" AutoEventWireup="true" CodeFile="ListBox2.aspx.cs"
Inherits="ListBox2" %>
<!DOCTYPE html PUBLIC "-//W3C//DTD XHTML 1.0 Transitional//EN"
"http://www.w3.org/TR/xhtml1/DTD/xhtml1-transitional.dtd">
<html xmlns="http://www.w3.org/1999/xhtml">
<head runat="server">
    <title>ListBox 演示</title>
</head><body>
<b>ListBox 演示</b><hr>
<form id="Form1" runat="server">
<table><tr><td>
  ListBox 容器 1: <br>
  <asp:ListBox id="lbox1" Rows=5 SelectionMode="Multiple"  Font-Size=
  24px runat="server">
   <asp:ListItem>项目 1</asp:ListItem>
   <asp:ListItem>项目 2</asp:ListItem>
   <asp:ListItem>项目 3</asp:ListItem>
   <asp:ListItem>项目 4</asp:ListItem>
   <asp:ListItem>项目 5</asp:ListItem>
  </asp:ListBox>
 </td><td>
  <asp:Button id="ToRight" Text="-->" OnClick="ToRightList" runat="
  server" /><br>
  <asp:Button id="ToLeft" Text="<--" ONClick="ToLeftList" runat="server" />
 </td><td>
  ListBox 容器 2: <br>
  <asp:ListBox id="lbox2" Rows=5 SelectionMode="Multiple" Font-Size=24px
  runat="server" />
</td></tr></table>
</form>
</body>
</html>
```

4 在【解决方案资源管理器】面板中，双击“ListBox2.aspx.cs”树状菜单元素，打开 ListBox2.aspx.cs 文件输入以下代码并保存。

```
using System;
using System.Collections.Generic;
using System.Linq;
using System.Web;
using System.Web.UI;
using System.Web.UI.WebControls;
public partial class ListBox2 : System.Web.UI.Page{
```

```
    protected void Page_Load(object sender, EventArgs e){    }
    public void ToRightList(Object sender, EventArgs e){
        //取得左边的 ListBox 的被选项
        for (int i = 0; i < lbox1.Items.Count; i++){
            ListItem item = lbox1.Items[i];
            if (item.Selected){
                lbox2.Items.Add(item);
                lbox1.Items.Remove(item);
            }
        }
    }
    public void ToLeftList(Object sender, EventArgs e){
        //取得右边的 ListBox 的被选项
        for (int i = 0; i < lbox2.Items.Count; i++){
            ListItem item = lbox2.Items[i];
            if (item.Selected){
                lbox1.Items.Add(item);
                lbox2.Items.Remove(item);
            }
        }
    }
}
```


5 执行上述代码，如图 6-20 所示。在 ListBox 容器 1 中，按 Ctrl 键选择“项目 1”和“项目 2”，单击【→】按钮，结果如图 6-21 所示。

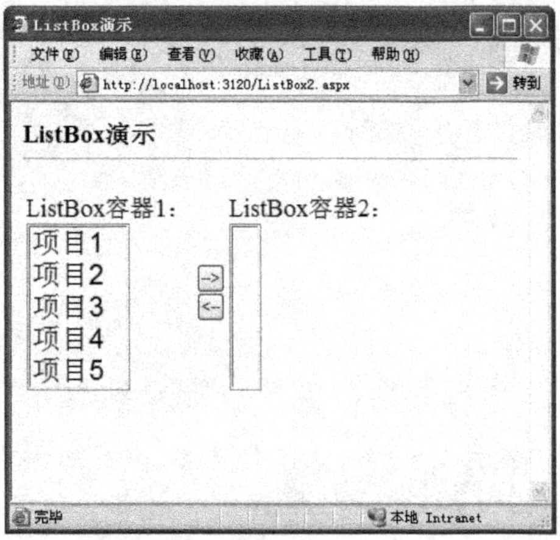

图 6-20　执行结果

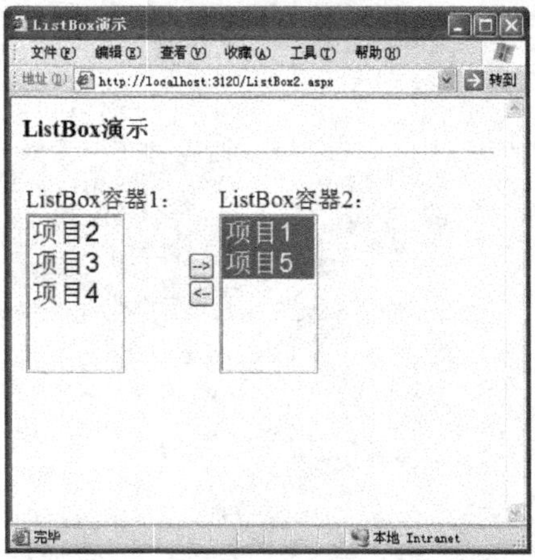

图 6-21　执行结果

2．获取用户信息并输出

本扩展练习目的是：练习使用多个服务器控件的综合应用，实现用户个人信息的收集和显示收集的用户信息等功能。

1 在 Visual Studio2010 中，执行【文件】|【新建】|【网站】命令，新建名为 ShowContent 的 ASP.NET 空网站。

2 打开【文件】|【新建文件】命令，弹出【添加新项】对话框。在该对话框中选择“Web 窗体”模板，并输入文件名称为 web.aspx，单击【添加】按钮。然后可以看到在【解决方案资源管理器】面板中会显示文件 web.aspx 以及它的代码页文件 web.aspx.cs。

3 在【解决方案资源管理器】面板中，双击“web.aspx”树状菜单元素，打开 web.aspx 文件输入以下代码并保存。

```
<%@ Page Language="C#" AutoEventWireup="true" CodeFile="web.aspx.cs"
Inherits="web表单" %>
<!DOCTYPE html PUBLIC "-//W3C//DTD XHTML 1.0 Transitional//EN"
"http://www.w3.org/TR/xhtml1/DTD/xhtml1-transitional.dtd">
<html xmlns="http://www.w3.org/1999/xhtml" >
<head id="Head1" runat="server">
    <title>用户基本信息</title>
</head>
<body>
    <form id="form1" runat="server">
    <div><table><tr>
            <td colspan="2" style="height: 8px"><div align=center><h3>
            用户基本信息</h3></div>
            </td></tr>
        <tr><td>用户名：</td>
            <td style="width: 306px">
              <asp:TextBox ID="user" runat="server"></asp:TextBox></td>
            </tr>
        <tr><td>性别：</td>
            <td style="width: 306px">
                <asp:DropDownList ID="sex" runat="server" AutoPostBack=
                "True">
                    <asp:ListItem>男</asp:ListItem>
                    <asp:ListItem>女</asp:ListItem>
                </asp:DropDownList></td>
        </tr>
        <tr><td>民族：</td>
            <td style="width: 306px">
               <asp:DropDownList ID="National" runat="server" AutoPost-
               Back="True">
                    <asp:ListItem>汉族</asp:ListItem>
                    <asp:ListItem>壮族</asp:ListItem>
                    <asp:ListItem>苗族</asp:ListItem>
                    <asp:ListItem>歹族</asp:ListItem>
                </asp:DropDownList></td>
        </tr>
        <tr><td>联系电话：</td>
            <td style="width: 306px">
                <asp:TextBox ID="tel" runat="server" Width="150px">
                </asp:TextBox></td>
        </tr>
        <tr><td>家庭地址：</td>
```

```
            <td style="width: 306px">
                <asp:TextBox ID="addr" runat="server" Width="244px">
                </asp:TextBox></td>
        </tr>
        <tr><td>手机号码：</td>
            <td style="width: 306px">
              <asp:TextBox ID="MobilePhone" runat="server"></asp:TextBox>
              </td>
        </tr>
        <tr><td>身份证号码：</td>
            <td style="width: 306px">
                <asp:TextBox ID="CardID" runat="server" Width="244px">
                </asp:TextBox></td>
        </tr>
        <tr>
        <td colspan="2" align="center">
            <asp:Button ID="Button1" runat="server" OnClick="Button1_
            Click" Text="提交" />
            <asp:Button ID="Button2" runat="server" Text="取消" /></td>
        </tr>
        <tr>
        <td colspan="2">
            <asp:Label ID="Label1" runat="server" Height="93px" Width="
            404px"></asp:Label></td>
        </tr></table>
    </div>
    </form>
</body>
</html>
```

4 在【解决方案资源管理器】面板中，双击“web.aspx.cs”树状菜单元素，打开 web.aspx.cs 文件输入以下代码并保存。

```
using System;
using System.Data;
using System.Configuration;
using System.Collections;
using System.Web;
using System.Web.Security;
using System.Web.UI;
using System.Web.UI.WebControls;
using System.Web.UI.WebControls.WebParts;
using System.Web.UI.HtmlControls;
public partial class web表单 : System.Web.UI.Page{
    protected void Page_Load(object sender, EventArgs e){   }
    protected void Button1_Click(object sender, EventArgs e){
      this.Label1.Text = "你填写的资料是：姓名：" + this.user.Text + "、性别：
      " + this.sex.SelectedValue + "、民族：" + this.National.SelectedValue
      + "、联系电话：" + this.tel.Text + "、家庭地址：" + this.addr.Text + "、
```

```
        手机号码：" + this.MobilePhone.Text + "、身份证号码：" + this.CardID.Text;
    }
}
```

执行上述代码，如图 6-22 所示。填写用户信息，单击【提交】信息，结果如图 6-23 所示。

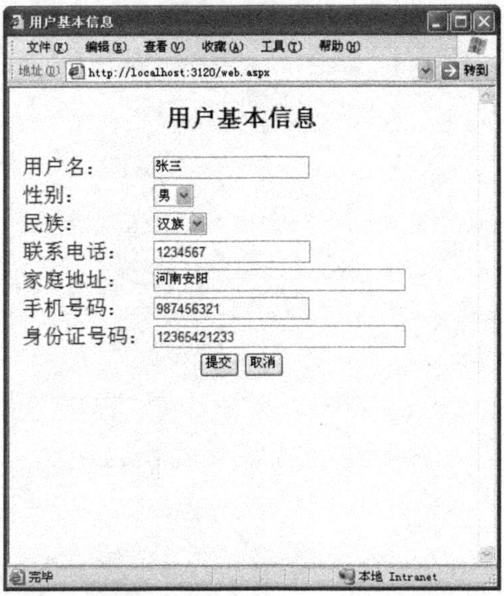

图 6-22　执行结果

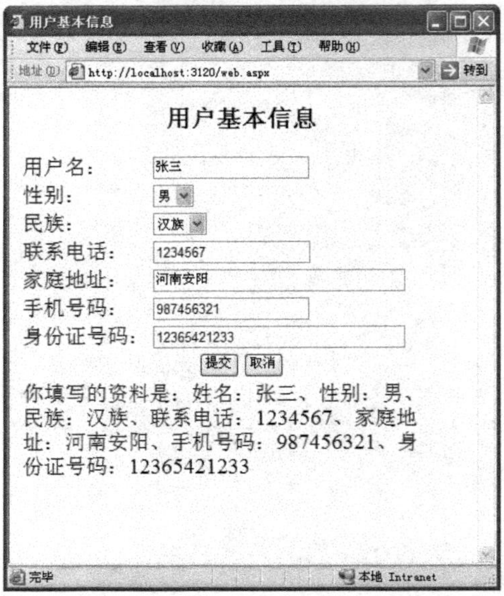

图 6-23　执行结果

第 7 章　ASP.NET 验证控件

Web 开发者特别是 ASP 开发者，在编写数据提交程序时，需要花费很多时间验证用户的每个输入是否合法。因此必须在 ASP 程序里面进行验证，但是验证会增加服务器的负担。有了 ASP.NET，可以轻松实现对用户输入的验证，程序员可以将主要精力放在主程序的设计中。本章将重点介绍 ASP.NET 的验证控件。

本章学习目标：

- 了解验证控件概念
- 掌握 RequiredFieldValidator 验证控件
- 掌握 CompareValidator 验证控件
- 掌握 RangeValidator 验证控件
- 掌握 RegularExpressionValidator 验证控件
- 了解 ValidationSummary 控件
- 掌握 CustomValidator 控件

7.1 了解验证控件

用户输入创建 ASP.NET 网页的一个重要目的是检查用户输入的信息是否有效。ASP.NET 提供了一组验证控件，用于提供一种易用但功能强大的检错方式，并在必要时向用户显示错误信息。

验证控件在服务器代码中执行输入检查。当用户向服务器提交页面之后，服务器将逐个调用验证控件来检查用户输入。如果在任意输入控件中检测到验证错误，则该页面将自行设置为无效状态，以便在代码运行之前测试其有效性。验证发生的时间是：已对页面进行了初始化(即：处理了视图状态和回发数据)，但尚未调用任何更改或单击事件的处理程序。

如果用户使用的浏览器支持 ECMAScript(JavaScript)，则验证控件还可使用客户端脚本执行验证。这样可以缩短页面的响应时间，因为错误将被立即检测到并且将在用户离开包含错误的控件后立即显示错误信息。如果可以进行客户端验证，将可以在很大程度上控制错误信息的布局，并可以在消息框中显示错误摘要。

提 示

> 即使验证控件已在客户端执行验证，ASP.NET 仍然会在服务器上执行验证，这样可以在基于服务器的事件处理程序中测试有效性。此外，在服务器上进行重新测试有助于防止用户通过禁用或更改客户端脚本检查来逃避验证。

ASP.NET 验证控件共有五种，分别用于检查用户输入信息的不同方面，各种控件的类型和作用如表 7-1 所示。

表 7-1　ASP.NET 验证控件

名称	解释
RequiredFieldValidator	验证某个控件的内容是否被改变
CompareValidator	用于对两个值进行比较验证
RangeValidator	用于验证某个值是否在要求的范围内
RegularExpressionValidator	用于验证相关输入控件的值是否匹配正则表达式指定的模式
ValidationSummary	用于显示所有验证错误的摘要
CustomValidator	用户可以自定该控件，完成不同的功能

对于一个输入控件，我们可以附加多个验证控件。例如，我们可以指定某个控件是必需的，并且该控件还包含特定范围的值。

除了以上验证控件之外，还有一个相关控件，即 ValidationSummary 控件。该控件不执行验证，但经常与其他验证控件一起用于显示来自网页上所有验证控件的错误信息。

7.2 验证是否输入数据

开发 ASP.NET 表单时，有时要求该 ASP.NET 表单上某些文本框必须输入数据。如果这个文本框是空白的，那么是不允许提交到服务器的。这时候，网站的访问者将会看到一个错误信息，要求必须输入数据。必填验证控件就是用于这种情况。

7.2.1 RequiredFieldValidator 控件

RequiredFieldValidator 控件可以验证用户是否对某个 Web 页面中的字段进行了编辑，该控件直接继承于 BaseValidator 类(BaseValidator 类是用作验证控件的抽象基类)，其类的继承关系如图 7-1 所示。

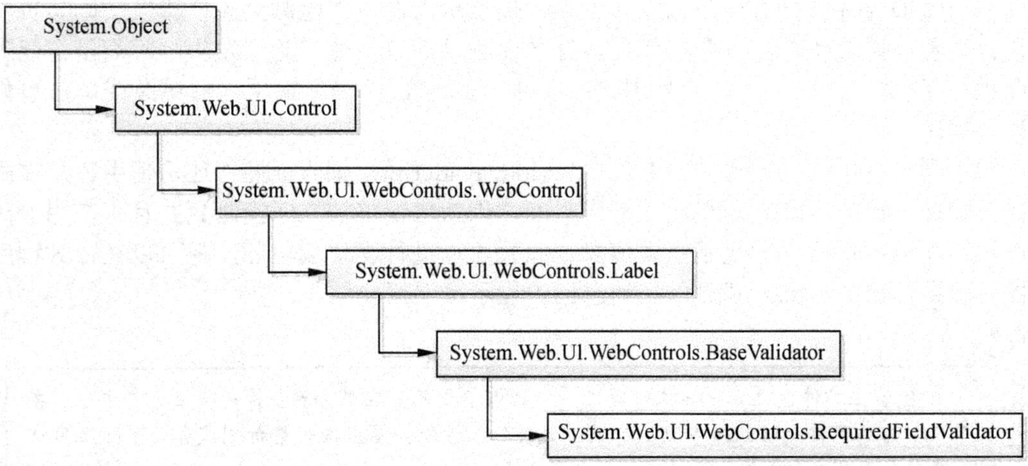

图 7-1　RequiredFieldValidator 控件的继承关系

RequiredFieldValidator 控件通常用于在用户输入信息时，对必选字段进行验证。在页面中添加 RequiredFieldValidator 控件并将其链接到必选字段控件(通常是 TextBox 控件)。在控件失去焦点时，如果初始属性值没有被改变，将会触发 RequiredFieldValidator 控件。RequiredFieldValidator 控件的使用语法定义如下所示。

```
<asp:RequiredFieldValidator
id="控件的名字"
ControlToValidate="要被验证的控件名字"
InitialValue="初始值"
ErrorMessage="验证不通过时显示的错误信息"
Text="控件中显示的信息"
runat="server" >
</asp:RequiredFieldValidator>
```

其中，ControlToValidate 属性用于关联要被验证的控件；InitialValue 属性用于获取或者设置要被检验的初始值，默认情况下，初始值为空字符串；ErrorMessage 是验证不通过时显示的错误信息；Text 属性是控件中显示的信息。在使用 RequiredFieldValidator 控件时通常把 ForeColor 属性设置为其他明显的颜色(例如红色)，这样发生错误的时候会显示一个“显眼”的提示信息。

7.2.2 RequiredFieldValidator 控件应用

在实际的应用中，在用户填写表单时，有一些项目是必填项，例如用户名和密码。在传统的 ASP 中，当用户填写表单后，页面需要被发送到服务器并判断表单中的某项 HTML 控件的值是否为空。如果为空，则返回错误信息。在 ASP.NET 中，系统提供了 RequiredFieldValidator 验证控件进行验证。使用 RequiredFieldValidator 控件能够指定某个用户在特定的控件中必须提供相应的信息，如果不填写相应的信息，RequiredFieldValidator 控件就会提示错误信息。RequiredFieldValidator 控件示例代码如下所示。

文件名：RequiredFieldValidator.aspx

```
<%@ Page Language="C#" AutoEventWireup="true" CodeFile="RequiredField
Validator.aspx.cs" Inherits="RequiredFieldValidator" %>
<!DOCTYPE html PUBLIC "-//W3C//DTD XHTML 1.0 Transitional//EN"
"http://www.w3.org/TR/xhtml1/DTD/xhtml1-transitional.dtd">
<html xmlns="http://www.w3.org/1999/xhtml">
<head runat="server">
    <title>RequiredFieldValidator 控件使用实例</title>
</head>
<body>
    <form id="form1" runat="server">
    <div>
          姓名:<asp:TextBox ID="TextBox1" runat="server"></asp:TextBox>
              <asp:RequiredFieldValidator  ID="RequiredFieldValidator1"
              runat="server"
              ControlToValidate="TextBox1" ErrorMessage="用户名不能为空
              "></asp:RequiredFieldValidator>
          <br />
          密码:<asp:TextBox ID="TextBox2" runat="server"></asp:TextBox>
```

```
            <br />
            <asp:Button ID="Button1" runat="server" Text="Button" />
            <br />
        </div>
        </form>
    </body>
    </html>
```

在进行验证时，RequiredFieldValidator 控件必须绑定一个服务器控件。在上述代码中，验证控件 RequiredFieldValidator 控件的服务器控件绑定为 TextBox1。当 TextBox1 中的值为空时，会提示自定义错误信息“用户名不能为空”。执行上述代码，结果如图 7-2 所示。

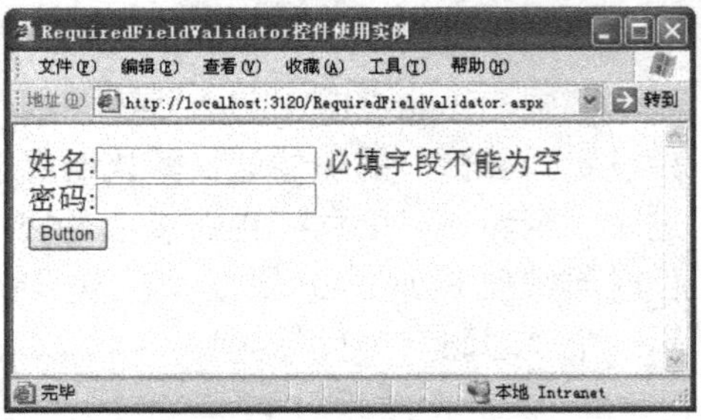

图 7-2　执行结果

7.3 比较数据是否一致

开发 ASP.NET 表单时，如果要求通过该页面进行登录账号的注册，通常是要求访问者提供用户名和密码。输入密码的形式一般是在两个不同的文本框中输入两次，确保密码输入的正确性。在这样的情况下，可以用比较验证控件来验证两次输入内容的一致性。

7.3.1 CompareValidator 控件

CompareValidator 控件用于将用户输入的值和其他控件的值或者常数进行比较，直接继承于 BaseCompareValidator，其类继承关系如图 7-3 所示。

使用 CompareValidator 控件，可以将两个值进行比较以确定这两个值是否与由比较运算符(小于、等于、大于等)指定的关系相匹配，还可以使用 CompareValidator 控件来指示输入到输入控件中的值是否可以转换为 BaseCompareValidator.Type 属性所指定的数据类型。CompareValidator 控件的使用语法定义如下所示。

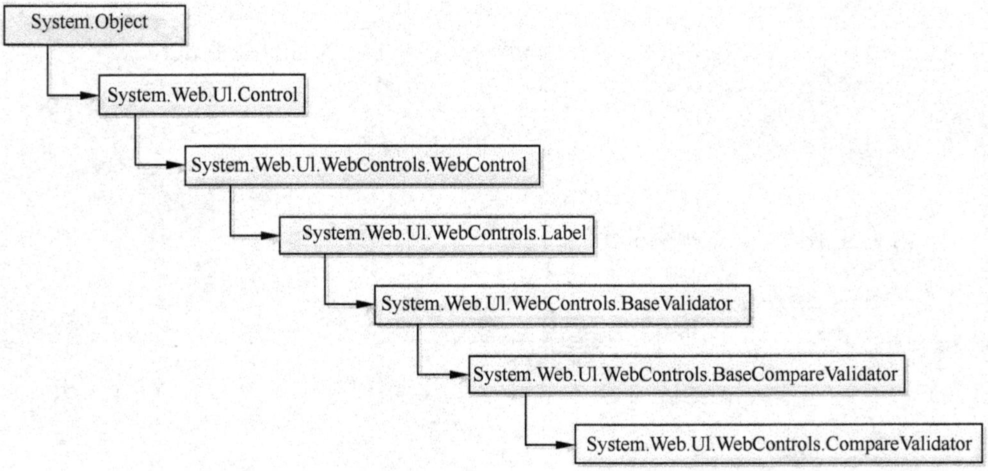

图 7-3　CompareValidator 控件继承关系

```
<asp:CompareValidator
id="控件的名字"
ControlToValidate="要被验证的控件名字"
ValueToCompare="要被比较的常数值"
ControlToCompare="要被比较的控件名字"
Type="比较的数据类型"
Operator="比较操作值"
ErrorMessage="比较错误时显示的错误信息"
runat="server">
```

ControlToValidate 属性指定要验证的输入控件。如果希望将特定的输入控件与另一个输入控件相比较，就使用要被比较的控件的名称设置 ControlToCompare 属性。如果希望将特定的输入控件与某一常量值进行比较，就使用要被比较的常量值设置 ValueToCompare 属性。

Type 属性指定了两个比较值的数据类型。在执行比较操作前，两个值都被自动转换为此数据类型。下面列出了可以比较的各种数据类型：

- **String** 字符串数据类型。
- **Integer** 32 位有符号整数数据类型。
- **Double** 双精度浮点数数据类型。
- **Date** 日期数据类型。
- **Currency** 可以包含货币符号的十进制数据类型。

Operator 属性指定了进行比较的类型，如大于、等于等。下面是几个可以使用的比较操作类型：

- **Equal** 所验证的输入控件的值与其他控件的值或常数值之间的相等比较。
- **NotEqual** 所验证的输入控件的值与其他控件的值或常数值之间的不相等比较。
- **GreaterThan** 所验证的输入控件的值与其他控件的值或常数值之间的大于比较。
- **GreaterThanEqual** 所验证的输入控件的值与其他控件的值或常数值之间的大于或等于比较。
- **LessThan** 所验证的输入控件的值与其他控件的值或常数值之间的小于比较。
- **LessThanEqual** 所验证的输入控件的值与其他控件的值或常数值之间的小于或等于比较。
- **DataTypeCheck** 输入到所验证的输入控件的值与 BaseCompareValidator.Type 属性指定的数据类型之间的数据类型比较。如果无法将该值转换为指定的数据类型，则验证失败。使用此运算符时，将忽略 ControlToCompare 和 ValueToCompare 属性。

ErrorMessage 属性用于设置当验证失败时显示的提示信息，通常将前景颜色设置为明显的颜色(例如红色)，这样验证失败后会显示一个“显眼”的提示信息。

7.3.2 CompareValidator 控件应用

比较验证控件对照特定的数据类型来验证用户的输入。因为当用户输入信息时，难免会输入错误信息。当用户注册，密码需要输入两次时，用户很可能输入的字符串会不一致。CompareValidator 比较验证控件能够比较控件中的值是否符合开发人员的需要。

下面是一个用户注册时，使用 CompareValidator 比较验证控件比较用户两次输入密码是否一致的实例，代码如下所示。

文件名：CompareValidator.aspx

```
<%@ Page Language="C#" AutoEventWireup="true" CodeFile="CompareValidator.
aspx.cs" Inherits="CompareValidator" %>
<!DOCTYPE html PUBLIC "-//W3C//DTD XHTML 1.0 Transitional//EN"
"http://www.w3.org/TR/xhtml1/DTD/xhtml1-transitional.dtd">
<html xmlns="http://www.w3.org/1999/xhtml">
<head runat="server">
   <title>CompareValidator 控件范例</title>
   </head>
<body>
   <form id="form1" runat="server">
      <div>
         用 户 名:
         <asp:TextBox ID="UserName" runat="server"></asp:TextBox>
         <br />
         密        码:
         <asp:TextBox ID="pwd1" runat="server"></asp:TextBox>
         <br />
         再次输入:
         <asp:TextBox ID="pwd2" runat="server"></asp:TextBox>
      <asp:CompareValidator ID="CompareValidator1" runat="server"
          ControlToCompare="pwd1" ControlToValidate="pwd2"
          CultureInvariantValues="True" ErrorMessage="密码输入不一致，请
          重新输入"
          ForeColor="red" Type="String"
          Operator="Equal" >
      </asp:CompareValidator>
         <br />
         <asp:Button ID="Button1" runat="server" Text="提交" />
         <br />
      </div>
   </form>
</body>
</html>
```

文件名：CompareValidator.aspx.cs

```
using System;
using System.Collections.Generic;
using System.Linq;
using System.Web;
using System.Web.UI;
using System.Web.UI.WebControls;
public partial class CompareValidator : System.Web.UI.Page
{
    protected void Page_Load(object sender, EventArgs e)
    {
    }
    protected void Button1_Click(object sender, EventArgs e)
    {
        Label1.Text = "用户名: "+UserName.Text+"<br />密  码: "+pwd1.Text;
    }
}
```

在上述代码中，判断 pwd2 输入的密码是否与 pwd1 一致。当输入的密码不一致时，会提示错误。执行上述代码，结果如图 7-4 所示。如果两次输入的密码一致，单击【提交】按钮，结果如图 7-5 所示。

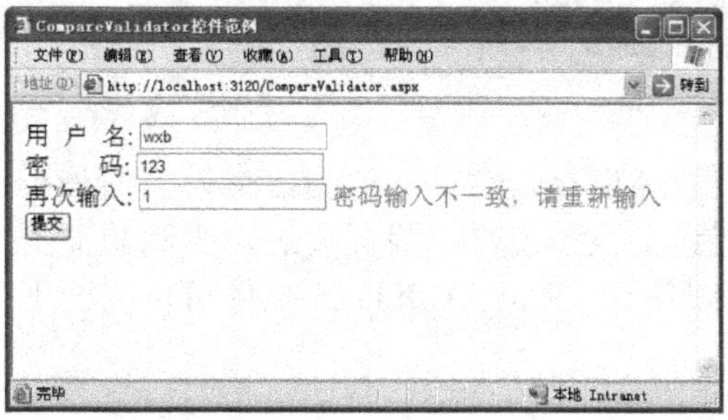

图 7-4　执行结果

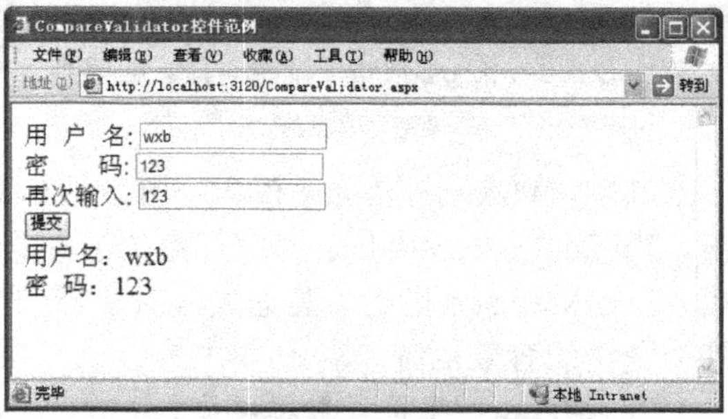

图 7-5　执行结果

7.4 验证输入数据的范围

RequiredFieldValidator 控件只能用来验证文本框中是否输入了数据，但是对内容不能限制；而 RangeValidator 控件能够验证数据是否在特定的范围内。

7.4.1 RangeValidator 控件

RangeValidator 控件用于测试输入控件的值是否在指定范围内，直接继承于 BaseCompareValidator，其继承关系如图 7-6 所示。

范围验证控件（RangeValidator ）可以检查用户的输入是否在指定的上限与下限之间。通常情况下用于检查数字、日期、货币等，其语法格式如下所示。

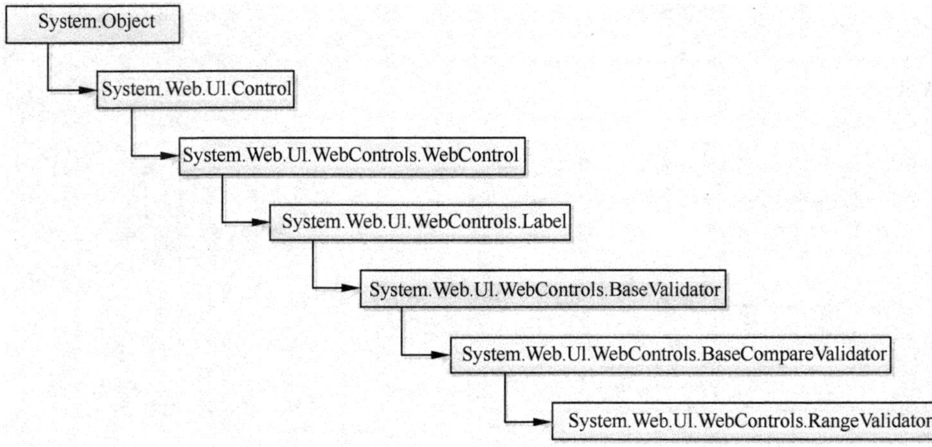

图 7-6　RangeValidator 控件继承关系

```
<asp:RangeValidator id="控件 ID"
ControlToValidate="控件 ID"
MinimumValue="最小值"
MaximumValue="最大值"
Type="" String | Integer |Double | Date | Currency "
ErrorMessage="错误发生时提示的信息，可以包含 HTML 标记"
runat="server" />
```


其中，MaximumValue 值指定有效值的最大值，MinimumValue 值指定有效值的最小值。当 ControlToValidate 属性指定的控件的值在这个范围内时，验证通过，否则验证失败。ErrorMessage 指定了验证失败时要显示的错误信息。RangeValidator 控件可以验证下列类型值的有效范围。

- ❑ **String**　字符串数据类型。
- ❑ **Integer**　32 位有符号整数数据类型。
- ❑ **Double**　双精度浮点数数据类型。
- ❑ **Date**　日期数据类型。
- ❑ **Currency**　一种可以包含货币符号的十进制数据类型。

7.4.2　RangeValidator 控件应用

通常情况下，为了控制用户输入的范围，可以使用该控件。当输入用户的生日时，今年是 2011 年，那么用户就不应该输入 2012 年。同样基本上没有人的寿命会超过 120，所以对输入的日期的下限也需要进行规定，示例代码如下所示。

文件名：RangeValidator.aspx

```
<%@ Page Language="C#" AutoEventWireup="true" CodeFile="RangeValidator.
aspx.cs" Inherits="RangeValidator" %>
<!DOCTYPE html PUBLIC "-//W3C//DTD XHTML 1.0 Transitional//EN" "http://
```

```
www.w3.org/TR/xhtml1/DTD/xhtml1-transitional.dtd">
<html xmlns="http://www.w3.org/1999/xhtml">
<head runat="server">
    <title>RangeValidator 控件使用实例</title>
</head>
<body>
    <form id="form1" runat="server">
      <div>
        请输入生日:<asp:TextBox ID="TextBox1" runat="server"></asp:TextBox>
         <asp:RangeValidator ID="RangeValidator1" runat="server"
         ControlToValidate="TextBox1" ForeColor="Red" ErrorMessage="超出
         规定范围，请重新填写"
         MaximumValue="2012/1/1" MinimumValue="1990/1/1" Type="Date">
         </asp:RangeValidator>
         <br />
         <asp:Button ID="Button1" runat="server" Text="Button" />
      </div>
    </form>
</body>
</html>
```


上述代码将 MinimumValue 属性值设置为 1990/1/1，并能将 MaximumValue 的值设置为 2012/1/1。当用户的日期低于最小值或高于最高值时，提示错误，如图 7-7 所示。

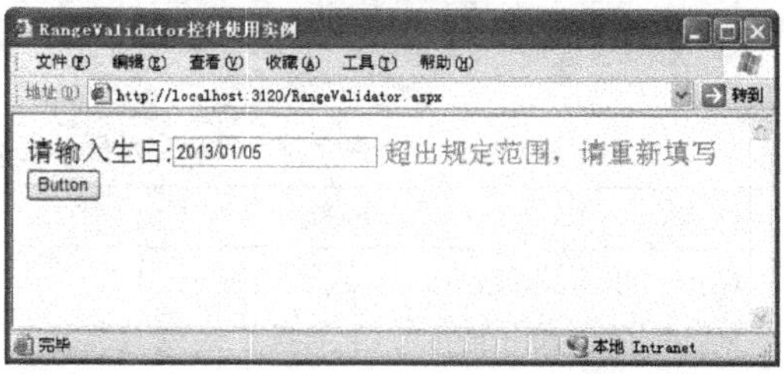

图 7-7　执行结果

7.5 验证数据输入格式

在 ASP.NET 页面中，经常要求访问者输入一些特定的信息，如邮政编码、E-mail 地址、电话号码等。程序设计员为防止访问者无意或有意输入错误的数据，需要验证数据输入的正确性。ASP.NET 为编程人员准备了正则验证控件 RegularExpressionValidator，该控件功能强大，容易掌握。

7.5.1 RegularExpressionValidator 控件

RegularExpressionValidator 控件用于验证相关输入控件的值是否匹配正则表达式指定的模式，直接继承于 BaseValidator，其继承关系如图 7-8 所示。

在实际的应用中，经常需要用户输入一些固定格式的信息，例如电话号码、邮政编码、网址等。为了保证用户输入符合规定的要求，例如电话号码，美国、欧洲的许多国家和中国的表示方法都各不相同，此时就需要使用 RegularExpressionValidator 控件进行验证。

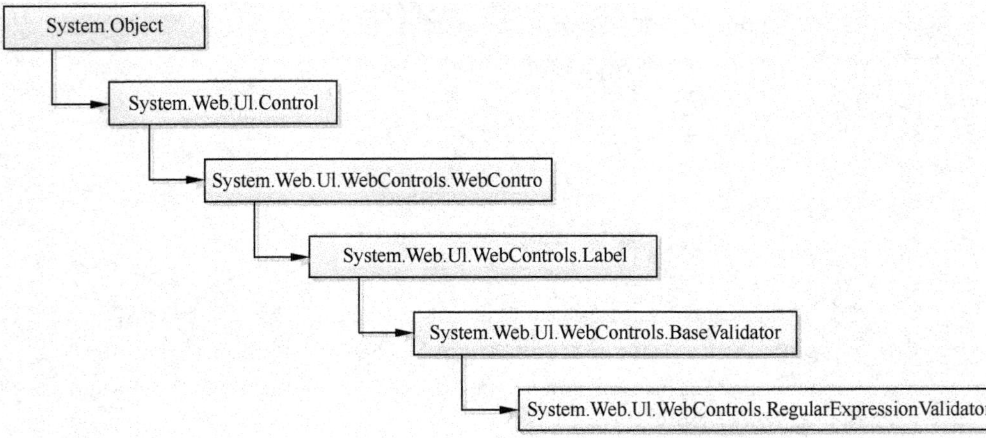

图 7-8　RegularExpressionValidator 控件继承关系

RegularExpressionValidator 控件的使用语法定义如下所示。

```
<asp:RegularExpressionValidator
id="控件的名字"
ControlToValidate="要被验证的控件名字"
ValidationExpression="验证表达式"
ErrorMessage="验证错误时的提示信息"
runat="server" >
</asp: RegularExpressionValidator>
```

RegularExpressionValidator 控件的基本属性如表 7-2 所示。

表 7-2　RegularExpressionValidator 控件的基本属性

名称	解释
ControlToValidate	被验证控件的 ID
ValidationExpression	正则表达式规则
ErrorMessage	错误发生时，显示的提示信息

7.5.2　正则表达式

正则表达式提供了功能强大、灵活而又高效的方法来处理文本。正则表达式的全面模式匹配表示法可以快速地分析大量的文本，以找到特定的字符模式；提取、编辑、替换或删除文本子字符串；或将提取的字符串添加到集合以生成报告。对于处理字符串（例如 HTML 处理、日志文件分析和 HTTP 标头分析）的许多应用程序而言，正则表达式是不可缺少的工具。

正则表达式的一般规则如下所示：

- **[a-zA-Z] {6,15}**　可以输入 6～15 个字母。其中[]表示其中可以输入的字符，a-z 表示所有的小写字母，A-Z 表示所有的大写字母。{}表示字符的数目，{6，15} 表示 6～15 个，如果是{6，}则表示 6 个以上，{6}则表示 6 个，省略则表示 1 个。

- **[0-9]{6}** 可以输入 6 个数字。0-9 表示所有的数字。
- **.{0,}** 可以输入任意多个任意字符。“.”表示是任意字符。
- **[abcd]** 表示可以是 abcd 的一个字符。
- **[^0-9]{0，}** 可以输入除数字外的任意多个任意字符。^表示不接受。
- **\..{1，}** 表示需要最少输入一个小数点符号。由于“.”本身是验证规则里的特殊符号，所以如果希望这样的特殊符号是输入的内容，那么必须在这些特殊符号之前加上“\”符号。
- **.{1,}(县|市)** 表示任意多个字符后边必须有“县”或“市”。“|”表示或的意思。
- **?** 用来限制字符出现的次数。

以下是几个常用正则表达式的例子：

- **6 位邮政编码** [0-9]{6}
- **电话号码** [0-9]{3,4}-[0-9]{7,8}
- **E-mail 地址** .{1,}@.{1,}\.[a-zA-Z]{2,3}

7.5.3 RegularExpressionValidator 控件应用

正则验证控件（RegularExpressionValidator）常用的属性是 ValidationExpression，它用来指定用于验证的输入控件的正则表达式。下面是一个使用 RegularExpressionValidator 控件验证 E-mail、电话、身份证的实例，代码如下所示。

文件名：RegularExpressionValidator.aspx

```
<%@ Page Language="C#" AutoEventWireup="true" CodeFile="Regular
ExpressionValidator.aspx.cs" Inherits="RegularExpressionValidator" %>
<!DOCTYPE html PUBLIC "-//W3C//DTD XHTML 1.0 Transitional//EN"
"http://www.w3.org/TR/xhtml1/DTD/xhtml1-transitional.dtd">
<html xmlns="http://www.w3.org/1999/xhtml">
<head runat="server">
   <title>RegularExpressionValidator 控件的应用</title>
</head>
<body>
   <form id="form1" runat="server">
   <div>
   <div>
        Email:<asp:TextBox ID="TextBox1" runat="server"></asp:TextBox>
            <asp:RegularExpressionValidator ID="RegularExpression-
            Validator1"
                runat="server" ControlToValidate="TextBox1"
                Display="Dynamic" ErrorMessage="email 格式不正确"
                ForeColor="Red"
              ValidationExpression="\w+([-+.']\w+)*@\w+([-.]\w+)*\.
              \w+([-.]\w+)*">
                </asp:RegularExpressionValidator>
        <br />
```

```
        电  话:<asp:TextBox ID="TextBox2" runat="server"></asp:TextBox>
        <asp:RegularExpressionValidator ID="RegularExpressionValidator3"
                  runat="server" ControlToValidate="TextBox2"
                  Display="Dynamic" ErrorMessage="请输入正确的电话号码"
                  ForeColor="Red"
                  ValidationExpression="[0-9]{3,4}-[0-9]{7,8}">
                  </asp:RegularExpressionValidator>
         <br />
        身份证号:<asp:TextBox ID="TextBox3" runat="server"></asp:TextBox>
            <asp:RegularExpressionValidator ID="RegularExpression
            Validator2"
                  runat="server" ControlToValidate="TextBox3"
                  Display="Dynamic" ErrorMessage="请输入正确的身份证的格式"
                  ForeColor="Red"
                  ValidationExpression="\d{17}[\d|X]|\d{15}">
                  </asp:RegularExpressionValidator>
         <br />
         <asp:Button ID="Button1" runat="server" Text="Button"
            onclick="Button1_Click" />
         <br />
      <asp:Label ID="Label1" runat="server" Text=""></asp:Label>
   </div>
   </div>
   </form>
</body>
</html>
```


文件名：RegularExpressionValidator.aspx.cs

```
using System;
using System.Collections.Generic;
using System.Linq;
using System.Web;
using System.Web.UI;
using System.Web.UI.WebControls;
public partial class RegularExpressionValidator : System.Web.UI.Page
{
   protected void Page_Load(object sender, EventArgs e) {   }
   protected void Button1_Click(object sender, EventArgs e)
   {
      Label1.Text="E-mail: "+TextBox1.Text+"<br />"+
               "身份证: "+TextBox2.Text+"<br />"+
               "电  话: "+TextBox1.Text;
   }
}
```

在浏览器中运行该文件，当在文本框中输入错误信息时，会提示错误信息，如图 7-9

所示。当输入正确信息，单击【提交】按钮，结果如图 7-10 所示。

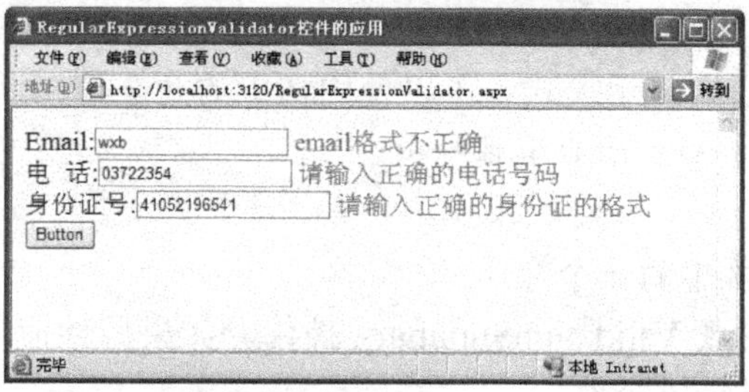

图 7-9　执行结果

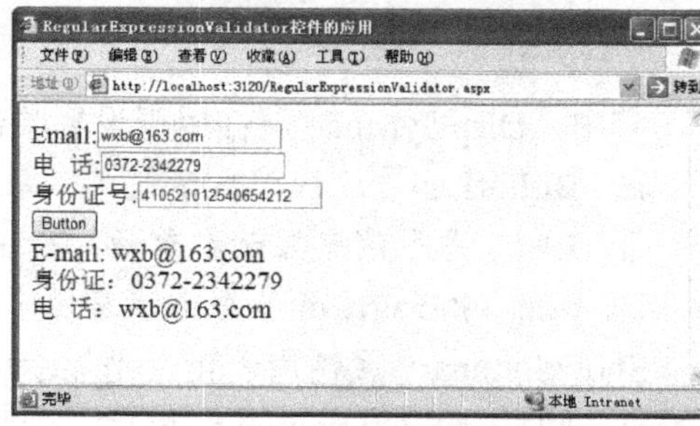

图 7-10　执行结果

7.6 验证错误信息汇总

ValidationSummary 控件用于在页面中的一处地方显示所有验证错误的列表。这个控件在使用大的表单时特别有用。如果用户在页面底部的表单字段中输入了错误的值，那么这个用户可能永远也看不到错误信息。如果使用 ValidationSummary 控件，就可以始终在表单的顶端显示错误列表。

7.6.1 ValidationSummary 控件

ValidationSummary 控件用于显示页面中所有验证错误的摘要，直接继承于 WebControl，继承关系如图 7-11 所示。

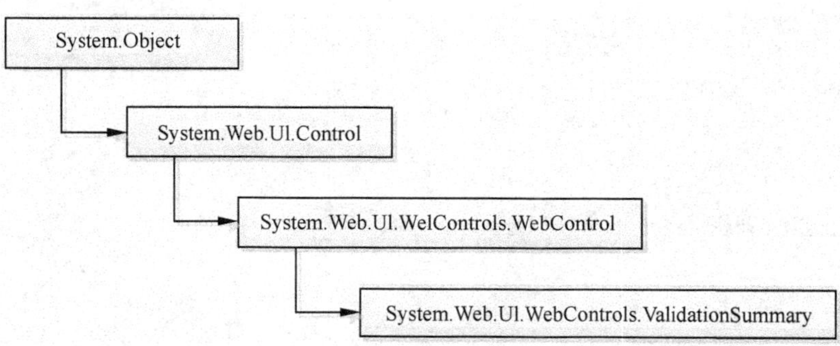

图 7-11　执行结果

当页面上有很多验证控件时，可以使用一个 ValidationSummary 控件在一个位置总结来自 Web 页上所有验证程序的错误信息。

ValidationSummary 控件的使用语法定义如下所示。

```
<asp:ValidationSummary
id="控件的名字"
DisplayMode="BulletList | List | SingleParagraph"
ShowSummary="true | false"
```

```
ShowMessageBox="true | false"
HeaderText="标题文字"
runat="server"/>
```

其中，DisplayMode 属性用于设置验证摘要的显示模式，可以使用如下的几个值：

- **BulletList** 默认的显示模式，每个消息都显示为单独的项。
- **List** 每个消息显示在单独的行中。
- **SingleParagraph** 每个消息显示为段落中的一个句子。

ShowSummary 属性用于指定是显示还是隐藏 ValidationSummary 控件。如果属性值为 true，则显示 ShowSummary 控件，否则不显示该控件。

ShowMessageBox 属性用于指定是否显示一个消息对话框显示验证的摘要信息。如果属性值为 true，则显示消息对话框，否则不显示。HeaderText 属性用于获取或设置显示在摘要上方的标题文本。

7.6.2 ValidationSummary 控件应用

ValidationSummary 控件能够对同一页面的多个控件进行验证。同时，验证组控件 ValidationSummary 通过 ErrorMessage 属性为页面上的每个验证控件显式错误信息。

下面是一个使用 ValidationSummary 控件汇总错误信息的实例，代码如下所示。

文件名：ValidationSummary.aspx

```
<%@ Page Language="C#" AutoEventWireup="true" CodeFile="Validation
Summary.aspx.cs" Inherits="ValidationSummary" %>
<!DOCTYPE html PUBLIC "-//W3C//DTD XHTML 1.0 Transitional//EN"
"http://www.w3.org/TR/xhtml1/DTD/xhtml1-transitional.dtd">
<html xmlns="http://www.w3.org/1999/xhtml">
<head runat="server">
   <title>ValidationSummary控件使用</title>
</head>
<body>
   <form id="form1" runat="server">
      <div>
         姓名：
         <asp:TextBox ID="TextBox1" runat="server"></asp:TextBox>
            <asp:RequiredFieldValidator ID="RequiredFieldValidator1"
            runat="server" ForeColor="Red"
            ControlToValidate="TextBox1"
            ErrorMessage="必填字段不能为空">
            </asp:RequiredFieldValidator>
         <br />
         身份证：
         <asp:TextBox ID="TextBox2" runat="server"></asp:TextBox>
         <asp:RegularExpressionValidator ID="RegularExpressionValidator1"
            runat="server"
            ControlToValidate="TextBox2"
```

```
            ErrorMessage="身份证号码错误" ForeColor="Red"
            ValidationExpression="\d{17}[\d|X]|\d{15}">
            </asp:RegularExpressionValidator>
        <br />
        <asp:Button ID="Button1" runat="server" Text="Button" />
        <asp:ValidationSummary ID="ValidationSummary1"
             ForeColor="Red" runat="server" />
    </div>
  </form>
</body>
</html>
```

执行上述代码，在文本框中输入错误数据，单击【确定】按钮，结果如图 7-12 所示。

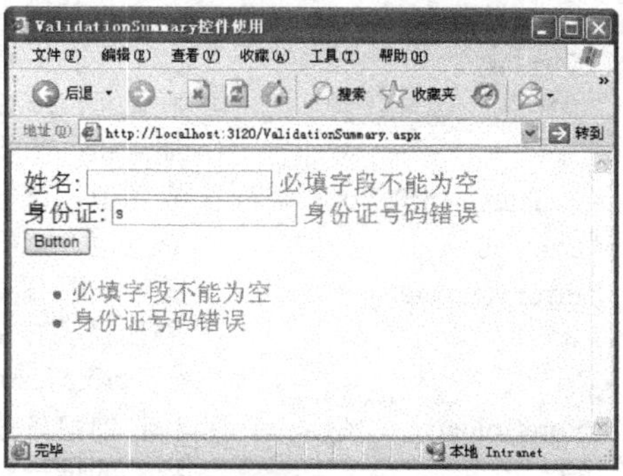

图 7-12　执行结果

7.7 自定义验证控件

如果现有的 ASP.NET 验证控件无法满足需求，我们可以定义一个自定义的服务器端验证函数，然后使用 CustomValidator 控件来调用。

7.7.1 CustomValidator 控件

自定义逻辑验证控件（CustomValidator）允许使用自定义的验证逻辑创建验证控件，该控件可对输入控件执行用户定义的验证。该类直接继承于 BaseValidator，该类的继承关系如图所示 7-13 所示。

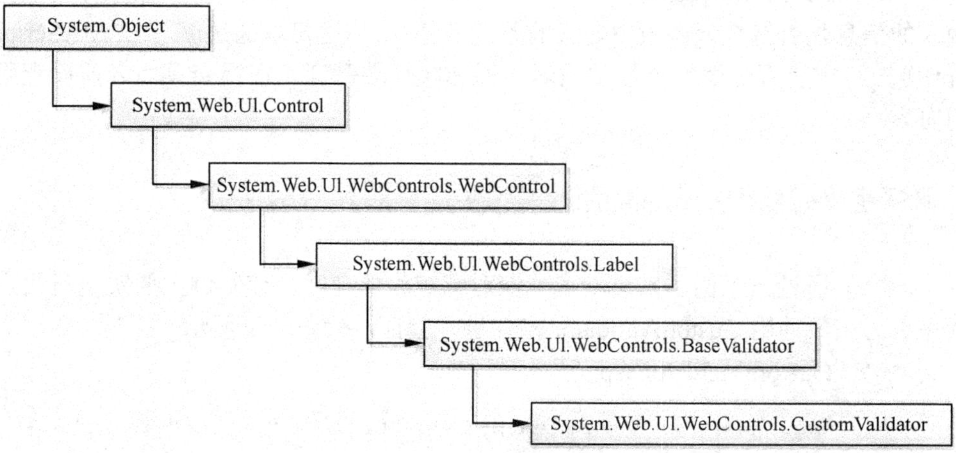

图 7-13　CustomValidator 的继承关系

CustomValidator 控件的语法格式如下所示：

```
<asp: CustomValidator
id="控件的名字"
```

```
ControlToValidate="要被验证的控件名字"
OnServerValidate="服务器端验证函数"
ErrorMessage="验证错误时的提示信息"
Text = "验证失败时验证控件中显示的文本"
Display = "获取或设置验证控件中错误信息的显示行为"
runat="server" >
</asp: RegularExpressionValidator>
```

CustomValidator 控件的基本属性如表 7-3 所示。

表 7-3　CustomValidator 控件的基本属性

名称	描述
BackColor	CustomValidator 控件的背景颜色
ClientValidationFunction	规定用于验证的自定义客户端脚本函数的名称
ControlToValidate	要验证的输入控件的 id
Display	验证控件中错误信息的显示行为。合法的值有：None：验证消息从不内联显示；Static：在页面布局中分配用于显示验证消息的空间；Dynamic：如果验证失败，将用于显示验证消息的空间动态添加到页面
EnableClientScript	布尔值，该值指示是否启用客户端验证
Enabled	布尔值，该值指示是否启用验证控件
ErrorMessage	验证失败时 ValidationSummary 控件中显示的错误信息的文本。例如，如果设置了 ErrorMessage 属性但没有设置 Text 属性，则验证控件中也将显示 ErrorMessage 属性的值
ForeColor	控件的前景色
id	控件的惟一 id
IsValid	布尔值，该值指示关联的输入控件是否通过验证
OnServerValidate	规定被执行的服务器端验证脚本函数的名称
runat	规定该控件是服务器控件，必须设置为"server"
Text	当验证失败时显示的文本

其中，OnServerValidate 是一个自定义的服务器端验证函数，用于在服务器端验证用户输入的信息是否符合该函数中定义的限制条件。我们还可以通过编写 ECMAScript(JavaScript)函数，重复服务器端方法的逻辑，添加客户端验证，在提交页面之前检查用户输入的内容。

7.7.2　CustomValidator 控件应用

下面我们通过一个例子来进一步加深对该控件的理解。该实例主要实现对用户输入数据是否为正数使用 CustomValidator 控件进行验证，代码如下所示。

文件名：CustomValidator.aspx

```
<%@ Page Language="C#" AutoEventWireup="true" CodeFile="CustomValidator.
aspx.cs" Inherits="CustomValidator" %>
<!DOCTYPE html PUBLIC "-//W3C//DTD XHTML 1.0 Transitional//EN"
"http://www.w3.org/TR/xhtml1/DTD/xhtml1-transitional.dtd">
<html xmlns="http://www.w3.org/1999/xhtml">
<head runat="server">
```

```
    <title>CustomValidator 控件使用实例</title>
</head>
<body>
    <form id="form1" runat="server">
      <h3>CustomValidator 控件范例</h3>
      <asp:Label id="lblOutput" runat="server"
          Text="请输入一个整数：:"
          Font-Size="10pt" Font-Names="Verdana" />
      <p />
      <asp:TextBox id="Text1"
          runat="server" />
        
      <asp:CustomValidator id="CustomValidator1"
          ControlToValidate="Text1"
          Display="Static"
          ErrorMessage="不是一个正数"
          ForeColor="red"
          Font-Size="10pt"
          runat="server" OnServerValidate="CustomValidator1_Server-
          Validate"/>
      <p />
      <asp:Button id="Button1"
          Text="验证"
          runat="server"/>
      <p />
    <asp:Label ID="Label1" runat="server" Text=""></asp:Label>
    </form>
</body>
</html>
```

文件名：CustomValidator.aspx.cs

```
using System;
using System.Collections.Generic;
using System.Linq;
using System.Web;
using System.Web.UI;
using System.Web.UI.WebControls;
public partial class CustomValidator : System.Web.UI.Page
{
    protected void Page_Load(object sender, EventArgs e){   }
    protected void CustomValidator1_ServerValidate(object source,
    ServerValidateEventArgs args)
    {
        args.IsValid = false;
            int number = Int32.Parse(args.Value);
            if (number <= 0){
                Label1.Text = "验证没有通过";
            }
```

```
            else{
                Label1.Text = "验证通过";
                args.IsValid = true;
            }
        }
    }
```

执行上代码，输入数据，单击【验证】按钮。如果输入数据有误，如图 7-14 所示。否则的话，如图 7-15 所示。

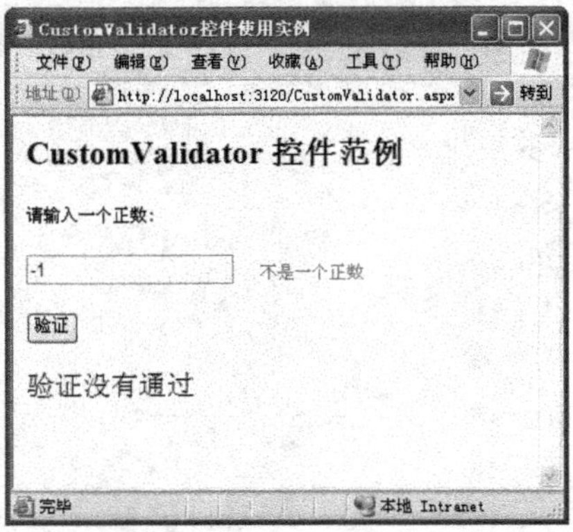

图 7-14　执行结果

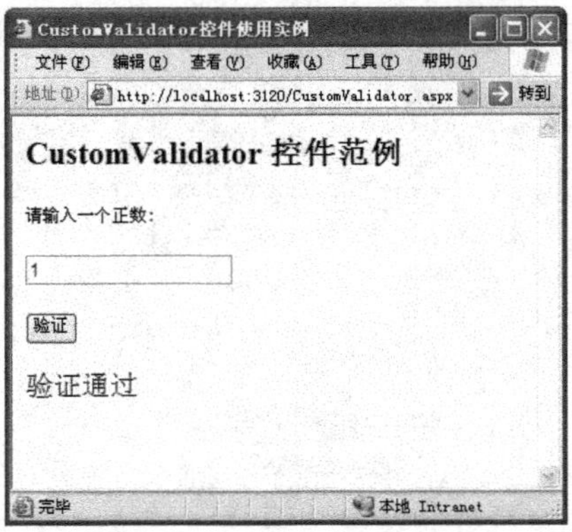

图 7-15　执行结果

从 CustomValidator 验证控件的验证代码可以看出，CustomValidator 验证控件可以在服务器上执行验证检查。如果要创建服务器端的验证函数，则处理 CustomValidator 控件的 ServerValidate 事件。使用传入的 ServerValidateEventArgs 的对象的 IsValid 字段来设置是否通过验证。

而 CustomValidator 控件同样也可以在客户端实现，该验证函数可用 VBScript 或 Jscript 来实现。而在 CustomValidator 控件中需要使用 ClientValidationFunction 属性，指定与 CustomValidator 控件相关的客户端，验证脚本的函数名称进行控件中的值的验证。

7.8 扩展练习

1. 验证控件的综合应用

在本章中，主要介绍了验证控件的单个应用。本扩展的目的主要是实现使用多个验证控件，完成个人信息的验证和提交功能。

1 在 Visual Studio2010 中，执行【文件】|【新建】|【网站】命令，新建名为 ShowContent 的 ASP.NET 空网站。

2 打开【文件】|【新建文件】命令，弹出【添加新项】对话框。在该对话框中选择“Web 窗体”模板，并输入文件名称为 Web.aspx，单击【添加】按钮。然后可以看到在【解决方案资源管理器】面板中会显示文件 Web.aspx 以及它的代码页文件 Web.aspx.cs。

3 在【解决方案资源管理器】面板中，双击“Web.aspx”树状菜单元素，打开 Web.aspx 文件输入以下代码并保存。

```
<%@ Page Language="C#" AutoEventWireup="true" CodeFile="Web.aspx.cs"
Inherits="Web" %>
<!DOCTYPE html PUBLIC "-//W3C//DTD XHTML 1.0 Transitional//EN"
"http://www.w3.org/TR/xhtml1/DTD/xhtml1-transitional.dtd">
<html xmlns="http://www.w3.org/1999/xhtml">
<head runat="server">
   <title>验证控件的综合使用</title>
</head>
<body>
   <form id="form1" runat="server">
   <div>
   <br>用户名称:
   <asp:textbox id="yourname" runat="server"/>
   <asp:RequiredFieldValidator id="require1"
      ControlToValidate="yourname" ErrorMessage="必须输入用户名"
      runat="server"/>
   <asp:RegularExpressionValidator id="Regular1"
     ControlToValidate="yourname" ValidationExpression="[a-z][a-z0-9_]
     {0,}"
      ErrorMessage="首个字符必须是字母,只含字母、数字和下划线,字母均小写"
      runat="server" />
   <br>用户密码:
   <asp:textbox id="password1" textmode="Password" runat="server"/>
   <asp:RequiredFieldValidator id="require2"
      ControlToValidate="password1" ErrorMessage="必须输入密码"
      runat="server"/>
   <br>确认密码:
   <asp:textbox id="password2" textmode="Password" runat="server"/>
   <asp:CompareValidator id="Compare1" ControlToValidate="password1"
      ControlToCompare="password2" ErrorMessage="密码和确认密码必须一致"
      runat="server" />
   <br>用户年龄:
   <asp:textbox id="age" runat="server"/>
   <asp:RequiredFieldValidator id="require3" ControlToValidate="age"
      ErrorMessage="必须输入年龄" runat="server"/>
   <asp:RangeValidator id="Range1" ControlToValidate="age"
     MinimumValue="1" MaximumValue="18" ErrorMessage="年龄应该在1～120之间"
     Type="Integer" runat="server" />
   <br>电子信箱:
   <asp:textbox id="email" runat="server"/>
   <asp:RequiredFieldValidator id="require4" ControlToValidate="email"
      ErrorMessage="必须输入E-mail地址" runat="server"/>
   <asp:RegularExpressionValidator id="Regular2"
      ControlToValidate="email"
      ValidationExpression=".{1,}@.{1,}\.[a-zA-Z]{2,3}"
      ErrorMessage="必须输入正确的E-mail地址" runat="server" />
   <br>
   <asp:button id="Enter" text="注册" onClick="Enter_Click" runat=
```

```
    "server" />
    <br>
    <asp:label id="message" runat="server"/>
    </div>
    </fcrm>
</body>
</html>
```

4 在【解决方案资源管理器】面板中，双击“Web.aspx.cs”树状菜单元素，打开 Web.aspx.cs 文件输入以下代码并保存。

```
using System;
using System.Collections.Generic;
using System.Linq;
using System.Web;
using System.Web.UI;
using System.Web.UI.WebControls;
public partial class Web : System.Web.UI.Page
{
    protected void Page_Load(object sender, EventArgs e){    }
    protected void Enter_Click(object sender, EventArgs e)
    {
        message.Text="用户名："+yourname.Text+"<br/>"+
                   "用户密码："+password1.Text+"<br/>"+
                   "用户年龄："+age.Text+"<br/>"+
                   "电子信箱："+email.Text;
    }
}
```


在上述代码中，主要实现的是用户信息的显示功能。当用户单击【注册】按钮，首先对用户的个人信息进行验证。如果通过验证，在 Label 中显示用户的个人信息；否则，显示错误信息。

5 在浏览器中打开该文件，如果直接单击【注册】按钮，验证控件会出现如图 7-16 的提示。

6 当输入用户密码不一致或输入 E-mail 地址不正确时，验证控件会出现如图 7-17 的提示。

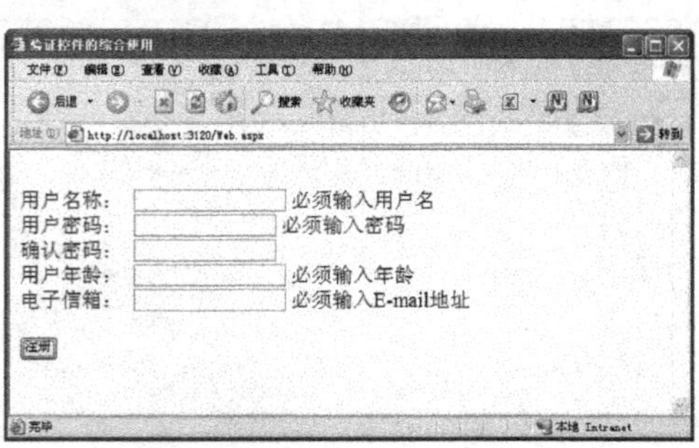

图 7-16　执行结果

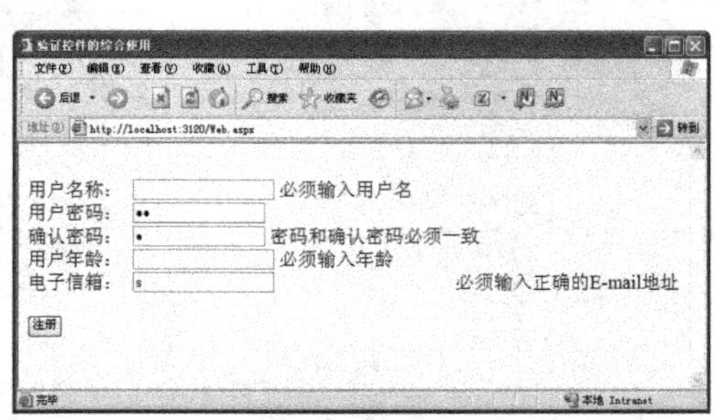

图 7-17　执行结果

7 当输入正确的用户信息，单击【注册】按钮，结果如图 7-18 所示。

2．对月份进行验证

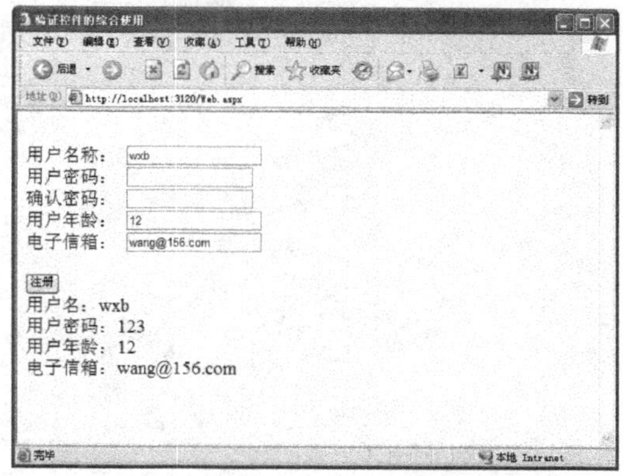

图 7-18　执行结果

在网页中，当输入月份时，需要对月份进行验证。月份的输入范围是数字 1~12。本扩展练习的目的就是在指定文本框中输入数字 1~12 内的月份，否则，提示错误信息。

1 在 Visual Studio2010 中，执行【文件】|【新建】|【网站】命令，新建名为 ShowContent 的 ASP.NET 空网站。

2 打开【文件】|【新建文件】命令，弹出【添加新项】对话框。在该对话框中选择“Web 窗体”模板，并输入文件名称为 month.aspx，单击【添加】按钮。然后可以看到在【解决方案资源管理器】面板中会显示文件 month.aspx 以及它的代码页文件 month.aspx.cs。

3 在【解决方案资源管理器】面板中，双击“month.aspx”树状菜单元素，打开 month.aspx 文件输入以下代码并保存。

```
<%@ Page Language="C#" AutoEventWireup="true" CodeFile="month.aspx.cs"
Inherits="month" %>
<!DOCTYPE html PUBLIC "-//W3C//DTD XHTML 1.0 Transitional//EN"
"http://www.w3.org/TR/xhtml1/DTD/xhtml1-transitional.dtd">
<html xmlns="http://www.w3.org/1999/xhtml">
<head runat="server">
    <title>对输入月份的验证</title>
</head>
<body>
    <form id="form1" runat="server">
    <div>
        <strong>  RangeValidator 控件</strong><table id="Table1"
        runat="server" >
            <tr>
                <td colspan="2" align="center">
                    <span style="font-size: 10pt; color: #cc6699"><strong>
                    请输入月份</strong></span></td>
                </tr>
            <tr>
                <td>
        <asp:TextBox ID="TextBox1" runat="server"></asp:TextBox></td>
                <td>
                    <asp:Button ID="Button1" runat="server" Text="确定"
                    onclick="Button1_Click" /></td>
            </tr>
            <tr>
            <td colspan="2">
        <asp:RangeValidator ID="RangeValidator1" runat="server" Control
        ToValidate="TextBox1"
```

```
            Display="Dynamic" ErrorMessage="请输入范围是1—12的整数" Maximum
            Value="12" MinimumValue="1"
            Type="Integer" Width="217px"></asp:RangeValidator></td>
            </tr>
            <tr>
            <td colspan="2">
                <asp:Label ID="Label1" runat="server" Text=""></asp:Label>
                </td>
            </tr>
        </table>
    </div>
    </form>
</body>
</html>
```

4 在【解决方案资源管理器】面板中，双击“month.aspx.cs”树状菜单元素，打开 month.aspx.cs 文件输入以下代码并保存。


```
using System;
using System.Collections.Generic;
using System.Linq;
using System.Web;
using System.Web.UI;
using System.Web.UI.WebControls;
public partial class month : System.Web.UI.Page
{
    protected void Page_Load(object sender, EventArgs e){   }
    protected void Button1_Click(object sender, EventArgs e)
    {
        Label1.Text = "你输入的月份是: " + TextBox1.Text;
    }
}
```

5 执行上述代码，当输入错误信息时，结果如图 7-19 所示；当输入正确信息时，单击【确定】按钮，结果如图 7-20 所示。

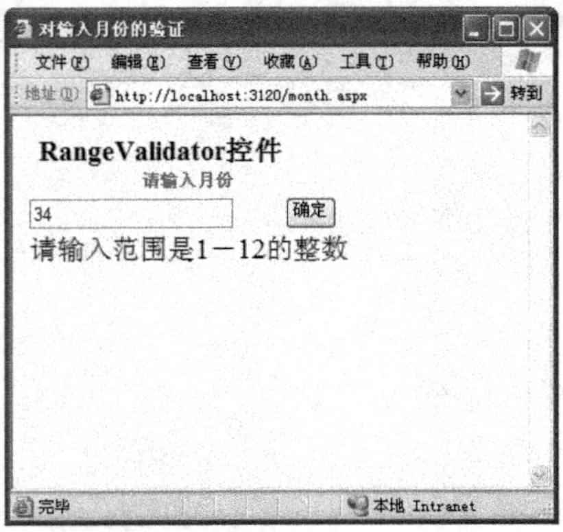

图 7-19　执行结果

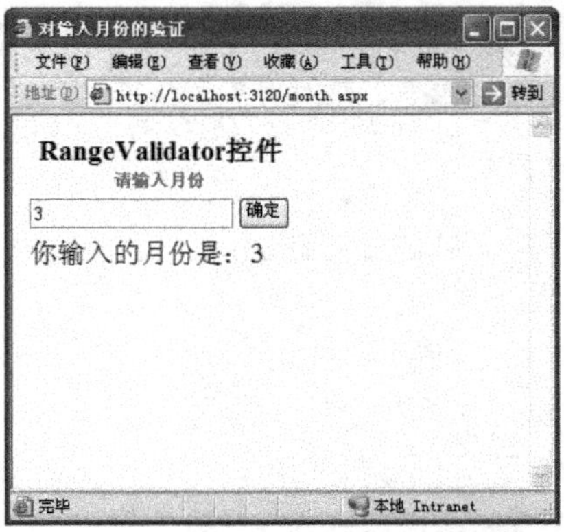

图 7-20　执行结果

第 8 章　用户控件和自定义控件

在 ASP.NET 中，除了系统自带的服务器控件为程序开发带来便利之外，用户还可以开发自己的用户控件和自定义控件。

用户控件是能够在其中放置标记和 Web 服务器控件的容器，然后，可以将用户控件作为一个单元，为其定义属性和方法。而自定义控件是编写的一个类，此类从 Control 或 WebControl 派生。

本章主要围绕 Web 用户控件和自定义控件，详细介绍在开发过程中控件的应用。

本章学习目标：

- 用户控件的概述
- 创建及使用用户控件
- 自定义控件概述
- 定义控件
- 复合控件

8.1 用户控件的概述

用户控件是页面的一段，包含静态 HTML 代码和服务器控件。优点在于一旦创建了一个用户控件，可以在同一个应用的多个页面中重用。并且，用户可以在 Web 用户控件中，添加该控件的属性、事件和方法。

1. 什么是用户控件

用户控件（后缀名为.ascx）文件与 ASP.NET 网页窗体(后缀名为.aspx)文件相似。就像网页窗体一样，用户控件由用户接口部分和控制标记组成，而且可以使用嵌入脚本或者.cs 代码后置文件。用户控件能够包含网页所能包含的任何东西，包括静态 HTML 内容和 ASP.NET 控件，它们也作为页面对象（Page Object）接收同样的事件(如 Load 和 PreRender)，也能够通过属性（如 Application,Session,Request 和 Response）来展示 ASP.NET 内建对象。

用户控件使程序员能够很容易地跨 Web 应用程序划分和重复使用公共 UI 功能。与窗体页相同，用户可以使用任何文本编辑器创建用户控件，或者使用代码隐藏类开发用户控件。

此外，用户控件可以在第一次请求时被编译并存储在服务器内存中，从而缩短以后请求的响应时间。与服务器端包含文件（SSI）相比，用户控件通过访问由 ASP.NET 提供的对象模型支持，使程序员具有更大的灵活性。程序员可以对在控件中声明的任何属性进行编程，而不只是包含其他文件提供的功能，这与其他任何 ASP.NET 服务器控件一样。

此外，可以独立于包含用户控件的窗体页中除该控件以外的部分来缓存该控件的输出。这一技术称作片段缓存，适当地使用该技术能够提高站点的性能。例如，如果用户控件包含提出数据库请求的 ASP.NET 服务器控件，但该页的其余部分只包含文本和在服务器上运行的简单代码，则程序员可以对用户控件执行片段缓存，以改进应用程序的性能。

用户控件与普通网页页面的区别是：

- 用户控件开始于控件指令而不是页面指令。
- 用户控件的文件后缀是.ascx，而不是.aspx。它的后置代码文件继承于 System.Web.UI.UserControl 类。UserControl 类和 Page 类都继承于同一个 TemplateControl 类，所以它们能够共享很多相同的方法和事件。
- 没有@Page 指令，而是包含@Control 指令，该指令对配置及其他属性进行定义。
- 用户控件不能被客户端直接访问，不能作为独立文件运行，而必须像处理任何控件一样，将它们添加到 ASP.NET 页面中。
- 用户控件没有 html、body、form 元素，但同样可以在用户控件上使用 HTML 元素和 Web 控件。

用户可以将常用的内容或者控件以及控件的运行程序逻辑设计为用户控件，然后重复使用，例如网页上的导航栏，几乎每个页都需要相同的导航栏，这时可以将它设计为用户控件，在多个页中使用。如果网页内容需要改变，只需要修改用户控件中的内容。

总之，对于页面上重复使用的元素，如导航，站内搜索，用户注册和登录等，都可以将代码封装到 Web 用户控件中，以减少代码量。此外，使用用户控件的高速缓存功能，可以提高页面的性能，所以母板页就是一种用户控件。

2. 用户控件与自定义控件的异同

对比用户控件和自定义控件，很多开发人员认为用户控件更加容易开发。创建用户控件要比创建自定义控件方便很多，因为可以重用现有的控件。用户控件使创建具有复杂用户界面元素的控件极为方便。

用户控件是能够在其中放置标记和 Web 服务器控件的容器。然后，可以将用户控件作为一个单元对待，来定义属性和方法。用户控件更适合创建内部的应用程序特定的控件，如登录控件会在该项目中经常使用，所以创建用户控件能够极快的提高应用程序开发。

自定义控件通常应用到更适合创建通用的可再分发的控件，并且自定义控件是编写的一个类，此类从 Control 或 WebControl 派生。

在程序开发过程中，如何判断使用 Web 用户控件或者使用自定义控件，先了解两种类型之间的区别，如表 8-1 所示。

表 8-1　两类控件的区别

Web 用户控件	Web 自定义控件
易于创建	难于创建
为使用可视化设计工具的使用者提供有限的支持	为使用者提供完全的可视化设计工具支持
每个应用程序中需要控件的一个单独副本	仅在全局程序集缓存中需要控件的单个副本
不能添加到 Visual Studio 中的工具箱	可以添加到 Visual Studio 中的工具箱
适用于静态布局	适用于动态布局

8.2 创建及使用用户控件

用户控件使开发人员能够根据应用程序的需求，方便地定义和编写控件。开发所使用的编程技术与编写 Web 窗体的技术相同，只要开发人员对控件进行修改，就可以对该控件页面的所有控件都进行更改。

8.2.1 创建用户控件

在 Visual Studio 2010 中创建用户控件，就像在 Web 页面中创建控件一样，操作方法比较简单，并且一旦创建成功之后，就可以在多个 ASP.NET 页面中重复使用。

1. 创建用户控件文件

首先，在已经创建好的 Web 项目中，右击目录结构，并执行【添加】|【新建项】命令，如图 8-1 所示。

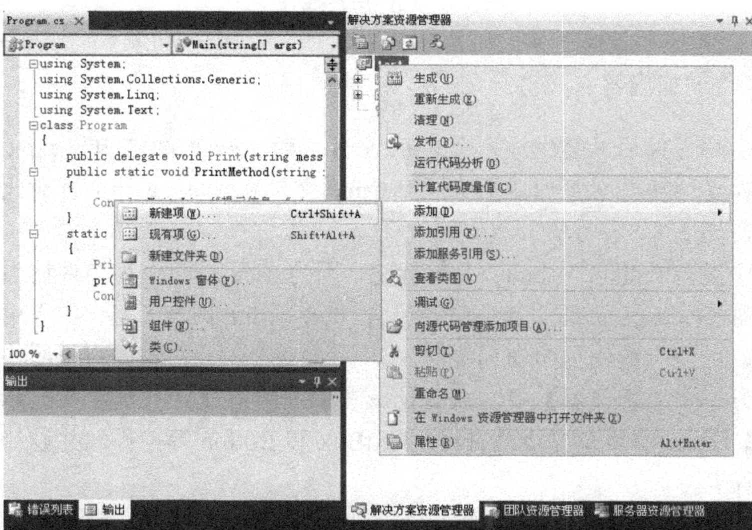

图 8-1 添加 Web 项

然后，在弹出的【添加新项】窗口中，选择左侧列表栏中的【Visual C#项】选项，并在中间的列表栏中，选择【用户控件】选项，如图 8-2 所示。

最后，在【名称】文本框中，更改用户控件的名称，如更改为 Userlogin.cs，并单击【添加】按钮。

> **提示**
>
> 当用户在【添加新项】的中间栏中，选择某个选项时，则在右侧栏中显示该选项的相关介绍。

图 8-2　选择用户控件

2. 用户控件添加内容

用户创建用户控件后，会生成一个.ascx 文件。而.ascx 页面结构与.aspx 页面基本相同。用户可以在【解决方案管理器】中展开.aspx 文件和.ascx 文件进行对比，结构并没有太大的变化，如图 8-3 所示。

用户控件中没有“<html><body>”等标记，因为.ascx 页面作为控件被引用到其他页面，引用的页面（如.aspx 页面）其中已经包含<body><html>等标记。如果用户控件中使用这样的标记，可能会造成页面布局混乱。

在【解决方案资源管理器】中，双击.ascx 文件，并在【工作区】中显示该文件。然后，在【设计】模式中，可以添加 Label、TextBox 和 Button 等控件，并设计用户登录内容，如图 8-4 所示。

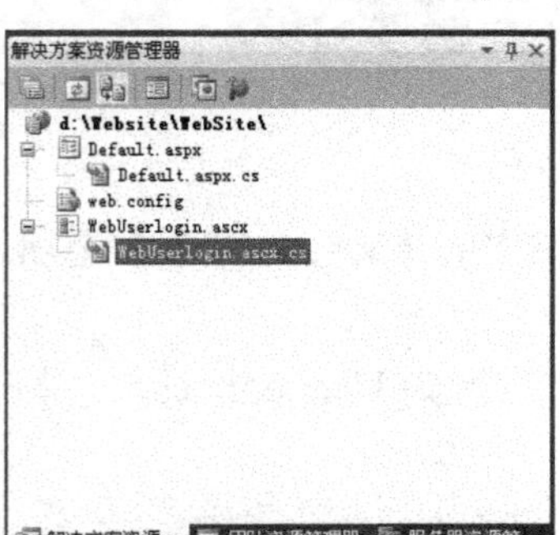

图 8-3　用户控件结构

图 8-4　设计用户登录界面

用户也可以在【源】模式中，查看源代码内容，代码如下：

```
<%@ Control Language="C#" AutoEventWireup="true" CodeFile="WebUserlogin.
ascx.cs" Inherits="WebUserlogin" %>
<table>
    <tr>
        <td><asp:Label ID="Label1" runat="server" Text="用户名: "></asp:
        Label></td>
        <td><asp:TextBox ID="TextBox1" runat="server"></asp:TextBox></td>
    </tr>
    <tr>
        <td><asp:Label ID="Label2" runat="server" Text="密  码: "></asp:
        Label></td>
        <td><asp:TextBox ID="TextBox2" runat="server"></asp:TextBox></td>
    </tr>
    <tr><td colspan="2" align="right"><asp:Button ID="button" runat=
    "server" Text="确定" onclick="button_Click" /></td>
    </tr>
    <tr><td colspan="3" align="right"><asp:Label ID="Label3" runat=
    "server" Text=""></asp:Label></td>
    </tr>
</table>
```

在该文件的第一行代码中，使用了@Control 指令。该指令在前面的章节内容中已经提到过。该指令与@Page 指令基本相似，在.aspx 文件中包含了@Page 指令，而在.ascx 文件中不包含@Page 指令，该文件中包含@Control 指令。该指令只能用于用户控件(.ascx）中。每个.ascx 文件只能包含一条@Control 指令。

此外，对于每个@Control 指令，只允许定义一个 Language 属性，因为每个控件只能使用一种语言。

3. 添加类源代码

在所设计的界面中，双击【确定】按钮，并打开该文件的类代码文件（扩展名为.cs)，并自动创建 button_Click( )方法。在该方法中，添加判断用户信息的代码。

```
public partial class WebUserlogin : System.Web.UI.UserControl
{
    Boolean user_check = false;                    //定义布尔型变量
   String login_check = "yz1";                     //定义字符串型变量
     protected void Page_Load(object sender, EventArgs e)
                                                   //从控件类派生
    {
    }
    protected void button_Click(object sender, EventArgs e)
                                                   //自动创建的事件
    {
        string username = TextBox1.Text;           //变量，并获取用户名信息
        string ps = TextBox2.Text;                 //定义变量，并获取密码信息
        if (this.usercheck(username, ps))          //调用方法，判断是否为空
        {
```

```
            Label3.Text = "用户名和密码不能为空";
        }
        else if (this.logincheck(username, ps)=="yz1")
                                                    //判断验证是不为初始化值
        {
            Label3.Text = "程序有误，无法验证！";
        }
        else if (this.logincheck(username, ps) == "yz2")
                                                    //判断用户名和密码是否正确
        {
            Label3.Text = "用户名和密码错误!";
        }
        else if (this.logincheck(username, ps) == "yz3")
                                                    //用户名和密码正确后，显示信息
        {
            Label3.Text = "欢迎你登录系统！";
        }

    }
    private Boolean usercheck(string username,string ps)
                                                    //该方法判断用户名和密码是否为空
    {
        if (username == "" || ps == "" )
        {
            user_check = true;
        }
        return user_check;
    }
    private string logincheck(string username, string ps)
                                                    //该方法判断是用户名和密码是否正确
    {
        if(username!="admin" && ps!="admin")
        {
            login_check = "yz2";
        }
        else if (username == "admin" && ps == "admin")
        {
            login_check = "yz3";
        }
        return login_check;
    }
}
```


8.2.2 将用户控件添加至网页

当用户控件创建完成之后，则可以将该控件添加到指定的网页页面中。例如，双击打开 Web 窗体文件（扩展名.aspx），并在@ Page 指令下面添加@ Register 指令。

```
<%@ Register tagprefix="tagprefix" Namespace="namespace" Assembly=
"assembly" %>
<%@ Register TagPrefix="Sample" TagName="Login" Src="~/WebUserlogin.
ascx" %>
//声明控件引用
```

如果在页面或用户控件中包含@ Register 指令，则可以使用声明性自定义服务器控件语法为自定义服务器控件或用户控件进行布局。在上述代码中，包含了以下几个属性：

- **TagPrefix** 定义控件位置的命名控件。有了命名空间的制约，就可以在同一个页面中使用不同功能的同名控件。
- **TagName** 指向所用的控件的名字。
- **Namespace** 与 TagPrefix 关联的命名空间。
- **Assembly** 与 TagPrefix 关联的命名空间所驻留的程序集。程序集名称不包括文件扩展名。
- **Src** 用户控件的文件路径，可以为相对路径或绝对路径，但不能使用物理路径。例如，假设将所有应用程序用户控件文件存储在应用程序根目录的子目录\user下面。要包括 user.ascx 文件中的用户控件，需要在@ Register 指令中包含 Src="~\user\user.ascx"。其中，代字号 (~) 表示应用程序的根目录。

如果用户控件和包含该控件的页面位于同一目录中，则 src 属性值应该为.ascx 文件的文件名和扩展名。

当包含已经编译为.dll 文件供应用程序使用的自定义服务器控件时，需要将 TagPrefix 与 Assembly 和 Namespace 属性一起使用。如果没有包含 Namespace 属性，或者给该属性分配一个空字符串，则会出现分析器错误。

警告

在开发自定义服务器控件时，必须将其包含在命名空间中。如果没有包含在命名空间中，将无法从 ASP.NET 页面中访问该控件。

通过上述指令集的介绍，可以在页面显示用户控件的位置，添加并显示该用户控件代码。例如，在 Register 指令中，其中 TagPrefix 属性为 Sample；TagName 属性为 Login，所以可以通过以下代码显示用户控件。

```
<Sample:Login runat="server" id="Login1"></Sample:Login>
```

从上述代码可以看出，用户控件的格式为 TagPrefix:TagName，当声明了用户控件后，就可以使用 TagPrefix:TagName 的方式使用用户控件。例如，在 Default.aspx 窗体中，添加的代码如下：

```
<%@ Page Language="C#" AutoEventWireup="true" CodeFile="Default.aspx.cs"
Inherits="_Default" %>
//引用用户控件
<%@ Register TagPrefix="Sample" TagName="Login" Src="~/WebUserlogin.
ascx" %>
```

```
<!DOCTYPE html PUBLIC "-//W3C//DTD XHTML 1.0 Transitional//EN" "http:
//www.w3.org/TR/xhtml1/DTD/xhtml1-transitional.dtd">
<html xmlns="http://www.w3.org/1999/xhtml">
<head runat="server">
    <title></title>
</head>
<body>
    <form id="form1" runat="server">
    <div>
        <Sample:Login runat="server" id="Login1"></Sample:Login>
        //显示用户控件
    </div>
    </form>
</body>
</html>
```

运行 Default.aspx 页面，虽然在页面中没有使用设计登录信息内容，但是却通过引用的用户控件运行登录框，如图 8-5 所示。

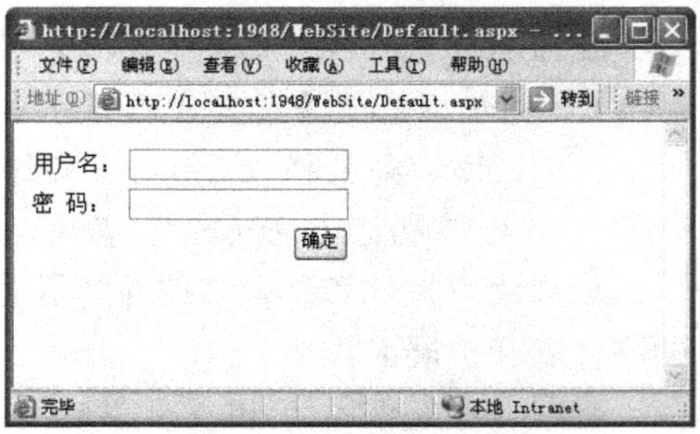

图 8-5　运行用户控件

这时候用户如果需要修改登录信息内容，可以直接修改用户控件，而不需要修改 Web 窗体文件内容。当多个页面进行同样的用户控件的使用时，若需要对多个页面的控件进行样式或逻辑的更改，只需要修改相应的控件，而不需要进行多个页面的更改。

8.2.3　将窗体页转化为用户控件

如果需要将已经开发的窗体页，整体以应用程序访问其功能，则可以对该页面略加改动，将它更改为一个用户控件。将单文件窗体页转换为用户控件，并重命名为用户控件文件名称（扩展名为.ascx）。

因为在用户控件页中，代码格式中不包含 html、body 和 form 等元素，应该移除这些元素。然后，将@ Page 指令更改为@ Control 指令，移除@ Control 指令中除 Language、AutoEventWireup、CodeFile 和 Inherits 之外的所有属性。

在@ Control 指令中，添加 className 属性，这允许将用户控件添加到页面时对其进行强类型化。

例如，创建 address.aspx 窗体页，并在文件中制作一张提交表单，代码如下：

文件名：address.aspx

```
<%@ Page Language="C#" AutoEventWireup="true" CodeFile="address.aspx.cs"
Inherits=" address" %>
<!DOCTYPE html PUBLIC "-//W3C//DTD XHTML 1.0 Transitional//EN" "http:
//www.w3.org/TR/xhtml1/DTD/xhtml1-transitional.dtd">
<html xmlns="http://www.w3.org/1999/xhtml">
```

```
<head runat="server">
   <title></title>
</head>
<body>
   <form id="form1" runat="server">
   <div>
   <table style="background-color:#bebebe; border-width:1px;  border:
   1px solid blue;">
<tr><td colspan="4" align="center">货物接收地址</td></tr>
   <tr>
       <td style="height:37px;">
           <asp:Label ID="Label1" runat="server" Text="省份: "></asp:
           Label>
           <asp:TextBox ID="TextBox1" runat="server"></asp:TextBox>
             
           <asp:Label ID="Label2" runat="server" Text="市（州）"></asp:
           Label>
           <asp:TextBox ID="TextBox2" runat="server"></asp:TextBox>
           <br />
       </td>
       </tr>
       <tr>
       <td style="height:37px;">
           <asp:Label ID="Label3" runat="server" text="详细地址: "></asp:
           Label>
           <asp:TextBox ID="TextBox3" runat="server"></asp:TextBox>
             
           <asp:Label ID="Label4" runat="server" Text="邮政编码: "></asp:
           Label>
           <asp:TextBox ID="TextBox4" runat="server"></asp:TextBox>
       </td>
       <tr>
       <td scope="4" align="center">
           <asp:Button ID="Button1" runat="server" Text="提交信息" onclick=
           "Button1_Click" />
             
           <asp:Button ID="Button2" Text="重置" runat="server" onclick=
           "Button2_Click" />
       </td>
       </tr>
   </tr>
</table>
<table>
   <tr>
       <td><asp:Label ID="show" runat="server"></asp:Label></td>
   </tr>
</table>
   </div>
```

```
    </form>
</body>
</html>
```

执行上述代码，可显示该表单的内容，如表单中包含有地址、邮编码等信息，如图8-6所示。

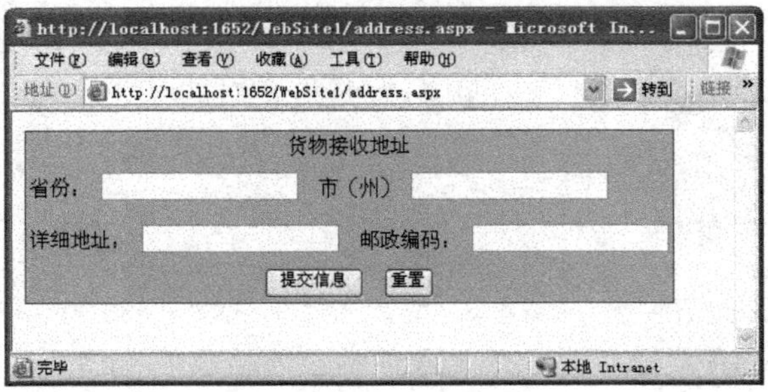

图 8-6　显示表单内容

而在 address.aspx.cs 文件中，则添加有该表单的【提交信息】和【重置】两个按钮事件。

文件名：address.aspx.cs


```
public partial class address : System.Web.UI.Page
{
    protected void Page_Load(object sender, EventArgs e)
    {
    }
    protected void Button1_Click(object sender, EventArgs e)
    {
        string cf = TextBox1.Text;
        string shi = TextBox2.Text;
        string cxdz = TextBox3.Text;
        string yb = TextBox4.Text;
        if (cf == "" && shi == "" && cxdz == "" && yb == "")
        {
            show.Text = "";
        }
        else
        {
         show.Text = cf + "省" + "   " + shi + "市" + "   " + cxdz + "    "
         + "邮政编号：" + yb;
        }
    }
    protected void Button2_Click(object sender, EventArgs e)
    {
        TextBox1.Text = "";
        TextBox2.Text = "";
        TextBox3.Text = "";
```

```
        TextBox4.Text = "";
    }
}
```

如果将上述的.aspx 文件更改为.ascx 文件时，则删除代码中的 HTML 标签，并将address.aspx.cs 中的事件代码，添加到当前的用户控件文件中。

文件名：address.ascx

```
<%@ Control language="C#" ClassName="address" %>
<script runat="server">
    protected void Button1_Click(object sender, EventArgs e)
    {
        string cf = TextBox1.Text;
        string shi = TextBox2.Text;
        string cxdz = TextBox3.Text;
        string yb = TextBox4.Text;
        if (cf == "" && shi == "" && cxdz == "" && yb == "")
        {
            show.Text = "";
        }
        else
        {
          show.Text = cf + "省" + "   " + shi + "市" + "    " + cxdz + "    "
          + "邮政编号: " + yb;
        }
    }
    protected void Button2_Click(object sender, EventArgs e)
    {
        TextBox1.Text = "";
        TextBox2.Text = "";
        TextBox3.Text = "";
        TextBox4.Text = "";
    }
</script>
<table style="background-color:#bebebe; border-width:1px;  border: 1px
solid blue;">
<tr><td colspan="4" align="center">货物接收地址</td></tr>
    <tr>
        <td style="height:37px;">
            <asp:Label ID="Label1" runat="server" Text="省份: "></asp:
            Label>
            <asp:TextBox ID="TextBox1" runat="server"></asp:TextBox>
              
            <asp:Label ID="Label2" runat="server" Text="市（州）"></asp:
            Label>
            <asp:TextBox ID="TextBox2" runat="server"></asp:TextBox>
            <br />
        </td>
        </tr>
```

```
        <tr>
        <td style="height:37px;">
            <asp:Label ID="Label3" runat="server" text="详细地址: "></asp:
            Label>
            <asp:TextBox ID="TextBox3" runat="server"></asp:TextBox>
              
            <asp:Label ID="Label4" runat="server" Text="邮政编码: "></asp:
            Label>
            <asp:TextBox ID="TextBox4" runat="server"></asp:TextBox>
        </td>
        <tr>
        <td scope="4" align="center">
            <asp:Button ID="Button1" runat="server" Text="提交信息"
            onclick="Button1_Click" />
              
            <asp:Button ID="Button2" Text="重置" runat="server" onclick=
            "Button2_Click" />
        </td>
        </tr>
    </tr>
</table>
<table>
    <tr>
        <td><asp:Label ID="show" runat="server"></asp:Label></td>
    </tr>
</table>
```


然后，再创建 Default.aspx 文件，在该文件中添加用户控件。该文件中的代码如下所示：

文件名：Default.aspx

```
<%@ Page Language="C#" AutoEventWireup="true" CodeFile="Default.aspx.cs"
Inherits="_Default" %>
<%@ Register TagPrefix="tj" TagName="address" Src="~/address.ascx" %>
<!DOCTYPE html PUBLIC "-//W3C//DTD XHTML 1.0 Transitional//EN" "http:
//www.w3.org/TR/xhtml1/DTD/xhtml1-transitional.dtd">
<html xmlns="http://www.w3.org/1999/xhtml">
<head runat="server">
    <title></title>
</head>
<body>
    <form id="form1" runat="server">
    <div>
    <tj:address runat="server" id="address1"></tj:address>
    </div>
    </form>
</body>
</html>
```

通过执行该文件，可以查看到文件所包含的用户控件内容。并在该页面的文本框中输入文本内容，单击【提交信息】按钮，显示所输入的内容，如图 8-7 所示。

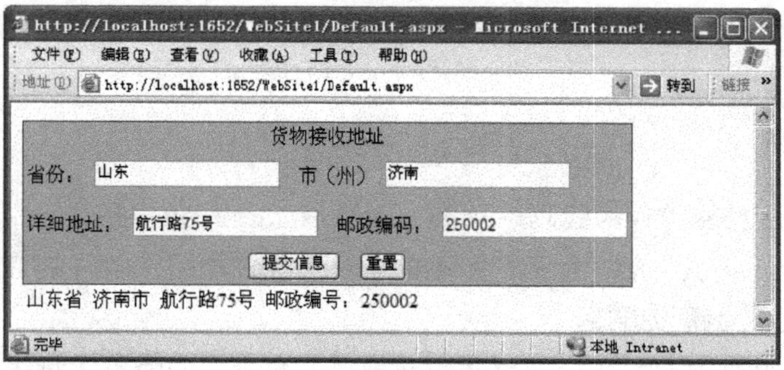

图 8-7　显示所包含的用户控件

8.3 自定义控件

自定义控件是已编译的代码组件，在服务器上执行、公开对象模型和呈现的标记文本，例如 HTML 或 XML，像一个普通的 Web 窗体或用户控件一样。

8.3.1 自定义控件概述

自定义控件将用户界面和其他功能都封装到可复用的包中。自定义控件和标准的控件相比，除了它们具有不同的标记前缀，并且必须进行显示注册和部署以外并没有什么不同。

此外，自定义控件拥有自己的对象模型，能够触发事件，并支持 Microsoft Visual Studio 的所有设计的特性，如属性、可视化设计器、属性生成器和工具箱。

在 Web 开发过程中，用户可以通过定义控件和复合控件两种方式，来自定义控件。

❑ **定义控件**

定义控件并不是通过组合或者扩展现有控件而形成的，而是通过从基类 System.Windows.Forms.Control 中派生出来的控件。用户可以添加、重写基类的属性、方法和事件，并满足应用程序的需求。

❑ **复合控件**

可视化设计器为创建复合控件提供了有力的支持，复合控件封装有一个可以作为控件重复使用的用户界面。要创建一个派生自 System.Windows.Forms.UserControl 的复合控件，由其他服务器控件（作为子控件）的自定义集合组成。

8.3.2 定义控件

自定义控件与用户控件不同，自定义控件需要定义一个直接或间接从 Control 类派生的类，并重写 Render 方法。在.NET 框架中，System.Web.UI.Control 与 System.Web.UI.WebControls.WebControl 两个类是服务器控件的基类，并且定义了所有服务器控件共有的属性、方法和事件，最为重要的就是包括了控制控件执行生命周期的方法和事件，以及 ID 等共有属性。

1．创建项目

使用自定义 Label 控件的代码，Web Control Library 模板中默认包括该控件。该控件是从 Web Control 类派生的，行为与标准的 Label 控件相同，同时具有添加的属性，将 Text 属性的值呈现为超级链接。

例如，在【文件】菜单中，执行【新建项目】命令，并弹出【新建项目】对话框，如图 8-8 所示。

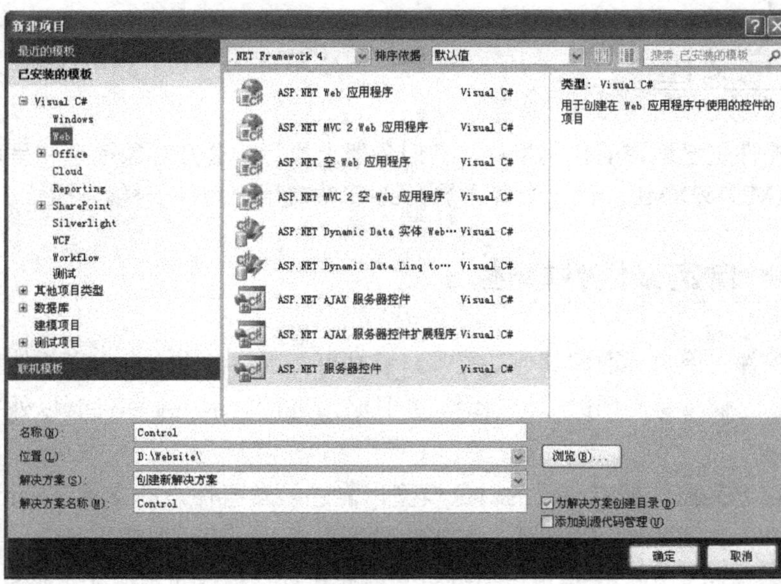

图 8-8　自定义控件

在【模板】窗格中，选择 Web 选项，并在右侧选择【ASP.NET 服务器控件】选项。然后将【名称】更改为 Control，并单击【确定】按钮。

2．添加类控件

在【解决方案资源管理器】中，右击项目文件，并执行【添加】|【新建项】命令，如图 8-9 所示。

在弹出的【添加新项-Control】窗口中，选择【Visual C#项】模板，并选择【类】选项。然后修改【名称】为 Address.cs，并单击【添加】按钮，如图 8-10 所示。

此时，在 Address.cs 文件中，添加一些地址的属性内容。例如，城市名称、邮政编码、国籍等。

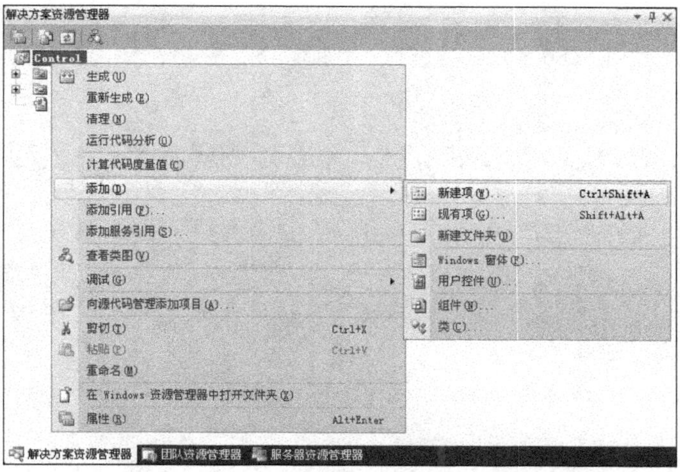

图 8-9　添加新项

图 8-10　添加类文件

文件名：Address.cs

```
using System;
using System.ComponentModel;
namespace CustomComponents
{
    public class Address
    {
        private String street = null;
        private String city = null;
        private String state = null;
        private String zip = null;
        public String Street
        {
            get{return street;}
            set{street = value;}
```

```
        }
        public String City
        {
            get{return city;}
            set{city = value;}
        }
        public String State
        {
            get{return state;}
            set{state = value;}
        }
        public String Zip
        {
            get{return zip;}
            set{zip = value;}
        }
    }
}
```

然后，再将 ServerControl1.cs 文件，更名为 Custom.cs，并在该文件中，添加呈现代码内容。

文件名：Custom.cs

```
using System;
using System.ComponentModel;
using System.Web;
using System.Web.UI;
namespace CustomComponents
{
    public class Custom : Control
    {
       Address address = new Address();
       [Description("地址集合")]
        public Address CustomAddress
        {
            get{ return address;}
        }
        protected override void Render(HtmlTextWriter output)
        {
            output.Write("具体地址: " + CustomAddress.Street + "br 城市:
            "+CustomAddress.City + "br 国籍: " +CustomAddress.State + "br 邮
            编: " + CustomAddress.Zip + "br");
        }
    }
}
```

代码编写完成后，可以编译控件。编译控件的方法非常简单，如分别选择 Address.cs 和 Custom.cs 文件，并执行【生成】|【生成 Control】命令，如图 8-11 所示。

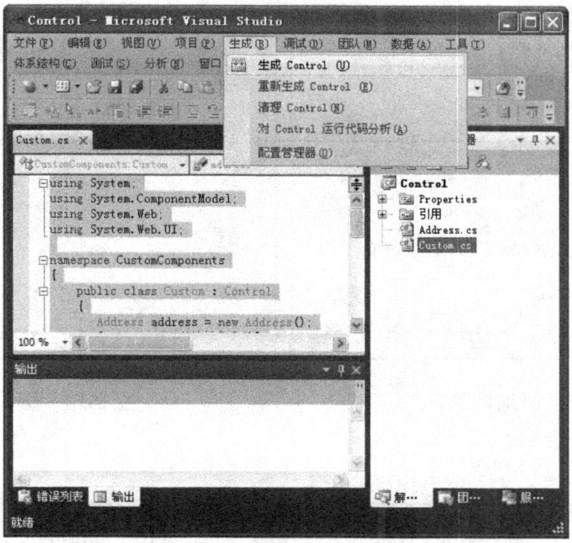

图 8-11　生成 Control 类

3．将控件添加到工具箱

生成 Control 类之后，可以将该类文件添加到工具箱中，这样用户可以像使用工具栏中的控件一样，直接引用到窗体页中。

例如，先创建一个站点，并执行【工具】|【选择工具箱项】命令，如图 8-12 所示。

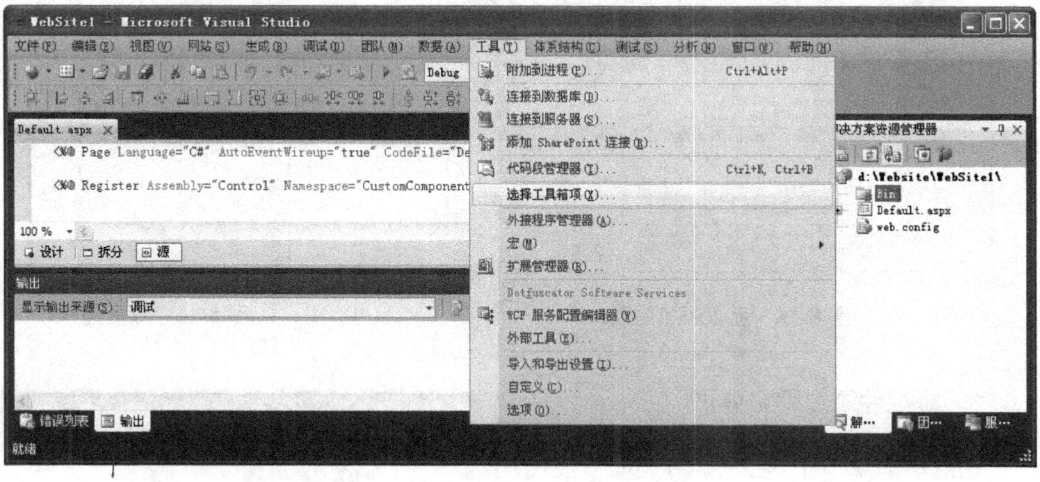

图 8-12　执行【选择工具箱项】命令

在弹出的【选择工具箱项】对话框中，选择【.NET Framework 组件】选项卡，并单击【浏览】按钮，如图 8-13 所示。

在弹出的【打开】对话框中，单击【查找范围】下拉列表按钮。然后，在下拉列表中，选择已经保存 Control 文件夹中的 Comtrol.dll 文件，如图 8-14 所示。最后，单击【打开】按钮，添加该控件。

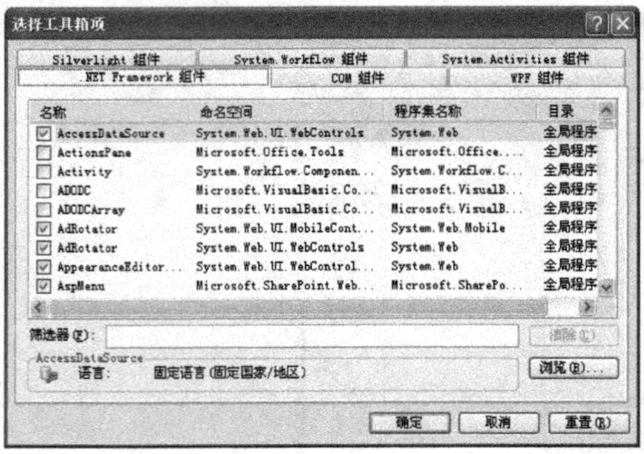

图 8-13 添加控件

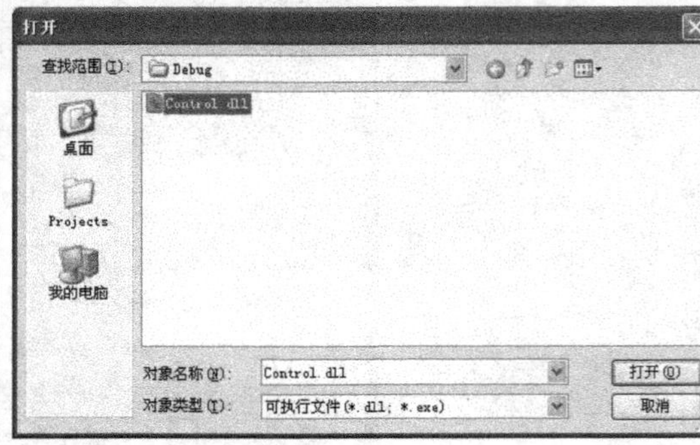

图 8-14 选择 dll 文件

提 示

在选择扩展名为.dll 文件时，其详细的路径为“Control\Control\bin\Debug\Control.dll”。

此时，可以在【.NET Framework 组件】选项卡中，看到已经添加的 Custom 控件，如图 8-15 所示。然后，单击【确定】按钮，可以在【工具箱】中，看到所添加的控件，如图 8-16 所示。

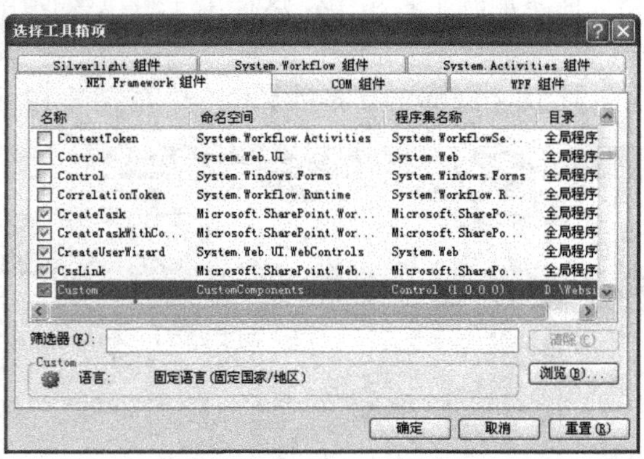

图 8-15 查看添加的控件

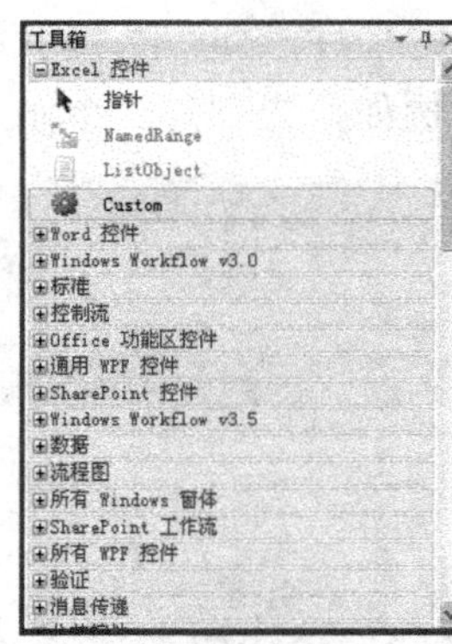

图 8-16 查看控件

4．将控件添加到窗体页

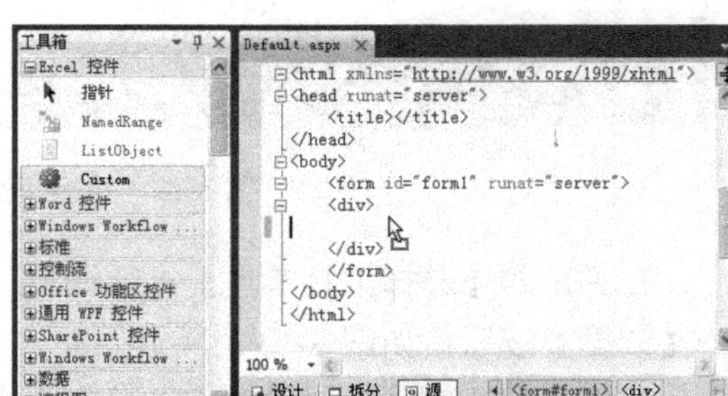

图 8-17 添加控件

在前面的章节中，已经学习过如何使用【工具箱】中的控件。因此，使用 Custom 控件与使用工具箱中的其他控件一样，只需要将该控件拖到窗体页中的合适位置即可。

在站点中，双击 Default.aspx 文件，并拖动 Custom 控件至该文件的合适位置，如<div></div>标签之间，如图 8-17 所示。

当用户松开鼠标键时，在<div></div>标签之间，添加两行代码，并在页面首部分添加@ Register 指令，如图 8-18 所示。

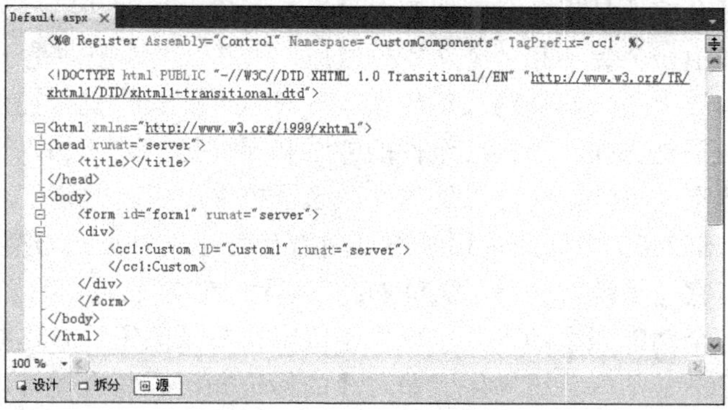

图 8-18　查看所添加的控件代码

添加控件代码后，Default.aspx 文件的代码如下所示：

文件名：Default.aspx

```
<%@ Page Language="C#" AutoEventWireup="true" CodeFile="Default.aspx.cs"
Inherits="_Default" %>
<%@ Register Assembly="Control" Namespace="CustomComponents" TagPrefix=
"cc1" %>
<!DOCTYPE html PUBLIC "-//W3C//DTD XHTML 1.0 Transitional//EN" "http:
//www.w3.org/TR/xhtml1/DTD/xhtml1-transitional.dtd">
<html xmlns="http://www.w3.org/1999/xhtml">
<head runat="server">
    <title></title>
</head>
<body>
    <form id="form1" runat="server">
    <div>
        <cc1:Custom ID="Custom1" runat="server">
        </cc1:Custom>
    </div>
    </form>
</body>
</html>
```

注意

当用户添加控件之后，在【解决方案资源管理器】中的 Bin 文件夹中包含有 Control.dll 和 Control.pdb 两个文件。

8.3.3　复合控件

复合控件只不过是普通的 ASP.NET 控件，还不属于要讨论的另一种类型的 ASP.NET 服务器控件。既然这样，为什么在各个书籍和文档中总要留出章节来论述复合控件呢？

ASP.NET 复合控件有什么特别之处呢？

顾名思义，复合控件是将多个其他控件聚集在某单一顶部和单一 API 下的控件。如果某个自定义控件由一个标签和一个文本框组成，就可以说该控件是一个复合控件。“复合”表明该控件本质上是由其他构成组件在运行时组合而成。复合控件所暴露的方法集和属性集通常（但不是必须）由构成组件的方法和属性提供，并加入一些新成员。复合控件也可以引发自定义事件，还可以处理并激起子控件所引起的事件。

复合控件在 ASP.NET 中如此特别并不是因为有可能成为服务器控件新类型的代表。更确切的说是因为它在呈现时获得了 ASP.NET 运行时的支持。

复合控件是一个功能强大的工具，可以生成丰富复杂的组件。这些组件产生自活动对象的相互作用而不是某些字符串生成器对象的标记输出。复合控件以构成控件树的形式呈现，每个构成控件都有自己的生命周期和事件，并且所有构成控件都联合构成一个全新的 API，并按需要尽可能地抽象化。

复合控件一般功能相对比较复杂，编写复合控件有以下几种方式：

- ❑ 创建用户控件，并使用用户控件封装的用户界面实现复合控件。
- ❑ 开发一个编译控件，封装一个按钮控件和文本框控件，通过重写 Render 方法呈现。
- ❑ 从现有的控件中派生出新控件。
- ❑ 从基本控件类之一派生来创建自定义控件。

通过编写复合控件，能够让用户操作控件更加灵活。例如，通过复合控件来制作一个用户登录功能，其中包含“用户名”、“密码”和“按钮”等。

在【文件】菜单中，执行【新建项目】命令，弹出【新建项目】对话框。在【模板】窗格中，选择【Web】选项，并在右侧选择【ASP.NET 服务器控件】选项。然后，将【名称】更改为 Login，并单击【确定】按钮，如图 8-19 所示。

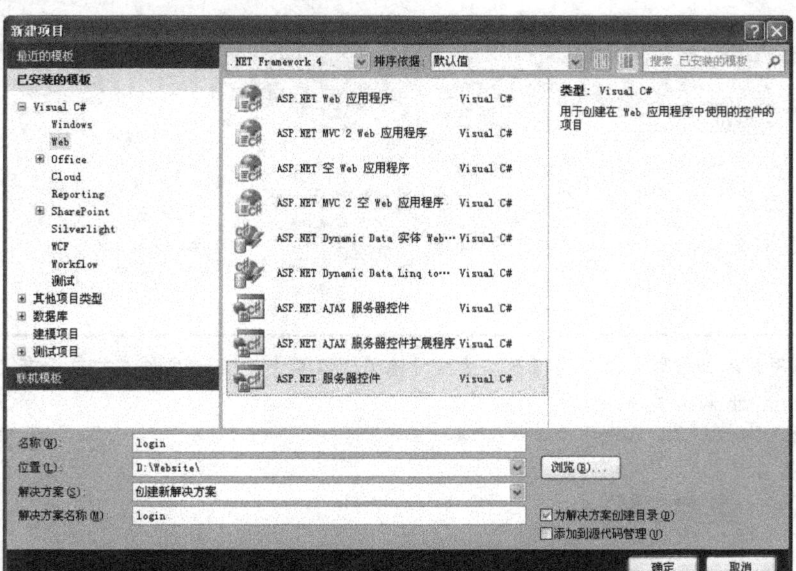

图 8-19　创建服务器控件

此时，在项目【解决方案资源管理器】中，将自动创建一个 ServerControl1.cs 文件。然后，右击该文件，并执行【重命名】命令，修改文件名为 Login.cs，如图 8-20 所示。

图 8-20 修改文件名

双击 Login.cs 文件，并在代码编辑器中删除原来的代码，并添加用户登录所需的代码内容。代码如下：

文件名：Login.cs

```
using System;
using System.Collections.Generic;
using System.ComponentModel;
using System.Linq;
using System.Text;
using System.Web;
using System.Web.UI;
using System.Web.UI.WebControls;
namespace login
{
    [DefaultProperty("Text")]
    [ToolboxData("<{0}:Login runat=server></{0}:login>")]
    public class Login : WebControl
    {
        [Bindable(true)]
        [Category("Appearance")]
        [DefaultValue("")]
        [Localizable(true)]
        /// 用来输入用户名的文本框
        private TextBox tbxUserName;
        /// 用来输入密码的文本框
        private TextBox tbxPassword;
        /// 用来提交的确认按钮
        private Button bt;
        protected override void CreateChildControls()
        {
            //清空原有的子控件
            this.Controls.Clear();
            //初始化新的子控件
            this.tbxUserName = new TextBox();
            this.tbxPassword = new TextBox();
            this.tbxPassword.TextMode = TextBoxMode.Password;
            this.bt = new Button();
            bt.Text = "登录";
            //以 Table 的方式为这些子控件进行布局
            Table table = new Table();                  //实例化 Table 表格对象
            TableCell cellaa = new TableCell();         //实例化单元格对象
            cellaa.Text = "用户名：";                    //添加单元格文本内容
            TableCell cellab = new TableCell();
```

```
            cellab.Controls.Add(this.tbxUserName);
                                              //在 Controls 集合中添加文本框控件
            TableRow row0 = new TableRow();       //定义表格的行对象
            row0.Cells.Add(cellaa);               //添加"用户名"到第一行
            row0.Cells.Add(cellab);               //添加用户名文本框到第一行
            TableCell cellba = new TableCell();
            cellba.Text = "密码: ";
            TableCell cellbb = new TableCell();
            cellbb.Controls.Add(this.tbxPassword);
            TableRow row1 = new TableRow();
            row1.Cells.Add(cellba);
            row1.Cells.Add(cellbb);
            TableCell cellca = new TableCell();
            cellca.ColumnSpan = 2;                    //定义单元格包含的行数
            cellca.Controls.Add(this.bt);             //在单元格中添加按钮
            TableRow row2 = new TableRow();           //定义第三行对象
            row2.Cells.Add(cellca);                   //将按钮添加到第三行
            //分别将每行添加到表格中
            table.Rows.Add(row0);
            table.Rows.Add(row1);
            table.Rows.Add(row2);
            //将新建立的 Table 添加到子控件的集合中
            this.Controls.Add(table);
            //通知该控件所有的子控件已经创建完毕
            this.ChildControlsCreated = true;
            //在父类（上一级类）中执行调用该类
            base.CreateChildControls();
        }
    }
}
```


上述代码中，部分的属性内容已经被修改过，其中各属性的含义如下：

- DefaultProperty 属性是指明当该控件被拖放到设计器中，并且被选中时，被控件的默认具备高亮提示的属性是 Text 属性。
- ToolboxData 属性是指明当该控件被拖放到 VS.NET 的设计器中，在 HTML 代码视图中所显示的文本内容，为了让该内容中显示的控件名和该控件类的类名相同，可以将该行代码修改如下:

```
[ToolboxData("<{0}:Login runat=server></{0}:login>")]
```

其中{0}是占位符，在最终拖放在设计器中时，会被该控件的命名空间所代替。

- Bindable 属性是指明该属性是否可以在绑定设计器可见，如 true 为可见，false 为不可见。当然，在窗体页中可以直接将该属性与绑定表达式进行关联，如通过 Eval( )语句来实现。
- Category 属性是指将该 Text 属性应该位于属性窗口的哪一个分组里。例如，当设置 Category 属性的值为 Appearance 时，则表示该控件在设计器中。
- DefaultValue 属性用来设置该属性的默认值。

- Localizable 属性是指是否可以自动查找本地化资源文件以进行本地化。

除此之外，用户要将 Login 控件变为复合控件，还需要将该控件类的基类修改为 CompositeControl 类，在复合控件中添加子控件，主要是通过重写基类的 CreateChild Control 方法来实现。

用户可以通过上述代码定义控件添加工具箱的方法，也将 Login 控件添加到工具箱中，如图 8-21 所示。

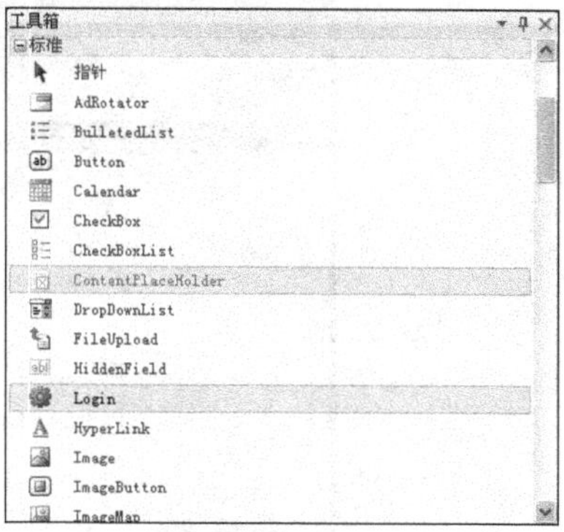

图 8-21 工具箱中添加控件

然后，用户选择工具箱中的 Login 控件，并拖动该控件至窗体页中。用户在窗体页添加控件后，其代码如下：

```
<%@ Page Language="C#" AutoEventWireup="true" CodeFile="Default.aspx.cs"
Inherits="_Default" %>
<%@ Register Assembly="login" Namespace="login" TagPrefix="cc1" %>
<!DOCTYPE html PUBLIC "-//W3C//DTD XHTML 1.0 Transitional//EN"
"http://www.w3.org/TR/xhtml1/DTD/xhtml1-transitional.dtd">
<html xmlns="http://www.w3.org/1999/xhtml">
<head runat="server">
    <title></title>
</head>
<body>
    <form id="form1" runat="server">
    <div>
        <cc1:Login ID="Login1" runat="server" />
    </div>
    </form>
</body>
</html>
```

通过执行上述代码，可以在窗体页中显示出 Login 控件的内容，并且用户可以输入“用户名”和“密码”信息等，如图 8-22 所示。

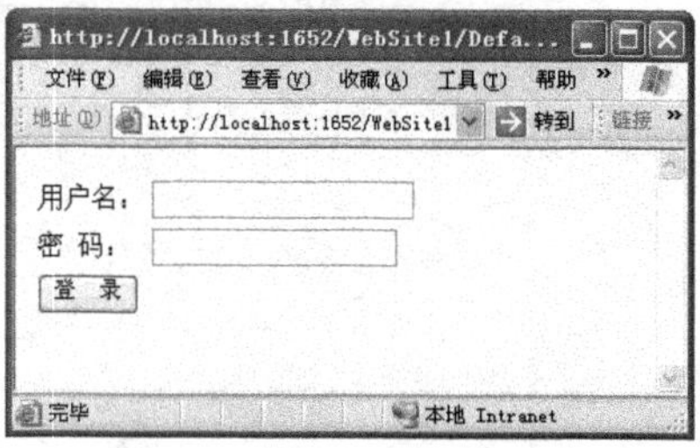

图 8-22 查看 Login 控件

8.4 扩展练习

1. 创建调查小模块用户控件

在前面的内容中，已经介绍过如何创建用户控件，并向窗体页中添加用户控件。而该实例，还要围绕用户控件的应用，编写一个用于在窗体页中进行调查的小模块的制作。

1 创建一个 line_count 站点，并在该站点，右击站点的目录，执行【添加新项】命令。然后，在弹出的【添加新项】窗口中，选择【Visual C#】选项，并在中间栏中选择【Web 用户控件】选项，单击【添加】按钮，如图 8-23 所示。

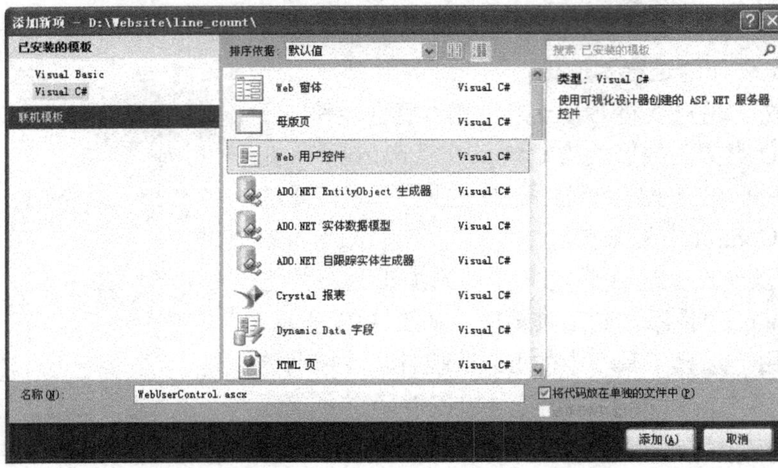

图 8-23　添加用户控件

2 在创建的 WebUserControl.ascx 文件中，编写用于调查的内容项，其详细代码如下：

```
<%@ Control Language="C#" AutoEventWireup="true" CodeFile="WebUser
Control.ascx.cs" Inherits="WebUserControl" %>
<table>
    <tr>
    <td><h3>您对加班的意见</h3></td>
    </tr>
    <tr>
        <td style="font-size:12px; border-width:1px; border-style:solid;">
            <asp:RadioButton ID="RadioButton1" GroupName="aa" runat=
            "server" Text="非常了意加班，并且是无私的。"/><br />
            <asp:RadioButton ID="RadioButton2" GroupName="aa" runat=
            "server" Text="要求加班，就加班。不要求不加班。"/><br />
            <asp:RadioButton ID="RadioButton3" GroupName="aa" runat=
            "server" Text="别人加班，我也加班。"/><br />
            <asp:RadioButton ID="RadioButton4" GroupName="aa" runat=
            "server" Text="加班就得加薪，否则不加班。"/><br />
            <asp:RadioButton ID="RadioButton5" GroupName="aa" runat=
            "server" Text="非常讨厌加班，加薪也不加班。"/>
        </td>
    </tr>
</table>
```

3 双击 Default.aspx 文件，并在该文件中添加已经创建的用户控件文件。下面为添加用户控件后，该文件的全部代码：

```
<%@ Page Language="C#" AutoEventWireup="true" CodeFile="~/Default.
aspx.cs" Inherits="Default" %>
<%@ Register TagPrefix="dc" TagName="jiaban" Src="~/WebUserControl.ascx" %>
<html>
<head>
<title>调查小模块</title>
```

```
</head>
<body>
    <form action="Default.aspx" runat="server">
        <div>
        <dc:jiaban ID="jiaban1" runat="server"></dc:jiaban>
        </div>
        <div>
        <asp:Button ID="Button1" runat="server" Text="提交" onclick=
        "Button1_Click1" />
</div>
    </form>
</body>
</html>
```

4 单击工具栏中的【启动调试】按钮或者按 F5 键，并弹出 IE 浏览器窗口，显示所插入的用户控件内容，如图 8-24 所示。

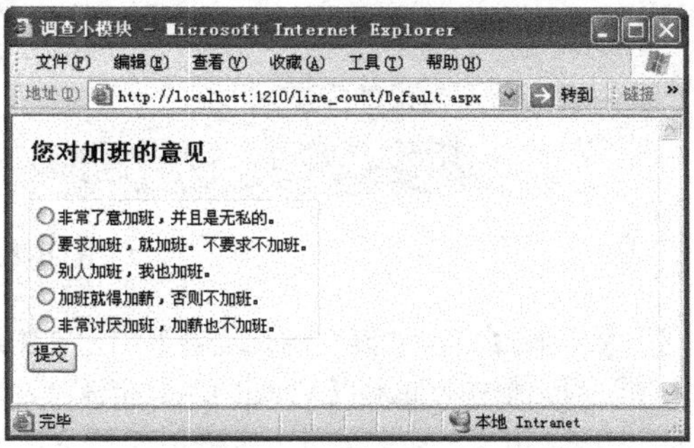

图 8-24　显示用户控件

2．简单的日历控件

在网页中，用户可以在页头部位插入一个日历控件，方便访问者随时了解当前日期信息。并且有些网页中，除了插入日历内容外，还包含有天气信息等。

1 在窗口中，执行【文件】|【新建】|【项目】命令。在弹出的【新建项目】对话框中，选择 Web 模板，并在中间栏中选择【ASP.NET 空 Web 应用程序】选项。然后，再修改【名称】为 show_date，单击【确定】按钮，如图 8-25 所示。

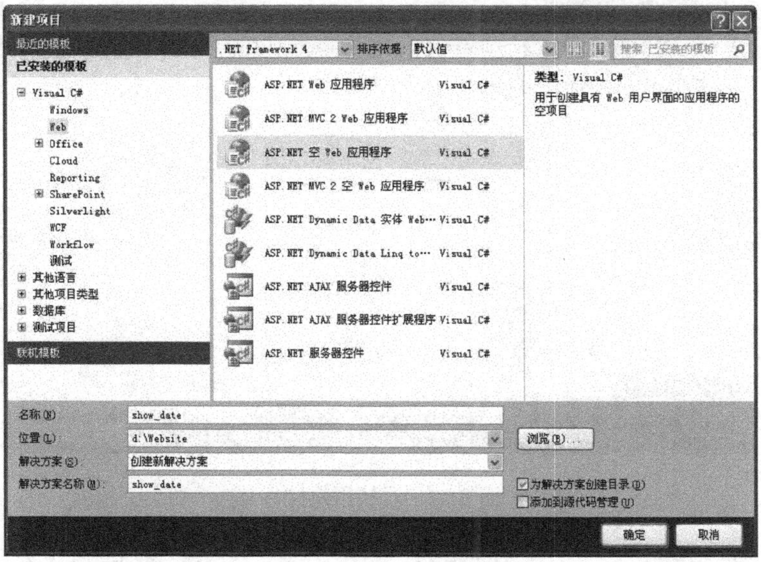

图 8-25　创建项目

2 在【解决方案资源管理器】中，右击站点目录，并执行【添加新项】命令。在弹出的【添加新项】对话框中，选择【Visual C#】模板，并选择【Web 窗体】选项，单击【添加】按钮，如图 8-26

所示。

图 8-26　添加窗体页

3 在【解决方案资源管理器】中，右击站点目录，并执行【添加新项】命令。在弹出的【添加新项】对话框中，选择【Visual C#】模板，并选择【Web 用户控件】选项。然后，将【名称】修改为 date，并单击【添加】按钮，如图 8-27 所示。

图 8-27　添加用户控件

4 展开 date.ascx 文件，并双击 date.ascx.cs 文件，在编辑器中编写获取日期、农历日期、星期等信息。详细代码如下：

```
using System;
using System.Collections.Generic;
```

```
using System.Linq;
using System.Web;
using System.Web.UI;
using System.Web.UI.WebControls;
using System.Globalization;

public partial class date : System.Web.UI.UserControl
{
    DateTime rq = DateTime.Today;                    //转换当日的日期
    protected void Page_Load(object sender, EventArgs e)
    {
        label1.Text = cdate();                       //在label中添加日期
        label2.Text = nl();                          //在label中添加农历
        label3.Text = Weeks();                       //在label中添加星期
    }
    public string cdate()                            //获取并返回年、月、日信息
    {
        return rq.Year + "年" + rq.Month + "月" + rq.Day + "日";
    }
    public string nl()                               //获取并返回农历日期信息
    {
        ChineseLunisolarCalendar nl = new ChineseLunisolarCalendar();
        string[] aMonth = { "", "正月", "二月", "三月", "四月", "五月", "六
月", "七月", "八月", "九月", "十月", "十一月", "腊月", "腊月" };
        string[] a10 = { "初", "十", "廿", "卅" };
        string[] aDigi = { "O", "一", "二", "三", "四", "五", "六", "七", "
八", "九" };
        string sYear = "", sYearArab = "", sMonth = "", sDay = "", sDay10
= "", sDay1 = "", sLuniSolarDate = "";

        int iYear, iMonth, iDay;
        iYear = nl.GetYear(rq);
        iMonth = nl.GetMonth(rq);
        iDay = nl.GetDayOfMonth(rq);

        //农历中“年”格式信息
        sYearArab = iYear.ToString();
        for (int i = 0; i < sYearArab.Length; i++)
        {
            sYear += aDigi[Convert.ToInt16(sYearArab.Substring(i, 1))];
        }

        //农历中“月”格式信息
        int iLeapMonth = nl.GetLeapMonth(iYear);         //获取闰月

        /*闰月可以出现在一年的任何月份之后。
         * 例如，GetMonth 方法返回一个介于 1 到 13 之间的数字来表示与指定日期关联
的月份。
```

```
    * 如果在 1 年中 8 月和 9 月之间有闰月，则 GetMonth 方法为 8 月返回 8，为闰 8
    月返回 9，而为 9 月返回 10。*/

    if (iLeapMonth > 0 && iMonth <= iLeapMonth)
    {
        aMonth[iLeapMonth] = "闰" + aMonth[iLeapMonth - 1];
        sMonth = aMonth[nl.GetMonth(rq)];
    }
    else if (iLeapMonth > 0 && iMonth > iLeapMonth)
    {
        sMonth = aMonth[nl.GetMonth(rq) - 1];
    }
    else
    {
        sMonth = aMonth[nl.GetMonth(rq)];
    }
    //农历中“日”格式信息
    sDay10 = a10[iDay / 10];
    sDay1 = aDigi[(iDay % 10)];
    sDay = sDay10 + sDay1;

    if (iDay == 10) sDay = "初十";
    if (iDay == 20) sDay = "廿十";
    if (iDay == 30) sDay = "三十";
    sLuniSolarDate = sMonth + sDay;                    //返回农历信息
    return sLuniSolarDate;
}
private string Weeks()                                 //返回当日星期信息
{
    string xq = "";
    string Weeken = rq.DayOfWeek.ToString();
    switch (Weeken)
    {
        case "Monday":
            xq = "星期一";
            break;
        case "Tuesday":
            xq = "星期二";
            break;
        case "Wednesday":
            xq = "星期三";
            break;
        case "Thursday":
            xq = "星期四";
            break;
        case "Friday":
            xq = "星期五";
            break;
```

```
            case "Saturday":
                xq = "星期六";
                break;
            case "Sunday":
                xq = "星期日";
                break;
        }
        return xq;
    }
}
```

5 再双击 date.ascx 文件，并在编辑器中，编写如下代码。该文件用于显示日历内容。由于用户不能直接访问该文件，所以必须加载到窗体页中查看效果。

```
<%@ Control Language="C#" AutoEventWireup="true" CodeFile="date.ascx.cs"
Inherits="date" %>
<style type="text/css">
.wb
{ background-color:#EADCC6;
  width:150px;
  height:100px;
  border-style:solid;
  border-color:#F09771;
  border-width:1px;
  margin-left:20px;
  }
    .td1
    {
        width: 148px;
        text-align: center;
        font-size:16px;
        height: 31px;
        font-weight:700;
    }
    .td2
    {
        width: 148px;
        text-align: center;
        font-size:16px;
        height: 31px;
        color:Red;
    }
</style>
<div class="wb">
    <table>
        <tr>
            <td class="td1"><asp:Label ID="label1" Text="" runat="server">
            </asp:Label></td>
        </tr>
```

```
        <tr>
            <td style="text-align:center;"><asp:Label ID="label4" Text="
            农历: " runat="server" CssClass="td1"></asp:Label><asp:Label
            ID="label2" Text="" runat="server"></asp:Label></td>
        </tr>
        <tr>
            <td class="td2"><asp:Label ID="label3" Text="" runat="server">
            </asp:Label></td>
        </tr>
    </table>
</div>
```

6 双击 Default.aspx 文件，并在该文件中，加载所设计的用户按钮，来查看日历效果。在代码中，分别添加@Register 指令，以及在合适位置引用控件。

```
<%@ Page Language="C#" AutoEventWireup="true" CodeFile="Default.aspx.cs"
Inherits="_Default" %>
<%@ Register TagPrefix="cc" TagName="date" Src="~/date.ascx" %>
<!DOCTYPE html PUBLIC "-//W3C//DTD XHTML 1.0 Transitional//EN"
"http://www.w3.org/TR/xhtml1/DTD/xhtml1-transitional.dtd">
<html xmlns="http://www.w3.org/1999/xhtml">
<head runat="server">
    <title></title>
</head>
<body>
    <div>
        <cc:date ID="date1" runat="server" />
    </div>
</body>
</html>
```


7 单击【启动调试】按钮，显示浏览窗体页中所加载的控件效果，如图 8-28 所示。用户还可以在该控件中，添加时间、天气信息等内容。这样，这个控件就可以直接应用到不同网页中。

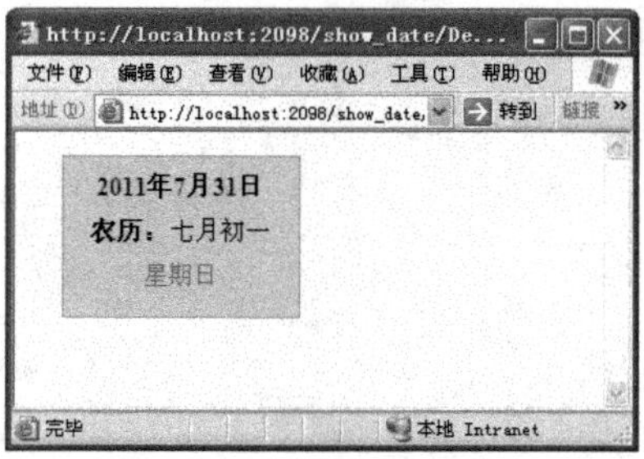

图 8-28　显示控件

第 9 章　ADO.NET 数据库管理

任何一种动态的 Web 技术都不会缺少对数据库的支持，在网络技术高速发展的今天，数据库与网络之间的关系越来越紧密，尤其在搜索引擎、电子商务和网络社区等方面，数据库扮演着重要的角色，如果没有数据库，庞大的网络数据处理单凭 Web 技术是很难完成的。有了网络与数据库的结合，网络才会更加丰富多彩。

.NET 平台提供了丰富的数据库对象及方法来完成数据库的操作，如果用户有使用其他动态 Web 技术操作数据库的经验，一定会感叹 ASP.NET 访问数据库的方法的简单和功能的强大。

本章学习目标：

- 了解 ADO.NET 的概念
- 掌握 ADO.NET 对象
- 掌握 LINQ 技术

9.1 ADO.NET 基础

ADO.NET 的名称起源于 ADO（ActiveX Data Objects），ADO 用于在以往的 Microsoft 技术中进行数据的访问。所以微软希望通过使用 ADO.NET 名称来向开发人员表明，这是在.NET 编程环境和 Windows 环境中优先使用的数据访问接口。

9.1.1 了解 ADO.NET

ADO（ActiveX Data Object）对象是继 ODBC 之后微软推出的存取数据的最新技术，是程序开发平台用来和 OLEDB 沟通的媒介，ADO 目前的最新版本为 ADO.NET。ADO.NET 不像以前的 ADO 版本是为了存取数据库而设计的，而是为了应用广泛的数据控制，所以使用起来比以前的 ADO 更灵活和有弹性，也提供了更多的功能。ADO.NET 的出现并不是要取代 ADO，而是要提供更有效率的数据存取。

1. ADO 概述

微软公司的 ADO（ActiveX Data Objects）是一个用于存取数据源的 COM 组件。它提供了编程语言和统一数据访问方式 OLEDB 的一个中间层。允许开发人员编写访问数据的代码而不用关心数据库是如何实现的，而只关心数据库的连接。访问数据库的时候，关于 SQL 的知识不是必要的，但是特定数据库支持的 SQL 命令仍可以通过 ADO 中的命令对象来执行。

在开发过程中，ADO 为 OLEDB 数据提供 COM 的应用程序级别的接口，对数据库的操作进行封装，ADO 支持各种开发者的需要。同时，ADO 也能够像 ADO.NET 一样构建客户端记录集，使用松耦合记录集，并处理 OLEDB 的数据整形集合。

相比于 ADO.NET，ADO 还支持一些特殊的方法，例如可滚动的服务器端游标 MOVENEXT。但是，使用服务器游标需要使用和保存数据库资源，所以当大量的游标在服务器端被使用时，则可能对应用程序的性能和可缩放性产生极大的负面影响。使用 ADO，还需要对防火墙进行配置，以启用 COM 的发送请求才能够进行数据交互，这样可能造成一定的安全问题。ADO 编程模型如下所示：

- ❑ 连接数据源(Connection)，可选择开始事务。
- ❑ 可选择创建表示 SQL 命令的对象(Command)。
- ❑ 可选择指定列、表，以及 SQL 命令中的值作为变量参数(Parameter)。
- ❑ 执行命令（Command、Connection 或 Recordset）。
- ❑ 如果命令以行返回，将行存储在存储对象中(Recordset)。
- ❑ 可选择创建存储对象的视图以便进行排序、筛选和定位数据(Recordset)。
- ❑ 编辑数据。可以添加、删除或更改行、列(Recordset)。
- ❑ 在适当情况下，可以使用存储对象中的变更对数据源进行更新(Recordset)。
- ❑ 在使用事务之后，可以接受或拒绝在事务中所做的更改结束事务(Connection)。

从上述的编程模型可以看出，ADO.NET 在很多方面和 ADO 比较相近，但是 ADO.NET 并不是 ADO 的.NET 版本，ADO 和 ADO.NET 是两种不同的数据访问方式。

2．ADO.NET 与 ADO 的区别

ADO.NET 提供了平台互用性和可伸缩的数据访问，ADO.NET 增强了对非连接编程模式的支持，并支持 RICH XML。由于传送的数据都是 XML 格式，因此任何能够读取 XML 格式的应用程序都可以进行数据处理。事实上，接受数据的组件不一定是 ADO.NET 组件，它可以是基于一个 Microsoft Visual Studio 的解决方案，也可以是运行在其他平台上的任何应用程序。

可以说传统的 ADO 和 ADO.NET 是两种不同的数据访问方式，无论是在内存中保存数据，还是打开和关闭数据库的操作模式都不相同。

❑ 数据在内存中的存在形式

使用 ADO.NET 时，数据保存在内存中并且是以 DataSet 数据集的形式存放在内存中，而 ADO 中，是以 RecordSet 记录集的形式存放在内存中。在 ASP 的开发过程中，连接数据库后，通常将查询操作的数据的集合保存在记录集中，并使用 MOVENEXT 等方法进行遍历，也可以使用其他的方法进行查询，提取任意行。而在 ASP.NET 中，ADO.NET 提供的 DataRelation 对象维护有关主记录和详细资料记录的信息，并提供方法使用户可以获取与正在操作的记录相关的记录。

❑ 数据的表现形式

在 ADO 中，记录集的表现形式像一个表。如果需要包含来自多个数据库的表的数据，就必须使用复杂的 SQL 语句中的 JOIN 查询，将各个数据库表的数据组合到单个记录集中。

在 ADO.NET 中，数据集本身是一个表或多个表的集合。相对于记录集而言，数据集可以保存多个独立的表并维护有关表之间关系的信息。因此，ADO.NET 能够维护和保存数据结构复杂的表，模仿数据库的结构，例如表的自关联，以及有一对多或多对多

的关系表。

- **数据的连接和断开**

ADO 是为连接的访问而设计的，相比之下，ADO.NET 打开连接的时间仅仅足够数据库的操作。数据集可以将行读入，然后断开与数据库的连接，再对数据集中记录进行更改。当需要将数据集中的资源更新到数据库时，ADO.NET 再与数据库连接并更新。

- **数据共享**

在 ADO 中，如果需要实现 ADO.NET 中断开数据连接传送数据的功能，必须在 COM 组件之间互相传送，这样就造成了安全性问题。在杀毒软件中，一些杀毒软件可能会默认禁止 COM 组件之间的通信，这样就造成了开发人员的维护困难。而 ADO.NET 能够使用 DataSet 传送数据而不需要考虑防火墙的限制，是因为 DataSet 传送的数据集会被转换成 XML 流来传送。在数据共享上，ADO.NET 相对于 ADO 有如下优点：

- **突破 COM 数据类型的限制**　由于 ADO.NET 基于 XML 流传送数据，所以对数据类型没有限制。
- **减少数据类型的转换**　ADO.NET 相对于 ADO 而言，减少了大量的数据类型的转换，提高了性能。
- **可以穿透防火墙**　基于 XML 流传送数据的方法能够轻松穿透防火墙。

5. 构架设计

在构架设计上 ADO.NET 与 ADO 也是不同的，ADO.NET 相对于 ADO 更加方便和简洁，从设计的角度上来说，ADO.NET 设计的更加完善。

在 ADO 中，通过使用 ADORecordSet 对象进行数据的连接和操作，ADORecordSet 对象是一个庞大的对象，它提供了多种类型的游标能力，例如快速的即时的游标到无连接的客户端游标。但是使用 ADORecordSet 对象，很难对数据的操作的方法进行自定义。在 ADO.NET 中，ADO.NET 将 ADO 中 ADORecordSet 对象的方法进行了一个拆分，将其中的若干功能分成多个类，通过类之间的调用来实现。这样就方便了开发人员自定义数据的连接和操作。

> **提示**
> 在应用程序中，ADO 与 ADO.NET 是可以共存的，因为在.NET 中同样可以使用 COM 互操作服务和使用 ADO。

9.1.2 ADO.NET 组成

ADO.NET 对象模型中有 5 个主要的组件，分别是 Connection 对象、Command 对象、DataReader 对象、DataAdapter 对象以及 DataSet 对象。这些组件中负责建立联机和数据操作的部分称为数据操作组件(Managed Providers)，分别由 Connection 对象、Command 对象、DataReader 对象以及 DataAdapter 对象组成。数据操作组件最主要的作用是作为 DataSet 对象和数据源之间的桥梁，负责将数据源中的数据取出后植入 DataSet 对象中，以及将数据存回数据源。

1. Connection 对象

Connection 对象主要是开启程序和数据库之间的连接。不利用连接对象打开数据库，就无法从数据库中取得数据。这个对象在 ADO.NET 的最底层，我们可以产生这个对象，或是由其他的对象自动产生。

2. Command 对象

Command 对象主要用来对数据库发出指令，例如可以对数据库发出进行查询、新增、修改和删除数据等指令，以及调用存在数据库中的预存程序等。Command 对象架构在 Connection 对象上，也就是 Command 对象是通过连接到数据源的 Connection 对象来发出命令的，所以 Connection 连接到哪个数据库，Command 对象的命令在哪个数据库执行。

3. DataReader 对象

只需要循序地读取数据而不需要其他操作时，可以使用 DataReader 对象。DataReader 对象只能依次一直向下循序地读取数据源中的数据，而且这些数据是只读的，不允许作其他的操作。因为 DataReader 在读取数据时限制为每次只读取一次，而且只能只读，所以不但节省资源而且效率很好。使用 DataReader 对象除了效率较好之外，因为不用把数据全部传回，所以可以降低网络的负载。

4. DataAdapter 对象

DataAdapter 对象主要在数据源和 DataSet 之间执行数据传输的工作，它可以通过 Command 对象下达命令，将取得的数据放入 DataSet 对象中。这个对象架构在 Command 对象上，并提供了许多配合 DataSet 使用的功能。

5. DataSet 对象

DataSet 对象可以视为一个暂存区(Cache)，可以把从数据库中查询到的数据保留起来，甚至可以将整个数据库显示出来。DataSet 的能力不只是可以存储多个 Table，还可以通过 DataAdapter 对象取得一些例如主键等的数据表结构，并可以记录数据表间的关联。DataSet 对象可以说是 ADO.NET 中重量级的对象，它架构在 DataAdapter 对象上，它本身不具备和数据源沟通的能力，也就是 DataAdapter 对象可作为 DataSet 对象和数据源间传输数据的桥梁。

9.1.3 ADO.NET 命名空间

要使用 ADO.NET 中的对象，必须先引用 ADO.NET 的命名空间(Namespace)。因为微软为.NET 设计了数量相当可观的类别对象，命名空间中记录了对象的名称以及该对象的定义所在的文件，这样编译器在编译程序时才知道这些对象要到哪里去加载。以下为引用命名空间的语法：

```
<%@Import Namespace="对象类别的命名空间"%>
```

1．System.Data 命名空间

命名空间要使用 ADO.NET，必须先引用 System.Data 命名空间。因为 System.Data 命名空间中包含大部分组成 ADO.NET 架构的基础对象类别，例如 DataSet 对象、数据表、字段和关联等，因此要使用 ADO.NET，就一定要引用 System.Data 命名空间。先在 ASP.NET 网页前面输入下列引用语句：

```
<%@Import Namespace="System.Data"%>
```

2．System.Data.SqlClient 命名空间

要使用 SQL Server 数据操作组件来存取数据，必须引用 System.Data.SqlClient 命名空间。SQL Server 数据操作组件是直接和 MS SQL Server 连接的，所以 System.Data.Sql Client 命名空间定义了 SQL Server 数据操作组件的对象，例如 SqlConnection 对象、SqlCommand 对象、SqlDataReader 对象及 SqlDataAdapter 对象。要使用 SQL 数据操作组件就一定要引用 System.Data.SqlClient 命名空间，在 ASP.NET 网页前面加入下列引用语句：

```
<%@Import Namespace="System.Data.SqlClient"%>
```

3．System.Data.OleDb 命名空间

要使用 OLEDB 数据操作组件来存取数据，必须引用 System.Data.OleDb 命名空间。OLEDB 数据操作组件通过 OLEDB 和数据源联机，所以 System.Data.OleDb 命名空间定义了 OLEDB 数据操作组件的对象类别，例如 OleDbConnection 对象、OleDbCommand 对象、OleDbDataReader 对象及 OleDbDataAdapter 对象。要使用 OLEDB 数据操作组件就一定要引用 System.Data.OleDb 命名空间，所以在 ASP.NET 网页前面加入下列引用语句：

```
<%@Import Namespace="System.Data.ADO"%>
```

4．System.Data.Odbc 命名空间

要使用 ODBC 数据操作组件来存取数据，必须引用 System.Data.Odbc 命名空间，所以在 ASP.NET 网页前面加入下列引用语句：

```
<%@Import Namespace="System.Data.Odbc"%>
```

5．System.Data.OracleClient 命名空间

要使用 Oracle 数据操作组件来存取数据，必须引用 System.Data.OracleClient 命名空间，所以在 ASP.NET 网页前面加入下列引用语句：

```
<%@Import Namespace="System.Data.OracleClient"%>
```

9.2 ADO.NET 对象

.NET 数据提供程序用于连接到数据库、执行命令和检索结果。可以直接处理检索到

的结果或者放入 ADO.NET 的 DataSet 对象，方便与来自多个数据源的数据或在层之间进行远程处理的数据组合在一起，以特殊方式向用户公开。

9.2.1 Connection 对象

在.NET 开发中，通常情况下开发人员被推荐使用 Access 或者 SQL 作为数据源，若需要连接 Access 数据库，可以使用 System.Data.Oledb.OleDbConnection 对象来连接；若需要连接 SQL 数据库，则可以使用 System.Data.SqlClient.SqlConnection 对象来连接。使用 System.Data.Odbc.OdbcConnection 可以连接 ODBC 数据源，而 System.Data.OracleClient.OracleConnecton 提供了连接 Oracle 的一些方法。本章内容主要讨论连接 SQL 数据库。

Connection 对象主要是开启应用程序与数据库之间的连接，对于不同的数据源需要使用不同的类建立连接。Connection 对象的常用属性如表 9-1 所示。

表 9-1　Connection 对象的常用属性

名称	解释
ConnectionString	用于获取或设置用于打开数据库的字符串
ConnectionTimeout	用于获取在尝试建立数据库连接到终止尝试并生成错误之前所等待的时间。属性值为等待连接打开的时间，以秒为单位，默认值为 15 秒
Database	用于获取当前数据库或连接打开后要使用的数据库名称
DataSource	用于获取要连接的数据库实例的名称

Connection 对象的常用方法如表 9-2 所示。

表 9-2　Connection 对象的常用方法

名称	解释
Open	使用 ConnectionString 所在指定的属性设置打开的数据库连接
Close	关闭数据库，这是所有关闭数据库的首选方法

1. 连接数据库

如需要连接 SQL 数据库，则需要使用命名空间 System.Data.SqlClient 和 System.Data.OleDb。使用 System.Data.SqlClient 和 System.Data.OleDb 能够快速地连接 SQL 数据库，因为 System.Data.SqlClient 和 System.Data.OleDb 都分别为开发人员提供了连接方法，示例代码如下所示。

```
using System.Data.SqlClient;    //使用 SQL 命名空间
using System.Data.Oledb;        //使用 Oledb 命名空间
```

连接 SQL 数据库，则需要创建 SqlConnection 对象，SqlConnection 对象创建代码如下所示。

```
SqlConnection con = new SqlConnection();
con.ConnectionString = "server=127.0.0.1;uid=sa;pwd=123;database=
BookManage";
```

上述代码创建了一个 SqlConnection 对象，并且配置了连接字串。SqlConnection 对象专门定义了一个专门接受连接字符串的变量 ConnectionString，当配置 ConnectionString 变量后，就可以使用 Open()方法来打开数据库连接。

下面是一个使用 Connection 对象连接 SQL 数据库的实例，代码如下所示。

文件名：SQLConn.aspx

```
<%@ Page Language="C#" AutoEventWireup="true" CodeFile="SQLConn.aspx.cs"
Inherits="SQLConn" %>
<!DOCTYPE html PUBLIC "-//W3C//DTD XHTML 1.0 Transitional//EN" "http:
//www.w3.org/TR/xhtml1/DTD/xhtml1-transitional.dtd">
<html xmlns="http://www.w3.org/1999/xhtml">
<head runat="server">
    <title>Connection 对象连接数据库实例</title>
</head>
<body>
    <form id="form1" runat="server">
    <div>
        <asp:Button ID="Button1" runat="server" Text="连接数据库" onclick=
        "Button1_Click" />
        <asp:Button ID="Button2" runat="server" Text="关闭数据库" Visible=
        "False" onclick="Button2_Click"/>
        <asp:Label ID="Label1" runat="server" Text=""></asp:Label>
    </div>
    </form>
</body>
</html>
```

文件名：SQLConn.aspx.cs

```
using System;
using System.Collections.Generic;
using System.Linq;
using System.Web;
using System.Web.UI;
using System.Web.UI.WebControls;
using System.Data.SqlClient;
using System.Data.OleDb;
public partial class SQLConn : System.Web.UI.Page
{
    SqlConnection con = new SqlConnection();
    protected void Page_Load(object sender, EventArgs e){   }
    protected void Button1_Click(object sender, EventArgs e)
    {
        con.ConnectionString = "server=127.0.0.1;uid=sa;pwd=123;database=
        BookManage";
        con.Open();//打开数据库
        Label1.Text = "数据库连接已经成功打开";
        Button2.Visible = true;
```

```
        Button1.Visible = false;
    }
    protected void Button2_Click(object sender, EventArgs e)
    {
        con.Close();
        Label1.Text = "数据库连接已关闭";
        Button2.Visible = false;
        Button1.Visible = true;
    }
}
```

在上述代码中，主要使用按钮实现数据库的打开和关闭。执行上述代码，在浏览器中单击【连接数据库】按钮时，会对已声明的 Connection 对象 con 的 ConnectionString 属性设置连接字符串；然后通过 con 对象的 Open()方法，打开数据库连接，结果如图 9-1 所示。当单击【关闭数据库】时，会调用 con 对象的 Close()方法，实现数据库的连接，结果如图 9-2 所示。

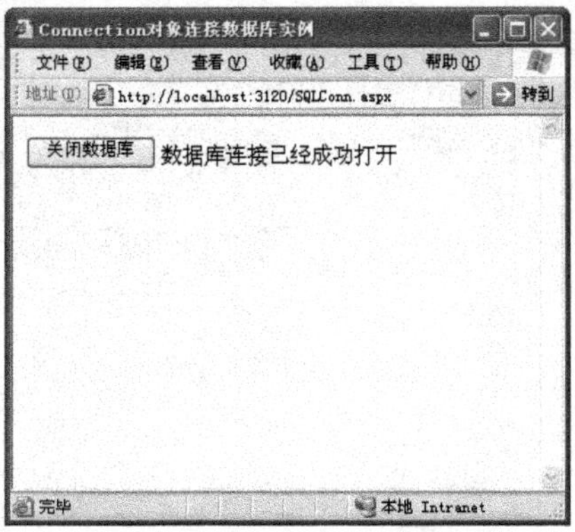

图 9-1　打开数据库

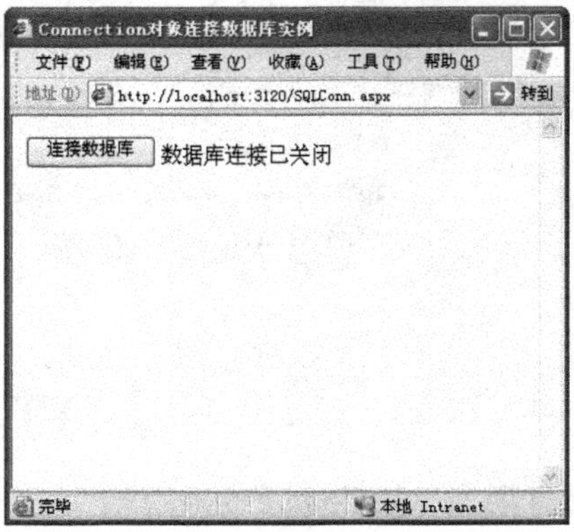

图 9-2　关闭数据库

2．关闭数据库

无论是使用 System.Data.SqlClient 还是 System.Data.OleDb 创建数据库连接对象，都可以使用 Open 方法来打开连接。同样，也可以使用 Close 方法来关闭连接，示例代码如下所示。

```
SqlConnection conn= new SqlConnection(str);          //创建连接对象
OleDbConnection conn1= new OleDbConnection(str1);   //创建连接对象
conn.Open();     //打开连接
conn.Close();    //关闭连接
conn1.Open();    //打开连接
con1.Close();    //关闭连接
```

提 示

如果使用了连接池，虽然显式的关闭了连接对象，其实并不会真正地关闭与数据库之间的连接，这样能够保证再次进行连接时的连接性能。

9.2.2 Command 对象

在创建 Connection 对象后，需要创建 Command 对象实现对数据库的操作。这些操作包括查询、插入、删除和更新等。可以使用 SQL 语句，也可以使用存储过程完成这些操作。Command 对象要与对应的连接方式相匹配，对 SqlConnection 应采用 SqlCommand 对象。SqlCommand 对象的常用属性如表 9-3 所示，常用方法如表 9-4 所示。

表 9-3　SqlCommand 对象的常用属性

名称	解释
CommandText	用于获取或设置需要对数据源执行的 SQL 语句或存储过程
CommandTimeout	获取或设置在终止执行命令的尝试并生成错误之前的等待时间。默认值为 30 秒
CommandType	用于获取或设置一个值，该值指示如何解释 CommandText 属性。如果将 CommandType 属性设置为 StoreProceduce，则应将 CommandText 属性设置为存储过程的名称

表 9-4　SqlCommand 对象的常用方法

名称	解释
ExecuteNonQuery	该方法用于对连接执行 SQL 语句并返回受影响的行数。该方法执行 UPDATA，INSERT，DELATE 语句更改数据库中的数据，只返回执行命令所影响到表的行数
ExecuteScalar	执行查询，返回结果集中的第一行，第一列，其他的行和列将被忽略，因此该方法主要是从数据库中检索单个值，多用于聚合函数，如 SUM()，COUNT()
ExecuteReader	返回多行结果查询数据

通常情况下，Command 对象用于数据的操作，例如执行数据的插入和删除，也可以执行数据库结构的更改，包括表和数据库。示例代码如下所示。

```
SqlConnection con = new SqlConnection();
//创建数据库连接字串
con.ConnectionString = "server=127.0.0.1;uid=sa;pwd=123;database=
BookManage";
con.Open();                //打开数据库连接
SqlCommand cmd = new SqlCommand("insert into userInfo(UserName,Pwd) values
('wang','123')",con);   //建立 Command 对象
```

上述代码使用了可用的构造函数，并指定查询字符串和 Connection 对象来初始化 Command 对象 cmd。通过指定 Command 对象的方法可以对数据执行具体的操作。

1. ExecuteNonQuery 方法

当指定了一个 SQL 语句，就可以通过 ExecuteNonQuery 方法来执行语句的操作。ExecuteNonQuery 不仅可以执行 SQL 语句，开发人员也可以执行存储过程或数据定义语言语句来对数据库或目录执行构架操作。使用 ExecuteNonQuery 时，ExecuteNonQuery 并不返回行，但是可以通过 Command 对象和 Parameters 进行参数传递。

文件名：Command.aspx

```
<%@ Page Language="C#" AutoEventWireup="true" CodeFile="command.aspx.cs"
Inherits="command" %>
<!DOCTYPE html PUBLIC "-//W3C//DTD XHTML 1.0 Transitional//EN" "http:
//www.w3.org/TR/xhtml1/DTD/xhtml1-transitional.dtd">
<html xmlns="http://www.w3.org/1999/xhtml">
<head runat="server">
   <title>Command 对象使用实例</title>
</head>
<body>
   <form id="form1" runat="server">
   <div>
      <asp:Label ID="Label1" runat="server" Text=""></asp:Label>
   </div>
   </form>
</body>
</html>
```


文件名：command.aspx.cs

```
using System;
using System.Collections.Generic;
using System.Linq;
using System.Web;
using System.Web.UI;
using System.Web.UI.WebControls;
using System.Data.SqlClient;
using System.Data.OleDb;
public partial class command : System.Web.UI.Page
{
   protected void Page_Load(object sender, EventArgs e)
   {
      SqlConnection con = new SqlConnection();
      con.ConnectionString = "server=127.0.0.1;uid=sa;pwd=123;database=
      BookManage";
      con.Open();//打开数据库
      SqlCommand cmd = new SqlCommand("insert into userInfo(UserName,Pwd)
      values ('wang','123')", con);
      cmd.ExecuteNonQuery();//执行 SQL 语句
      Label1.Text = "该操作影响了(" + cmd.ExecuteNonQuery().ToString() +
      ")行";
   }
}
```

在上述代码中，首先会执行“insert into userInfo(UserName,Pwd) values ('wang','123')”这条 SQL 语句，并向数据库中插入数据。值得注意的是，修改数据库的 SQL 语句，例如常用的 INSERT、UPDATE 以及 DELETE 并不返回行。当执行这些不返回任何行的语句时，可以使用 ExecuteNonQuery。但是 ExecuteNonQuery 语句也会返回一个整数，表示接受已执行的 SQL 语句或存储过程影响的行数，代码如下所示：

```
Label1.Text = "该操作影响了(" + cmd.
ExecuteNonQuery().ToString() + ")行";
```

在浏览器中执行该文件，结果如图 9-3 所示。

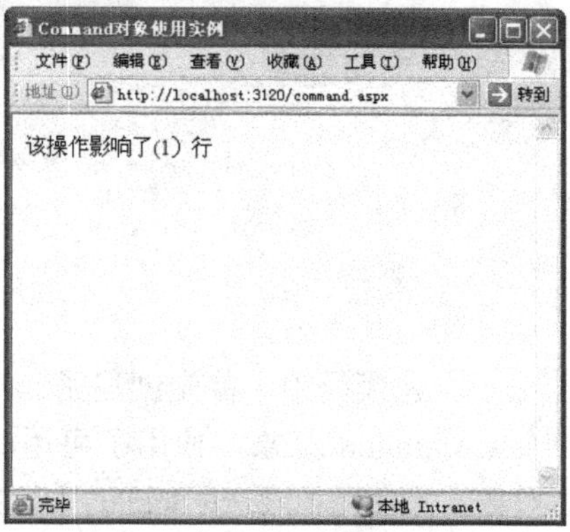

图 9-3　执行结果

2. ExecuteScalar 方法

Command 的 Execute 方法提供了返回单个值的功能。在很多时候，开发人员需要获取刚刚插入数据的 ID 值，或者可能需要返回 Count(*)，Sum(Money)等聚合函数的结果，则可以使用 ExecuteScalar 方法，示例代码如下所示。

文件名：CommandExecuteScalar.aspx

```
<%@ Page Language="C#" AutoEventWireup="true" CodeFile="Command
ExecuteScalar.aspx.cs" Inherits="CommandExecuteScalar" %>
<!DOCTYPE html PUBLIC "-//W3C//DTD XHTML 1.0 Transitional//EN" "http:
//www.w3.org/TR/xhtml1/DTD/xhtml1-transitional.dtd">
<html xmlns="http://www.w3.org/1999/xhtml">
<head runat="server">
    <title>ExecuteScalar 方法使用实例</title>
</head>
<body>
    <form id="form1" runat="server">
    <div>
        <asp:Label ID="Label1" runat="server" Text=""></asp:Label>
    </div>
    </form>
</body>
</html>
```

文件名：CommandExecuteScalar.aspx.cs

```
using System;
using System.Collections.Generic;
using System.Linq;
using System.Web;
using System.Web.UI;
using System.Web.UI.WebControls;
using System.Data.SqlClient;
using System.Data.OleDb;
public partial class CommandExecuteScalar : System.Web.UI.Page
{
    protected void Page_Load(object sender, EventArgs e)
    {
        SqlConnection con = new SqlConnection();
        con.ConnectionString = "server=127.0.0.1;uid=sa;pwd=123;database=
```

```
        BookManage";
        con.Open();//打开数据库
        SqlCommand cmd = new SqlCommand("select count(*) from userInfo",
        con);
        cmd.ExecuteNonQuery();//执行 SQL 语句
        Label1.Text = "该表一共有(" + cmd.ExecuteScalar().ToString() + ")
        条记录。";
    }
}
```

上述代码中，首先创建了一个连接，并创建了一个 Command 对象，使用了可用的构造函数来初始化对象。当使用 ExecuteScalar 执行方法时，会返回单个值。ExecuteScalar 方法同样可以执行 SQL 语句，但是与 ExecuteNonQuery 方法不同的是，当语句不为 SELECT 时，则返回一个没有任何数据的 System.Data.SqlClient.SqlDataReader 类型的集合。在浏览器中打开该文件，结果如图 9-4 所示。

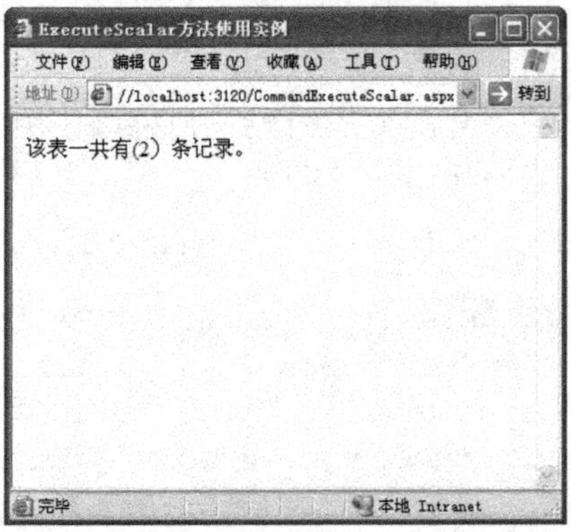

图 9-4 执行结果

9.2.3 DataAdapter 对象

DataAdapter 对象可以建立并初始化数据表（即 DataTable），对数据源执行 SQL 指令，与 DataSet 对象结合，提供 DataSet 对象存取数据，可视为 DataSet 对象的操作核心，是 DataSet 对象与数据操作对象之间的沟通媒介。DataAdapter 对象可以隐藏 Connection 对象与 Command 对象沟通的数据，可允许用 DataSet 对象存取数据源。

为了实现这种交互，微软提供了 SqlDataAdapter 类和 OleDbDataAdapter 类。SqlDataAdapter 类和 OleDbDataAdapter 类各自适用情况如下。

- **SqlDataAdapter** 该类专用于 SQL 数据库，在 SQL 数据库中使用该类能够提高性能，SqlDataAdapter 与 OleDbDataAdapter 相比，不需要适用 OLEDB 提供程序层，可直接在 SQL Server 上使用。
- **OleDbDataAdapter** 该类适用于由 OLEDB 数据提供程序公开的任何数据源，包括 SQL 数据库和 Access 数据库。

若要使一个 DataAdapter 对象的 DataSet 能够和一个数据源之间交换数据，则可以使用 DataAdapter 属性来指定需要执行的操作，这个属性可以是一条 SQL 语句或者是存储过程，示例代码如下所示。

```
SqlConnection con = new SqlConnection();
con.ConnectionString = "server=127.0.0.1;uid=sa;pwd=123;database=
BookManage";
con.Open();//打开数据库
SqlDataAdapter ad = new SqlDataAdapter ("select count(*) from userInfo",
con);
```

上述代码创建了一个 DataAdapter 对象，DataSet 对象可以使用该对象的 Fill 方法来填充数据集。

9.2.4 DataSet 对象

DataSet 是 ADO.NET 中的核心概念，作为初学者，可以把 DataSet 想象成虚拟的表，但是不能用简单的表来表示，这个表可以想象成具有数据库结构的表，并且是存放在内存中的。由于 ADO.NET 中 DataSet 的存在，开发人员能够屏蔽数据库与数据库之间的差异，而获得一致的编程模型。

1. DataSet 数据集对象

DataSet 能够支持多表、表间关系、数据库约束等，可以模拟一个简单的数据库模型。DataSet 对象模型如图 9-5 所示。

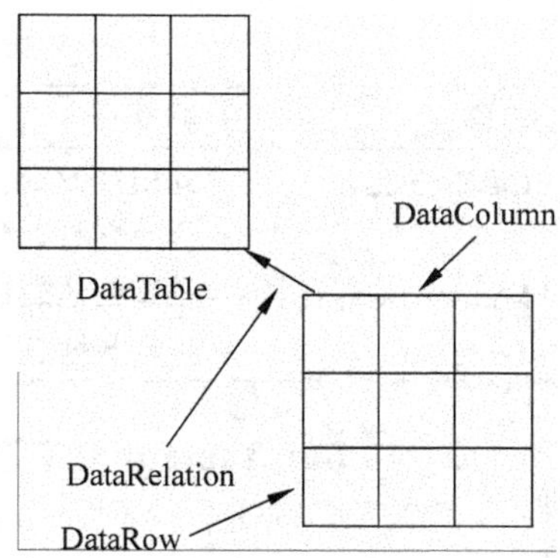

图 9-5 DataSet 对象模型

如图 9-5 简要地介绍了常用对象之间的构架关系。在 DataSet 中，主要包括 TablesCollection、RelationsCollection、ExtendedProperties 几个重要对象：

- **TablesCollection 对象**

在 DataSet 中，表的概念是用 DataTable 来表示的。DataTable 在 System.Data 中定义，它能够表示存储在内存中的一张表。它包含一个 ColumnsCollection 的对象，代表数据表的各个列的定义。同时，它也包含 RowsCollection 对象，这个对象包含 DataTable 中的所有数据。

- **RelationsCollection 对象**

在各个 DataTable 对象之间，是通过使用 RelationsCollection 来表达各个 DataTable 对象之间的关系。RelationsCollection 对象可以模拟数据库中的约束关系。例如当一个包含外键的表被更新时，如果不满足主键-外键约束，这个更新操作就会失败，系统会抛出异常。

- **ExtendedProperties 对象**

ExtendedProperties 对象能够配置特定的信息，例如 DataTable 的密码，更新时间等。

2. DataTable 数据表对象

ADO.NET 可以在与数据库断开连接的方式下通过 DataSet 或 DataTable 对象进行数据处理，当需要更新数据时才重新与数据源进行连接，并更新数据源。DataTable 对象表示保存在本机内存中的表，它提供了对表中行列数据对象的各种操作。可以直接将数据从数据库填充到 DataTable 对象中，也可以将 DataTable 对象添加到现有的 DataSet 对象中。在断开连接的方式下，DataSet 对象提供了和关系数据库一样的关系数据模型，代码中可以直接访问 DataSet 对象中的 DataTable 对象，也可以添加、删除 DataTable 对象。

- **DataTable 对象的创建**

DataTable 是 DataSet 中的常用的对象，它和数据库中的表的概念十分相似。开发人员能够将 DataTable 想象成一个表，并且可以通过编程的方式创建一个 DataTable 表，示例代码如下所示。

```
DataTable Table = new DataTable("mytable");     //创建一个 DataTable 对象
Table.CaseSensitive = false;                    //设置不区分大小写
Table.MinimumCapacity = 100;                    //设置 DataTable 初始大小
Table.TableName = "newtable";                   //设置 DataTable 的名称
```

上述代码创建了一个 DataTable 对象，并为 DataTable 对象设置了若干属性，这些属性都是常用的属性，作用如表 9-5 所示。

表 9-5　DataTable 对象的常用属性

名称	解释
CaseSensitive	此属性设置表中的字符串是否区分大小写，若无特殊情况，一般设置为 false，该属性对于查找，排序，过滤等操作有很大的影响
MinimumCapacity	设置创建的数据表的最小的记录空间
TableName	指定数据表的名称

❑ **在 DataTable 对象中添加列**

一个表必须有一个列，而 DataTable 必须包含列。当创建了一个 DataTable 后，就必须向 DataTable 中增加列。表中列的集合形成了二维表的数据结构。开发人员可以使用 Columns 集合的 Add 方法向 DataTable 中增加列，Add 方法带有两个参数，一个是表列的名称，一个是该列的数据类型。示例代码如下所示。


```
DataTable Table = new DataTable("mytable");     //创建一个 DataTable
Table.CaseSensitive = false;                    //设置不区分大小写
Table.MinimumCapacity = 100;                    //设置 DataTable 初始大小
Table.TableName = "newtable";                   //设置 DataTable 的名称
DataColumn Colum = new DataColumn();            //创建一个 DataColumn
Colum = Table.Columns.Add("BookName", typeof(string));      //增加一个列
Colum = Table.Columns.Add("writer", typeof(string));        //增加一个列
```

上述代码创建了一个 DataTable 和一个 DataColumn 对象，并通过 DataTable 的 Columns.Add 方法增加 DataTable 的列。

提 示

上述代码中，DataTable 的列数据类型使用的只能是.NET 中数据类型，因为并不是真实的数据库，所以不能直接使用数据库类型，必须使用 typeof 方法把.NET 中的数据类型转换成数据库类型。

❑ **设置 DataTable 对象的主键**

关系数据库中的表一般都有一个主键，用来惟一标识表中的每一行记录。通过 DataTable 对象的 PrimaryKey 属性可以设置 Datatable 的主键。主键可以是一个或者多个 DataColumn 对象组成的数组。例如：

```
DataColumn[] key = new DataColumn[1];//dt 是一个 DataTable 对象
key[0] = dt.Columns[0];
```

```
dt.PrimaryKey = key;
```

3. DataRow 数据行对象

在创建了表和表中列的集合，并使用约束定义表的结构后，可以使用 DataRow 对象向表中添加新的数据库行，这一操作同数据库中的 INSERT 语句的概念类似。插入一个新行，首先要声明一个 DataRow 类型的变量。使用 NewRow 方法能够返回一个新的 DataRow 对象。DataTable 会根据 DataColumnCollection 定义的表的结构来创建 DataRow 对象。示例代码如下所示。

```
DataRow Row = Table.NewRow();
//使用 DataTable 的 NewRow 方法创建一个新 DataRow 对象
```

上述代码使用 DataTable 的 NewRow 方法创建一个新 DataRow 对象，当使用该对象添加了新行之后，必须使用索引或者列名来操作新行，示例代码如下所示。

```
Row[0] = 1;                    //使用索引赋值列
Row[1] = "datarow";            //使用索引赋值列
```

上述代码通过索引来为一行中各个列赋值。从数组的语法可以知道，索引都是从第 0 个位置开始。将 DataTable 想象成一个表，从左到右从 0 开始索引，直到数值等于列数减 1 为止。为了提高代码的可读性，也可以通过直接使用列名来添加新行，示例代码如下所示。


```
Row["bh"] = 1;                 //使用列名赋值列
Row["title"] = "datarow";      //使用列名赋值列
```

通过直接使用列名来添加新行与使用索引添加新行的效果相同，但是通过使用列名能够让代码更加可读，便于理解，但是也暴露了一些机密内容（如列值）。在数据插入到新行后，使用 Add 方法将该行添加到 DataRowCollection 中，示例代码如下所示。

```
Table.Rows.Add(Row);           //增加列
```

4. DataView 数据视图对象

DataRow 表示用于排序、筛选、搜索、导航的 DataTable 的可绑定数据的自定义视图。可以将 DataView 同数据库的视图类相比，不同的是数据库的视图可以跨表建立视图，而 DataView 则只能对某一个 DataTable 建立视图。

一般情况下 DataView 通过 DataTable.DafaultView 属性来建立，再通过 RowFilter 属性和 RowStateFilter 属性建立 DataTable 的一个子集。

在显示 DataSet 中的数据之前，需要将 DataTable 中的数据填充到 DataSet。值得注意的是，DataSet 是 DataTable 的集合，可以使用 DataSet 的 Add 方法将多个 DataTable 填充到 DataSet 中去，示例代码如下所示。

```
DataSet ds =new DataSet();        //创建数据集
ds.Table.Add(Table);              //增加表
```

填充完成后，可以通过 DataView 对象来显示 DataSet 数据集中的内容，示例代码如下所示。

```
dv=ds.Tables["tbl"].DefaultView;        //设置默认视图
```

DataSet 对象中的每个 DataTable 对象都有一个 DefaultView 属性，该属性返回表的默认视图。

上述代码访问了名为 tbl 表的 DataTable 对象。开发人员能够自定义 DataView 对象，该对象能够筛选表达式来设置 DataView 对象的 RowFilter 属性，筛选表达式的值必须为布尔值。同时，该对象能够设置 Sort 属性进行排序，排序表达式可以包括列名或一个算式，示例代码如下所示。

```
DataView dv=new DataView();             //创建数据视图对象
DataSet ds =new DataSet();              //创建数据集
ds.Tables.Add(Table);                   //增加数据表
dv=ds.Tables["tbl"].DefaultView;        //设置默认视图
dv.RowFilter="id"="1";                  //设置筛选表达式
dv.Sort="id";                           //设置排序表达式
```


9.2.5 DataReader 对象

DataSet 能够提供无连接的数据库副本，DataSet 对象在表的生命周期内会为这些表进行内存的分配和维护。如果有多个用户同时对一台计算机进行操作，内存的使用就会变得非常的紧张。当对数据需要进行一些简单的操作时，就不需要保持 DataSet 对象的生命周期，可以使用 DataReader 对象。

1. 了解 DataReader 对象

当使用 DataReader 对象时，不会像 DataSet 那样提供无连接的数据库副本。DataReader 类被设计为产生只读，只进的数据流。这些数据流都是从数据库返回的。所以，每次的访问或操作只有一个记录保存在服务器的内存中。与 DataSet 相比，DataReader 具有较快的访问能力，并且能够使用较少的服务器资源，DataReader 具有快速的数据库访问、只进和只读、减少服务器资源等特色。

- **快速的数据库访问**

DataReader 类是轻量级的，相比之下 DataReader 对象的速度要比 DataSet 快。因为 DataSet 在创建和初始化时，可能是一个或多个表的集合，并且 DataSet 具有向前，向后读写和浏览的能力，所以当创建一个 DataSet 对象时，会造成额外的开销。

- **只进和只读**

当对数据库的操作没有太大的要求时，可以使用 DataReader 显示数据。这些数据可以与单个 list-bound 控件绑定，也可以填充 List 接口。当不需要复杂的数据库处理时，DataReader 能够较快的完成数据显示。

- **减少服务器资源**

因为 DataReader 并不是数据内存表示形式，所以使用 DataReader 对服务器占用的资源很少。

- **自定义数据库管理**

DataReader 对象可以使用 Read 方法来进行数据库遍历，当使用 Read 方法时，可以以编程的方式自定义数据库中数据的显示方式；当开发自定义控件时，可以将这些数据整合到 HTML 中，并显示数据。

- **手动连接管理**

DataAdapter 对象能够自动的打开和关闭连接，而 DataReader 对象需要用户手动地管理连接。DataReader 对象和 DataAdapter 对象很相似，都可以从 SQL 语句和一个连接中初始化。

2. DataReader 读取数据库

创建 DataReader 对象，需要创建一个 SqlCommand 对象来代替 SqlDataAdapter 对象。与 SqlDataAdapter 对象类似的是，DataReader 可以从 SQL 语句和连接中创建 Command 对象。创建对象后，必须显式的打开 Connection 对象。下面是一个使用 DataReader 读取数据库并输入数据内容的实例，代码如下所示。

文件名：DataReader.aspx

```
<%@ Page Language="C#" AutoEventWireup="true" CodeFile="DataReader.
aspx.cs" Inherits="DataReader" %>
<!DOCTYPE html PUBLIC "-//W3C//DTD XHTML 1.0 Transitional//EN" "http:
//www.w3.org/TR/xhtml1/DTD/xhtml1-transitional.dtd">
<html xmlns="http://www.w3.org/1999/xhtml">
<head runat="server">
    <title>DataReader 对象使用实例</title>
</head>
<body>
<h3>DataReader 对象查询数据库</h3>
    <form id="form1" runat="server">
    <div>
        <asp:Button ID="Button1" runat="server" Text="读取数据" onclick=
       "Button1_Click" /><br /><hr />
        <asp:Label ID="Label1" runat="server" Text=""></asp:Label>
    </div>
    </form>
</body>
</html>
```

文件名：DataReader.aspx.cs

```
using System;
using System.Collections.Generic;
using System.Linq;
using System.Web;
using System.Web.UI;
```

```
using System.Web.UI.WebControls;
using System.Data.SqlClient;
using System.Data.OleDb;
public partial class DataReader : System.Web.UI.Page
{
    protected void Page_Load(object sender, EventArgs e){   }
    protected void Button1_Click(object sender, EventArgs e)
    {
        SqlConnection con = new SqlConnection();
        con.ConnectionString = "server=127.0.0.1;uid=sa;pwd=123;database=
        BookManage";
        con.Open();//打开数据库
        SqlCommand cmd = new SqlCommand("select * from BookInfo", con);
        SqlDataReader dr = cmd.ExecuteReader();
        while (dr.Read())
        {
            Label1.Text += "书名: " + dr["BookName"].ToString() + "<br />" +
                       "作者: " + dr["writer"].ToString() + "<br />" +
                       "价格: " + dr["price"].ToString() +
                       "<hr/>";
        }
    }
}
```


在上述代码中，使用 DataReader 对象的 Read 方法判断 DataReader 对象中的数据是否还有下一行，并将游标下移到下一行。通过 Read 方法可以遍历读取数据库中行的信息，当读取到一行时，需要获取某列的值只需要使用“[”和“]”运算符来确定某一列的值。

在浏览器中打开该文件，如图 9-6 所示。单击【读取数据】按钮，使用 DataReader 对象读取数据并输出，结果如图 9-7 所示。

图 9-6　执行结果

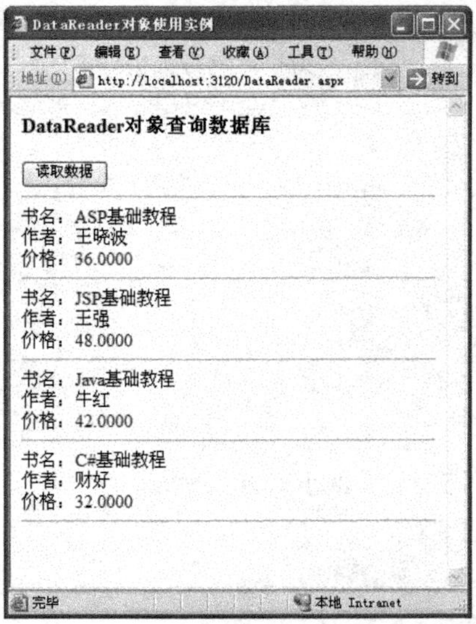

图 9-7　执行结果

9.2.6 Parameter 对象

Parameter 对象可提供有关被用于存储过程或查询中的单个参数的信息。该对象在创建时被添加到 Parameters 集合。Parameters 集合与一个具体的 Command 对象相关联，Command 对象使用此集合在存储过程和查询内外传递参数。

参数被用来创建参数化的命令。这些命令（在它们已被定义和存储之后）使用参数在命令执行前来改变命令的某些细节。例如，SQL SELECT 语句可使用参数定义 WHERE 子句的匹配条件，而使用另一个参数来定义 SORT BY 子句的列的名称。

Parameter 对象有四种类型的参数，分别是：input 参数、output 参数、input/output 参数以及 return 参数。该对象的常用属性如表 9-6 所示，常用方法如表 9-7 所示。

表 9-6 Parameter 对象的常用属性

名称	解释
Attributes	设置或返回一个 Parameter 对象的属性
Direction	设置或返回某个参数如何传递到存储过程或从存储过程传递回来
Name	设置或返回一个 Parameter 对象的名称
NumericScale	设置或返回一个 Parameter 对象的数值的小数点右侧的数字数目
Precision	设置或返回当表示一个参数中数值时所允许数字的最大数目
Size	设置或返回 Parameter 对象中的值的最大大小（按字节或字符）
Type	设置或返回一个 Parameter 对象的类型
Value	设置或返回一个 Parameter 对象的值

表 9-7 Parameter 对象的常用方法

名称	解释
AppendChunk	把长二进制或字符数据追加到一个 Parameter 对象
Delete	从 Parameters 集合中删除一个对象

9.3 LINQ 技术

对于长期发展的面向对象编程模型而言，其发展基本处于一个比较稳定的阶段，可是面向对象的编程模型并没有解决数据的访问和整合的复杂问题。对于数据库的访问和 XML 的访问，面向对象方法论无法从根本意义上解决其复杂度和难度，而 LINQ 提供了一种更好的解决方案。

9.3.1 LINQ 概述

任何技术都不可能凭空搭建起来，为了解决工业生产中某个实际问题，当现有的技术已经无法很好的完成工业的要求时，就会促发新技术的诞生。LINQ 就是为了解决复杂的数据访问和整合而出现的一种新技术。

1. LINQ 起源

从传统的意义上来说，面向过程的编程模型在数据访问和整合的能力上有一定的限度。因为面向过程的编程方法不能很好地描述一个事务，必须通过不同函数之间的调用来描述现有的对象，而且面向过程的编程方法在代码复用性上比较低。所以当面向过程的编程语言需要对数据库进行访问时，就需要编写大量的额外代码。虽然面向过程的编程模型可以通过良好函数的引用和编码提高复用性，但是并没有解决面向过程编程模型中对数据的访问和整合的复杂度。

随着计算机和编程模型的发展，人们发现了另一个更好的编程模型，这就是现在最常用的面向对象编程模型。相比面向过程的编程模型而言，面向对象的编程模型能够更好地描述一个事务。事务能够通过面向对象中的属性、字段和方法很好地模拟实际的事务，而面向对象编程模型中的派生、继承等特性同样能够极大地提高代码的复用性，提升开发效率。

但是面向对象的编程模型同样没有解决复杂的数据库访问和数据整合，开发人员还是需要通过繁琐的手段进行数据库的访问和数据整合。在.NET 3.0 框架或更早，LINQ 就已经被提到，LINQ 是一种能够快速对大部分数据源进行访问和数据整合的一种技术，LINQ 解决了复杂的数据应用中开发人员需要面对和解决的问题。

虽然面向对象的数据库已经在几年前就被提到，并且各大 IT 公司投入了对面向对象的数据库的研发，但是传统的关系型数据库在当今还是应用最为广泛的。关系型数据库中将数据整合和呈现成为一张张表的形式，开发人员和数据库管理人员能够通过 SQL 管理工具提供的 SQL 语句进行数据的查询和整理。但是在开发过程中，开发人员不能像使用 SQL 语句一样对数据集进行查询和处理。任何数据库中的数据都会以一种数据集的形式反馈给用户，这种数据集的形式可以反映成为数学中的集合的概念。在数据库早期的发展中，数据是以集合的概念呈现的。而随着数据库的发展，集合的概念依旧是数据库最基本的概念。

正是因为如此，开发人员不能够方便地从一个集合中查询数据。这里不仅仅是一个数据库，还包括其他能够以数据库形式存在的文件，例如 ACCESS、TXT 等。当在开发中需要使用到多个数据库或者数据描述形式的文件时，更多的情况是将这些数据填充到数据集中，并通过遍历来访问数据，这样却造成了更多的数据访问的问题和麻烦。

LINQ 能够很方便地进行数据的查询，使用 LINQ 对数据集进行查询的形式很像使用 SQL 语句对数据库中的表进行查询，而不同的是，LINQ 能够面向更多的对象，这些对象包括数组、集合以及数据库，LINQ 对数组的查询示例代码如下所示。

```
static void Main(string[] args)
{
   string[] str = { "你好", "我叫王强", "你呢", "叫什么名字" };
   var s = from n in str select n;
   foreach (var n in s)
   {
   Console.WriteLine(n.ToString());
   }
```

```
    Console.ReadKey();
}
```

上述代码对数组 str 进行了查询，这种方式很像 SQL 语句。LINQ 的查询方式和 SQL 语句很像，语法和基本内容都没有什么太大的差别，但是 LINQ 提供了更好的查询解决方案。LINQ 能够查询更多对象（例如上述代码中的数组）而无法使用 SQL 语句进行查询。另外，LINQ 查询语句还能够使用 WHERE 等关键字进行查询。示例代码如下所示。

```
static void Main(string[] args)
{
    string[] str = { "你好", "我叫王强", "你呢", "叫什么名字" };
    var s = from n in str where n.Length > 3 select n;
    foreach (var n in s)
    {
    Console.WriteLine(n.ToString());
    }
    Console.ReadKey();
}
```

在上述代码中，修改了 LINQ 查询语句，为 LINQ 查询语句增加了条件查询。该条件的意义为查询字符串长度大于 3 的字符串，运行后如图 9-8 所示。

从图中可以看出，能够使用类似于 SQL 语句的形式进行数据集的查询，方便了开发人员对于数据库中数据的访问和整理。LINQ 可以使用条件语句进行筛选，并且能够使用.NET 提供的语法进行判断，这样就简化了开发人员对于数据集中的数据的筛选。

2. LINQ 构架

在.NET 3.5 中，LINQ（Language Integrated Query）已经成为了编程语言的一部分，开发人员已经能够使用 Visual Studio 2008 创建 LINQ 的应用程序。LINQ 对基于.NET 平台的编程语言提供了标准的查询操作。在.NET 3.5 中，LINQ 的基本构架如图 9-9 所示。

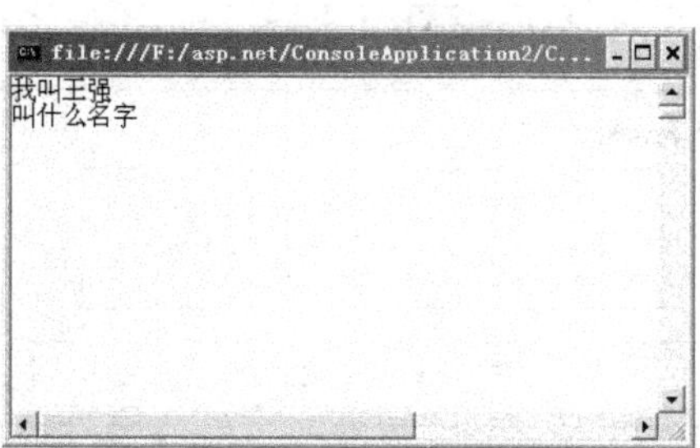

图 9-8　执行结果

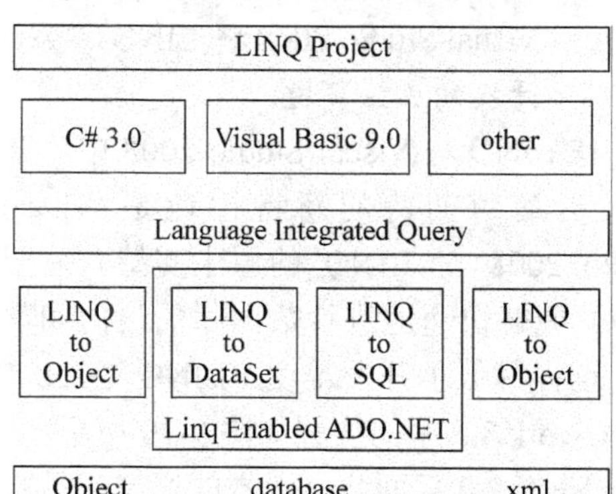

图 9-9　LINQ 的基本构架

如图 9-9 所示，LINQ 能够对不同的对象进行查询。在.NET 3.5 中，微软提供了不同的命名空间以支持不同的数据库配合 LINQ 进行数据查询。在 LINQ 框架中，处于最上方的就是 LINQ 应用程序。LINQ 应用程序基于.NET 框架而存在。LINQ 能够支持 C#、

VB 等.NET 平台下的宿主语言进行 LINQ 查询。在 LINQ 框架中，还包括 Linq Enabled ADO.NET 层，该层提供了 LINQ 查询操作并能够提供数据访问和整合功能。

LINQ 包括 5 个部分，这 5 个部分分别是 LINQ to Objects、LINQ to DataSet、LINQ to SQL、LINQ to Entities 和 LINQ to XML。在.NET 开发中，最常用的是 LINQ to SQL 和 LINQ to XML。LINQ to SQL 提供了对 SQL Server 中数据库的访问和整合功能，同时能够以对象的形式进行数据库管理。前面内容已经讲到，现在的数据库依旧以关系型数据库为主。在面向对象开发过程中，很难通过对象的方法描述数据库，而 LINQ 提供了通过对象的形式对数据库进行描述。LINQ to XML 提供了对 XML 中数据集的访问和整合功能。LINQ to XML 使用 System.Xml.Linq 命名控件，为 XML 操作提供了高效易用的方法。

3. LINQ 与 Visual Studio 2008 新特性

讲到 LINQ 就不得不讲解 Visual Studio 2008 的新特性，LINQ 作为 Visual Studio 2008 中的一部分。Visual Studio 2008 为 LINQ 提供很好的编程环境，LINQ 也使用到了 C#编程语言中的很多特性，以提高开发人员的开发效率。

- **Visual Studio 2008 重定向**　使用 Visual Studio 2008 与 Visual Studio 2005 不同的是，Visual Studio 2008 支持多个版本.NET 框架的共存。在 Visual Studio 2008 中可以选择基于.NET 2.0 或.NET 3.X 版本的框架来开发不同的应用程序。当选择不同的应用程序基础框架时，Visual Studio 2008 能够智能地提供不同的命名空间。
- **Visual Studio 2008 AJAX**　在 ASP.NET 2.0 开发中，需要使用 ASP.NET AJAX 1.0 作为 AJAX 开发必备的工具。在 Visual Studio 2008 中已经集成对 AJAX 的支持，创建 ASP.NET 3.5 应用程序已经能够非常方便地使用 AJAX 功能。
- **Visual Studio 2008 可视化操作**　在 Visual Studio 2008 中，微软提供了可视化操作，开发人员能够选择不同的视图进行页面分离形式的开发。在 Visual Studio 2008 中，开发人员可以选择视图、拆分和代码 3 种视图进行不同的开发体验。
- **Visual Studio 2008 集成 LINQ**　这是 Visual Studio 2008 中比较值得期待的功能。Visual Studio 2008 将 LINQ 作为编程语言中的一部分，为开发人员提供了 LINQ 开发的原生环境。

在 LINQ 与 Visual Studio 2008 中，开发人员最为期待的新特性还是 Visual Studio 2008 对 LINQ 的原生支持。使用 LINQ 能够快速地进行数据库的访问和整合，这样降低了开发难度。LINQ 在.NET Framework 3.5 中的位置如图 9-10 所示。

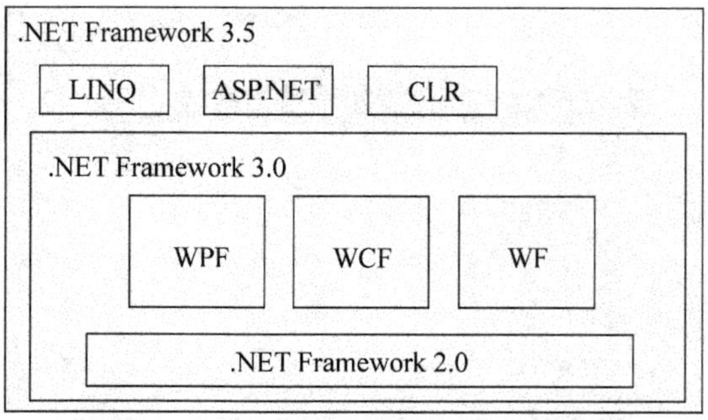

图 9-10　执行结果

.NET 2.0 后面几个版本的框架都是基于.NET Framework 2.0 而存在的。在.NET Framework 3.0 中，微软已经增加了 WPF，WCF，WF 等新特性，以提供快速的面向服务的开发和完善的用户体验解决方案。而 LINQ 是作为.NET Framework 3.5 存在于.NET Framework 中的，这也就是说只有在.NET Framework 3.5 框架中才能够使用 LINQ 技术。由于.NET Framework 3.5 版本的框架基于.NET Framework 3.0 版本，开发人员可以使用 LINQ 特性进行分布式开发和面向服务的开发，这样就能够更近一步地提高代码的复用性和安全性。

9.3.2 Lambda 表达式

Lambda 是一种高效的类似于函数式编程的表达式，Lambda 简化了开发中需要编写的代码量。Lambda 表达式是由.NET 2.0 演化的，也是 LINQ 的基础。熟练地掌握 Lambda 表达式能够快速上手 LINQ 应用开发。

1. 匿名方法

在了解 Lambda 表达式之前，需要了解什么是匿名方法。匿名方法简单地说，就是没有名字的方法。而通常情况下的方法定义是需要名字的，示例代码如下所示。

```
public int sum(int a, int b)              //创建方法
{
        return a + b;                     //返回值
}
```

上面这个方法就是一个常规方法，这个方法需要方法修饰符（public）、返回类型（int）方法名称（sum）和参数列表。而匿名方法可以看作是一个委托的扩展，是一个没有命名的方法。示例代码如下所示。

```
delegate int Sum1(int a, int b);          //声明匿名方法
protected void Page_Load(object sender, EventArgs e)
{
    Sum1 s = delegate(int a, int b)       //使用匿名方法
    {
       return a + b;                      //返回值
    };
}
```

上述代码声明了一个匿名方法 Sum，但是没有实现匿名方法的操作。在声明匿名方法对象时，可以通过参数格式创建一个匿名方法。匿名方法能够通过传递的参数进行一系列操作，示例代码如下所示。

```
Response.Write(s(10, 12).ToString());  //输出结果
```

上述代码使用了 s(10,12)方法进行两个数的加减。匿名方法虽然没有名称，但是同样可以使用"（""）"号进行方法的使用。结合上述代码，该实例的全部代码如下所示。

文件名：sum.aspx.cs

```
using System;
using System.Collections.Generic;
using System.Linq;
using System.Web;
using System.Web.UI;
```

```
using System.Web.UI.WebControls;
public partial class sum : System.Web.UI.Page
{
    delegate int Sum1(int a, int b);              //声明匿名方法
    protected void Page_Load(object sender, EventArgs e)
    {
        Sum1 s = delegate(int a, int b)           //使用匿名方法
        {
            return a + b;                         //返回值
        };
       Response.Write(s(10, 12).ToString());      //输出结果
    }
}
```

执行上述代码，结果如图 9-11 所示。

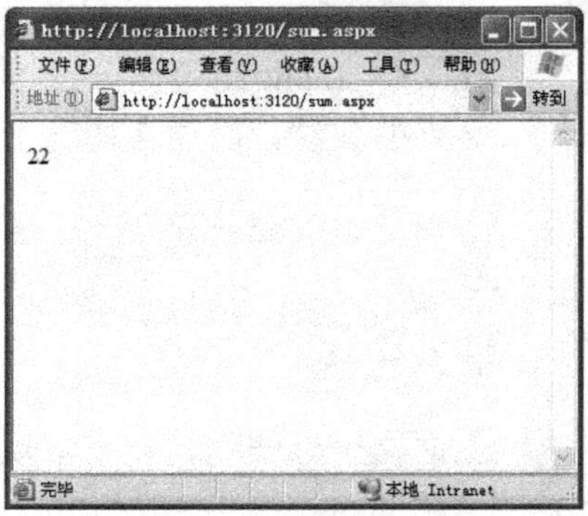

图 9-11 执行结果

提 示

虽然匿名方法没有名称，但是编译器在编译过程中，还是会为该方法定义一个名称，只是在开发过程中这个名称是不被开发人员看见的。

除此之外，匿名方法还能够使用一个现有的方法作为其方法的委托。示例代码如下所示。

```
delegate int Sum(int a,int b);       //方法委托
public int retSum(int a, int b)      //普通方法
{
       return a + b;
}
```

上述代码声明了一个匿名方法，并声明了一个普通的方法。在代码中使用匿名方法代码如下所示。

```
protected void Page_Load(object sender, EventArgs e)
{
       Sum s = retSum;
       int result = s(10, 10);
       //使用匿名方法
}
```

从上述代码中可以看出，匿名方法是一个没有名称的方法，但是匿名方法可以将方法名作为参数进行传递。上述代码中变量 s 就是一个匿名方法，这个匿名方法的方法体被声明为 retSum。编译器进行编译时，匿名方法会使用 retSum 执行其方法体并进行运算。匿名方法最明显的好处就是可以降低常规方法编写时的工作量，另外一个好处就是可以访问调用者的变量，降低传参数的复杂度。

2. Lambda 表达式基础

在了解了匿名方法后，就能够开始了解 Lambda 表达式。Lambda 表达式在一定程度上就是匿名方法的另一种表现形式。为了方便对 Lambda 表达式的解释，首先需要创建一个 People 类，示例代码如下所示。

文件名：Perple.cs

```
using System;
using System.Collections.Generic;
using System.Linq;
using System.Web;
public class People
{
    public int age { get; set; }          //设置属性
    public string name { get; set; }      //设置属性
    public People(int age, string name) //设置属性（构造函数构造）
    {
        this.age = age;                   //初始化属性值 age
        this.name = name;                 //初始化属性值 name
    }
}
```


上述代码定义了一个 People 类，并包含一个默认的构造函数，能够为 People 对象进行年龄和名字的定义。在应用程序设计中，很多情况下需要创建对象的集合。创建对象的集合有利于对对象进行操作和排序等操作，方便在集合中筛选相应的对象。使用 List 进行泛型编程，可以创建一个对象的集合。代码如下所示。

```
List<People> people = new List<People>();  //创建泛型对象
People p1 = new People(21, "guojing");      //创建一个对象
People p2 = new People(21, "wujunmin");     //创建一个对象
People p3 = new People(20, "muqing");       //创建一个对象
People p4 = new People(23, "lupan");        //创建一个对象
people.Add(p1);                             //添加一个对象
people.Add(p2);                             //添加一个对象
people.Add(p3);                             //添加一个对象
people.Add(p4);                             //添加一个对象
```

上述代码创建了 4 个对象，这 4 个对象分别初始化年龄和名字，并添加到 List 列表中。当应用程序需要对列表中的对象进行筛选时，例如需要筛选年龄大于 20 岁的人时，就需要从列表中筛选。代码如下所示：

```
IEnumerable<People> results = people.Where(delegate(People p)//匿名方法
{
        return p.age > 20;
}
);
```

上述代码通过使用 IEnumerable 接口创建了一个 result 集合，并且该集合中填充的是

年龄大于 20 的 People 对象。细心的读者就能够发现在这里使用了一个匿名方法进行筛选，因为该方法没有名称，该匿名方法通过使用 People 类对象的 age 字段进行筛选。

虽然上述代码中执行了筛选操作，但是使用匿名方法不太容易理解和阅读，而 Lambda 表达式相比于匿名方法而言更加容易理解和阅读。代码如下所示：

```
IEnumerable<People> results = people.Where(People => People.age > 20);
```

上述代码同样返回一个 People 对象的集合给变量 results，但是编写的方法更加容易阅读。从这可以看出，Lambda 表达式在编写的格式上和匿名方法非常相似。其实当编译器开始编译并运行，Lambda 表达式最终也表现为匿名方法。

使用匿名方法并不是创建了没有名称的方法，实际上编译器会创建一个方法。这个方法对于开发人员来说是看不见的，该方法会将 People 类的对象中符合 p.age>20 条件的对象返回并填充到集合中。相同的是，使用 Lambda 表达式，当编译器编译时，Lambda 表达式同样会被编译成一个匿名方法进行相应的操作。但是相比于匿名方法而言，Lambda 表达式更容易阅读。Lambda 表达式的格式如下所示：

```
(参数列表)=>表达式或者语句块
```

如上述代码中，参数列表就是 People 类，表达式和语句块就是 People.age>20。使用 Lambda 表达式能够让人很容易地理解该语句究竟是如何执行的，虽然匿名方法提供了同样的功能，却并不容易理解。相比之下，People=>People.age >20 却能够很好的理解为“返回一个年纪大于 20 的人”。其实 Lambda 表达式并没有什么高深的技术，Lambda 表达式可以看作是匿名方法的另一种表现形式。其实 Lambda 表达式经过反编译后，与匿名方法并没有什么区别。下面是该实例的全部代码，如下所示。

文件名：List.aspx

```
<%@ Page Language="C#" AutoEventWireup="true" CodeFile="List.aspx.cs"
Inherits="List" %>
<!DOCTYPE html PUBLIC "-//W3C//DTD XHTML 1.0 Transitional//EN" "http:
//www.w3.org/TR/xhtml1/DTD/xhtml1-transitional.dtd">
<html xmlns="http://www.w3.org/1999/xhtml">
<head runat="server">
    <title>Lambda 查询数据</title>
</head>
<body>
    <form id="form1" runat="server">
    <div>
        <asp:Label ID="Label1" runat="server" Text=""></asp:Label>
    </div>
    </form>
</body>
</html>
```

文件名：List.aspx.cs

```
using System;
```

```
using System.Collections.Generic;
using System.Linq;
using System.Web;
using System.Web.UI;
using System.Web.UI.WebControls;
public partial class List : System.Web.UI.Page
{
    protected void Page_Load(object sender, EventArgs e)
    {
        List<People> people = new List<People>();    //创建泛型对象
        People p1 = new People(21, "guojing");       //创建一个对象
        People p2 = new People(21, "wujunmin");      //创建一个对象
        People p3 = new People(20, "muqing");        //创建一个对象
        People p4 = new People(23, "lupan");         //创建一个对象
        people.Add(p1);                              //添加一个对象
        people.Add(p2);                              //添加一个对象
        people.Add(p3);                              //添加一个对象
        people.Add(p4);                              //添加一个对象
        IEnumerable<People> results = people.Where(People => People.
        age > 20);
        foreach (People p in results)
          Label1.Text +="名称: "+p.name.ToString() + "  年龄: " + p.age+"<br />";
    }
}
```


执行上述代码，结果如图 9-12 所示。

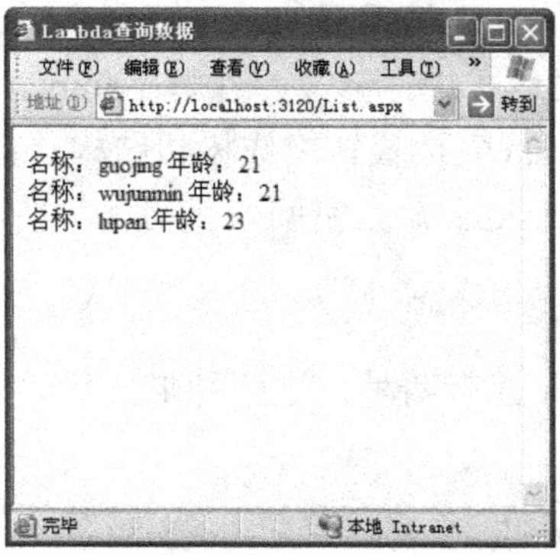

图 9-12　执行结果

3．Lambda 表达式格式

Lambda 表达式是匿名方法的另一种表现形式。比较 Lambda 表达式和匿名方法，在匿名方法中，“(", ")” 内是方法的参数的集合，这就对应了 Lambda 表达式中“(参数列表)”。而匿名方法中“{", "}” 内是方法的语句块，这也对应了 Lambda 表达式“=>”符号右边的表达式和语句块项。由于 Lambda 表达式是一种匿名方法，所以 Lambda 表达式也包含一些基本格式，这些基本格式如下所示。

Lambda 表达式可以有一个或多个参数，甚至可以没有参数。参数类型可以隐式或者显式。代码如下所示：

```
(x, y) => x * y                       //多参数，隐式类型=> 表达式
x => x * 5                            //单参数，隐式类型=>表达式
x => { return x * 5;}                 //单参数，隐式类型=>语句块
(int x) => x * 5;                     //单参数，显式类型=>表达式
(int x) => { return x * 5; }          //单参数，显式类型=>语句块
() => Console.WriteLine();            //无参数
```

上述格式都是 Lambda 表达式的合法格式。在编写 Lambda 表达式时，可以忽略参数的类型，因为编译器能够根据上下文直接推断参数的类型，代码如下所示：

```
(x, y) => x + y    //多参数，隐式类型=>  表达式
```

Lambda 表达式的主体可以是表达式也可以是语句块，这样就节约了代码的编写。

提示

Lambda 表达式与匿名方法的另一个不同是，Lambda 表达式的主体可以是表达式也可以是语句块，而匿名方法中不能包含表达式。

Lambda 表达式中的表达式和表达式体都能够被转换成表达式树，这在表达式树的构造上会起到很好的作用。表达式树也是 LINQ 中最基本最重要的概念。

4. Lambda 表达式树

Lambda 表达式树也是 LINQ 中最重要的一个概念。Lambda 表达式树允许开发人员像处理数据一样对 Lambda 表达式进行修改。理解 Lambda 表达式树的概念并不困难，Lambda 表达式树就是将 Lambda 表达式转换成树状结构。在使用 Lambda 表达式树之前还需要使用 System.Linq.Expressions 命名空间，代码如下所示。

```
using System.Linq.Expressions;
```

Lambda 表达式树的基本形式有两种，这两种形式代码如下所示。

```
Func<int, int> func = pra => pra * pra;                          //创建表达式树
Expression<Func<int, int>> expression = pra => pra * pra;        //创建表达式树
```

Lambda 表达式树就是将 Lambda 表达式转换成树状结构，示例代码如下所示。

```
Func<int, int> func = (pra => pra * pra);        //创建表达式
Response.Write(func(8).ToString());              //执行表达式
Response.Write("<hr/>");
```

上述代码直接用 Lambda 表达式初始化 Func 委托，运行后返回的结果为 64。同样，使用 Expression 类也可以实现相同的效果，示例代码如下所示。

```
Expression<Func<int, int>> expression = pra => pra * pra;   //创建表达式
Func<int, int> func1 = expression.Compile();                //编译表达式
```

```
Response.Write(func1(8).ToString());
```

上述代码运行后同样返回64，使用Func类和Expression类创建Lambda表达式运行结果相同，但是Func方法和Expression方法是有区别的，如Lambda表达式pra=>pra*pra，Expression首先会分析该表达式并将表达式转换成树状结构。

当编译器编译Lambda表达式时，如果Lambda表达式使用的是Func方法，则编译器会将Lambda表达式直接编译成匿名方法，而如果Lambda表达式使用的是Expression方法，则编译器会将Lambda表达式进行分析、处理，然后得到一种数据结构。

5. 访问Lambda表达式树

在LINQ应用开发中常需要解析Lambda表达式，则就不可避免地对Lambda表达式树进行访问。访问Lambda表达式树的方法非常简单，可以直接将表达式输出，示例代码如下所示。

文件名：Lambda.aspx.cs

```
using System;
using System.Collections.Generic;
using System.Linq;
using System.Web;
using System.Web.UI;
using System.Web.UI.WebControls;
using System.Linq.Expressions;
public partial class Lambda : System.Web.UI.Page
{
    protected void Page_Load(object sender, EventArgs e)
    {
        Expression<Func<int, int>> expression = pra => pra * pra;
        Func<int, int> func1 = expression.Compile();
        Response.Write(func1(8).ToString()+"<br/>");
        Response.Write(expression.ToString());
    }
}
```

在上述代码中，直接使用Expression类的对象进行表达式输出，这时候读者可能会想，是否能够像Expression类的对象一样直接将Func对象进行输出，答案是否定的。而如果直接使用Func对象是不能够输出表达式的。执行上述代码，结果如图9-13所示。

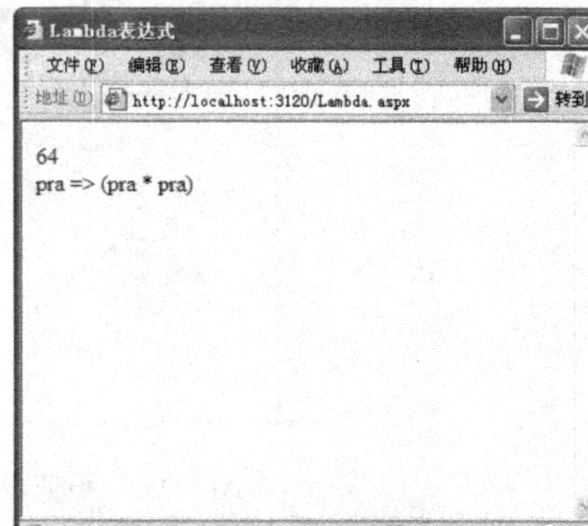

图 9-13　执行结果

9.3.3　LINQ简单操作

在ASP.NET应用程序开发中，需要涉及到数据的显示和整合。使用ASP.NET 2.0中提供的控件能够编写用户控件。开发人员还能够选择开发自定义控件进行数据显示和整合，但是在数据显示和整合过程中，开发人员需要大量的连接、关闭连接等操作。而且传统的方法也破坏了面向对象的特性。使用 LINQ 能够方便地使用面向对象的方法进行数据库操作。

1．LINQ 查询数据

使用 LINQ 能够对数据集进行查询。在 ASP.NET 中，可以创建一个新的 LINQ 数据库进行数据集查询。右击现有项目，在弹出的快捷菜单中选择【添加新项】选项。在弹出的【添加新项】对话框中选择【LINQ to SQL 类】选项，如图 9-14 所示。

图 9-14　新建【LINQ to SQL 类】

创建一个 LINQ to SQL 类，能够映射一个数据库，实现数据对象的创建，如图 9-15 所示。创建一个 LINQ to SQL 类后，可以直接在服务资源管理器中拖动相应的表到 LINQ to SQL 类文件中，如图 9-16 所示。

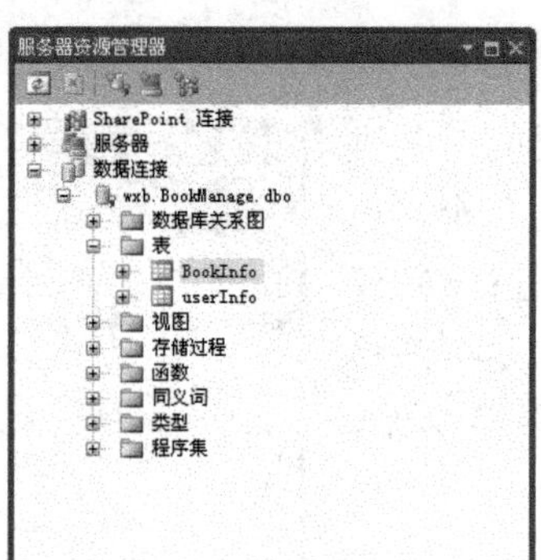

图 9-15　服务器资源管理器

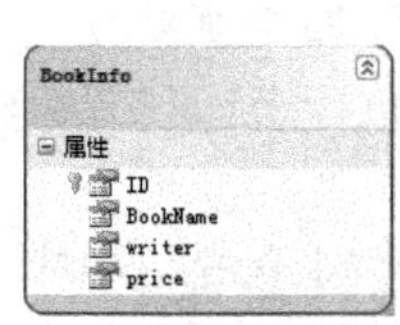

图 9-16　表 BookInfo

创建一个 LINQ to SQL 类文件后，LINQ to SQL 类就将数据进行对象化，这里的对象化就是以面向对象的思想针对一个数据集建立一个相应的类。开发人员能够使用 LINQ to SQL 创建的类进行数据库查询和整合操作，示例代码如下所示。

文件名：LINQ.aspx

```
<%@ Page Language="C#" AutoEventWireup="true" CodeFile="LINQ.aspx.cs"
Inherits="LINQ" %>
<!DOCTYPE html PUBLIC "-//W3C//DTD XHTML 1.0 Transitional//EN" "http:
//www.w3.org/TR/xhtml1/DTD/xhtml1-transitional.dtd">
<html xmlns="http://www.w3.org/1999/xhtml">
<head runat="server">
   <title>LINQ 查询数据</title>
</head>
<body>
   <form id="form1" runat="server">
   <div>
      <asp:Label ID="Label1" runat="server" Text=""></asp:Label>
   </div>
   </form>
</body>
</html>
```

文件名：LINQ.aspx.cs

```
using System;
using System.Collections.Generic;
using System.Linq;
using System.Web;
using System.Web.UI;
using System.Web.UI.WebControls;
using System.Xml.Linq;
public partial class LINQ : System.Web.UI.Page
{
   protected void Page_Load(object sender, EventArgs e)
   {
      DataClassesDataContext data = new DataClassesDataContext();
                                                           //使用 LINQ 类
      var s = from n in data.BookInfo orderby n.ID select n;
                                                           //执行查询
      foreach (var t in s)
      {
         Label1.Text += "书名：" + t.BookName.ToString() + "<br />" +
                        "作者：" + t.writer.ToString() + "<br />" +
                        "价格：" + t.price.ToString() +
                        "<hr/>";
      }
   }
}
```

在上述代码中，创建了一个 DataClasses.dbml 的 LINQ to SQL 文件，开发人员能够直接使用该类的对象提供数据操作。上述代码使用了 LINQ to SQL 文件提供的类进行数据查询。使用 LINQ 查询语句查询 BookInfo 表中以升序 ID 排列的所有行。使用 LINQ toSQL 文件提供的对象能够快速地进行数据集中对象的操作。创建一个 DataClasses.dbml 的 LINQ to SQL 文件，其中 DataClassesDataContext 为类的名称。该类提供 LINQ to SQL 操作方法。执行上述代码，结果如图 9-17 所示。

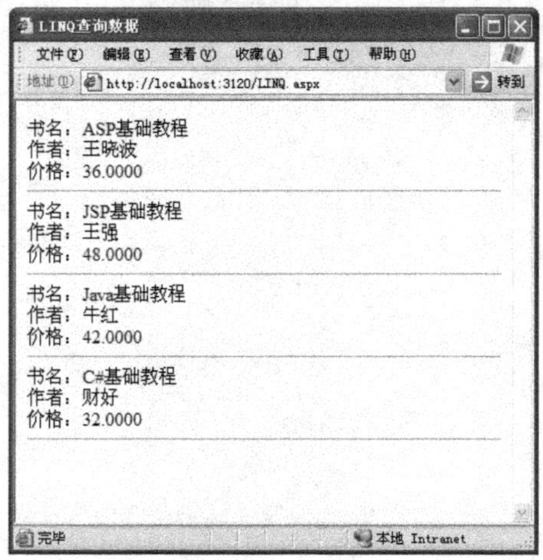

图 9-17　查询结果

2. 向数据库中插入数据

使用 LINQ to SQL 插入数据只需要创建一个插入的对象新实例，并把它添加到对象集合中。LINQ 类提供了两个方法 InsertOnSubmit 和 InsertAllOnSubmit，它们很便于创建对象，并将对象添加到 LINQ 集合中。InsertOnSubmit 方法把单个实体作为方法参数，可以插入单个实体，而 InsertAllOnSubmit 方法把一个集合作为其方法参数，可以在一次方法调用中插入整个数据集合。

添加了对象后，LINQ to SQL 就需要额外的一步，来调用数据上下文对象的 SubmitChanges 方法，调用这个方法会告诉 LIQN 执行 Insert 操作。

下面是一个使用 LINQ to SQL 语句向数据库中插入数据的实例，代码如下所示。

文件名：LinqInsert.aspx

```
<%@ Page Language="C#" AutoEventWireup="true" CodeFile="LinqInsert.aspx.
cs" Inherits="LinqInsert" %>
<!DOCTYPE html PUBLIC "-//W3C//DTD XHTML 1.0 Transitional//EN" "http:
//www.w3.org/TR/xhtml1/DTD/xhtml1-transitional.dtd">
<html xmlns="http://www.w3.org/1999/xhtml">
<head runat="server">
    <title>Linq 插入数据</title>
</head>
<body>
    <form id="form1" runat="server">
    <div>
        <asp:Label ID="Label1" runat="server" Text=""></asp:Label>
```

```
    </div>
    </form>
</body>
</html>
```

文件名：LinqInsert.aspx.cs

```
using System;
using System.Collections.Generic;
using System.Linq;
using System.Web;
using System.Web.UI;
using System.Web.UI.WebControls;
public partial class LinqInsert : System.Web.UI.Page
{
    protected void Page_Load(object sender, EventArgs e)
    {
        DataClassesDataContext data = new DataClassesDataContext();
                                                        //使用 LINQ 类
        var Book = new BookInfo
        {
            BookName="XML 基础教程与实验指导",
            writer="王海峰",
            price=56,
        };
        data.BookInfo.InsertOnSubmit(Book);
        data.SubmitChanges();
        var s = from n in data.BookInfo where n.BookName == "XML 基础教程
        与实验指导" select n;                                //执行查询
        foreach (var t in s)
        {
            Label1.Text += "书名: " + t.BookName.ToString() + "<br />" +
                          "作者: " + t.writer.ToString() + "<br />" +
                          "价格: " + t.price.ToString() +
                           "<hr/>";
        }
    }
}
```

在上述代码中，首先创建一个新的 BookInfo 对象，再把它添加到 BookInfo 集合中，调用 SubmitChanges 方法，把所做的修改保存到 SQL 数据库中。执行上述代码，结果如图 9-18 所示。

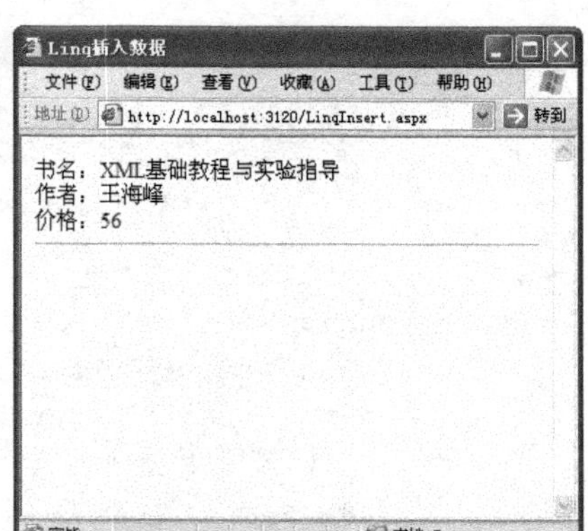

图 9-18　插入数据

3．更新数据

用 LINQ 更新数据非常类似于插入数据。首先应获得要更新的指定对象。为此，可以使用要更新的集合的 Single 方法。Single 标量方法根据其输入参数从集合中返回一个对象。如果有多个记录匹配该参数，Single 方法只返回第一个匹配的记录。

有了要更新的记录后，只需要修改对象的属性值，再调用数据上下文的 Submit Changes 方法。下面是一个更新 BookInfo 表的实例，代码如下所示。

文件名：LinqUpdate.aspx

```
<%@ Page Language="C#" AutoEventWireup="true" CodeFile="LinqUpdate.aspx.
cs" Inherits="LinqUpdate" %>
<!DOCTYPE html PUBLIC "-//W3C//DTD XHTML 1.0 Transitional//EN" "http:
//www.w3.org/TR/xhtml1/DTD/xhtml1-transitional.dtd">
<html xmlns="http://www.w3.org/1999/xhtml">
<head runat="server">
    <title>LINQ 更新数据</title>
</head>
<body>
    <form id="form1" runat="server">
    <div>
        <asp:Label ID="Label1" runat="server" Text=""></asp:Label>
    </div>
    </form>
</body>
</html>
```


文件名：LinqUpdate.aspx.cs

```
using System;
using System.Collections.Generic;
using System.Linq;
using System.Web;
using System.Web.UI;
using System.Web.UI.WebControls;

public partial class LinqUpdate : System.Web.UI.Page
{
    protected void Page_Load(object sender, EventArgs e)
    {
        DataClassesDataContext data = new DataClassesDataContext();
                                                            //使用 LINQ 类
        //更新数据
        BookInfo book =
        data.BookInfo.Single(c => c.BookName == "ASP 基础教程");
        book.writer= "张三";
        data.SubmitChanges();
        //查询修改数据
        var s = from n in data.BookInfo where n.BookName == "ASP 基础教程"
        select n;  //执行查询
        foreach (var t in s)
        {
```

```
            Label1.Text += "书名: " + t.BookName.ToString() + "<br />" +
                           "作者: " + t.writer.ToString() + "<br />" +
                           "价格: " + t.price.ToString() +
                            "<hr/>";
        }
    }
}
```

执行上述代码，结果如图 9-19 所示。

提示

LINQ to SQL 还包含和使用默认的优化并发功能。这意味着如果两个用户从数据库中检索出了相同的记录，并试图更新它，第一个将更新操作提交给服务器的用户就会胜出。如果第二个用户试图在第一个用户之后更新记录，LINQ to SQL 就会检测到原始记录已更新，而引发一个 ChangConflictException

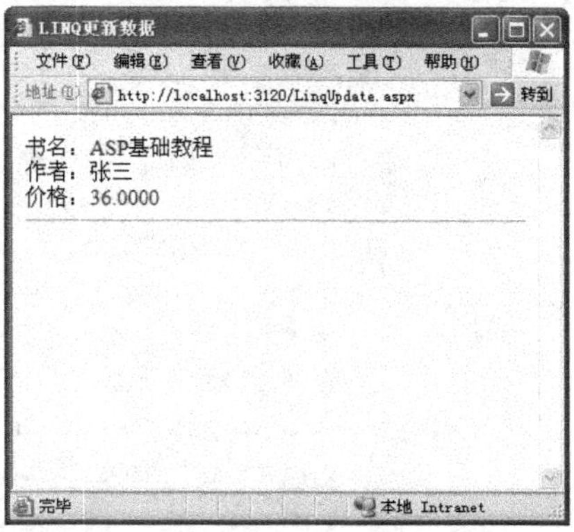

图 9-19　更新数据

4．删除数据

最后，LINQ to SQL 还可以从 SQL 数据源中删除数据。LINQ to SQL 设计器生成的每个数据类对象还有两个方法：DeleteOnSubmit 和 DeleteAllOnSubmit，可以从集合中删除对象。顾名思义，DeleteOnSubmit 方法从集合中删除一个对象，而 DeleteAllOnSubmit 方法从集合中删除所有记录。

下面是一个使用 DeleteOnSubmit 方法从数据源中删除数据的实例，代码如下所示。

文件名：LinqDelete.aspx

```
<%@ Page Language="C#" AutoEventWireup="true" CodeFile="LinqDelete.aspx.
cs" Inherits="LinqDelete" %>
<!DOCTYPE html PUBLIC "-//W3C//DTD XHTML 1.0 Transitional//EN" "http:
//www.w3.org/TR/xhtml1/DTD/xhtml1-transitional.dtd">
<html xmlns="http://www.w3.org/1999/xhtml">
<head runat="server">
   <title>LINQ 删除数据</title>
</head>
<body>
   <form id="form1" runat="server">
   <div>
      <asp:Label ID="Label1" runat="server" Text=""></asp:Label>
   </div>
   </form>
</body>
</html>
```

文件名：LinqDelete.aspx.cs

```
using System;
```

```
using System.Collections.Generic;
using System.Linq;
using System.Web;
using System.Web.UI;
using System.Web.UI.WebControls;
public partial class LinqDelete : System.Web.UI.Page
{
    protected void Page_Load(object sender, EventArgs e)
    {
        DataClassesDataContext data = new DataClassesDataContext();
        //使用 LINQ 类
        //删除数据
        BookInfo book =
        data.BookInfo.First(c => c.BookName == "XML 基础教程与实验指导");
        data.BookInfo.DeleteOnSubmit(book);
        data.SubmitChanges();
        //查询修改数据
        var s = from n in data.BookInfo orderby n.ID select n; //执行查询
        foreach (var t in s)
        {
            Label1.Text += "书名：" + t.BookName.ToString() + "<br />" +
                          "作者：" + t.writer.ToString() + "<br />" +
                          "价格：" + t.price.ToString() +
                           "<hr/>";
        }
    }
}
```


执行上述代码，结果如图 9-20 所示。

图 9-20　执行结果

提 示

与其他 SQL 命令一样，必须调用数据上下文的 SubmitChanges 方法，把所做的修改保存到 SQL 数据源中。

9.4 扩展练习

1. LINQ 模糊查询数据

本扩展练习主要实现的功能是，使用 LINQ 语句模糊查询 BookInfo 表中的数据，实现与传统 SQL 语句一样的功能，帮忙大家更好的了解 LINQ 语句的应用。

1 在 Visual Studio2010 中，执行【文件】|【新建】|【网站】命令，新建名为 ShowContent 的 ASP.NET 空网站。

2 打开【文件】|【新建文件】命令，弹出【添加新项】对话框。在该对话框中选择“Web 窗体”模板，并输入文件名称为 Query.aspx，单击【添加】按钮。可以看到在【解决方案资源管理器】面板中会显示文件 Query.aspx 以及它的代码页文件 Query.aspx.cs。

3 在【解决方案资源管理器】面板中，双击“Query.aspx”树状菜单元素，打开 Query.aspx 文件输入以下代码并保存。

```
<%@ Page Language="C#" AutoEventWireup="true" CodeFile="Query.aspx.cs"
Inherits="Query" %>
<!DOCTYPE html PUBLIC "-//W3C//DTD XHTML 1.0 Transitional//EN" "http:
//www.w3.org/TR/xhtml1/DTD/xhtml1-transitional.dtd">
<html xmlns="http://www.w3.org/1999/xhtml">
<head runat="server">
    <title>LINQ 模糊查询</title>
</head>
<body>
    <form id="form1" runat="server">
    <div>
        <asp:Label ID="Label1" runat="server" Text="Label"></asp:Label>
    </div>
    </form>
</body>
</html>
```

4 在【解决方案资源管理器】面板中，双击“Web.aspx.cs”树状菜单元素，打开 Query.aspx.cs 文件输入以下代码并保存。

```
using System;
using System.Collections.Generic;
using System.Linq;
using System.Web;
using System.Web.UI;
using System.Web.UI.WebControls;
public partial class Query : System.Web.UI.Page
{
    protected void Page_Load(object sender, EventArgs e)
    {
        DataClassesDataContext data = new DataClassesDataContext();
        var s = from c in data.BookInfo where c.BookName.Contains("基础教
```

```
        程") select c;//执行查询
        foreach (var t in s)
        {
            Label1.Text += "书名: " + t.BookName.ToString() + "<br />" +
                        "作者: " + t.writer.ToString() + "<br />" +
                        "价格: " + t.price.ToString() +
                         "<hr/>";
        }
    }
}
```

5 执行上述代码，结果如图 9-21 所示。

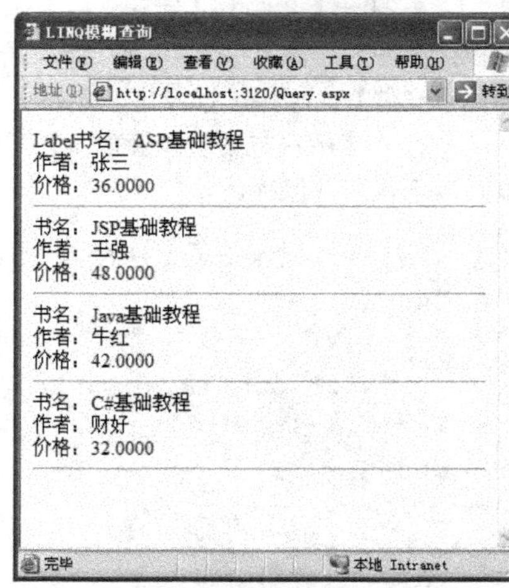

图 9-21　模糊查询

2. LINQ 技术与 GridView 组件的综合应用

本扩展练习主要实现 LINQ 技术与 GridView 组件的结合应用。LINQ 实现数据的查询功能，而 GridView 控件实现数据源的绑定并显示在浏览器中。

1 在 Visual Studio2010 中，执行【文件】|【新建】|【网站】命令，新建名为 ShowContent 的 ASP.NET 空网站。

2 打开【文件】|【新建文件】命令，弹出【添加新项】对话框。在该对话框中选择“Web 窗体”模板，并输入文件名称为 Query.aspx，单击【添加】按钮。可以看到在【解决方案资源管理器】面板中会显示文件 Query.aspx 以及它的代码页文件 Query.aspx.cs。

3 在【解决方案资源管理器】面板中，双击“Query.aspx”树状菜单元素，打开 Query.aspx 文件输入以下代码并保存。

```
<%@ Page Language="C#" AutoEventWireup="true" CodeFile="GridView.aspx.
cs" Inherits="avg " %>
<!DOCTYPE html PUBLIC "-//W3C//DTD XHTML 1.0 Transitional//EN" "http:
//www.w3.org/TR/xhtml1/DTD/xhtml1-transitional.dtd">
<html xmlns="http://www.w3.org/1999/xhtml">
<head runat="server">
    <title>GridView 控件应用</title>
</head>
<body>
    <form id="form1" runat="server">
    <div>
        <asp:GridView ID="GridView1" runat="server">
        </asp:GridView>
    </div>
    </form>
</body>
</html>
```

4 在【解决方案资源管理器】面板中，双击“Web.aspx.cs”树状菜单元素，打开 Query.aspx.cs 文件输入以下代码并保存。

```
using System;
using System.Collections.Generic;
using System.Linq;
using System.Web;
using System.Web.UI;
using System.Web.UI.WebControls;
public partial class avg : System.Web.UI.Page
{
    protected void Page_Load(object sender, EventArgs e)
    {
        DataClassesDataContext data = new DataClassesDataContext();
        var s = from c in data.BookInfo  select c;//执行查询
        this.GridView1.DataSource = s;
        this.GridView1.DataBind();
    }
}
```

5 执行上述代码，结果如图 9-22 所示。

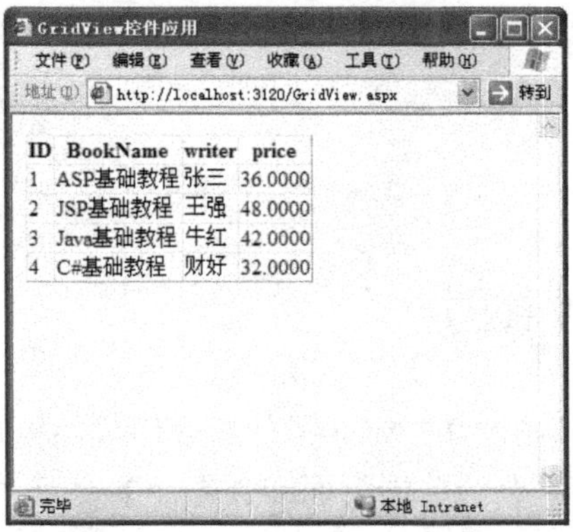

图 9-22　执行结果

第 10 章　数据绑定控件

动态网页之所以“动态”，是因为将所有可以变化的内容存储到了数据库中，根据用户需求和权限决定显示哪些数据。数据绑定控件类似一个桥梁，可以帮助开发者将大量数据库中的数据整合到一个数据表中，然后提供一组 UI，根据用户的可视化操作与数据库进行交互。

在.NET Framework 4.0 中，包含了 6 种数据绑定控件。本章将先介绍数据绑定控件的基础知识，并对最常用的几种支持数据绑定的控件进行介绍。

本章学习目标：

- 了解数据绑定
- 绑定控件
- 数据源控件
- GridView 控件
- DataList 控件
- ListView 控件
- 连接数据源

10.1 数据绑定控件概述

数据绑定控件是由多个 ASP.NET Web 控件组合而成的控件组或控件布局方式，提供了快速而便捷的接口，实现安全的前端页面和数据库的交互，简化了动态数据显示和修改的过程。

10.1.1 了解数据绑定

使用数据绑定控件，可以将控件绑定到指定的数据结果集中，通过自定义模板对控件进行布局操作。另外，数据绑定控件还提供了处理和取消事件的快速模型。

在传统的 ASP.NET Web 程序开发中，开发者如果需要将数据库中的数据表显示到前端页面中，需要先通过后台程序执行 SQL 语句查询数据，然后再将查询的数据存储到数组等集合中。再到前端，通过循环语句遍历这些集合，输出表格或输出结合数据的控件等。

在 ASP.NET Framework 4.0 中，支持开发者以可视化的操作将复合的数据绑定控件插入到网页中。再直接定义数据绑定控件的属性，直接调用数据库中的数据，生成全部代码，以提高开发的效率。如图 10-1 所示，数据绑定的层次结构图。

这种生成的代码直接由微软公司预先编写，相对普通开发者编写的代码而言，逻辑错误较少，安全性较高。

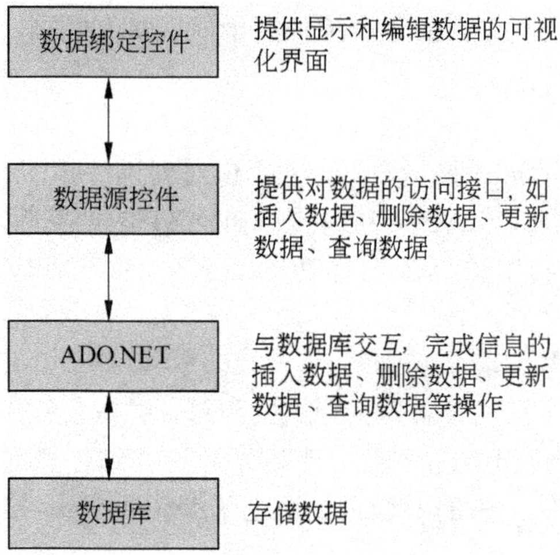

图 10-1　数据绑定层次结构图

> **提示**
>
> 在早期的.NET Framework 版本中，数据绑定控件是通过使用 DataSource 属性绑定数据，仍然需要开发者自行编写代码处理数据的显示、分页、排序、编辑和删除等操作。自 ASP.NET Framework 2.0 开始，开发者可以直接选择 DataSourceID 属性执行绑定。

10.1.2　绑定控件与数据源控件

微软定义了一系列的控件专门用于显示数据的格式，通过这些控件可以用可视化的方式查看绑定数据之后的效果。这些控件称之为数据绑定控件。

在 ASP.NET 中，所有的数据库绑定控件都是从 BaseDataBoundControl 这个抽象类派生的，这个抽象类定义了几个重要属性和一个重要方法：

- **DataSource 属性**　指定数据绑定控件的数据来源，显示的时候程序将会从这个数据源中获取数据并显示。
- **DataSourceID 属性**　指定数据绑定控件的数据源控件的 ID，显示的时候程序将会根据这个 ID 找到相应的数据源控件，并利用这个数据源控件中指定方法获取数据并显示。
- **DataBind()方法**　当指定了数据绑定控件的 DataSource 属性或者 DataSourceID 属性之后，再调用 DataBind()方法显示绑定的数据。

> **提示**
>
> 在使用数据源时，先尝试使用 DataSourceID 属性标识的数据源，如果没有设置 DataSourceID 时才会用到 DataSource 属性标识的数据源。也就是说 DataSource 和 DataSourceID 两个属性不能同时使用。

在 ASP.NET 中，主要包含 5 个数据源控件，如 GridView、DataList、Repeater、

DetailsView、FormView。其中，前 3 个控件用于呈现多列数据，而后面 2 个控件用于呈现单列数据。

❑ **GridView 控件**

GridView 控件以表的形式显示数据，并提供对列进行排序、分页、翻阅数据以及编辑或删除单个记录的功能。GridView 控件是 ASP.NET 的早期版本中提供的 DataGrid 控件的后继控件。除添加利用数据源控件功能的新功能，GridView 控件还实现了某些改进。

❑ **DetailsView 控件**

DetailsView 控件一次呈现一条表格形式的记录，并提供翻阅多条记录以及插入、更新和删除记录的功能。DetailsView 控件通常用在主/详细信息方案中，在这种方案中，主控件（如 GridView 控件）中的所选记录决定了 DetailsView 控件显示的记录。

❑ **FormView 控件**

FormView 控件与 DetailsView 控件类似，它一次呈现数据源中的一条记录，并提供翻阅多条记录以及插入、更新和删除记录的功能。但是，DetailsView 控件使用基于表格的布局，数据记录的每个字段都显示为控件中的一行。而 FormView 控件不指定用于显示记录的预定义布局。

❑ **Repeater 控件**

Repeater 控件使用数据源返回的一组记录呈现只读列表。与 FormView 控件类似，Repeater 控件不指定内置布局。当然，用户可以使用模板，创建 Repeater 控件的布局格式。

❑ **DataList 控件**

DataList 控件以表的形式呈现数据，通过该控件，可以使用不同的布局来显示数据记录。用户可以对 DataList 控件进行配置，使用户能够编辑或删除表中的记录。

数据源控件是数据绑定控件的基础，提供了与数据库交互的功能，可以通过数据绑定控件内其他的控件获取用户操作，并根据这些操作决定如何访问数据库。

所有数据源控件都由 System.Web.UI.DataSourceControl 类派生而来，允许以声明方式或编程方式定义连接信息、查询信息、参数和行为，并允许开发者将其绑定在不同的用户界面对象上。

数据源控件封装了访问不同类型数据源（例如 SQL Server、ODBC、OLE DB、XML 文件、业务对象等）的方法，而方便开发者以相同的代码操作这些数据源中的数据。ASP.NET Framework 4 的数据源控件包括以下几种，如表 10-1 所示。

表 10-1　常见的数据源控件

数据源控件	作用
ObjectDataSource	由对象的属性、字段等获取数据
SqlDataSource	由 SQL Server、MySQL、Oracle 等数据库获取数据
AccessDataSource	由 Access 数据库获取数据（由 SqlDataSource 派生）
XMLDataSource	由 XMl 数据中获取数据
SiteMapDataSource	由站点地图中获取数据
EntityDataSource	由 ADO.NET 的实体数据模型获取数据
LinqDataSource	由语言集成查询技术（LINQ）实现的对象中获取数据

上表中所有的数据源控件通常都已经封装到数据绑定控件中。基于面向对象编程的特点，用户不需要考虑如何使用以上数据源控件，直接通过数据绑定控件就能快速访问数据。

10.2 GridView 控件

GridView 是 DataGrid 控件的后继者，提供了相同的基本功能集，同时增加了大量的扩展和改进。GridView 控件的作用是以表格或矩阵的方式显示多条目数据，其中每一行显示一条数据，该行中的每列显示数据的字段。

10.2.1 GridView 概述

GridView 控件旨在解决此限制，并以尽可能少的数据实现双向数据绑定。该控件与新的数据源控件系列紧密结合，而且只要底层的数据源对象支持，还可以直接处理数据源更新。

GridView 控件为数据源的内容提供了一个表格式的类网格视图。每一列表示一个数据源字段，而每一行表示一个记录。该类声明如下：


```
public class GridView : CompositeDataBoundControl,
ICallbackContainer,
ICallbackEventHandler
```

该基类确保数据绑定和命名容器支持。ICallbackContainer 和 ICallbackEventHandler 接口提供了比现在支持的更有效的分页和排序功能。它通过使用新的脚本回调技术的客户端的 out-of-band 调用来完成。

1. GridView 控件的属性

GridView 支持大量属性，这些属性属于如下几大类：行为、可视化设置、样式、状态和模板。如表 10-2 列出了该控件的一些常见属性，表 10-3 列出了该控件的一些样式及外观属性，表 10-4 列出了该对象的一些状态属性。

表 10-2 GridView 控件属性

属性	说明
AllowPaging	指示该控件是否启用分页功能
AllowSorting	指示该控件是否启用排序功能
AutoGenerateColumns	指示是否自动地为数据源中的每个字段创建列。默认为 true
DataKeyNames	获取或设置一个数组，该数组包含了显示在 Gridview 控件中的项的主键字段的名称
DataKeys	获取一个 DataKey 对象集合，这些对象表示 Gridview 控件中的每一行的数据键值

续表

属性	说明
DataMember	当数据源包含多个不同的数据项列表时，获取或者设置数据绑定控件到数据列表的名称
DataSource	获取或设置对象，数据绑定控件从该对象中检索其数据项列表
DataSourceID	获取或设置控件的 ID，数据绑定控件从该控件中检索其数据项列表
PageSize	获取或设置 Gridview 控件在每页上所显示记录的数目
PageCount	获取在 Gridview 控件中显示数据源记录所需的页数
PageIndex	获取或设置当前显示页的索引
SortDirection	获取正在排序的排序方向
SortExpression	获取与正在排序的列关联的排序表达式

SortDirection 和 SortExpression 属性规定当前决定行的排列顺序的列上的排序方向和排序表达式。这两个属性都是在用户单击列的标题时由该控件的内置排序机制设置的。整个排序引擎通过 AllowSorting 属性来启用或者禁用实现。

10-3 GridView 控件的样式和外观属性

样式	描述
AlternatingRowStyle	定义表中每隔一行的样式属性
EditRowStyle	定义正在编辑的行的样式属性
FooterStyle	定义网格的页脚的样式属性
HeaderStyle	定义网格的标题的样式属性
EmptyDataRowStyle	定义空行的样式属性，这是在 GridView 绑定到空数据源时生成
PagerStyle	定义网格的分页器的样式属性
RowStyle	定义表中的行的样式属性
SelectedRowStyle	定义当前所选行的样式属性
BackImageUrl	指示要在控件背景中显示的图像的 URL
Caption	在该控件的标题中显示的文本
CaptionAlign	标题文本的对齐方式
CellPadding	指示一个单元的内容与边界之间的间隔（以像素为单位）
CellSpacing	指示单元之间的间隔（以像素为单位）
GridLines	指示该控件的网格线样式
HorizontalAlign	指示该页面上的控件水平对齐
EmptyDataText	指示当该控件绑定到一个空的数据源时生成的文本
PagerSettings	引用一个允许我们设置分页器按钮的属性的对象
ShowFooter	指示是否显示页脚行
ShowHeader	指示是否显示标题行

在该控件中，用户还可以通过 EmptyDataTemplate 和 EmptyDataText 属性，来设置模板内容。其中，EmptyDataTemplate 属性指示该控件绑定到一个空的数据源时要生成的模板内容。如果该属性和 EmptyDataText 属性都没有设置，则该属性优先采用。如果两个属性都没有设置，则把该网格控件绑定到一个空的数据源时不生成该网格。PagerTemplate

属性指示要为分页器生成的模板内容。该属性覆盖我们可能通过 PagerSettings 属性做出的任何设置。

表 10-4　GridView 控件的状态属性

属性	描述
BottomPagerRow	返回表格该网格控件的底部分页器的 GridViewRow 对象
Columns	获得一个表示该网格中的列的对象的集合。如果这些列是自动生成的，则该集合总是空的
DataKeyNames	获得一个包含当前显示项的主键字段的名称的数组
DataKeys	获得一个表示在 DataKeyNames 中为当前显示的记录设置的主键字段的值
EditIndex	获得和设置基于 0 的索引，标识当前以编辑模式生成的行
FooterRow	返回一个表示页脚的 GridViewRow 对象
HeaderRow	返回一个表示标题的 GridViewRow 对象
PageCount	获得显示数据源的记录所需的页面数
PageIndex	获得或设置基于 0 的索引，标识当前显示的数据页
PageSize	指示在一个页面上要显示的记录数
Rows	获得一个表示该控件中当前显示的数据行的 GridViewRow 对象集合
SelectedDataKey	返回当前选中的记录的 DataKey 对象
SelectedIndex	获得和设置标识当前选中行的基于 0 的索引
SelectedRow	返回一个表示当前选中行的 GridViewRow 对象
SelectedValue	返回 DataKey 对象中存储的键的显式值。类似于 SelectedDataKey
TopPagerRow	返回一个表示网格的顶部分页器的 GridViewRow 对象

GridView 旨在利用新的数据源对象模型，并在通过 DataSourceID 属性绑定到一个数据源控件时效果最佳。GridView 还支持经典的 DataSource 属性，但是如果那样绑定数据，则其中一些特征(诸如内置的更新或分页)变得不可用。

2. GridView 控件的事件

在 ASP.NET 中，控件生命期内的关键操作通过事件进行封装，分为事件在该操作发生之前激发；事件在该操作之后激发。而 GridView 控件也不例外，也包含许多事件内容，如表 10-5 所示。

表 10-5　GridView 控件的事件

事件	描述
PageIndexChanging, PageIndexChanged	这两个事件都是在其中一个分页器按钮被单击时发生 它们分别在网格控件处理分页操作之前和之后激发
RowCancelingEdit	在一个处于编辑模式的行的 Cancel 按钮被单击，但是在该行退出编辑模式之前发生
RowCommand	单击一个按钮时发生
RowCreated	创建一行时发生
RowDataBound	一个数据行绑定到数据时发生

续表

事件	描述
RowDeleting RowDeleted	这两个事件都是在一行的 Delete 按钮被单击时发生。它们分别在该网格控件删除该行之前和之后激发
RowEditing	当一行的 Edit 按钮被单击时，但是在该控件进入编辑模式之前发生
RowUpdating RowUpdated	这两个事件都是在一行的 Update 按钮被单击时发生。它们分别在该网格控件更新该行之前和之后激发
SelectedIndexChanging SelectedIndexChanged	这两个事件都是在一行的 Select 按钮被单击时发生。它们分别在该网格控件处理选择操作之前和之后激发
Sorting Sorted	这两个事件都是在对一个列进行

RowCreated 和 RowDataBound 事件与 DataGrid 的 ItemCreated 和 ItemDataBound 事件相同，只是换个新名称。对于 RowCommand 事件也一样，它与 DataGrid 的 ItemCommand 事件一样。

10.2.2 使用 GridView 控件

在 Visual Studio 2010 中，用户可以采用可视化的方式为页面插入 GridView 控件，也可以通过代码的方式插入 GridView 控件。

1. 添加 GridView 控件

在页面的【设计】视图中选择任意一个段落，然后即可从【工具箱】中选择【GridView 控件】，将插入到页面中，如图 10-2 所示。

2. 更改控件外观

通过可视化的方法，可以方便地改变 GridView 控件的外观，为其应用各种模板样式。选中 GridView 控件或将鼠标滑至 GridView 控件上方，然后可单击控件右上角的【GridView 任务】按钮，如图 10-3 所示。

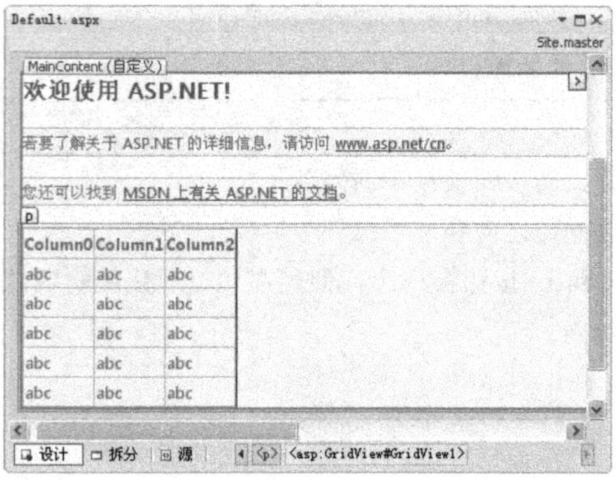

图 10-2 插入的 GridView 控件

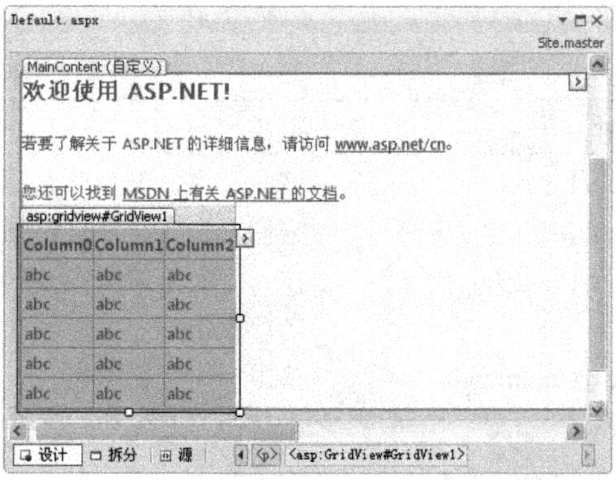

图 10-3 单击任务按钮

在弹出的【GridView 任务】菜单中执行【自动套用格式】命令，如图 10-4 所示。

然后，在弹出的【自动套用格式】对话框中选择 GridView 控件的格式架构，如图 10-5 所示。

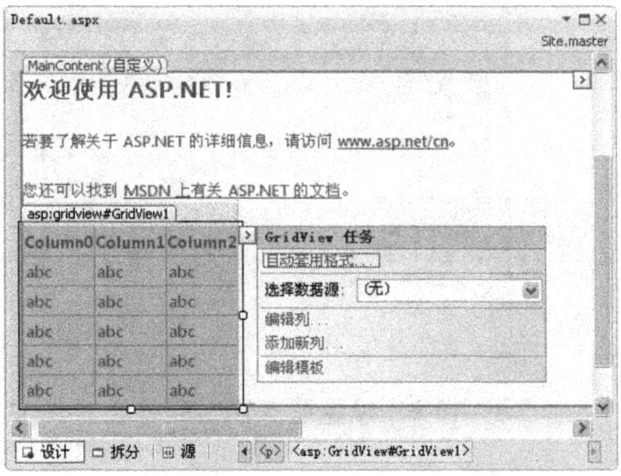

图 10-4　执行【自动套用格式】命令

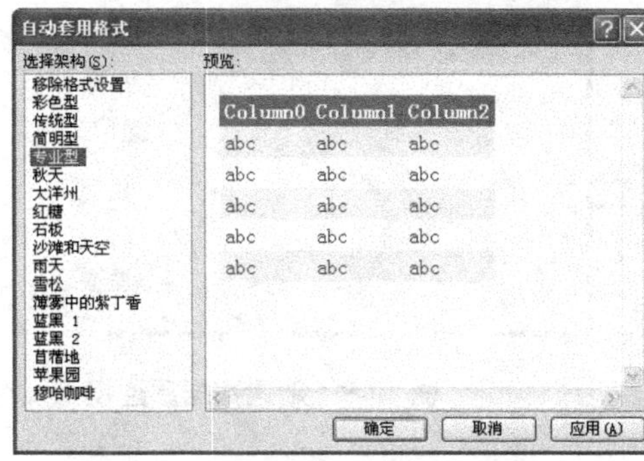

图 10-5　选择套用的格式

3．添加数据源

数据绑定控件的最大特点就是允许方便地与数据库中的数据进行绑定，快速显示数据内容。用同样的方式选择 GridView 控件，单击右上角的【GridView 任务】按钮，打开【GridView 任务】菜单。如果当前的项目已绑定数据源，则在该菜单中【选择数据源】的菜单中即可显示这些数据源。否则，开发者可以在【选择数据源】的菜单中选择【<新建数据源>】选项，连接一个新的数据源，如图 10-6 所示。

在弹出的【数据源配置向导】对话框中选择对应的数据源类型，然后就可设置数据源的编号索引，单击【确定】按钮，如图 10-7 所示。

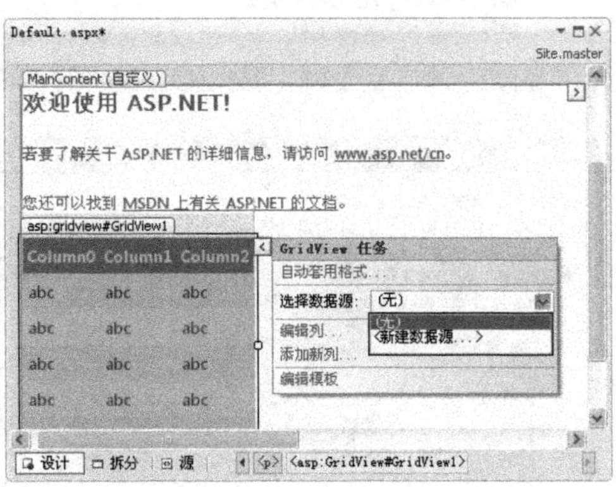

图 10-6　新建数据源

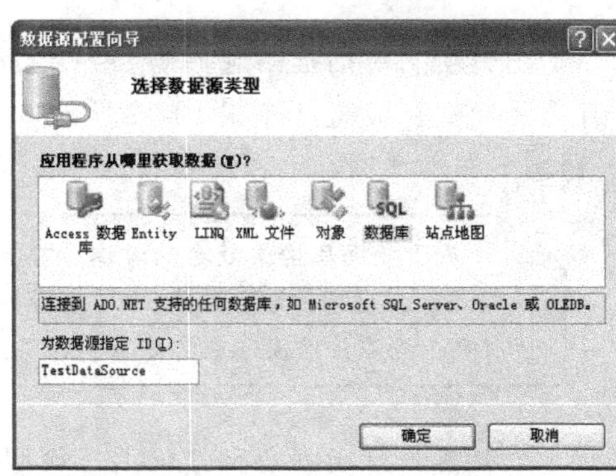

图 10-7　选择数据源

在弹出的【配置数据源】对话框中单击【新建连接】按钮，建立一个新的数据源连接，如图 10-8 所示。

在弹出的【添加连接】对话框中，输入数据库服务器的名称，并选择服务器安全的验证方式，如图 10-9 所示。

在对话框下方选择要添加的数据表，然后单击【测试连接】按钮，如弹出【测试连接成功】的对话框，单击【确定】按钮，返回【添加连接】按钮，单击【确定】按钮，确认数据源，如图 10-10 所示。

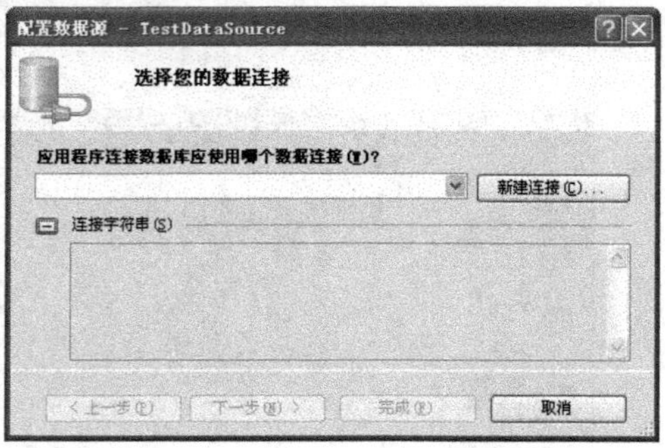

图 10-8　新建数据源连接

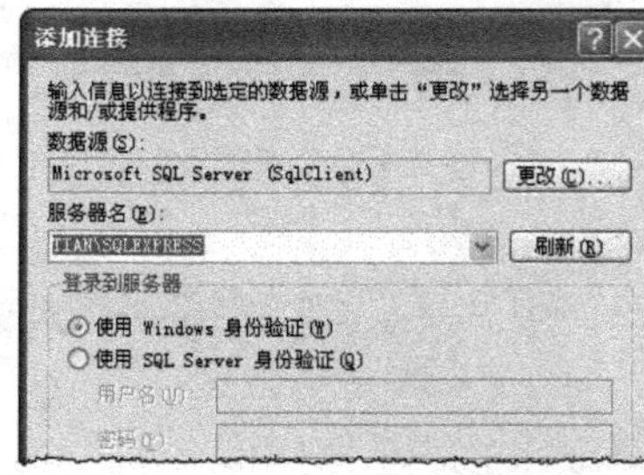

图 10-9　设置服务器名和验证方式

返回【配置数据源】对话框，然后选择已添加的数据源，单击【下一步】按钮，如图 10-11 所示。

图 10-10　测试数据源

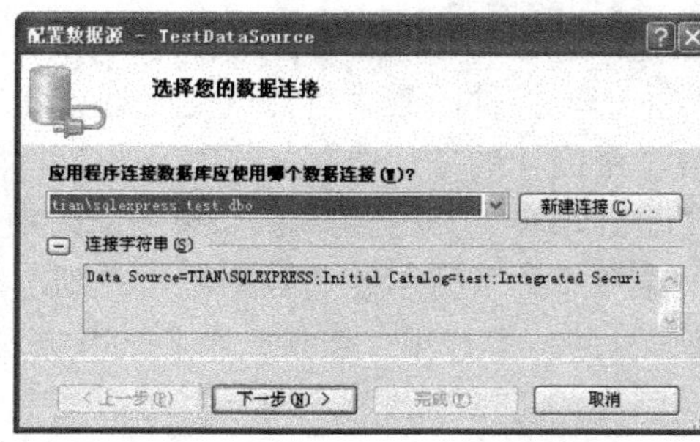

图 10-11　选择数据源

在更新的对话框中选择需要导入 DataGrid 控件的数据列，然后生成 SQL 语句，单击【下一步】按钮，如图 10-12 所示。

提示

基于数据库检索效率的考虑，在连接数据源时，应尽量避免使用“*”符号搜索所有列，而应该依次选中需要显示的列。

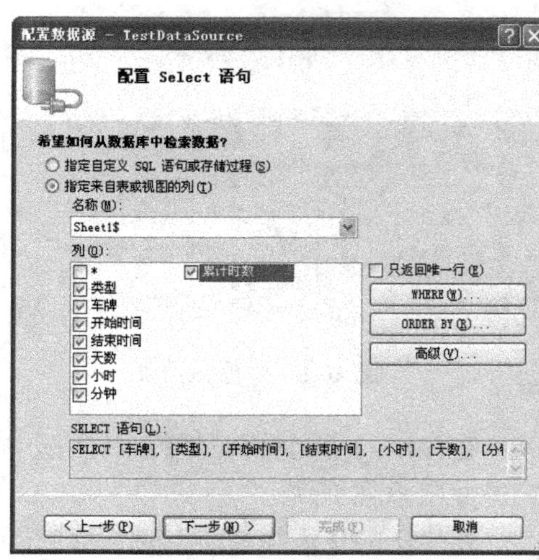

图 10-12　生成 SQL 语句

在更新的对话框中可以单击【测试查询】按钮，对数据库连接进行测试，如图 10-13 所示。

如果连接成功，单击【完成】按钮，返回页面的【设计】视图，再次通过 GridView 控件的【GridView 任务】菜单配置各种选项，完成数据源的添加，如图 10-14 所示。

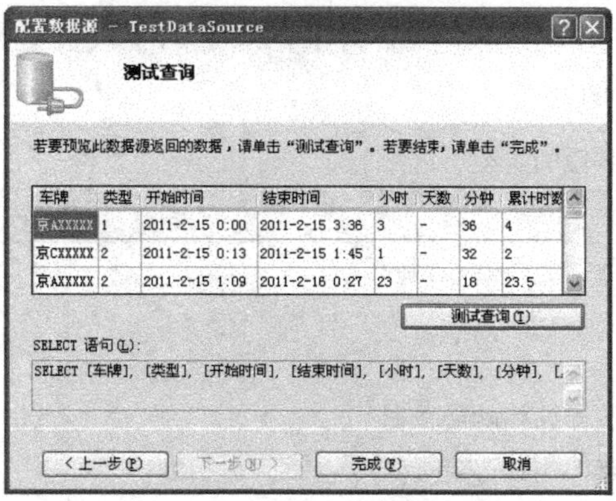

图 10-13　测试查询语句

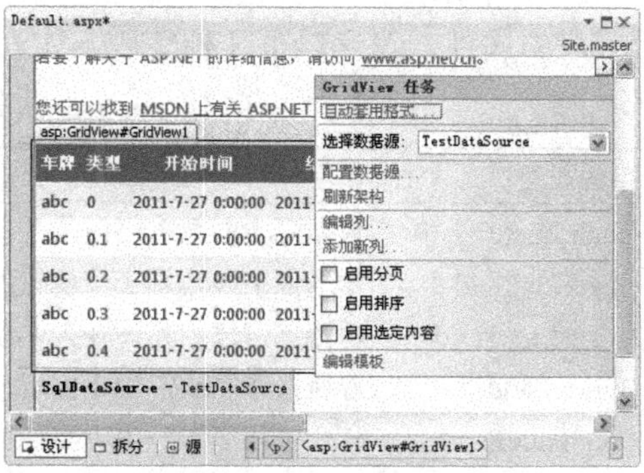

图 10-14　添加数据源

4. 编辑数据列

在 GridView 类中，允许开发者自行编辑数据列表中的字段，方便地定义字段的显示方式等属性。首先在【GridView 任务】菜单中选择【编辑列】功能，就可以打开【字段】对话框，如图 10-15 所示。

在【字段】的对话框中，分为三个区块，依次包括【可用字段】区块、【选定的字段】区块和【BoundField 属性】区块等。

- **【可用字段】区块**　用于显示数据源中所有的可用字段，允许开发者选中其中的字段，单击【添加】按钮，将其插入到 GridView 控件中。
- **【选定的字段】区块**　用于显示当前已选择的字段，并允许开发者选中这些字段，调整字段在数据表的先后显示顺序或删除该字段。
- **【BoundField 属性】区块**　用于显示当前开发者选定的字段的各种属性，例如行为、可访问性、数据、外观和样式等。

5. 添加列

在 GridView 控件中，开发者除了使用数据源中已包含的数据字段作为控件的列外，还可以另外添加新的数据列，显示其他相关的内容。在【GridView 任务】菜单中执行【添加新列】命令，可打开【添加字段】对话框，如图 10-16 所示。

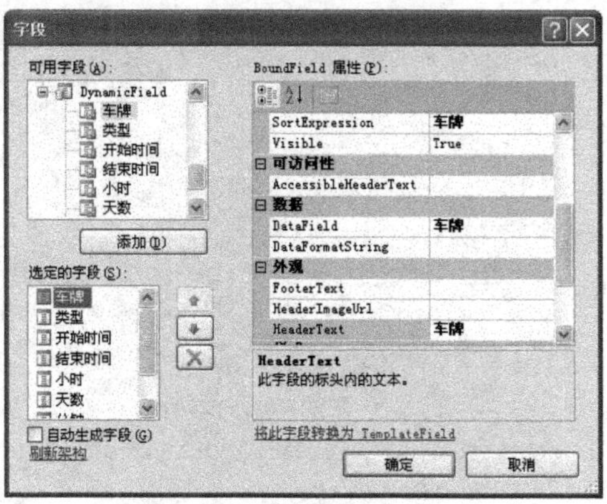

图 10-15　编辑字段

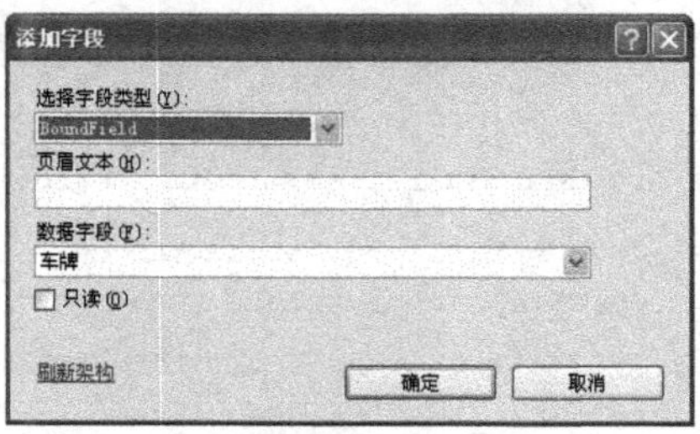

图 10-16　添加新的字段

在该对话框中，允许开发者选择要添加的字段类型，然后再根据选定的字段类型显示字段的属性。包含以下几种字段，如表 10-6 所示。

表 10-6　添加新字段的类型

字段类型	作用
BoundField	数据源中的数据字段，与普通的数据源数据列相同
ChecBoxField	复选框字段，用于实现行的选择
HyperLinkField	超链接字段，允许在列中添加超链接
ButtonField	普通按钮字段，用于实现自定义的数据列功能按钮
CommandField	命令按钮字段，用于实现命令按钮的删除、编辑/更新、选择等功能
ImageField	图像字段，用于根据数据库中的 URL 地址显示指定的图像
TemplateField	模板字段，用于自定义模板
DynamicField	动态字段，用于自定义的其他显示内容

在选定字段类型后，可通过可视化的界面定义字段的各种属性，完成列的添加。

10.2.3　通过代码添加控件

GridView 类是所有 GridView 控件的抽象，可以用于创建 GridView 控件，也可以通过该类的字段和属性对 GridView 控件进行预定义，或通过该类的方法对控件进行操作。之前介绍的使用代码创建 GridView 控件，事实上就是实例化一个 GridView 类的对象。

1．在窗体页中添加代码

先在窗体中添加 GridView 控件。然后，在控件中，添加数据表字段内容。同时，用户还可以在控件中，设置显示的效果。详细代码如下：

```
<%@ Page Language="C#" AutoEventWireup="true" CodeFile="Default.aspx.cs"
Inherits="Default" %>
 <!DOCTYPE html PUBLIC "-//W3C//DTD XHTML 1.0 Transitional//EN" "http://
 www.w3.org/TR/xhtml1/DTD/xhtml1-transitional.dtd">
 <html xmlns="http://www.w3.org/1999/xhtml">
 <head id="Head1" runat="server">
     <title>图书信息</title>
 </head>
 <body>
     <form id="form1" runat="server">
     <div align="center">
<asp:GridView ID="GridView1" runat="server" AutoGenerateColumns="False"
CellPadding="4" ForeColor="#333333" GridLines="None" Height="285px"
onrowcancelingedit="GridView1_RowCancelingEdit" onrowdeleting=
"GridView1_RowDeleting" onrowediting="GridView1_RowEditing" onrowupdating=
"GridView1_RowUpdating" Width="1000px" Font-Size="12px">
 <FooterStyle BackColor="#5D7B9D" Font-Bold="True" ForeColor="White" />
```

```
        <RowStyle BackColor="#F7F6F3" ForeColor="#333333" />
         <Columns>
           <asp:BoundField DataField="id" HeaderText="序号" />
           <asp:BoundField DataField="ISBN" HeaderText="书号" />
           <asp:BoundField DataField="Title" HeaderText="书名" />
           <asp:BoundField DataField="eISBN" HeaderText="电子书号" />
           <asp:BoundField DataField="ListPrice" HeaderText="价格" />
           <asp:BoundField DataField="Authors" HeaderText="作者" />
           <asp:BoundField DataField="PubYear" HeaderText="出版年份"/>
        <asp:BoundField DataField="SubjectArea" HeaderText="主题领域"/>
           <asp:BoundField DataField="Pages" HeaderText="页数" />
         <asp:CommandField HeaderText="编辑 " ShowEditButton="True"/>
        <asp:CommandField HeaderText="选择" ShowSelectButton="True" />
         <asp:TemplateField HeaderText="删除 " ShowHeader="False">
               <ItemTemplate>
      <asp:LinkButton ID="LinkButton1" runat="server" CausesValidation=
      "False"  CommandName="Delete" Text="删除" OnClientClick="return
      confirm('确定要删除吗? ')"></asp:LinkButton>
                 </ItemTemplate>
              </asp:TemplateField>
          </Columns>
     <PagerStyle BackColor="#284775" ForeColor="White" HorizontalAlign=
     "Center" />
   <SelectedRowStyle BackColor="#E2DED6" Font-Bold="True" ForeColor=
   "#333333" />
    <HeaderStyle BackColor="#5D7B9D" Font-Bold="True" ForeColor="White" />
          <EditRowStyle BackColor="#999999" />
        <AlternatingRowStyle BackColor="White" ForeColor="#284775" />
        </asp:GridView>
    </div>
    </form>
</body>
</html>
```

2. 构造 GridView 对象

双击 Default.aspx.cs 文件，并在代码中构造一个 GridView 控件对象，使用 GridView 类的构造方法对该类进行实例化，代码如下所示。

```
private void Bind()
    {
        this.link_db();                            //数据库连接
        SqlDataAdapter adq = new SqlDataAdapter("select * from tushu", con);
                                                   //查询数据集
        DataSet dataset = new DataSet();     //实例化 DataSet 对象
```

```
        adq.Fill(dataset, "tushu");          //将数据表成生一生dataset表
        GridView1.DataSource = dataset;      //将表赋予控件
        GridView1.DataKeyNames = new String[] { "id" };
        GridView1.DataBind();
        con.Close();
    }
```

3. 添加 GridView 事件

用户除了在代码文件中，添加 GridView 控件对象以外，还可以添加一些对数据进行的操作事件。例如，编辑数据、删除数据、选择数据记录等，正如在 Default.aspx 窗体页中所添加的一些操作内容。

下面来看一下 Default.aspx.cs 代码文件中所有代码内容，并了解窗体页与代码文件内容的结合。


```
using System;
using System.Collections;
using System.Configuration;
using System.Data;
using System.Web;
using System.Web.Security;
using System.Web.UI;
using System.Web.UI.HtmlControls;
using System.Web.UI.WebControls;
using System.Web.UI.WebControls.WebParts;
using System.Data.SqlClient;
public partial class Default : System.Web.UI.Page
{
    protected void Page_Load(object sender, EventArgs e)
    {
        if (!IsPostBack)
        {
            Bind();
        }
    }
    /// 定义Con连接变量
    SqlConnection con = null;
    public SqlConnection link_db()
    {
        con = new SqlConnection("Data Source=WHF;Initial Catalog=tushu;
        Integrated Security=True");
        return con;
}
    /// 添加GridView控件
    private void Bind()
```

```
    {
        this.link_db();
        SqlDataAdapter adq = new SqlDataAdapter("select * from tushu", con);
        DataSet dataset = new DataSet();
        adq.Fill(dataset, "tushu");
        GridView1.DataSource = dataset;
        GridView1.DataKeyNames = new String[] { "id" };
        GridView1.DataBind();
        con.Close();
    }
    protected void GridView1_RowEditing(object sender, GridViewEdit-
    EventArgs e)
    {
        GridView1.EditIndex = e.NewEditIndex;
        Bind();
}
    /// 删除记录操作
    protected void GridView1_RowDeleting(object sender, GridViewDelete-
    EventArgs e)
    {
        this.link_db();
        SqlCommand comm = new SqlCommand("delete from tushu where id='" +
        GridView1.DataKeys[e.RowIndex].Value.ToString() + "'", con);
        con.Open();
        try
        {
            int i = Convert.ToInt32(comm.ExecuteNonQuery());
            if (i > 0)
            {
                Response.Write("<script language=javascript>alert('删除成
                功! ')</script>");
            }
            else
            {
                Response.Write("<script language=javascript>alert('删除失
                败! ')</script>");
            }
            Bind();
        }
        catch (Exception erro)
        {
            Response.Write("错误信息:" + erro.Message);
        }
        finally
```

```
            {
                con.Close();
            }
    }
        /// 更新数据记录操作
        protected void GridView1_RowUpdating(object sender, GridViewUpdate-
        EventArgs e)
        {
            this.link_db();
            string id = ((TextBox)GridView1.Rows[e.RowIndex].Cells[0].
             Controls[0]).Text.ToString().Trim();
            string ISBN = ((TextBox)GridView1.Rows[e.RowIndex].Cells[1].
            Controls[0]).Text.ToString().Trim();
            string Title = ((TextBox)GridView1.Rows[e.RowIndex].Cells[2].
            Controls[0]).Text.ToString().Trim();
            string eISBN = ((TextBox)GridView1.Rows[e.RowIndex].Cells[3].
            Controls[0]).Text.ToString().Trim();
            string ListPrice = ((TextBox)GridView1.Rows[e.RowIndex].Cells[4].
            Controls[0]).Text.ToString().Trim();
            string Authors = ((TextBox)GridView1.Rows[e.RowIndex].Cells[5].
            Controls[0]).Text.ToString().Trim();
            string PubYear = ((TextBox)GridView1.Rows[e.RowIndex].Cells[6].
            Controls[0]).Text.ToString().Trim();
            string SubjectArea = ((TextBox)GridView1.Rows[e.RowIndex].
            Cells[7].Controls[0]).Text.ToString().Trim();
            string Pages = ((TextBox)GridView1.Rows[e.RowIndex].Cells[8].
            Controls[0]).Text.ToString().Trim();
            SqlCommand comm = new SqlCommand("update tushu set id='" + id + "',
            ISBN='" + ISBN + "' , Title='" + Title + "' , eISBN='" + eISBN +
             "' , ListPrice='" + ListPrice + "' , Authors='" + Authors + "',
            PubYear='" + PubYear + "' , SubjectArea='" + SubjectArea + "',
            Pages='" + Pages + "', where id='" + GridView1.DataKeys[e.RowIndex].
            Value.ToString() + "'", con);
            con.Open();
            try
            {
                int i = Convert.ToInt32(comm.ExecuteNonQuery());
                if (i > 0)
                {
                    Response.Write("<script language=javascript>alert('保存成
                    功!')</script>");
                }
                else
                {
                    Response.Write("<script language=javascript>alert('保存失
```

```
                败！')</script>");
            }
            GridView1.EditIndex = -1;
            Bind();
        }
        catch (Exception erro)
        {
            Response.Write("错误信息:" + erro.Message);
        }
        finally
        {
            con.Close();
        }
    }
    protected void GridView1_RowCancelingEdit(object sender, GridView-
    CancelEditEventArgs e)
    {
        GridView1.EditIndex = -1;
        Bind();
    }
}
```


4．显示数据表内容

通过 GridView 控件添加数据内容，可以在窗体页中显示数据表内容。并且，用户还可以操作窗体页中的表格内容，达到修改数据库中数据信息。

例如，单击工具栏中的【启动调试】按钮，可在 IE 浏览器中显示数据库中数据表的数据信息，如图 10-17 所示。

图 10-17　显示数据表内容

然后，用户可以单击第一条记录后面的【删除】链接，并弹出的“确定要删除吗？”信息，单击【确定】按钮。删除成功后，将提示“删除成功！”信息，否则提示“删除失败！”信息，如图 10-18 所示。

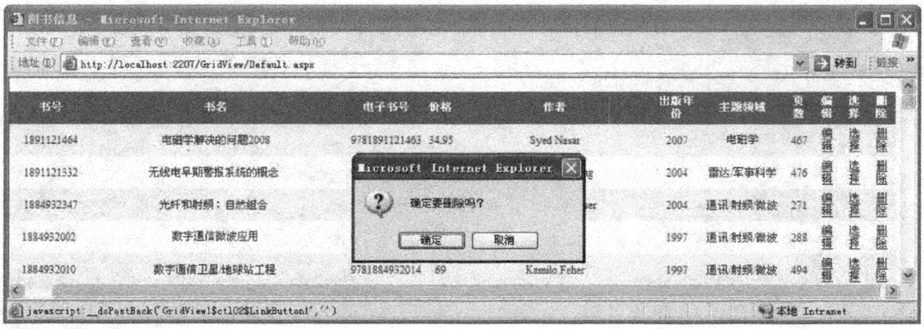

图 10-18　删除记录

10.3 DataList 控件

DataList 控件是.NET 中的一个控件。DataList 控件以表的形式呈现数据，通过该控件，您可以使用不同的布局来显示数据记录，例如，将数据记录排成列或行的形式。

10.3.1 关于 DataList 控件

DataList Web 服务器控件以某种格式显示数据，这种格式可以使用模板和样式进行定义。DataList 控件使用 HTML 表元素在列表中呈现项，并且可用于任何重复结构中的数据。DataList 控件可以以不同的布局显示行，如按列或行对数据进行排序。

另外，用户可以选择将 DataList 控件配置为允许用户编辑或删除信息，还可以自定义该控件以支持其他功能，例如选择行。

1．将数据绑定到控件

用户必须将 DataList 控件绑定到数据源。最常用的数据源，如 SqlDataSource 或 ObjectDataSource 数据源控件。或者，用户可以将 DataList 控件绑定到任何实现 IEnumerable 接口的类，该接口包括 ADO.NET 数据集、数据读取器（SqlDataReader 类或 OleDbDataReader 类）或大部分集合。

绑定数据时，用户可以为 DataList 控件整体指定一个数据源。在给此控件添加其他控件时，还可以将子控件的属性绑定到当前数据项的字段。

2．为 DataList 控件定义模板

在 DataList 控件中，可以使用模板定义信息的布局。下表描述了 DataList 控件支持的模板，如表 10-7 所示。

表 10-7　DataList 控件模板

模板属性	说明
ItemTemplate	包含一些 HTML 元素和控件，将为数据源中的每一行呈现一次这些 HTML 元素和控件

续表

模板属性	说明
AlternatingItemTemplate	使用此模板来为交替行创建不同的外观，例如指定一个与在 ItemTemplate 属性中指定的颜色不同的背景色
SelectedItemTemplate	使用此模板来通过不同的背景色或字体颜色直观地区分选定的行，还可以通过显示数据源中的其他字段来展开该项
EditItemTemplate	指定当某项处于编辑模式中时的布局。此模板通常包含一些编辑控件，如 TextBox 控件
HeaderTemplate FooterTemplate	包含在列表的开始和结束位置分别呈现的文本和控件
SeparatorTemplate	包含在每项之间呈现的元素。典型的示例可能是一条直线（使用 HR 元素）

3. DataList 控件样式

如果要在模板中指定项的外观，可以设置该模板的样式，如表 10-8 描述了该控件常用的一些样式属性。

表 10-8　DataList 控件样式

样式属性	说明
AlternatingItemStyle	指定 DataList 控件中交替项的样式
EditItemStyle	指定 DataList 控件中正在编辑的项的样式
FooterStyle	指定 DataList 控件中页脚的样式
HeaderStyle	指定 DataList 控件中页眉的样式
ItemStyle	指定 DataList 控件中项的样式
SelectedItemStyle	指定 DataList 控件中选定项的样式
SeparatorStyle	指定 DataList 控件中各项之间分隔符的样式

4. DataList 控件的布局

DataList 控件使用 HTML 表对应用模板的项的呈现方式进行布局。用户可以控制各个表中单元格的顺序、方向和列数，这些单元格用于呈现 DataList 控件中的内容。如表 10-9 描述了 DataList 控件支持的布局选项。

表 10-9　DataList 控件布局

布局选项	说明
流布局	在流布局中，列表项在行内呈现，如同文字处理文档中一样
表布局	在表布局中，列表项在 HTML 表中呈现。由于在表布局中可让用户设置表单元格属性（如网格线），这就为用户提供了更多可用于指定列表项外观的选项
垂直布局和水平布局	默认情况下，DataList 控件中的项在单个垂直列中显示。但是，可以指定该控件包含多个列。如果这样，可进一步指定这些项是垂直排序（类似于报刊栏）还是水平排列（类似于日历中的日）
列数	不管 DataList 控件中的项是垂直排序还是水平排序，用户都可指定列表将有多少列，这使用户能够控制网页呈现的宽度，通常可避免水平滚动

5．DataList 控件事件

DataList 控件支持多种事件，如 ItemCreated 事件可让用户在运行时，自定义项的创建过程。而 ItemDataBound 事件提供了自定义 DataList 控件的能力，但数据可用于检查之后。

如果用户正使用 DataList 控件显示任务列表，则可以用红色文本显示过期项，以黑色文本显示已完成项，以绿色文本显示其他任务。上述的两个事件都可用于重写来自模板定义的格式设置。如表 10-10 描述了该控件中，所包含的一些常用的事件内容。

表 10-10　DataList 控件事件

名称	说明
CancelCommand	对 DataList 控件中的某个项单击 Cancel 按钮时发生
DataBinding	当服务器控件绑定到数据源时发生
DeleteCommand	对 DataList 控件中的某个项单击 Delete 按钮时发生
Disposed	当从内存释放服务器控件时发生，这是请求 ASP.NET 页时服务器控件生存期的最后阶段
EditCommand	对 DataList 控件中的某个项单击 Edit 按钮时发生
Init	当服务器控件初始化时发生；初始化是控件生存期的第一步
ItemCommand	当单击 DataList 控件中的任一按钮时发生
ItemCreated	当在 DataList 控件中创建项时在服务器上发生
ItemDataBound	当项被数据绑定到 DataList 控件时发生
Load	当服务器控件加载到 Page 对象中时发生
PreRender	在加载 Control 对象之后、呈现之前发生
SelectedIndexChanged	在两次服务器发送之间，在数据列表控件中选择了不同的项时发生
Unload	当服务器控件从内存中卸载时发生
UpdateCommand	对 DataList 控件中的某个项单击 Update 按钮时发生

用户如果要激发这些事件，可以把 Button、LinkButton 或 ImageButton 控件添加到 DataList 控件中的模板中，并将这些按钮的 CommandName 属性设置为某个关键字，如 edit、delete、update 或 cancel。

当用户单击项中的某个按钮时，就会向该按钮的容器（DataList 控件）发送事件。按钮具体引发哪个事件将取决于所单击按钮的 CommandName 属性的值。例如，如果某个按钮的 CommandName 属性设置为 edit，则单击该按钮时将引发 EditCommand 事件。

DataList 控件还支持 ItemCommand 事件，当用户单击某个没有预定义命令（如 edit 或 delete）的按钮时将引发该事件。用户可以按照如下方法将此事件用于自定义功能：将某个按钮的 CommandName 属性设置为一个自己需要的值，然后在 ItemCommand 事件处理程序中测试这个值。

10.3.2　使用 DataList 控件

使用 DataList 控件绑定数据，与插入 GridView 控件绑定数据的方法类似，用户可以在创建的窗体页中，插入相应的控件，并设置格式、添加数据源等。

1. 插入 DataList 控件

在创建的站点中，打开需要添加该控件的文件，并选择【设计】视图。然后，在工具箱的【数据】类中，选择 DataList 控件，并拖动到页面的合适位置，如图 10-19 所示。

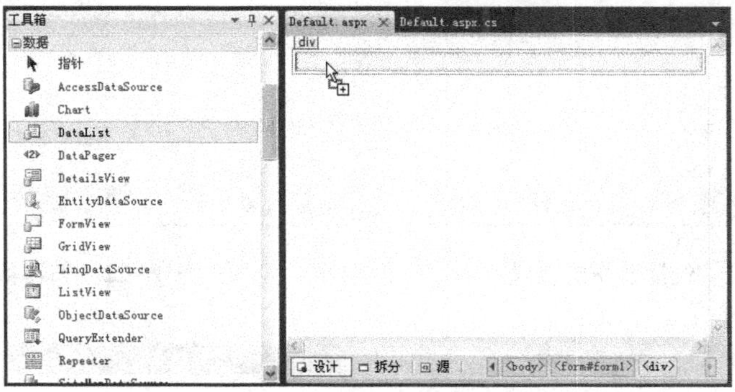

图 10-19 插入的 DataList 控件

2. 套用格式

添加控件之后，在提示框中设置该控件的格式，如单击控件右上角的【DataList 任务】按钮，并单击【自动套用格式】链接，如图 10-20 所示。

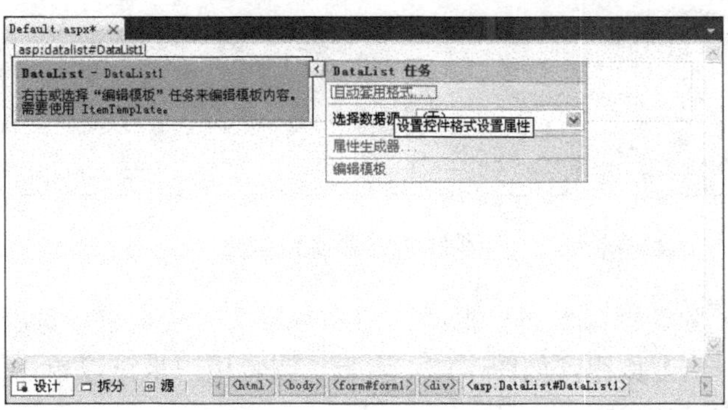

图 10-20 单击任务按钮

然后，在弹出的【自动套用格式】对话框中，选择【选择架构】列表中的控件格式，如图 10-21 所示。

3. 添加数据源

同样，在【DataList 任务】提示框中，选择【选择数据源】后面列表中【<新建数据源>】选项，如图 10-22 所示。

在弹出的【数据源配置向导】对话框中，可以选择该控件需要绑定的数据库，如 Access 数据库、Entity、LINQ、XML 等数据源类型。例如，在该向导对话框中，选择 SQL 数据，而在【为数据源指定 ID】文本框中，自动产生数据源 ID 名称，单击【确定】按钮，如图 10-23 所示。

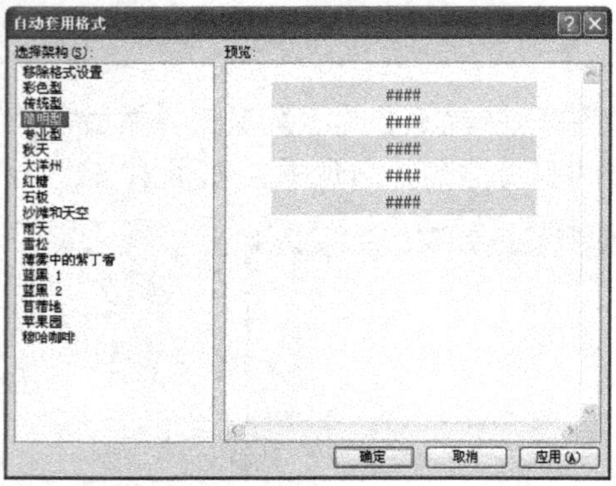

图 10-21　选择套用的格式

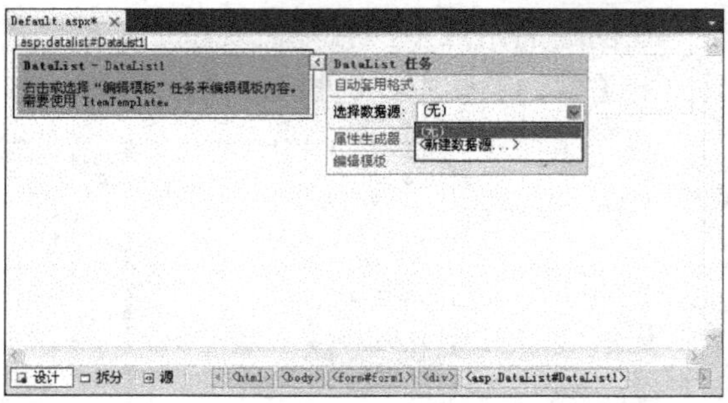

图 10-22　新建数据源

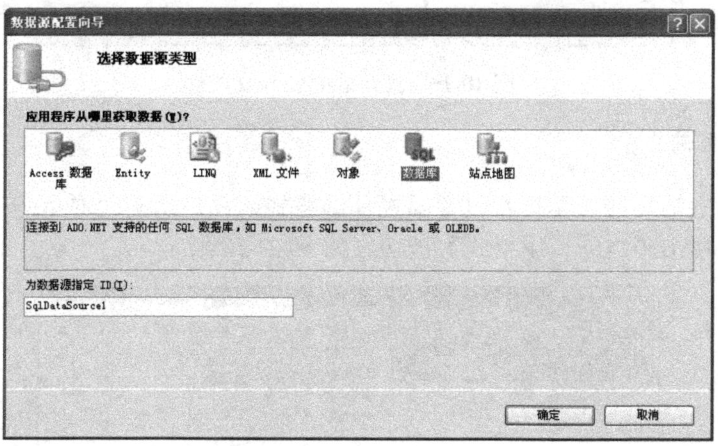

图 10-23　选择数据源

在弹出的【配置数据源】对话框中，用户可以从下拉列表中选择已经建立连接的数据库，单击【下一步】按钮，如图 10-24 所示。或者用户也可以单击【新建连接】按钮，建立一个新的数据源连接。

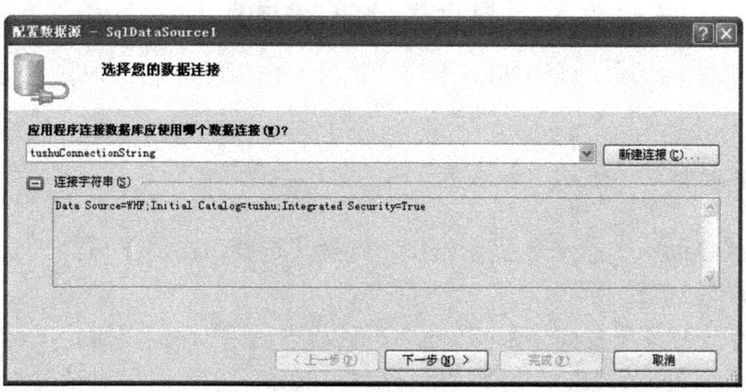

图 10-24　选择数据源连接

在弹出【配置 Select 语句】向导框中，将显示所选择数据库中的数据表及字段列表内容。

用户可以选择从数据库中检索数据的方式，如【指定算定义 SQL 语句或存储过程】和【指定来自表或视图的列】两种方式的选项。

例如，选择【指定来自表或视图的列】检索数据方式，则可以指定列或者通过 SQL 语句筛选检索的范围和条件，如图 10-25 所示。默认状态下选择星号“*”，代表所有字段列，并单击【下一步】按钮。

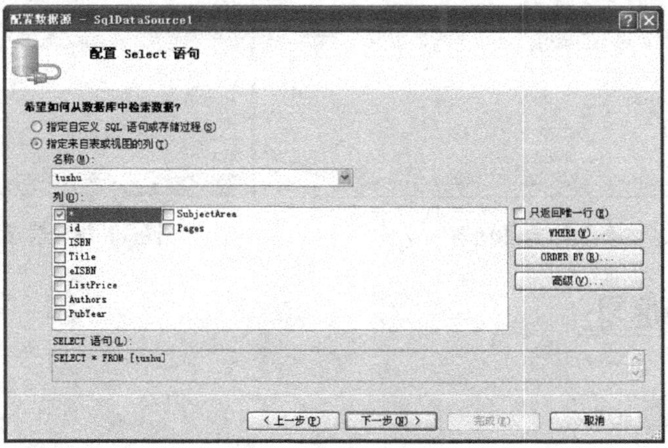

图 10-25　选择数据内容

在弹出的【测试查询】向导框中，单击【测试查询】按钮，可以在该按钮上面的框中，显示所选择的数据内容。然后，单击【完成】按钮，如图 10-26 所示。

图 10-26　测试数据源内容

此时，在窗体页中，将显示所选择的数据源内容，并在【DataList 任务】框的【选择数据源】后面的列表中显示所自动产生的数据源 ID 名称，如图 10-27 所示。

最后，用户可以保存窗体页，并单击【启动调试】按钮，显示所添加的数据源内容，如图 10-28 所示。

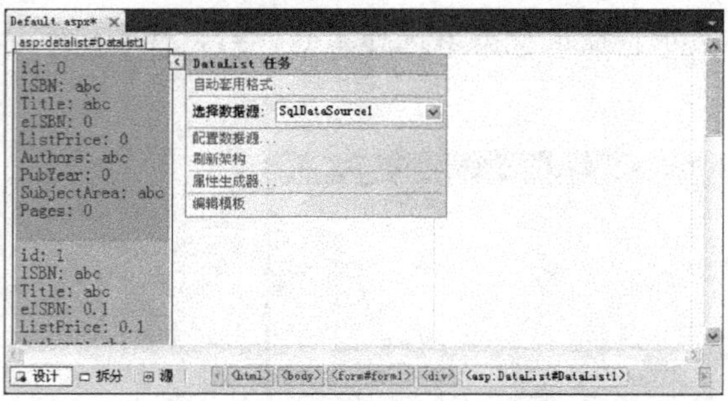

图 10-27　显示数据源内容

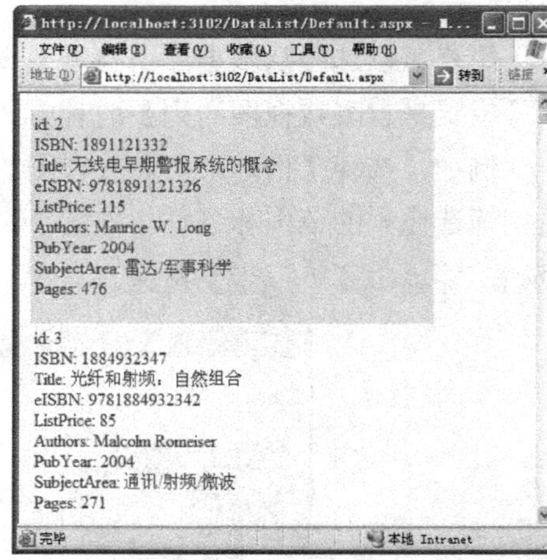

图 10-28　显示数据源内容

10.4 扩展练习

1．添加 ListView 控件

添加 ListView 控件与添加 GridView 控件和 DataList 控件的方法非常相似。只不过该控件与 GridView 控件和 DataList 控件，在显示上有一定的区别。

ListView 控件使用 4 种不同视图显示项目，可以将项目组成带有或不带有列标头的列，并显示伴随的图标和文本。

1 创建站点，并在 Default.aspx 文件的【设计】视图中，添加 ListView 控件。例如，选择工具箱中的【数据】组中的 ListView 控件，并拖至<body>标签中，如图 10-29 所示。

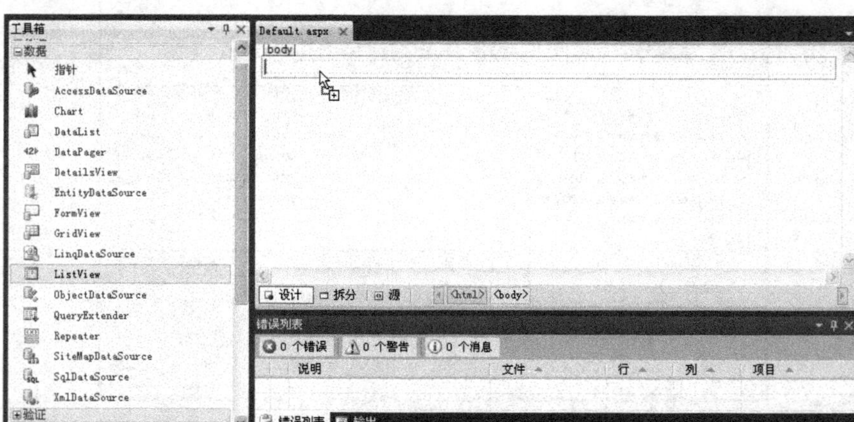

图 10-29　添加控件

2 在【ListView 任务】框中，选择【选择数据源】列表中的【<新建数据源...>】选项，如图 10-30 所示。

3 在弹出的【选择数据源类型】中，选择 SQL 数据库，并自动产生数据源指定的 ID，单击【确定】按钮，如图 10-31 所示。

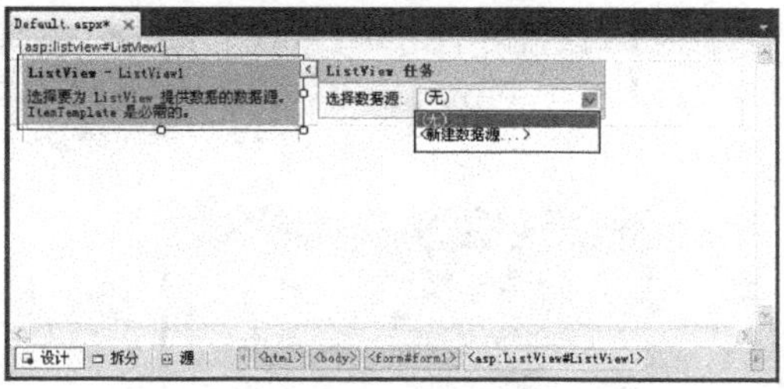

图 10-30　新建数据源

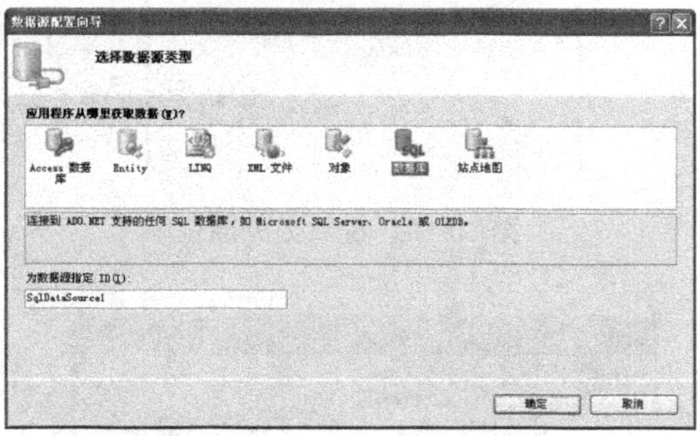

图 10-31　添加数据源

4 在弹出的【选择您的数据连接】对话框中，在列表中选择已经连接好的数据源，单击【下一步】按钮，如图 10-32 所示。

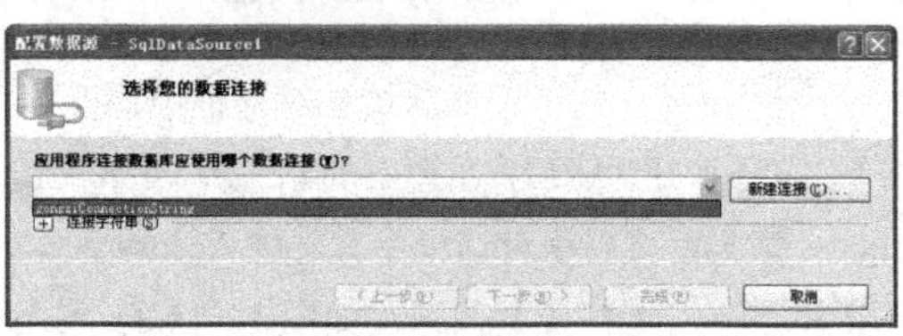

图 10-32　选择数据源

5 在【配置 Select 语句】对话框中，选择【指定来自表或视图的列】选项，并选择星号（*），单击【下一步】按钮，如图 10-33 所示。

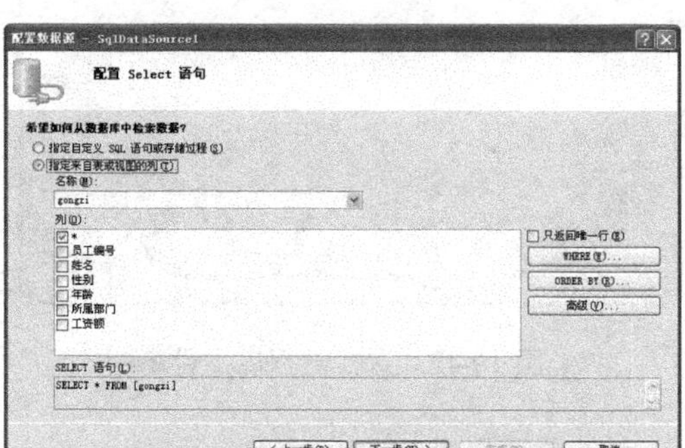

图 10-33　选择字段列

6 在弹出的【测试查询】对话框中，单击【测试查询】按钮即可显示数据内容，单击【完成】按钮，如图 10-34 所示。

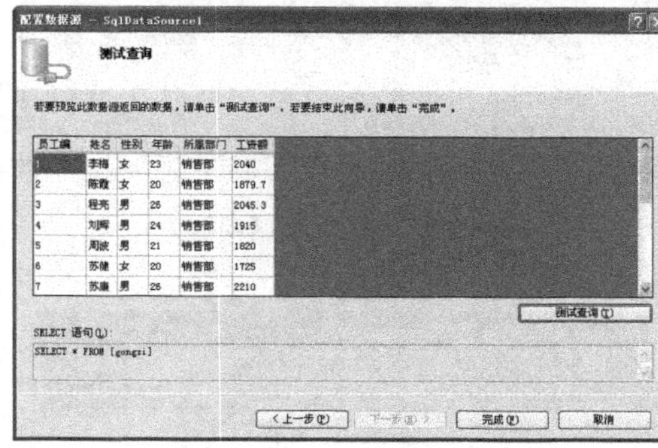

图 10-34　显示查询数据

7 在【ListView 任务】框中，单击【配置 ListView】链接，如图 10-35 所示。

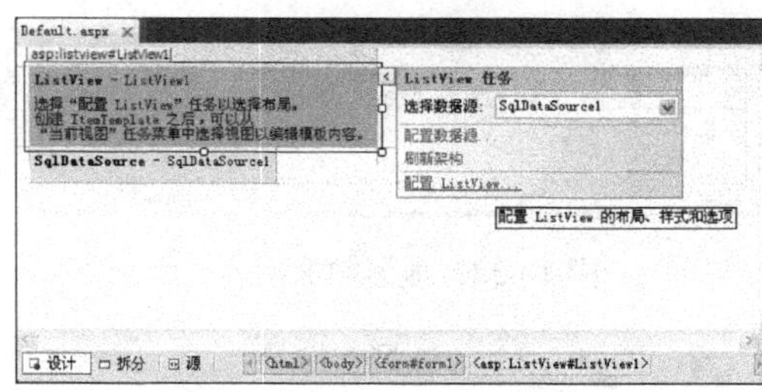

图 10-35　配置 ListView 控件

8 在【配置 ListView】对话框中，选择【样式】为“蓝调”，并启用【启用分页】复选框，单击【确定】按钮，如图 10-36 所示。

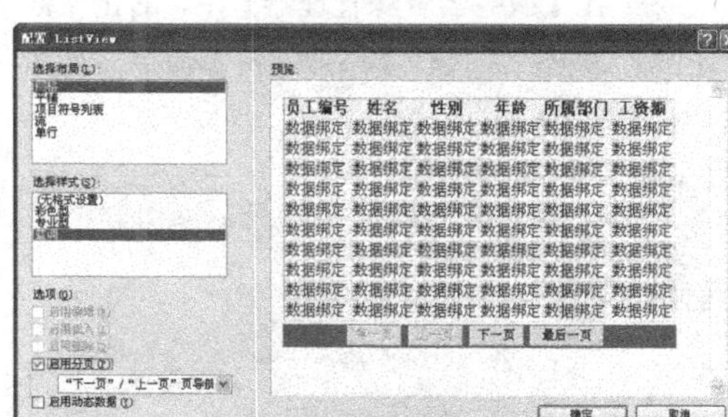

图 10-36　配置 ListView 控件

9 此时 ListView 控件显示数据源中的内容，并显示分页按钮等，如图 10-37 所示。

10 单击工具栏中【启动调试】按钮，并在

IE 浏览器中浏览数据内容，如图 10-38 所示。

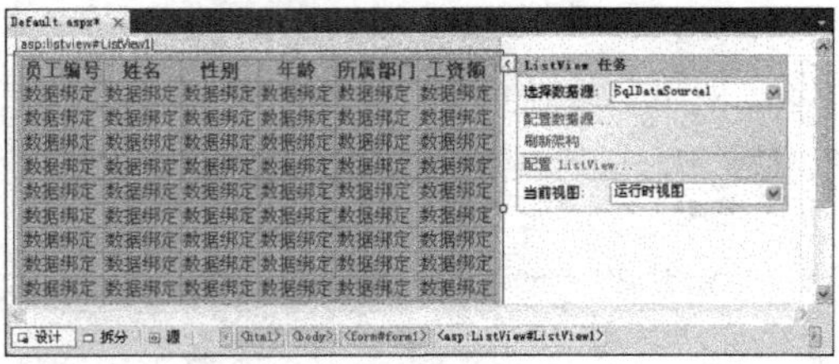

图 10-37　显示数据内容

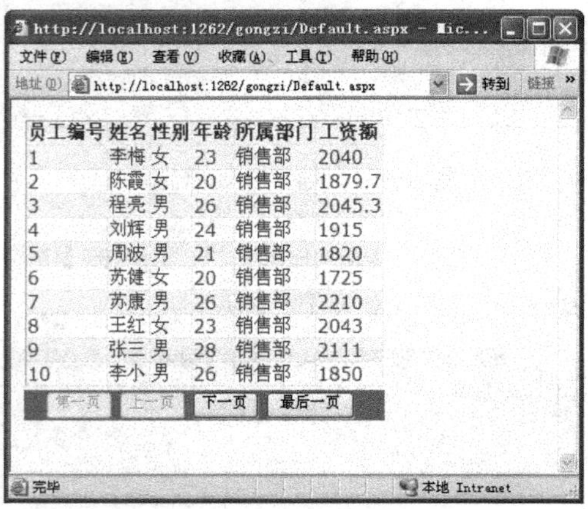

图 10-38　显示数据内容

2. 添加 Access 数据连接

用户在控件添加数据源时，当【服务器资源管理器】中已经连接数据库之后，则可以直接使用已经连接好的数据源内容。例如，下面来创建一个 Access 数据库的连接。

1 在【服务器资源管理器】中，右击【数据连接】选项，并执行【添加连接】命令，如图 10-39 所示。

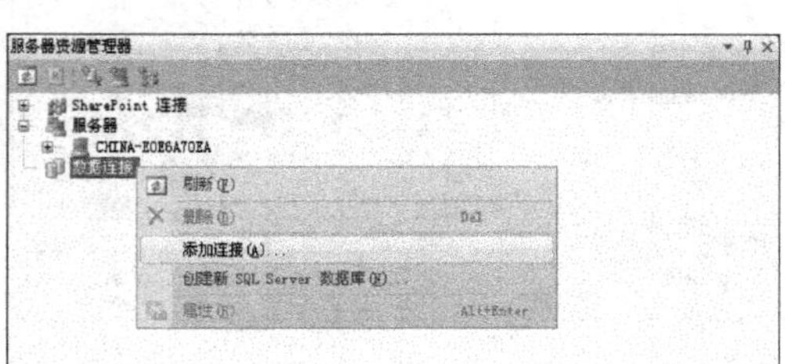

图 10-39　添加连接

2 在弹出的【添加连接】对话框中，单击【更改】按钮，如图 10-40 所示。并在弹出的【更改数据源】对话框中，选择【Microsoft Access 数据库文件】选项，单击【确定】按钮，如图 10-41 所示。

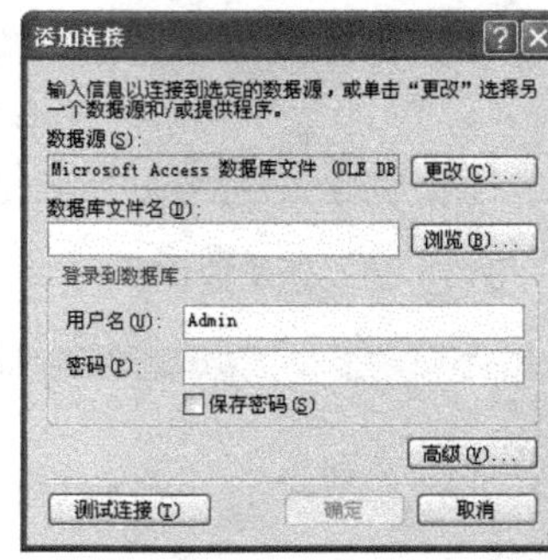

图 10-40　选择数据源

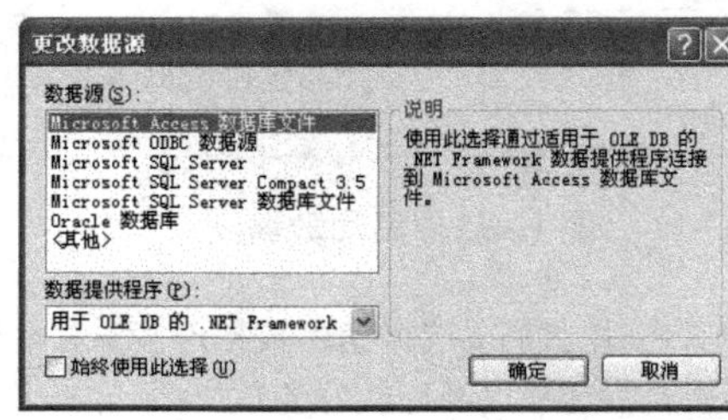

图 10-41　选择数据源类型

3 在弹出的【添加连接】对话框中，再单击【浏览】按钮。然后，在弹出的【选择 Microsoft Access 数据库文件】对话框中，选择 Access 数据库文件，单击【打开】按钮，如图 10-42 所示。

图 10-42　选择数据库文件

4 在弹出的【添加连接】对话框中，再单击【测试连接】按钮，并弹出“测试连接成功”

提示信息，单击【确定】按钮，如图 10-43 所示。

图 10-43　测试连接

5 此时，在【服务器资源管理器】中，将显示已经连接的数据库，如图 10-44 所示。

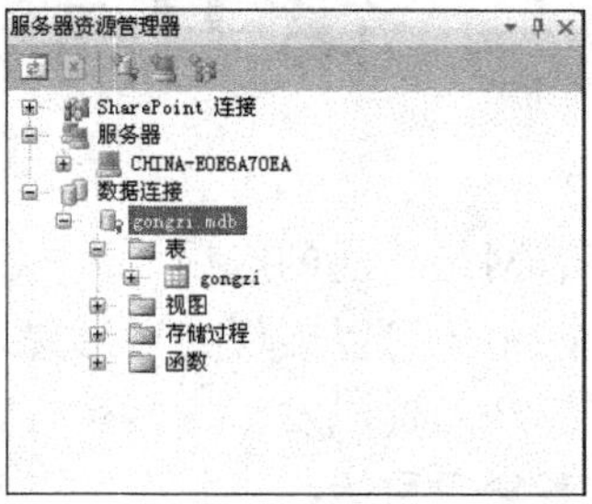

图 10-44　显示连接

第 11 章　朝安科技企业网

随着网络广泛的应用，许多公司都有了自己的企业网站。它就相当于一个企业的网络名片，不但可以展现公司形象，加强客户服务，完善网络业务，还可以利用网站来进行宣传、产品资讯发布、招聘等。

本章学习目标：

- 掌握企业网站的开发流程
- 掌握企业网站的需求分析
- 掌握企业网站的功能设计
- 熟练掌握企业网站的数据库设计
- 掌握调试和编写 ASP.NET 代码

11.1　企业网站系统分析

一个企业网站从无到有，从开发到完成，需要分析许多问题，遵循许多的步骤和原则，创建多个文档，以确保系统的进度的可控性和质量的预估性。企业网站开发经历的过程有需求分析、可行性分析、功能设计、数据库设计等。每个过程完成不同的任务，每一个过程都是后一个过程的基础，每个过程都要创建相应的文档作为基础。

11.1.1　企业网站的需求分析

企业网站是企业在 Internet 上展示形象的门户，是企业开展电子交易的基地，是企业网上的“家”，设计制作一个优秀的网站是建站企业成功迈向互联网的重要步骤。在当今互联网时代，一个企业没有自己的网站就像一个人没有住址，一个商店没有门脸。随着经济全球化和电子商务经济的发展，企业如果还固守于传统模式，则必定不能再适应经济全球化的趋势，企业建站和开展电子商务是一个不可回避的现实，当你的竞争对手正在通过 Internet 共享信息，通过电子商务降低成本，拓展销售渠道时，你却只能坐失良机。

- **竞争的需要**

国际互联网的用户在迅猛地增长，这增长速度是全世界范围的普遍现象。在美国，欧洲，港澳及其他许多国家，网站和电子信箱系统已经成为公司立业不可缺少的重要组成部分。

- **建网站可以让公司简介、产品说明声情并茂**

尽管你的产品非常好，但人们总是看不到它的样子；它到底如何使用时才会让客户对它感兴趣。产品画册虽然非常好，但它是静止的，也没有人知道它工作时发出什么声音，如果以上因素对你的用户非常重要，你就应该利用互联网来介绍你的公司和产品，因为

WWW 技术可以很简便地为一段产品介绍加入声音、图形、动画甚至影像，这些不断涌现出来的多媒体技术已经让网络世界变得丰富多彩。

- **可以迅速树立企业形象**

今天，国际互联网络已成为未来生活中的代名词，要显示公司的实力，提升公司形象，没有什么比在员工名片、企业信笺及各种公众能看得到的企业资料印上自己公司独有的网络地址和专用的集团电子邮件地址更有说服力了。消费者、客户和海外投资者自然对您另眼相看。

- **可以让客户获得所需的商业信息**

什么是商业信息？你的营业时间？你的服务项目？你的联系方法？你的支付方式？你的地址？你新的产品资料？如果你让客户明白与你合作的所有原因和好处，那么何愁生意不上门？更重要的是，你的眼光一定要长远，因为在许多你的销售人员未能到达的地方，人们已经可以通过上网这一廉价途径获取你的商业信息，并且不用你花大笔的宣传费用去让客户得到你公司的商业信息，而是客户愿意花钱从您那儿取得所需商业信息，这一来，既能使你节约大量不必要的投入，更能使你的现有客户或潜在客户更满意。

- **可以为客户提供服务**

让客户获得所需的信息是为客户服务的重要方法之一。但是如果你仔细研究了为客户服务的方法?你就会发现许多利用网站建设技术为客户服务的方法。你不妨把售后服务项目作为电子表格，让你的员工开发你的客户感兴趣的产品和服务，并放在网络上，让计算机自动记录客户的查询和订单，不需要让员工天天守候在电话机前记录电话内容。你可以让客户在数据库中查询到你公司生产的产品的颜色、规格。同样，你既不费力也不需要花费太多时间就可以在互联网上从事上述活动。

- **做网站可以销售产品**

许多人认为能够销售产品是使用互联网的主要原因,因为它可以实现推销员和销售渠道无法到达的地方，并且极大地方便了消费者。如果有人想成为你的用户，他们就想了解你是做什么的?你能为他们提供什么样的服务？但是在大多数情况下你的潜在用户总是找不到你的推销员，利用互联网你可以轻松廉价地展开销售攻势,你的潜在用户也可以轻松廉价地了解你公司的资料，与你的销售部门联络。

- **企业建站可以进入一个高需求的市场**

据统计，WWW 的使用者们可能是一个需求最高的市场。通常，大学或更高学历的人已经获得一份较高的薪水，或者即将要获得一份较高的薪水。进入 Internet 社会的这些人士，会主动寻找或接受各种高档新产品的广告。尽管有其他因素影响，但的确是一个目标高度集中的市场。

- **可以回答用户经常关心的问题**

在你的公司里任何一个经常接电话的人都会告诉你他们的时间被消耗在一遍又一遍回答同一个问题上，你甚至要为回答这些售前和售后问题而专门增设人员；而把这些问题的答案放到企业网站上，你就既能使用户明白问题，又节省了大量时间和人力资源。

- **可以开拓国际市场**

你可能对国际潜在市场的信函、电话或法律的含义不太了解，现在通过访问该国的一些企业站点可以像同街对面的公司交谈一样方便地了解国际市场，事实上当你想利用互联网走入国际市场之前，外国的公司可能已经用同样的方法了解过你公司的情况。当你收到一些外国公司的国际电子邮件的查询时，你就明白国际市场已为你打开，而这一切都是你以前认为难以办到的。

❑ **可以迅速得到客户的反馈**

你向客户发出各类目录和小册子，但是没有顾客上门，这到底是为什么？是产品的颜色、价格还是市场战略出了问题？你没有时间去寻找问题的答案，也没有大量金钱测试市场。有了企业网站，有了你的电子信箱系统，极大地方便客户/消费者及时向你反映情况，提出意见。

11.1.2 企业网站的可行性分析

企业网站，就是企业在互联网上进行网络建设和形像宣传的平台。企业网站就相当于一个企业的网络名片，不但对企业的形象是一个良好的宣传，同时可以辅助企业的销售，甚至可以通过网络直接帮助企业实现产品的销售，企业可以利用网站来进行宣传、产品资讯发布、招聘等，企业网站的功能和优点如下所示。

❑ **树立全新企业形象**

对于一个以互联网为主的企业而言，企业的品牌形象至关重要。特别是对于互联网技术高度发展的今天，大多数客户都是通过网络来了解企业产品、企业形象及企业实力，因此，企业网站的形象决定了客户对企业产品的信心。建立具有国际标准的网站能够极大地提升企业的整体形象。

❑ **优化企业内部管理**

企业网站的建设将会为企业内部管理带来一种全新的模式。网站是实现这一模式的平台。在降低企业内部资源损耗、减低成本、加强企业员工与员工，企业与员工之间的联系和沟通等方面发挥巨大作用，最终使企业的运营和运作达到最大的优化。

❑ **增强销售力**

销售力指的是产品的综合素质的优势在销售上的体现。现代营销理论认为，销售亦即是传播。销售的成功与否，除了决定于能否将产品的各项优势充分地传播出去之外，还要看目标对象从中得到的有效信息有多少。由于互联网所具有的“一对一”的特性，目标对象能自主地选择对自己有用的信息。这本身已经决定了消费者对信息已经有了一个感兴趣的前提。使信息的传播不在是主观加给消费者，而是由消费者有选择地主动吸收。同时，产品信息通过网站的先进设计，既有报纸信息量大的优点，又结合了电视声、光、电的综合刺激优势，可以牢牢地吸引住目标对象。因此，产品信息传播的有效性将远远提高，同时提高了产品的销售力。

❑ **提高附加值**

许多人知道，购买产品不仅买的是那些看得见的实物，还有那些看不见的售后服务，这也就是产品的附加值。产品的附加值越高，在市场上就越有竞争力，就越受消费者欢迎。因此，企业要赢得市场就要千方百计地提高产品的附加值。在现阶段，传统的售后服务已经远远不能满足客户的需要，为消费者提供便捷、有效、即时的 24 小时网上服务，是一个全新体现项目附加值的方向。世界各地的客户在任何时刻都可以通过网站下载自己需要的资料，在线获得疑难的解答，在线提交自己的问题。

11.2 系统设计

系统设计是企业网的物理设计阶段，即根据系统分析阶段确定的企业网的逻辑模型、功能要求，在用户提供的环境条件下，设计出一个能在计算机网络环境上实施的方案。

11.2.1 系统功能设计

本企业网站为朝安科技企业网，企业通过互联网进行企业品牌宣传、展示服务与产品来进行所有经营互动的平台和窗口。用户可以通过企业网了解企业的品牌形象、产品/服务展示、信息发布、顾客服务、网上销售等信息。通过该系统所提供的服务，可以将该系统分为前台展示和后台管理两大块。

1. 前台展示页面

前台展示页面是直接面向用户的，当用户访问企业网站时，访问的就是前台展示页面，朝安科技企业网的前台页面如图 11-1 所示。

图 11-1 前台展示页面

前台展示页面按功能可分为六个模块，包括网站首页模块、公司介绍模块、新闻资讯模块、产品展示模块、人才招聘模块和联系我们等模块，具体实现的功能如下所示。

- **网站首页模块**　网站首页模块是用户登录企业网站时第一个看到的页面，该模块主要实现的功能是对企业的相关信息做一个简单的概述，主要包括产品展示和新闻动态等信息。
- **公司简介模块**　公司简介模块主要实现的功能是对企业做一个全面的介绍，包括企业简介、企业文化、组成机构和成长历程等信息。
- **新闻资讯模块**　新闻资讯模块主要实现公司新闻的显示，包括公司新闻和业内新闻。
- **人才招聘模块**　该模块主要实现的功能是显示公司最新的人才招聘信息。
- **产品展示模块**　该模块主要实现产品的展示功能，通过该模块，用户可以方便地了解企业的产品信息。
- **联系我们模块**　该模块主要的功能是实现企业地址、电话、Email、联系人等信息的显示。

2. 后台管理页面

后台管理页面是面向管理员的，在登录后台管理系统之前，需要用户先通过登录界面，来验证用户的名称和密码信息，如图 11-2 所示。

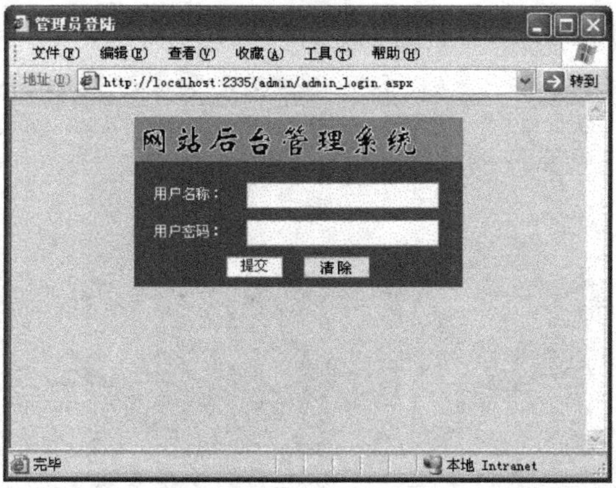

图 11-2　用户登录

在后台管理系统中，管理员可以通过后台管理页面实现对前面展示页面的信息管理，包括信息的查看、添加、修改和删除等操作，如图 11-3 所示。

后台管理页面按功能可分为六个模块，包括系统管理模块、新闻管理模块、产品管理模块、人才管理模块、企业信息模块和友情链接模块，具体实现的功能如下所示。

- **系统管理模块**　该模块主要实现用户的登录管理、网站公告。
- **企业信息模块**　该模块主要用来管理企业的相关信息，主要包含企业简介、组织机构、企业文化和成长历程等信息。
- **人才管理模块**　该模块主要用来管理企业的招聘信息，主要包括招聘信息的查看、回复和删除等功能。

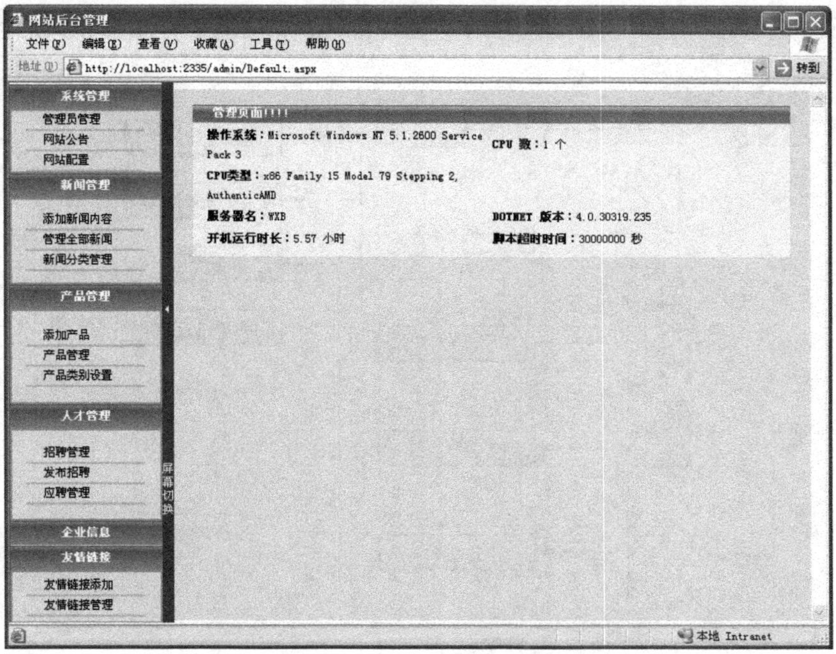

图 11-3　后台管理页面

- **友情链接模块**　该模块主要实现管理企业链接的功能，包括友情链接的添加、删除和编辑等信息。
- **新闻管理模块**　该模块主要用来管理企业的新闻信息，包括信息的类别设置、信息管理和添加信息等功能。
- **产品管理模块**　该模块主要用来管理企业的产品信息，包括产品的类别设置、信息管理和添加产品等功能。

11.2.2　系统结构图

通过系统功能结构的一些介绍，已经了解该系统的主要作用，以及该系统展示方式、功能分类等。下面再来使用流程图描述各程序模块的作用。

1．前台流程图

在打开该网站时，即打开 Default.aspx 页面。Default 页面的导航条，是进入前台各模块的端口。当单击导航条中的超链接时，会进入各模块浏览信息，流程结构如图 11-4 所示。

2．后台流程图

在后台管理中，用户需要先通过登录到后台管理界面，在登录过程中需要判断用户名和密码信息。然后在后台系统管理界面中，通过选择左侧的不同的选项，而在右侧浏览该选项中的内容。其次，在右侧还可以单击【删除】链接，来删除某条记录。或者在该选项下面的子选项中，单击链接，则在右侧显示添加功能，并添加相关的信息，如图 11-5 所示。

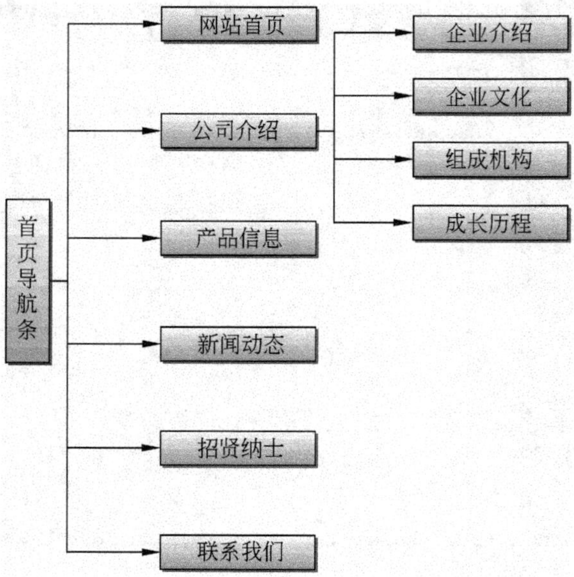

图 11-4　前台流程图

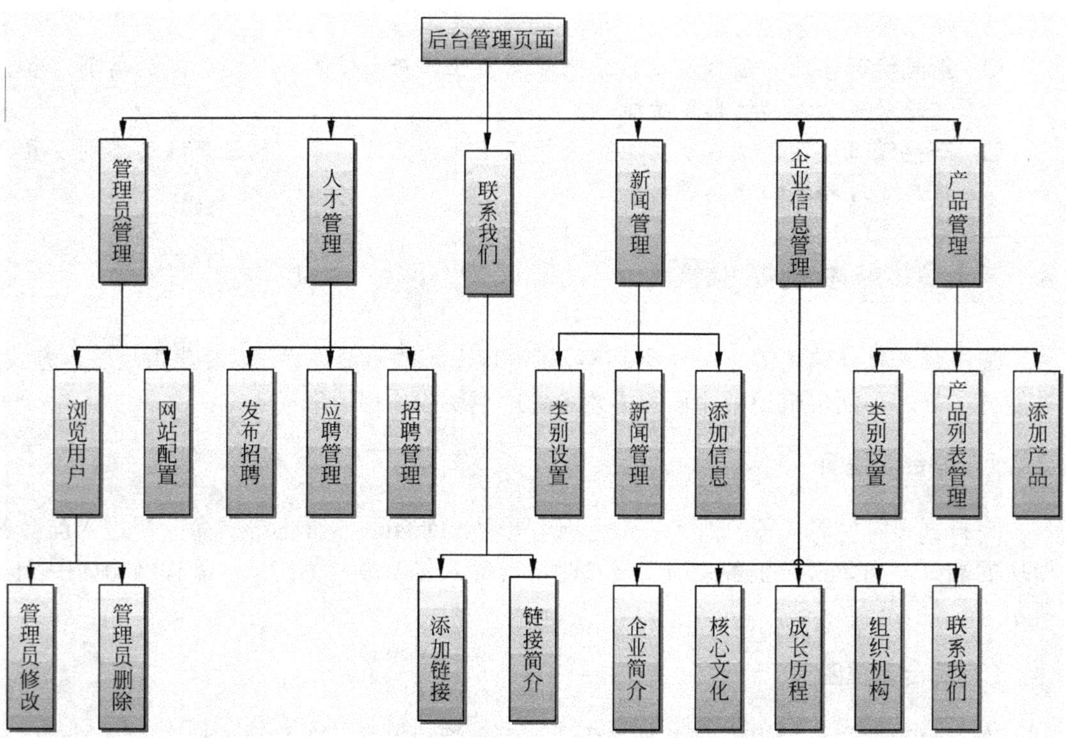

图 11-5　后台流程图

11.3 数据库设计

网站数据库是动态网站存放网站数据的空间，这也是动态网站所必须的内容。网站数据是用专门的一个数据库用来存放网站中需要显示的内容。网站数据可以通过网站后台直接发布到网站数据库，网站把这些数据进行调用。网站数据库根据网站的大小，数据的多少，选择不同的数据库支持，如 SQL Server、MySQL 或者 ACCESE 数据库。

11.3.1 数据库的概念设计

本系统所需要的永久性数据，都存储在 SQL Server 数据库管理系统中。在 SQL Server 数据库中创建数据库 web.mdf，并根据系统需要创建 12 个表：管理员表（admin）、招聘表（job）、应聘表（acjob）、联系我们表（contact）、新闻类别表（news_class）、新闻管理表(News)、产品类别表(Product_class)、产品信息表(Product)、友情链接表(friendLink)、网站配置表（WebConfig）、企业信息管理表（Main）和企业信息类别表（MainClass）。

1. 管理员表（admin）

在管理员表中，主要用来存储后台管理员的信息，包括管理员的名称、管理密码和管理权限等信息，如图 11-6 所示。

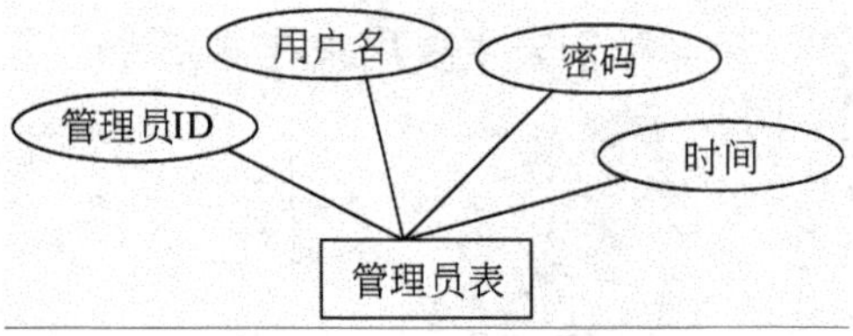

图 11-6 管理员表

2. 招聘表（job）

招聘表主要用来存储企业发布的招聘信息，包括招聘的职位、招聘人数和招聘的要求等信息，如图 11-7 所示。

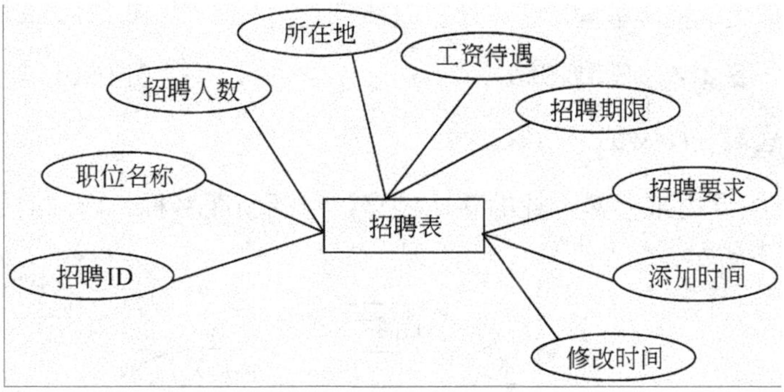

图 11-7 招聘表

3. 应聘表（acjob）

应聘表主要用来存储用户的应聘信息，包括用户应聘的职位、用户名称、年龄和电话等信息，如图 11-8 所示。

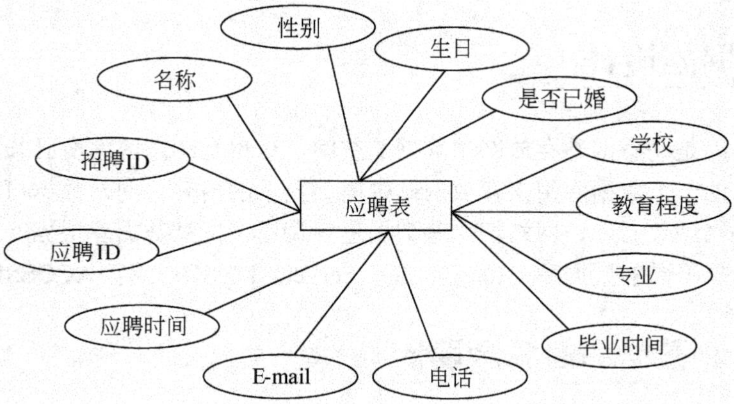

图 11-8　应聘表

4．联系我们表（contact）

联系我们表主要用来存储企业的联系信息。包括 ID、内容、标题等信息，如图 11-9 所示。

5．新闻类别表（news_class）

新闻类别表主要用来存储新闻的类别信息，包括新闻的类别名称和类别 ID，如图 11-10 所示。

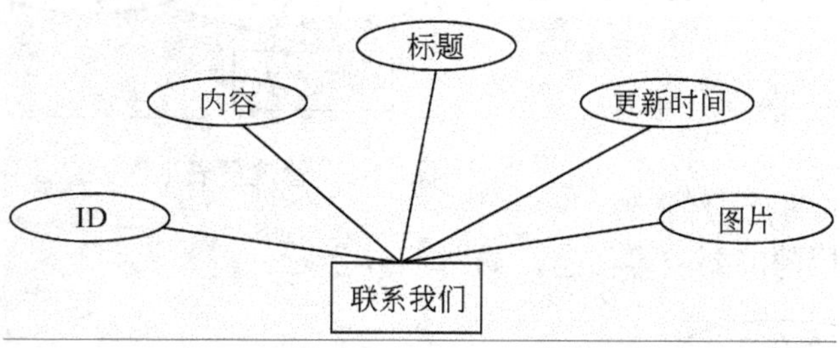

图 11-9　联系我们表

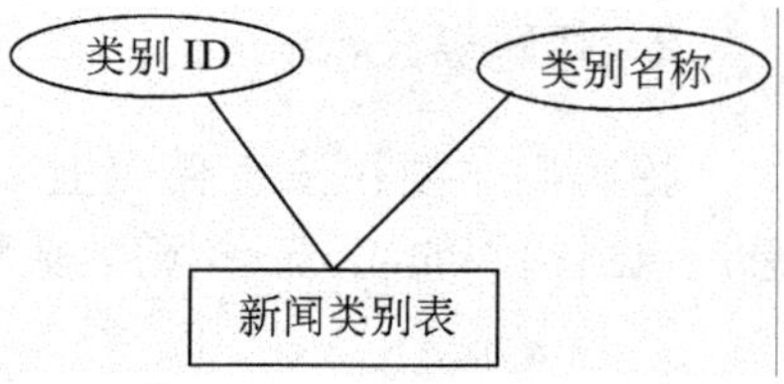

图 11-10　新闻类别表

6．新闻管理表（News）

新闻管理表主要用来存储企业的新闻信息，包括新闻名称、新闻类别和更新时间等信息，如图 11-11 所示。

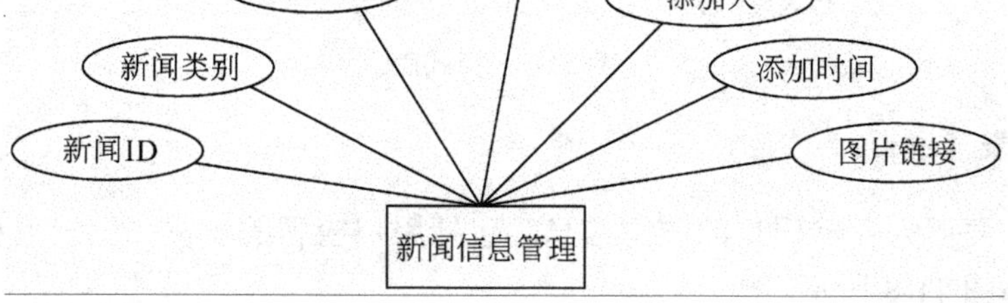

图 11-11　新闻管理表

7．产品类别表（Product_class）

产品类别表主要用来设置产品类别信息，包括产品类别 ID 和类别名称等信息，如图 11-12 所示。

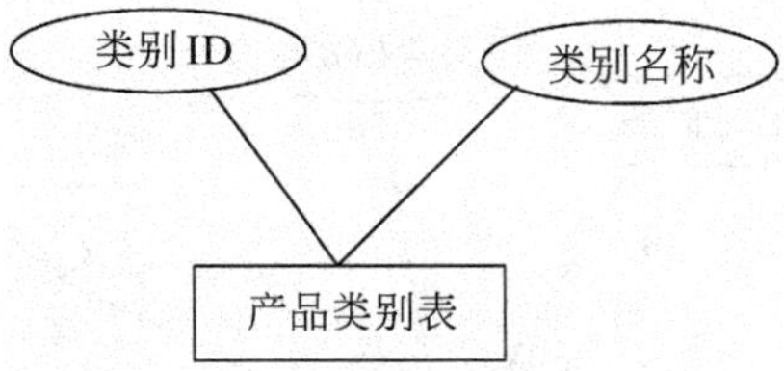

图 11-12　产品类别表

8．产品信息表（Product）

产品信息表主要用来存储产品信息，包括产品名称、产品图片和产品简介等信息，如图 11-13 所示。

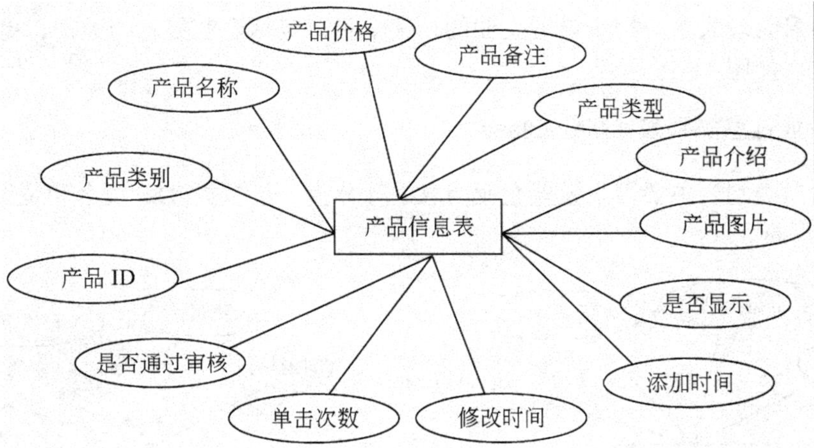

图 11-13　产品信息表

9．友情链接表(friendLink)

友情链接表主要用来存储企业的友情链接信息，包括链接 ID、链接名称和链接地址等信息，如图 11-14 所示。

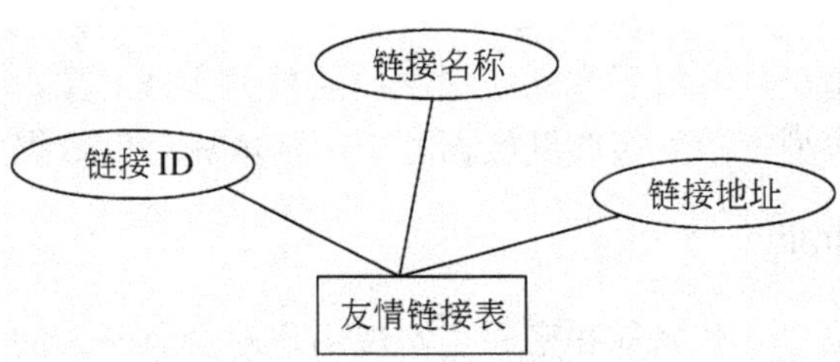

图 11-14　友情链接表

10．网站配置表（WebConfig）

网站配置表主要用来设置企业网站的配置信息，包括网站的名称、域名、LOGO、E-mail 和版权等信息，如图 11-15 所示。

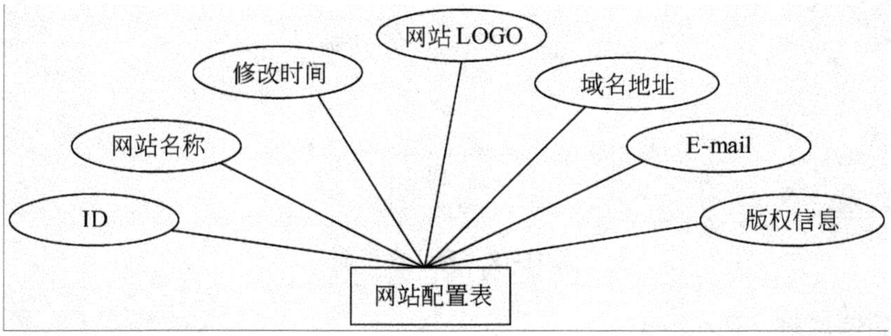

图 11-15　网站配置表

11．企业信息管理表（Main）

企业信息管理表主要用来设置企业的相关信息，包括企业信息的类别、更新时间和内容等信息，如图 11-16 所示。

12．企业信息类别表（MainClass）

企业信息类别表主要用来设置企业信息进行分类，包括类 ID、类名和位置等信息，如图 11-17 所示。

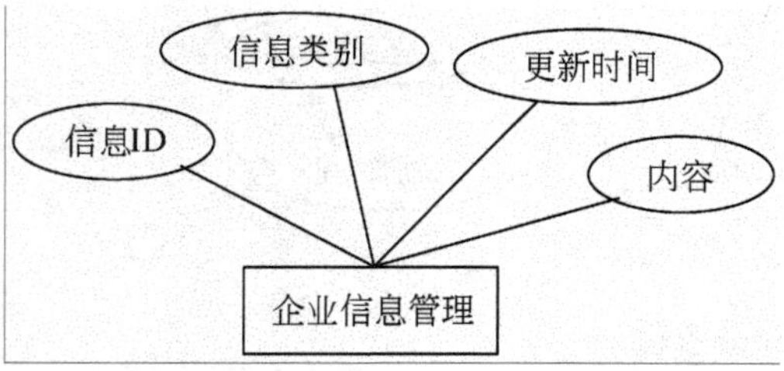

图 11-16　企业信息管理表

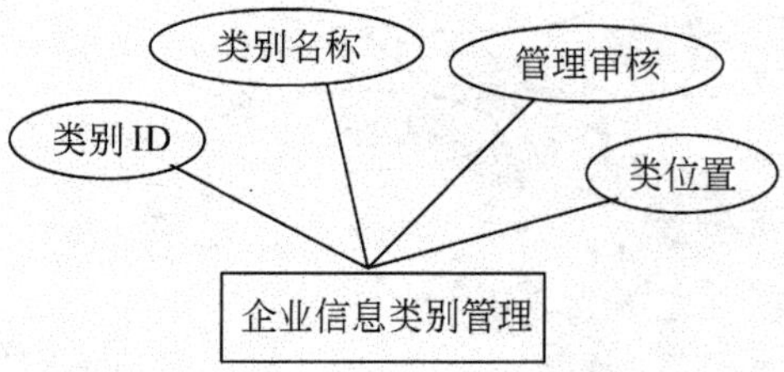

图 11-17　企业信息类别管理表

11.3.2　数据库的逻辑结构

数据库概念设计中已经分析了本系统中主要的数据实体对象，通过这些实体可以得出数据表结构的基本模型，最终实施到数据库中，形成完整的数据结构。

1．管理员表（admin）

该表的作用是给用户一个名称和密码，实现用户对企业网站的管理，方便用户登录后台管理页面，实现对企业信息的查看和编辑功能，如表 11-1 所示。

表 11-1　管理员表

字段名称	字段说明	类型	约束
Id	编号	自动编号（长整型）	主键（非空）
UserName	用户名	文本（50）	空
UserPassWord	用户密码	文本（50）	空
JoinTime	登录时间	日期/时间	空

2．招聘表（job）

招聘表包含 9 个字段，用来发布企业的招聘信息。在该表中，应注意招聘期限是按天为单位的，如表 11-2 所示。

表 11-2　招聘表

字段名称	字段说明	类型	约束
id	招聘 ID	自动编号（长整型）	主键（非空）
inviter	职位名称	文本（50）	非空
renshu	招聘人数	文本（50）	非空
address	所在地	文本（50）	非空
deal	工资待遇	文本（50）	空
qixian	招聘期限	数字	空
yaoqiu	招聘要求	备注	非空
join_date	添加时间	日期/时间	空
change_date	修改时间	日期/时间	空

3．应聘表（acjob）

应聘表包含 13 个字段，用来存储用户的应聘信息，如表 11-3 所示。

表 11-3　应聘表

字段名称	字段说明	类型	约束
id	应聘 ID	自动编号（长整型）	主键（非空）
jodid	招聘 ID	数字	非空
mane	名称	文本（50）	非空
sex	性别	文本（50）	非空
birthday	生日	文本（50）	空
marry	是否已婚	文本（50）	空
school	学校	文本（50）	非空
studydegree	教育程度	文本（50）	空
specialty	专业	文本（50）	空
gradyear	毕业时间	文本（50）	空
telephone	电话	文本（50）	空
email	E-mail	文本（50）	非空
join_date	应聘时间	日期/时间	非空

4. 联系我们表（contact）

联系我们表包含 5 个字段，用来存储企业的联系信息，包括企业电话、E-mail、企业地址等信息，如表 11-4 所示。

表 11-4 联系我们表

字段名称	字段说明	类型	约束
id	ID	自动编号（长整型）	主键（非空）
[content]	内容	备注	非空
title	名称	文本（50）	非空
picture	图片	文本（50）	非空
change_date	修改时间	日期/时间	空

5. 新闻类别表（news_class）

该表主要对 News 表进行类别设置，包含新闻编号和新闻类别名称两个字段，如表 11-5 所示。

表 11-5 新闻类别表

字段名称	字段说明	类型	约束
ID	编号	自动编号（长整型）	主键（非空）
Class1	类别名称	文本（50）	非空

6. 新闻管理表（News）

该表主要用来显示企业的新闻信息，包含新闻编号、新闻名称、新闻类别、点击数、更新时间和内容等信息，如表 11-6 所示。

表 11-6 新闻管理表

字段名称	字段说明	类型	约束
ID	编号	自动编号（长整型）	主键（非空）
Class1	大类名称	文本（50）	非空
Title	新闻名称	文本（50）	非空
laiz	添加人	文本（50）	空
UpdateTime	更新时间	日期/时间	非空
Content	内容	备注	非空
img	图片	文本（50）	空

7. 产品类别表（Product_class）

产品类别表用来存储产品的类别信息，包含产品类别编号和类名称两个字段，如表 11-7 所示。

表 11-7　产品类别表

字段名称	字段说明	类型	约束
ID	编号	自动编号（长整型）	主键（非空）
Class1	类别名称	文本（50）	非空

8．产品信息表（Product）

该表主要设置产品信息，包含有产品的名称、产品价格、更新时间、图片等信息，如表 11-8 所示。

表 11-8　产品信息表

字段名称	字段说明	类型	约束
Id	编号	自动编号（长整型）	主键（非空）
Product_class	产品类别	文本（50）	非空
Product_name	产品名称	文本（50）	非空
Product_in	产品价格	文本（50）	非空
Product_spec	产品备注	文本（50）	空
Product_remark	产品类型	文本（50）	非空
Product_explain	产品介绍	备注	非空
Product_picture	产品图片	文本（50）	空
Product_auditing	是否通过审核	文本（50）	空
index_show	产品显示	文本（50）	空
join_date	添加时间	日期/时间	空
change_date	修改时间	日期/时间	空
hit	单击次数	数字	空

9．友情链接表(friendLink)

友情链接表包含 3 个字段，主要用来存储企业的友情链接的名称和地址信息，如表 11-9 所示。

表 11-9　友情链接表

字段名称	字段说明	类型	约束
Id	ID	自动编号（长整型）	主键（非空）
web_name	链接名称	文本（50）	非空
web_address	链接地址	文本（50）	非空

10．网站配置表（WebConfig）

网站配置表包含 7 个字段，主要用来存储设置企业网站的名称、LOGO、域名地址和版权等信息，如表 11-10 所示。

表 11-10　网站配置表

字段名称	字段说明	类型	约束
ID	编号	自动编号（长整型）	主键（非空）
web_name	网站名称	文本（50）	非空
join_date	添加时间	日期/时间	非空
Url	域名地址	文本（50）	空
logo	企业 LOGO	文本（50）	非空
email	企业邮箱	文本（50）	非空
banquan	版权信息	文本（50）	空

11．企业信息管理表（Main）

创建该表时，请注意与 MainClass 表进行对照，避免类别出现错误，如表 11-11 所示。

表 11-11　企业信息管理表

字段名称	字段说明	类型	约束
ArticleID	编号	自动编号（长整型）	主键（非空）
NewsClassName	类别名称	文本（50）	非空
UpdateTime	更新时间	日期/时间	非空
Content	内容	备注	非空

12．企业信息类别表（MainClass）

该表只针对企业信息进行设置，包含类名字、管理员审核和显示位置等信息，如表 11-12 所示。

表 11-12　企业信息类别表

字段名称	字段说明	类型	约束
NewsClassID	编号	自动编号（长整型）	主键（非空）
NewsClassName	类别名称	文本（50）	非空
Passed	管理员审核	是/否	非空
Top	位置	文本（50）	非空

11.4　公共模块设计

在开发企业网站的过程中，有多种功能需要在多个模块中使用，如连接数据库、页首、图片切换、页尾和分布显示等功能。对于这些多次使用到的功能，不可能在每个需要的地方都进行编写，如果这样做，一是出现错误不容易调试，二是没有达到节省开发精力的目的。

将这些常用的功能，做成组成的形式是最好的选择，以声明文件的形式独立存在，当需要时导入文件就可以。

11.4.1 前台公共模块

在前台显示页面中，常用到的公共模块主要包括网站配置文件（web.config）、页首（head.ascx）、公司介绍（WebUserControl2.ascx）、页尾（foot.ascx）、站内搜索模块（search.ascx）、前台样式（Default.css）和数据处理（norke.cs）等七个文件。

1. 网站配置文件（web.config）

该文件主要用来配置网站的数据库链接、Visual Studio 中网站的 Asp.Net 配置项和用户的安全验证模式等信息，代码如下所示。

文件名：web.config

```
<?xml version="1.0"?>
<!--
   注意：除了手动编辑此文件以外，您还可以使用
   Web 管理工具来配置应用程序的设置。可以使用 Visual Studio 中的
    “网站”->“Asp.Net 配置”选项。
   设置和注释的完整列表在
   machine.config.comments 中，该文件通常位于
   \Windows\Microsoft.Net\Framework\v2.x\Config 中-->
<configuration>
 <appSettings/>
 <connectionStrings>
    <!--链接 SQL Server 数据库的链接字符串-->
    <add name="conn" connectionString="data Source=(local);database=
    web;user id=sa;pwd=123" providerName="System.Data.SqlClient"></add>
 </connectionStrings>
 <system.web>
    <httpModules>
        <add name="MagicAjax" type="MagicAjax.MagicAjaxModule,
        MagicAjax"/>
    </httpModules>
    <!--
          设置 compilation debug="true" 将调试符号插入
          已编译的页面中。但由于这会
          影响性能，因此只在开发过程中将此值
          设置为 true。
    -->
 <compilation debug="true" targetFramework="4.0">
     <assemblies>
         <add assembly="System.Windows.Forms, Version=4.0.0.0,
         Culture=neutral, PublicKeyToken=B77A5C561934E089"/>
         <add assembly="System.Design, Version=4.0.0.0, Culture=
         neutral, PublicKeyToken=B03F5F7F11D50A3A"/>
         <add assembly="System.Data.OracleClient, Version=4.0.0.0,
         Culture=neutral, PublicKeyToken= B77A5C561934E089"/>
```

```
            </assemblies></compilation>
    <!--
          通过 <authentication> 节可以配置 ASP.NET 使用的
          安全身份验证模式，
          以标识传入的用户。
      -->
     <authentication mode="Windows"/>
     <!--
          如果在执行请求的过程中出现未处理的错误，
          则通过 <customErrors> 节可以配置相应的处理步骤。具体说来，
          开发人员通过该节可以配置
          要显示的 html 错误页
          以代替错误堆栈跟踪。
      <customErrors mode="RemoteOnly" defaultRedirect="GenericError-
      Page.htm">
          <error statusCode="403" redirect="NoAccess.htm" />
          <error statusCode="404" redirect="FileNotFound.htm" />
      </customErrors>
      -->
     <pages controlRenderingCompatibilityVersion="3.5" clientIDMode=
     "AutoID"/></system.web>
    </configuration>
```


2．页首（head.ascx）

该文件包含企业网站的 logo 和导航条信息。当访问前台页面各模块中的网页时，都会包含企业的 logo 和导航条，就可以直接加载 head.ascx 文件，非常方便，代码如下所示。

文件名：head.ascx

```
<%@ Control Language="C#" AutoEventWireup="true" CodeFile="head.ascx.cs"
Inherits="head" %>
<table  cellspacing="0"  cellpadding="0"  align="center"  border="0"
width="775"><tr>
       <td  align="left">
           <table cellspacing="0" cellpadding="0" border="0"><tr>
                 <td> <asp:DataList ID="DataList1" runat="server" Cell-
                 Spacing="0" RepeatDirection="Horizontal" Width="774px">
                        <ItemTemplate>
                            <table border="0" bordercolordark="" border-
                            colorlight="#000000" cellpadding="0" cellspacing=
                            "0"><tr>
                <td height="100px" width="100px" background="Images/
                Snap1.jpg">
                <img border="0" height="100px" width="100px" src='<%#
                DataBinder.Eval(Container.DataItem, "logo").ToString()
                %>' /></td>
```

```
        <td height="100px" width="620px">
            <img border="0" height="100px" width="672px"  src=
            '<%# DataBinder.Eval(Container.DataItem, "banner").
            ToString()%>' />
                           </td></tr></table>
                </ItemTemplate>
            </asp:DataList>
            </td></tr></table>
  <table cellspacing="0" cellpadding="0" width="774px" border=
  "0"><tr>
   <td class="w12" align="center" background="Images/dh.jpg"
   height="53">
             <table cellspacing="2" cellpadding="0" width="774"
             border="0">
                <tr>
                   <td align="center" style="width: 100px">
                  <a class="w12" href=""><span style="color:
                  #ffffff">首 页</span></a></td>
                   <td class="w12" align="center" width=
                   "8">|</td>
                   <td class="w12" align="center" style="width:
                   100px">
                       <a class="w12" href="Introduced.aspx">
                       <span style="color: #ffffff">公司介绍
                       </span></a></td>
                   <td class="w12" align="center" width="8">|</td>
                   <td class="w12" align="center" style="width:
                   100px">
                       <a class="w12" href="news.aspx"><span style=
                       "color: #ffffff">新闻中心</span></a></td>
                   <td class="w12" align="center" width="8">|</td>
                   <td class="w12" align="center" style="width:
                   100px">
                       <a class="w12" href="Product.aspx"><span
                       style="color: #ffffff">产品信息</span>
                       </a></td>
                   <td class="w12" align="center" width="8">|</td>
                   <td class="w12" align="center">
                       <a class="w12" href="hr.aspx"><span style=
                       "color: #ffffff">招贤纳士</span></a></td>
                   <td class="w12" align="center" width="8">|</td>
                   <td class="w12" align="center">
                       <a class="w12" href="Contact.aspx"><span
                       style="color: #ffffff">联系我们</span>
                       </a></td>
             </table>
         </td></tr></table>
```

```
            <table cellspacing="0" cellpadding="0" width="100%" border="0">
                <tr>
                    <td bgcolor="" height="2"></td>
                </tr>
            </table>
            <table cellspacing="0" cellpadding="0" border="0"><tr>
                    <td valign="top" align="center" style="width: 775px;">
                    <img src="Images/017.jpg"</td ></tr></table>
        </td>
    </tr>
</table>
```

文件名：head.ascx.cs

```
using System;
using System.Data;
using System.Configuration;
using System.Collections;
using System.Web;
using System.Web.Security;
using System.Web.UI;
using System.Web.UI.WebControls;
using System.Web.UI.WebControls.WebParts;
using System.Web.UI.HtmlControls;
public partial class head : System.Web.UI.UserControl
{
    protected void Page_Load(object sender, EventArgs e)
    {
        string sql4;
        sql4 = "select logo,banner from webconfig";
        DataList1.DataSource = norke.GreatDs(sql4);
        DataList1.DataBind();
    }
}
```


在网页中打开该文件，如图 11-18 所示。

图 11-18　网页头文件

3. 公司介绍（WebUserControl2.ascx）

该文件主要实现企业信息的导航，包含企业简介、企业文化、成长历程和组织机构等信息，代码如下所示。

文件名：WebUserControl2.ascx

```
<%@ Control Language="C#" AutoEventWireup="true" CodeFile=
"WebUserControl2.ascx.cs" Inherits="WebUserControl2" %>
<table cellspacing="0" cellpadding="0" width="100%">
  <tr>
    <td width="100%"></td>
  </tr>
  <tr>
    <td height="30"><div align="center"><a href="Introduced.aspx">企 业
    简 介</a></div></td>
  </tr>
  <tr>
    <td background="img/naSzarym.gif" colspan="2" height="1"><img
    height="1" src="img/1x1_pix.gif" width="10" /></td>
  </tr>
  <tr>
   <td height="30"><div align="center"><a href="Culture.aspx">企 业 文 化
   </a></div></td>
  </tr>
  <tr>
    <td background="img/naSzarym.gif" colspan="2" height="1"><img
    height="1" src="img/1x1_pix.gif" width="10" /></td>
  </tr>
  <tr>
   <td height="30" ><div align="center"><a href="Structure.aspx">组 织 机
   构</a></div></td>
  </tr>
  <tr>
    <td background="img/naSzarym.gif" colspan="2" height="1"><img
    height="1" src="img/1x1_pix.gif" width="10" /></td>
  </tr>
  <tr>
   <td height="30" ><div align="center"><a href="History.aspx">成 长 历 程
   </a></div></td>
  </tr>
  <tr>
    <td background="img/naSzarym.gif" colspan="2" height="1"><img
    height="2" src="Img/1x1_pix.gif" width="1" /></td>
  </tr>
  <tr>
   <td height="30"><div align="center"><a href="Contact.aspx">联 系 我 们
   </a></div></td>
```

```
  </tr>
</table>
```

在浏览器中打开该文件，结果如图 11-19 所示。

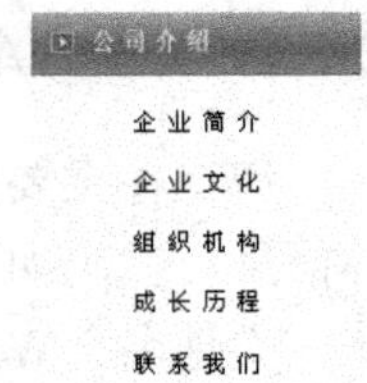

图 11-19　公司介绍

4. 站内搜索模块（search.ascx）

站内搜索模块主要实现站内新闻信息和产品信息的搜索功能，代码如下所示。

文件名：search.ascx

```
<%@ Control Language="C#" AutoEventWireup="true" CodeFile="search.
ascx.cs" Inherits="search" %>
<table width="100%" border="0" cellspacing="0" cellpadding="0" align=
"center">
  <tr>
    <td align=center style="height: 22px"> </td>
    <td align=left style="height: 22px"><asp:DropDownList ID=
    "DropDownList1" runat="server">
      <asp:ListItem Value="1">产品信息</asp:ListItem>
      <asp:ListItem Value="2">新闻中心</asp:ListItem>
    </asp:DropDownList></td>
  </tr>
  <tr>
    <td align="center"> </td>
    <td align="left"><asp:TextBox ID="TextBox1" runat="server" size="20"
    Width="120px"></asp:TextBox>
    <asp:Button ID="Button1" runat="server" OnClick="Button1_Click"
    Text="搜索" /></td>
  </tr>
  <tr>
    <td align="center"> </td>
    <td align="left"></td>
  </tr>
</table>
```

5. 页尾（foot.ascx）

该文件主要实现的功能是显示企业网站的注册信息，代码如下所示。

文件名：foot.ascx

```
<%@ Control Language="C#" AutoEventWireup="true" CodeFile="foot.ascx.cs"
Inherits="foot" %>
<table cellspacing="0" cellpadding="0" width="100%" border="0">
    <tbody><tr><td align="middle" height="20">
                <table cellspacing="0" cellpadding="0" width="100%" border="0">
```

```
                <tbody><tr>
                    <td bgcolor="#ffffff" height="1">
                    </td></tr>
                  <tr><td bgcolor="#0b8b7d"></td></tr>
                  <tr><td height="1"></td>
                  </tr>
                  <tr>
                    <td align="middle" bgcolor="#cdcdcd" height="60">
              <table cellspacing="2" cellpadding="0" width="70%" border="0">
                <tbody><tr>
                <td class="black12" align="middle" height="25">
                </td></tr>
                <tr><td style="width: 537px" class="black12" align=
                "center" height="20">
                 <asp:Label ID="Label1" runat="server"></asp:Label></td>
                    </tr></tbody></table>
                    </td></tr></tbody>
              </table></td></tr></tbody></table>
```

文件名：foot.ascx.cs


```
using System;
using System.Data;
using System.Configuration;
using System.Collections;
using System.Web;
using System.Web.Security;
using System.Web.UI;
using System.Web.UI.WebControls;
using System.Web.UI.WebControls.WebParts;
using System.Web.UI.HtmlControls;
public partial class foot : System.Web.UI.UserControl
{
    protected void Page_Load(object sender, EventArgs e)
    {
        string sql;
        sql = "select banquan from webconfig";
        DataTable dt = new DataTable();
        dt = norke.GreatDs(sql).Tables[0];
        this.Label1.Text = dt.Rows[0]["banquan"].ToString();
    }
}
```

6．前台样式（Default.css）

前台样式文件主要实现前台的样式设置，包括管理模块的主体（BODY）、超链接

（A）、字体（FONT）、表格的单元格（TD）、SELECT 和 INPUT 等样式设置，代码如下所示。

文件名：Default.css

```
BODY {
 FONT-SIZE: 12px; FONT-FAMILY: '宋体',Arial, Helvetica, sans-serif
}
TD {
 FONT-SIZE: 12px; FONT-FAMILY: '宋体',Arial, Helvetica, sans-serif
}
A:hover {
 TEXT-DECORATION: underline
}
.black12sdw {
 BACKGROUND-POSITION: 2px 50%; FONT-SIZE: 12px; COLOR: #000000;
 BACKGROUND-REPEAT: repeat-x; FONT-FAMILY: "宋体"; TEXT-DECORATION: none
}
.black12sx {
 FONT-SIZE: 12px; COLOR: #000000; LINE-HEIGHT: 100%; FONT-FAMILY:
 "宋体"; TEXT-DECORATION: none
}
.black12 {
 FONT-SIZE: 12px; COLOR: #000000; LINE-HEIGHT: 150%; FONT-FAMILY:
 "宋体"; TEXT-DECORATION: none
}
.bkbox {
 BORDER-RIGHT: #000000 1px solid; BORDER-TOP: #000000 1px solid;
 BORDER-LEFT: #000000 1px solid; BORDER-BOTTOM: #000000 1px solid
}
.red14b {
 FONT-WEIGHT: bold; FONT-SIZE: 14px; COLOR: #993300; FONT-FAMILY:
 "宋体"; TEXT-DECORATION: none
}
.txt14 {
 FONT-SIZE: 14px; COLOR: #000000; LINE-HEIGHT: 150%; FONT-FAMILY:
 "宋体"; TEXT-DECORATION: none
}
.hbox {
 BORDER-RIGHT: #b4b4b4 1px solid; BORDER-TOP: #b4b4b4 1px solid;
 BORDER-LEFT: #b4b4b4 1px solid; BORDER-BOTTOM: #b4b4b4 1px solid
}
.green12 {
 FONT-SIZE: 12px; COLOR: #146d65; FONT-FAMILY: "宋体"; TEXT-DECORATION: none
}
.w12 {
 FONT-SIZE: 12px; COLOR: #ffffff; LINE-HEIGHT: 130%; FONT-FAMILY:
```

```
"宋体"; TEXT-DECORATION: none
}
.g12 {
FONT-SIZE: 12px; COLOR: #05736f; FONT-FAMILY: "宋体"; TEXT-DECORATION: none
}
.tt18 {
FONT-SIZE: 18px; COLOR: #000000; FONT-FAMILY: "黑体"; TEXT-DECORATION: none
}
.tt16 {
FONT-SIZE: 13px; COLOR: #000000; FONT-FAMILY: "宋体"; TEXT-DECORATION: none
}
.e {
FONT-SIZE: 12px; COLOR: #cc6600; FONT-STYLE: normal; FONT-FAMILY:
"宋体"; TEXT-DECORATION: none
}
A.black14:link {
FONT-SIZE: 12px; COLOR: #000000; LINE-HEIGHT: 150%; FONT-FAMILY:
"宋体"; TEXT-DECORATION: none
}
A.black14:visited {
FONT-SIZE: 12px; COLOR: #000000; LINE-HEIGHT: 150%; FONT-FAMILY:
"宋体"; TEXT-DECORATION: none
}
#Layer1 {
Z-INDEX: 1; LEFT: 14px; WIDTH: 327px; POSITION: absolute; TOP: 390px;
HEIGHT: 210px
}
.style7 {
FONT-SIZE: 18px; COLOR: #660000; LINE-HEIGHT: 120%; FONT-FAMILY:
"黑体"; TEXT-DECORATION: none
}
.style20 {
COLOR: #ffffff
}
.style38 {
FONT-SIZE: 20px
}
.STYLE42 {
FONT-SIZE: 18px; COLOR: #993300; FONT-FAMILY: "黑体"; TEXT-DECORATION: none
}
.STYLE46 {
FONT-SIZE: 16px; COLOR: #000000
}
```

7．数据处理文件（norke.cs）

数据处理文件是本企业网站代码中很重要的一部分内容，该文件主要实现 SQL 语句的执行，数据集的返回和数据库的打开和关闭功能，代码如下所示。

文件名：norke.cs

```
using System;
using System.Data;
using System.Data.OleDb;
using System.Configuration;
using System.Web;
using System.Web.Security;
using System.Web.UI;
using System.Web.UI.WebControls;
using System.Web.UI.WebControls.WebParts;
using System.Web.UI.HtmlControls;
using System.Data.SqlClient;
using System.Data.Common;
public class norke{
    public norke(){
          // myConnection = new SqlConnection(ConfigurationManager.
            ConnectionStrings["conn"].ConnectionString);
    }
    public static DataSet GreatDs(string sql){
        SqlConnection myConnection = new SqlConnection(Configuration-
        Manager.ConnectionStrings["conn"].ConnectionString);
        SqlDataAdapter Dar = new SqlDataAdapter(sql, myConnection);
        DataSet ds = new DataSet();
        Dar.Fill(ds);
        return ds;
    }
    public static void DoSql(string sql){
        SqlConnection myConnection = new SqlConnection(Configuration-
        Manager.ConnectionStrings["conn"].ConnectionString);
        myConnection.Open();          //打开数据库
        SqlCommand cmd = new SqlCommand(sql, myConnection);
        cmd.ExecuteNonQuery();//
        myConnection.Close();         //关闭数据库
    }
}
```


11.4.2 后台公共模块

在后台显示页面中，常用到的公共模块主要包括数据处理文件类（norke.cs）、文件上传类（upload.cs）、后台样式类（index.css）和登录验证类（login.cs）等 4 个文件。由于前台和后台管理公共模块文件有重复，代码就不在讲述。

1．文件上传类（upload.cs）

文件上传类主要实现文件或图片的上传功能。原图片或文件在上传后，会根据上传的日期和时间对上传文件重命名并保存到数据库中，代码如下所示。

```
using System;
using System.IO;
using System.Data;
using System.Configuration;
using System.Web;
using System.Web.Security;
using System.Web.UI;
using System.Web.UI.WebControls;
using System.Web.UI.WebControls.WebParts;
using System.Web.UI.HtmlControls;
/// <summary>
/// upload 的摘要说明
/// </summary>
public class upload
{
 public upload()
{
    // TODO: 在此处添加构造函数逻辑
}
   public string[] Resup ={ "上传失败或指定的文件不存在", "图片大于 10K，重新
   传图片！", "格式不对，限制上传（只允许 gif/jpg 格式文件）！", "上传成功！" };
   public string s = string.Empty;
   public string Up(System.Web.UI.HtmlControls.HtmlInputFile File2,
   string Pa)
   {
       // TODO: 在此处添加构造函数逻辑
       if (File2.PostedFile.ContentLength.ToString() == "0"){
          return "0";
       }
       else{
          //获取文件名称
          string ss;
          ss = System.DateTime.Now.ToString().Replace("-", "").Replace
          (" ", "").Replace(":", "") + Path.GetExtension(File2.Posted-
          File.FileName);
          if (File2.PostedFile.ContentLength / 1024 > 10)
          { return "1"; }
          else{
              string ty = File2.PostedFile.ContentType;
              if (ty == "image/gif" || ty == "image/pjpeg"){
File2.PostedFile.SaveAs(System.Web.HttpContext.Current.Server.MapPath
(Pa) + ss);
                  s = ss;
                  return "3";
                  //Up= ss;
              }
```

```
                    else
                    { return "2"; }
                }
            }
        }
    }
```

2. 后台样式类（index.css）

后台样式类主要实现后台管理模块的样式设置，包括管理模块的主体（BODY）、字体（FONT）和表格的单元格（TD）等样式设置，代码如下所示。

```
body,td,th {
 font-size: 12px;
}
.1 {
 border-top-width: 0.01mm;
 border-right-width: 0.01mm;
 border-bottom-width: 0.01mm;
 border-left-width: 0.01mm;
 border-top-style: none;
 border-right-style: none;
 border-bottom-style: none;
 border-left-style: dashed;
 border-top-color: #CCCCCC;
 border-right-color: #CCCCCC;
 border-bottom-color: #CCCCCC;
 border-left-color: #CCCCCC;
}
```


3. 登录验证类（login.cs）

登录验证类主要实现用户的登录验证，包括用户是否输入密码，是否输入用户名和用户输入的用户名和密码是否正确等功能，代码如下所示。

```
using System;
using System.Data;
using System.Data.OleDb;
using System.Configuration;
using System.Web;
using System.Web.Security;
using System.Web.UI;
using System.Web.UI.WebControls;
using System.Web.UI.WebControls.WebParts;
using System.Web.UI.HtmlControls;
/// <summary>
/// login 的摘要说明
/// </summary>
```

```
public class login{
 public login(){
    // TODO: 在此处添加构造函数逻辑
 }
    public static void lo(string usn, string pwd)
    {
        string sql = "SELECT id FROM admin where username='" + usn + "' and
        userpassword='" + pwd + "'";
        DataTable dt = norke.GreatDs(sql).Tables[0];
        if (dt.Rows.Count > 0){
            System.Web.HttpContext.Current.Session["Uid"] = dt.Rows[0]["ID"];
System.Web.HttpContext.Current.Response.Write("<script>location.href='
Default.aspx';</script>");
        }
        else{
            System.Web.HttpContext.Current.Response.Write("<script>alert
            ('用户名或密码错误');</script>");
        }
    }
    public static void usercenter(string usn, string pwd){
        string sql = "SELECT id FROM usercenter where username='" + usn +
        "' and userpassword='" + pwd + "'";
        DataTable dt = norke.GreatDs(sql).Tables[0];
        if (dt.Rows.Count > 0){
            System.Web.HttpContext.Current.Session["Uid"] = dt.Rows[0]["ID"];
System.Web.HttpContext.Current.Response.Write("<script>location.href='
Default.aspx';alert('成功登陆');</script>");
        }
        else{
            System.Web.HttpContext.Current.Response.Write("<script>alert
            ('用户名或密码错误');</script>");
        }
    }
    public static void getpass(string  usn){
   string sql = "SELECT id,question,solution FROM usercenter where
   username='" + usn + "'";
        DataTable dt = norke.GreatDs(sql).Tables[0];
        if (dt.Rows.Count > 0){
            System.Web.HttpContext.Current.Session["usn"] = dt.Rows[0]
            ["question"];
            System.Web.HttpContext.Current.Session["so"] = dt.Rows[0]
            ["solution"];
            string question=dt.Rows[0]["question"].ToString();
System.Web.HttpContext.Current.Response.Write("<script>location.href='
UserReg.aspx?id=question';</script>");
        }
        else{
```

```
            System.Web.HttpContext.Current.Response.Write("用户名错误");
        }
    }
}
```

11.5 网站前台功能模块设计

网站前台页面主要用来显示企业的相关信息，包括企业新闻、企业的产品展示、企业人才招聘、企业简介和联系我们等内容。

11.5.1 网站首页模块设计

当顾客进入浏览企业网站时，首先访问企业的网站首页，它在网站中起到一个承上启下的作用，即对企业做一个简要的介绍，方便顾客了解企业的一些基本信息，包括企业简介和产品等内容。

网站首页除了由前面讲到的公共模块页首、企业介绍和页尾组成外，还包括新闻动态、产品展示和友情链接等内容，代码如下所示。

文件名：Default.aspx

```
<%@ Page Language="C#" AutoEventWireup="true" CodeFile="Default.aspx.cs"
Inherits="Default2" %>
<%@ Register Src="WebUserControl2.ascx" TagName="WebUserControl2"
TagPrefix="uc2" %>
<%@ Register Src="head.ascx" TagName="head" TagPrefix="uc1" %>
<%@ Register Src="foot.ascx" TagName="foot" TagPrefix="uc3" %>
<%@ Register Src="search.ascx" TagName="search" TagPrefix="uc4" %>
<!DOCTYPE html PUBLIC "-//W3C//Dtd XHTML 1.0 Transitional//EN"
"http://www.w3.org/TR/xhtml1/Dtd/xhtml1-transitional.dtd">
<html xmlns="http://www.w3.org/1999/xhtml">
<head id="Head1" runat="server">
   <title>朝阳科技</title>
   <link href="styles/StyleSheet.css" rel="stylesheet" type="text/css" />
   <link href="styles/StyleSheet2.css" rel="stylesheet" type="text/css" />
   <link href="styles/cms.css" rel="stylesheet" type="text/css" />
</head><body>
   <form id="form1" runat="server"><div>
         <table cellspacing="0" cellpadding="0" width="775" align=
         "center" border="0">
            <tr><td bgcolor="#ffffff" style="height: 99px">
                  <uc1:head ID="head2" runat="server" /></td>
               <td width="1" bgcolor="#ffffff" style="height: 99px">
               </td></tr></table>
<table cellspacing="0" cellpadding="0" width="775" align="center"
bgcolor="#ffffff"border="0">
```

```
<tr><td align="left">
      <table cellspacing="0" cellpadding="0" border="0"><tr>
         <td valign="top" align="center" style="width:
         176px;">
        <table cellspacing="0" cellpadding="0" bgcolor=""
        border="0">
           <tr><td style="width: 197px">
             <img height="33" src="Images/gsjs.jpg" width=
             "171"></td></tr><tr><td style="height: 175px">
     <uc2:WebUserControl2 ID="WebUserControl2_1" runat=
     "server" />
       </td></tr></table><td valign="top" align="center"
       class="style2">
   <table cellspacing="0" cellpadding="0" width="600"
   border="0" ><tr >
       <td height="25" width="100%" align=left colspan="3">
   <img height="43" src="Images/gsxw.jpg" width="597"
   border="0"></td>
     </tr><tr><td height="8" align=left >
         <asp:DataList ID="DataList3" runat="server">
    <ItemTemplate><table width="300"><tr><td width="9px">
 <img src="Images/arrow_02.gif" /></td><td width="260px"
 align="left">
<a href='newslist.aspx?id=<%# fun.Left(DataBinder.Eval
(Container.DataItem, "id").ToString(),12)%>'>
<%# DataBinder.Eval(Container.DataItem, "title").ToString()%>
</a></td></tr>
 <tr><td colspan="3" background="Images/xxgl.gif"></td>
 </tr></table>
 </ItemTemplate></asp:DataList></td>
 <td height="8" align=left width="300">
 <asp:DataList ID="DataList4" runat="server"><ItemTemplate>
 <table ><tr>
 <td width="9px"><img src="Images/arrow_02.gif" /></td>
 <td width="260px" align="left">
 <a href='newslist.aspx?id=<%# fun.Left(DataBinder.Eval
 (Container.DataItem, "id").ToString(),12)%>'>
<%# DataBinder.Eval(Container.DataItem, "title").ToString()%>
</a></td></tr><tr><td colspan="3" background="Images/
xxgl.gif">
 </td></tr></table></ItemTemplate></asp:DataList>
 </td></tr></table></td></tr></table>
   <table height="25" cellspacing="0" cellpadding="0"
   border="0">
<tr><td style="width: 197px">
<img height="33" src="Images/ztzl.jpg" width="171" border="0"></td>
<td height="25" width="100%">
```

```
                     <img height="43" src="Images/cpzs.jpg"
                    width="597" border="0"></td></tr></table>
                  <table cellspacing="0" cellpadding="0" border="0"><tr>
                  <td valign="top" align="center" width="176">
                <table cellspacing="0" cellpadding="0" width="175"
                border="0"><tr>
                 <td align="center"><uc4:search ID="search0" runat=
                 "server" />
                  </td></tr></table>
    <table cellspacing="0" cellpadding="0" width="175" border="0"><tr>
    <td align="center">
          <table cellspacing="0" cellpadding="0" border="0"><tr><td
          height="5">
            <img height="33" src="Images/xglj.jpg" width="171"></td></tr>
                     <tr><td height="30" align=left>
             <asp:DropDownList ID="DropDownList2" runat="server"
             OnSelectedIndexChanged="DropDownList1_SelectedIndexChanged"
             AutoPostBack="True">
                                 </asp:DropDownList></td>
                </table></td></tr></table></td><td valign="top"
                width="202">
                <table cellspacing="2" cellpadding="0" width="170"
                border="0">
                 <tr><td align="center">
                     <asp:DataList Width="371px" ID="DataList1"
                     runat="server" CellSpacing="10" RepeatDirection=
                     "Horizontal"><ItemTemplate>
              <table width="100" height="110" border="1" cellpadding=
              "0" cellspacing="0" bordercolorlight="#000000" border-
              colordark="#ffffff"><tr><td>
<a href='ProductShow.aspx?id=<%# DataBinder.Eval(Container.DataItem,
"id").ToString()%>'>
<img width="100" height="100" border="0" src="<%# DataBinder.
Eval(Container.DataItem, "Product_picture").ToString()%>" /></a>
                     </td></tr></table></ItemTemplate></asp:DataList>
                      </td></tr></table></td></tr></table>
                  <uc3:foot ID="foot1" runat="server" />
              </td></tr></table></div></form></body></html>
```

在上述代码中，主要实现对首页进行布局的功能，其中包括：企业新闻和产品展示的布局。

文件名：Default.aspx.cs

```
using System;
using System.Data;
using System.Configuration;
using System.Collections;
using System.Web;
```

```
using System.Web.Security;
using System.Web.UI;
using System.Web.UI.WebControls;
using System.Web.UI.WebControls.WebParts;
using System.Web.UI.HtmlControls;
public partial class Default2 : System.Web.UI.Page{
    public string list;
    public static string SiteName;
    protected void Page_Load(object sender, EventArgs e){
        if (!this.IsPostBack){
            bind();
        }
    }
    protected void search_Click(object sender, ImageClickEventArgs e){    }
    void bind(){
        string sql1;
        sql1 = "select top 5 id,title,convert(varchar(10),join_date,102)
        as join_date from news order by id desc ";
        DataList3.DataSource = norke.GreatDs(sql1);
        DataList3.DataBind();
        string sql2;
        sql2 = "select top 10 id,title,convert(varchar(10),join_date,102)
        as join_date from  news where id not in (select top 5 id from  news
        order by id desc) order by id desc";
        DataList4.DataSource = norke.GreatDs(sql2);
        DataList4.DataBind();
        string sql4;
        sql4 = "select id,Product_picture from Product where Product_
        picture<>'' order by id desc";
        DataList1.DataSource = norke.GreatDs(sql4);
        DataList1.DataBind();
        string sql5;
        sql5 = "select web_name from webconfig";
        DataTable dt5 = new DataTable();
        dt5 = norke.GreatDs(sql5).Tables[0];
        SiteName=dt5.Rows[0]["web_name"].ToString();
        string sql6;
        sql6 = "select * from dbo.friendlink order by id desc ";
        DropDownList2.DataSource = norke.GreatDs(sql6);
        DropDownList2.DataTextField = "web_name";
        DropDownList2.DataValueField = "web_address";
        DropDownList2.DataBind();
    }
    protected void DropDownList1_SelectedIndexChanged(object sender,
    EventArgs e){    }
}
```

上述代码，主要实现从数据库中读取数据并把数据显示到前台页面的功能。

11.5.2 新闻资讯模块设计

企业的新闻资讯主要介绍企业一些最新的新闻信息，包括企业新闻和业内动态。企业新闻页面除了由公共模块文件组成外，同样有两大部分组成，即左侧导航栏和右侧的内容显示区。

1. 左侧导航栏

左侧导航栏也是个公共模块，主要显示关于企业信息的介绍，包括企业简介、企业新闻、联系我们和企业产品展示等内容。通过单击左侧的链接，可以显示相关信息，代码如下所示。

文件名：menue.ascx

```
<%@ Control Language="C#" AutoEventWireup="true" CodeFile="menue.
ascx.cs" Inherits="menue" %>
<table cellspacing="0" cellpadding="0" width="100%">
  <tr>
  <td style="width: 197px">
      <img height="33" src="Images/xxdh.jpg" width="171"></td>
  </tr>
  <tr>
    <td width="100%"></td>
  </tr>
  <tr>
    <td height="30" ><div align="center"><a href="Introduced.aspx">企 业
    简 介</a></div></td>
  </tr>
  <tr>
    <td background="img/naSzarym.gif" colspan="2" height="1"><img
    height="1" src="img/1x1_pix.gif" width="10" /></td>
  </tr>
  <tr>
   <td height="30" ><div align="center"><a href="news.aspx">新 闻 中 心
   </a></div></td>
  </tr>
  <tr>
    <td background="img/naSzarym.gif" colspan="2" height="1"><img height=
    "1" src="img/1x1_pix.gif" width="10" /></td>
  </tr>
  <tr>
   <td height="30"><div align="center"><a href="product.aspx">产 品 信 息
   </a></div></td>
  </tr>
   <tr>
    <td background="img/naSzarym.gif" colspan="2" height="1"><img height=
    "2" src="Img/1x1_pix.gif" width="1" /></td>
```

```
    </tr>
    <tr>
     <td height="30"><div align="center"><a href="hr.aspx">招 贤 纳 士</a>
     </div></td>
    </tr>
    <tr>
      <td background="img/naSzarym.gif" colspan="2" height="1"><img height=
      "2" src="Img/1x1_pix.gif" width="1" /></td>
    </tr>
    <tr>
     <td height="30" ><div align="center"><a href="Contact.aspx">联 系 我 们
     </a></div></td>
    </tr>
  </table>
```

2. 内容显示区

内容显示区主要实现的功能是显示企业的新闻信息，通过单击左侧导航栏中的标题，然后标题的相关新闻则在内容显示区显示。企业的新闻信息是以列表的形式进行显示的，具有翻页功能，代码如下所示。

```
  <td valign="top" align="center" rowspan="2">
    <table height="43" cellspacing="0" cellpadding="0" background=
    "Images/2ji_gsyw.jpg"
                              border="0" style="width: 598px">
        <tr><td width="31"></td>
           <td width="499" align="left">
         <span style="color: #000000"><strong>新闻中心</strong></span>
                 </td></tr></table>
                 <table cellspacing="0" cellpadding="0" width="20%" border=
                 "0"><tr>
                        <td height="20"><asp:Label ID="Label1" runat=
                        "server" Visible="False"></asp:Label></td>
                            </tr></table>
             <table cellspacing="0" cellpadding="0" width="90%" border=
             "0"><tr>
                    <td class="cmscontent" valign="top">
                       <div align="left"><p>
                       <asp:DataList ID="Datanews" runat="server" Width="100%">
                        <ItemTemplate>
                        <table width="100%"><tr><td width="9px">
  <img src="Images/arrow_02.gif" />
                         </td><td align="left" width="400px">
                        <a href='newslist.aspx?id=<%# fun.Left(DataBinder.
                        Eval(Container.DataItem, "id").ToString(),12)%>'>
                    <%# DataBinder.Eval(Container.DataItem, "title").
                    ToString()%>
```

```
            (<%# DataBinder.Eval(Container.DataItem, "join_date").
            ToString()%>) </a>
             </td></tr><tr>
            <td background="Images/xxgl.gif" colspan="3" width="100%">
               </td></tr></table>
             </ItemTemplate></asp:DataList></p></div>
             </td></tr><tr><td>
              <div class="page">
             <cc1:aspnetpager id="pager" runat="server" cssclass=
             "listpages" firstpagetext="第一页"lastpagetext="最后一页"
             nextpagetext="下一页" onpagechanged="pager_PageChanged1"
             prevpagetext="前一页" width="390px">
              </cc1:aspnetpager></div></td></tr></table></td>
```

本节前面讲到的都是 new.aspx 前台的页面布局的内容，下面是读取数据并实现前面显示的操作，代码如下所示。

文件名：New.aspx.cs


```
using System;
using System.Data;
using System.Configuration;
using System.Collections;
using System.Web;
using System.Web.Security;
using System.Web.UI;
using System.Web.UI.WebControls;
using System.Web.UI.WebControls.WebParts;
using System.Web.UI.HtmlControls;
public partial class news : System.Web.UI.Page{
    protected void Page_Load(object sender, EventArgs e){
        BindData();
    }
    void BindData(){
        string sql2 = "select count(ID) as id from news";
        DataTable dt2 = new DataTable();
        dt2 = norke.GreatDs(sql2).Tables[0];
        this.Label1.Text = dt2.Rows[0]["id"].ToString();
        pager.RecordCount = Convert.ToInt32(this.Label1.Text);
        string sql;
        sql = "select top " + pager.PageSize + " id,title,convert(varchar(10),
        join_date,102) as join_date from news where id not in (select Top
        " + (pager.CurrentPageIndex - 1) * pager.PageSize + " id from news
        order by id desc) order by id desc";
        Datanews.DataSource = norke.GreatDs(sql);
        Datanews.DataBind();
    }
    protected void pager_PageChanged1(object src, Wuqi.Webdiyer.
    PageChangedEventArgs e){
```

```
        pager.CurrentPageIndex = e.NewPageIndex;
        BindData();
    }
}
```

在浏览器中打开新闻内容模块，如图 11-20 所示。

图 11-20　企业新闻模块

11.5.3 产品展示模块设计

企业的产品展示模块主要介绍企业一些产品信息。企业产品页面除了由公共模块文件组成外，同样有两大部分组成，即左侧导航栏和右侧的内容显示区。其中左侧导航栏同新闻资讯内容一样，这里就不再讲述。产品展示模块的内容显示区代码如下所示。

```
<td valign="top" align="center" rowspan="2">
        <table height="43" cellspacing="0" cellpadding="0" background=
        "Images/2ji_gsyw.jpg" border="0" style="width: 598px"><tr><td
        width="31"></td>
                            <td width="499" align="left">
          <span style="color: #000000"><strong>产品信息</strong></span>
                    </td></tr></table>
               <table cellspacing="0" cellpadding="0" width="20%" border=
               "0"><tr>
                <td height="20">
                <asp:Label ID="Label1" runat="server" Visible="False">
```

```
            </asp:Label></td>
             </tr></table>
             <table cellspacing="0" cellpadding="0" width="90%"
             border="0"><tr>
             <td class="cmscontent" valign="top"><div align="left">
             <p><asp:DataList ID="DataList1" runat="server" Width="100%">
             <ItemTemplate>
             <table cellpadding="0" cellspacing="0" width="558">
              <tr><td rowspan="7" width="38%">
              <div align="center">
<a href='ProductShow.aspx?id=<%# DataBinder.Eval(Container.DataItem,
"id").ToString()%>'>
<img border="0" height="98" src='<%# DataBinder.Eval(Container.DataItem,
"Product_picture").ToString()%>'  width="100" /></a></div></td>
              <td height="12" width="15%">产品名称：</td>
              <td width="47%">
           <%# DataBinder.Eval(Container.DataItem, "Product_name").
           ToString()%>
               </td></tr>
                <tr><td height="12" width="15%">
                产品售价：</td>
      <td><%# DataBinder.Eval(Container.DataItem, "Product_in").
      ToString()%>
               元</td></tr>
           <tr><td height="12" width="15%">
            产品规格：</td>
           <td><%# DataBinder.Eval(Container.DataItem, "Product_spec").
           ToString()%>
           </td></tr>
          <tr><td height="12" width="15%">产品备注：</td>
    <td><%# DataBinder.Eval(Container.DataItem, "Product_remark").
    ToString()%>
          </td></tr>
          <tr><td height="12">产品类别：</td>
         <td>
        <%# DataBinder.Eval(Container.DataItem, "Product_class").
        ToString()%>
        </td></tr></table>
        <table border="0" cellpadding="0" cellspacing="0" class="xia"
        width="90%">
        <tr><td> </td></tr></table>
         </ItemTemplate></asp:DataList> </p>
         </div></td></tr><tr><td align="right">
          <div class="page">
         <cc1:aspnetpager id="pager" runat="server" cssclass=
         "listpages" firstpagetext="第一页"lastpagetext="最后一页"
         nextpagetext="下一页" prevpagetext="前一页" width="390px"
         onpagechanged="pager_PageChanged"></cc1:aspnetpager></div>
         </td></tr></table></td>
```

文件名：Product.aspx.cs

```
using System.Web.UI;
using System.Web.UI.WebControls;
using System.Web.UI.WebControls.WebParts;
using System.Web.UI.HtmlControls;
public partial class Product : System.Web.UI.Page{
    protected void Page_Load(object sender, EventArgs e){
        if (!this.IsPostBack){
            bind();
        }
    }
    void bind(){
        string sql = "select count(ID) as id from Product";
        DataTable dt = new DataTable();
        dt = norke.GreatDs(sql).Tables[0];
        this.Label1.Text = dt.Rows[0]["id"].ToString();
        pager.RecordCount = Convert.ToInt32(this.Label1.Text);
        string sql1;
        sql1 = "select top " + pager.PageSize + " * from Product where id
        not in (select Top " + (pager.CurrentPageIndex - 1) * pager.PageSize
         + " id from Product order by id desc) order by id desc";
        DataList1.DataSource = norke.GreatDs(sql1);
        DataList1.DataBind();
    }
    protected void pager_PageChanged(object src, Wuqi.Webdiyer.
    PageChangedEventArgs e){
        pager.CurrentPageIndex = e.NewPageIndex;
        bind();
    }
}
```

在浏览器中打开该模块，结果如图 11-21 所示。

图 11-21　产品展示模块

11.6 网站后台功能模块设计

网站后台管理页面较多，主要实现企业网站信息的添加、修改和删除操作。用户在后台管理页面上执行操作时，直接关系着前台页面的显示内容，所以必须确保只有特定的用户才具有操作的权限。一般的网站都是采取在数据库的用户表中添加用户权限字段，通过读取该字段判断用户是否可以进入后台管理页面。本实例限于篇幅，在用户表中事先添加了一条用户名为 wxb，密码为 123 的记录。下面从用户登录开始，讲述创建本实例的管理后台的过程。

11.6.1 用户登录模块的设计

该页面主要包括文本框和按钮控件，实现用户输入用户名及密码，通过与数据库中 admin 表的比较来判断用户是否合法的功能。

前台登录页面中添加了两个文本框控件、一个密码框控件，用于填写用户名和用户密码等信息。在代码中使用了一个公共模块 login.cs 文件，该文件主要实现用户名的验证功能，只有通过验证才能登录到后台管理页面，代码如下所示。

文件名：admin_login.aspx

```
<%@ Page Language="C#" AutoEventWireup="true" CodeFile="admin_login.
aspx.cs" Inherits="admin_login" %>
<!DOCTYPE html PUBLIC "-//W3C//DTD XHTML 1.0 Transitional//EN"
"http://www.w3.org/TR/xhtml1/DTD/xhtml1-transitional.dtd">
<html xmlns="http://www.w3.org/1999/xhtml" >
<head id="Head1" runat="server">
    <title>管理员登陆</title>
    <link href="../styles/StyleSheet.css" rel="stylesheet" type="text/css" />
<meta http-equiv="Content-Type" content="text/html; charset=utf-8" />
</head>
<body bgcolor="#66CCFF">
    <form id="form1" runat="server"><div align="center">
      <table border="0" align="center" cellpadding="0" cellspacing="0" ><tr>
          <td width="280" valign="middle" background="Image/login_r.gif">
          <table width="100%" border="0" cellspacing="8" cellpadding="0"
          align="center">
              <tr align="center"> </td></tr><tr>
            <td align="right" style="height: 24px"><font color="#FFFFFF">
            用户名称：</font></td><td style="height: 24px">
                  <asp:TextBox ID="TextBox_username" runat="server"
                  Width="160px"></asp:TextBox></td></tr><tr>
              <td align="right"><font color="#FFFFFF">用户密码：</font>
              </td><td>
                  <asp:TextBox ID="TextBox_userpassword" runat="server" Width=
                  "160px" TextMode="Password"></asp:TextBox></td></tr>
```

```
            <tr><td colspan="2"><div align="center">
                <asp:Button ID="Button1" runat="server" OnClick=
                "Button1_Click" Text="提交" Width="48px" /> 
              <input name="reset" type="reset"  id="reset" value=
              "清 除 " style="font-size: 9pt; height: 19; width: 60; color:
              #000000; background-color: #E1F4EE; border: 1 solid
              #E1F4EE" onmouseover ="this.style.backgroundColor='#ffffff'"
              onmouseout ="this.style.backgroundColor='#E1F4EE'" />
              <br /></div></td></tr></table></td></tr></table>
    </div></form></body></html>
```

文件名：admin_login.aspx.cs

```
using System;
using System.Data;
using System.Configuration;
using System.Collections;
using System.Web;
using System.Web.Security;
using System.Web.UI;
using System.Web.UI.WebControls;
using System.Web.UI.WebControls.WebParts;
using System.Web.UI.HtmlControls;
public partial class admin_login : System.Web.UI.Page{
    protected void Page_Load(object sender, EventArgs e){    }
    protected void Button1_Click(object sender, EventArgs e){
        string un, upw;
        un = (TextBox_username.Text);
        upw = (TextBox_userpassword.Text);
        login.lo(un,upw);
        HttpCookie myCookie = new HttpCookie("norkeyang", TextBox_
        username.Text);//写入 Cookies
        Response.Cookies.Add(myCookie);
    }
}
```

11.6.2 后台管理首页模块的设计

后台管理页面 Default.aspx 是以框架形式对页面进行显示的，框架被分为两个部分，即框架的左侧（left）和右侧（right）。其中框架的左侧主要实现企业各管理模块的菜单显示，框架的右侧主要实现管理内容的编辑显示，例如单击左侧菜单栏中的【管理员管理】，管理员管理页面会在右侧（right）框架中显示，方便用户编辑。

1．框架页（Default.aspx）

设置框架页可能使用标签 frameset 进行实现，在该框架页的两个子框架中分别指向了两个 aspx 页面，实现企业后台管理页面的初始化。在以后编程中，用户可以根据需要指向要更改 aspx 页面，代码如下所示。

```
<%@ Page Language="C#" AutoEventWireup="true" CodeFile="Default.aspx.cs"
Inherits="admin_index" %>
<!DOCTYPE html PUBLIC "-//W3C//DTD XHTML 1.0 Transitional//EN"
"http://www.w3.org/TR/xhtml1/DTD/xhtml1-transitional.dtd">
<html xmlns="http://www.w3.org/1999/xhtml"><head>
<script>
function switchSysBar(){
if (switchPoint.innerText==3){
switchPoint.innerText=4
document.all("frmTitle").style.display="none"
}else{
switchPoint.innerText=3
document.all("frmTitle").style.display=""
}}
    </script>
    <title>网站后台管理</title>
    <style type="text/css">.navPoint {COLOR: white; CURSOR: hand; FONT-
    FAMILY: Webdings; FONT-SIZE: 9pt}
</style>
</head>
<body style="margin: 0px" scroll="no">
    <table border="0" cellpadding="0" cellspacing="0" height="100%"
    width="100%"><tr>
        <td id="frmTitle">
        <iframe frameborder="0" id="carnoc" name="carnoc" scrolling="no"
        src="left.aspx"
                style="width: 158px; height: 560px"></iframe>
            </td><td style="width: 9pt" class="division">
          <table border="0" cellpadding="0" cellspacing="0" height="100%"
          bgcolor="blue">
                <tr>
                    <td style="height: 100%" onclick="switchSysBar()">
                        <font style="font-size: 9pt; cursor: default;
                        color: #ffffff">
          <br><br><br><br><br><br><br><br><br><br><br><br><br><br><br>
               <span class="navPoint" id="switchPoint" title="关闭/打开
               左栏">3</span>
               <br><br><br><br><br><br><br><br><br><br>
                          屏幕切换 </font>
                        <br><br><br><br><br><br>
                    </td></tr></table>
            </td>
            <td style="width: 100%" height="500px">
            <iframe frameborder="0" id="right" name="right" scrolling=
            "yes" src="admin_main.aspx" style="width: 100%; height: 550px"
            language="javascript" onblur="return right_onblur()"></iframe>
```

```
        </td></tr></table>
</body></html>
<script>
if(window.screen.width<1024){switchSysBar()}
function right_onblur() {
}
</script>
```

文件名：default.aspx.cs

```
using System;
using System.Data;
using System.Configuration;
using System.Collections;
using System.Web;
using System.Web.Security;
using System.Web.UI;
using System.Web.UI.WebControls;
using System.Web.UI.WebControls.WebParts;
using System.Web.UI.HtmlControls;
public partial class default : System.Web.UI.Page{
    protected void Page_Load(object sender, EventArgs e){
        HttpCookie cookie = Request.Cookies["norkeyang"];
        if (cookie == null){
            Response.Redirect("admin_login.aspx");
        }
    }
}
```


2．左侧菜单栏

左侧框架页中指向的 left.aspx 文件是 left.aspx，该 ASPX 文件主要实现的功能是显示企业各模块管理菜单的超链接，方便用户管理模块信息。下面是显示管理模块部分菜单的信息，代码如下所示。

```
<%@ Page Language="C#" AutoEventWireup="true" CodeFile="left.aspx.cs"
Inherits="admin_left" %>
<!DOCTYPE html PUBLIC "-//W3C//DTD XHTML 1.0 Transitional//EN"
"http://www.w3.org/TR/xhtml1/DTD/xhtml1-transitional.dtd">
<html xmlns="http://www.w3.org/1999/xhtml" >
<head runat="server">
<link href="../styles/StyleSheet.css" rel="stylesheet" type="text/css">
<script src="../js/JScript.js"></script>
    <title></title>
<meta http-equiv="Content-Type" content="text/html; charset=utf-8"
/><style type="text/css">
<!--
body {
```

```
    margin-left: 0px;
    margin-top: 0px;
    margin-right: 0px;
    margin-bottom: 0px;
}
-->
</style></head>
<script language=javascript>
function showsubmenu(sid){
whichEl = eval("submenu" + sid);
imgmenu = eval("imgmenu" + sid);
if (whichEl.style.display == "none"){
eval("submenu" + sid + ".style.display=\"\";");
}
else{
eval("submenu" + sid + ".style.display=\"none\";");
}
}
</script>
<body>
<table cellspacing="0" cellpadding="0" width="158" align="center">
  <tr><td height="25" align="center" background="Image/lframe_t.gif"
  id="imgmenu1" style="cursor:hand" onclick="showsubmenu(1)" ><span
  class="bw">系统管理 </span></td>
  </tr><tr>
    <td id="submenu1"><table width="100%" border="1" align="center"
    cellpadding="0" cellspacing="0" bordercolor="#89A5CF"><tr>
        <td height="51" ><table width="80%" border="0" align="center"
        cellpadding="0" cellspacing="0" class="kuang"><tr>
      <td><a target="right" href="manage_admin.aspx">   
      管理员管理</a></td></tr></table>
          <table width="80%" border="0" align="center" cellpadding="0"
          cellspacing="0" class="kuang"><tr>
     <td><a target="right" href="webconfig.aspx">   网站
     配置</a></td></tr>
</table></td></tr></table></td></tr></table>
<table cellspacing="0" cellpadding="0" width="158" align="center">
<tr><td height="25" align="center" background="Image/lframe_t.gif"
id="imgmenu2" style="cursor:hand" onclick="showsubmenu(2)" ><span
class="bw">新闻管理 </span></td>
  </tr><tr><td id="submenu2"><table width="100%" border="1" align=
  "center" cellpadding="0" cellspacing="0" bordercolor="#89A5CF"><tr>
        <td height="86"><table width="80%" border="0" align="center"
        cellpadding="0" cellspacing="0" class="kuang"><tr>
    <td><a target="right" href="News_add.aspx">   添加新
    闻内容
</a></td></tr></table>
```

```
<table width="80%" border="0" align="center" cellpadding="0" cellspacing=
"0" class="kuang">
  <tr><td><a target="right" href="News_Manage.aspx">   
  管理全部新闻</a></td></tr></table>
<table width="80%" border="0" align="center" cellpadding="0" cellspacing=
"0" class="kuang">
<tr><td><a target="right" href="News_ClassManage.aspx">  
 新闻分类管理</a></td></tr></table></td></tr></table></td></tr></table>
<table cellspacing="0" cellpadding="0" width="158" align="center"><tr>
    <td height="25" align="center" background="Image/lframe_t.gif"
    id="imgmenu3" style="cursor:hand" onclick="showsubmenu(3)" ><span
    class="bw">产品管理 </span></td>
  </tr><tr>
    <td id="submenu3"><table width="100%" border="1" align="center"
    cellpadding="0" cellspacing="0" bordercolor="#89A5CF"><tr>
        <td height="95"><table width="80%" border="0" align="center"
        cellpadding="0" cellspacing="0" class="kuang"><tr>
  <td><a target="right"  href="ProductAdd.aspx">   添加
  产品 </a></td>
          </tr></table>
       <table width="80%" border="0" align="center" cellpadding="0"
       cellspacing="0" class="kuang"><tr>
   <td><a target="right" href="ProductManage.aspx">   产
   品管理</a></td>
      </tr></table>
   <table width="80%" border="0" align="center" cellpadding="0" cellspacing=
   "0" class="kuang"><tr>
<td><a target="right"  href="Product_ClassManage.aspx">  
 产品类别设置
</a></td></tr></table> </td></tr></table></td></tr></table>
<table cellspacing="0" cellpadding="0" width="158" align="center"><tr>
    <td height="25" align="center" background="Image/lframe_t.gif" id=
    "imgmenu4"  style="cursor:hand"  onclick="showsubmenu(4)"  ><span
    class="bw">人才管理 </span></td>
  </tr><tr>
    <td id="submenu4"><table width="100%" border="1" align="center"
    cellpadding="0" cellspacing="0" bordercolor="#89A5CF"><tr>
        <td height="92"><table width="80%" border="0" align="center"
        cellpadding="0" cellspacing="0" class="kuang"><tr>
     <td><a target="right"  href="Manage_Job.aspx">   
     招聘管理 </a></td></tr></table>
    <table width="80%" border="0" align="center" cellpadding="0" cellspacing=
    "0" class="kuang"><tr>
    <td><a target="right" href="Manage_JobAdd.aspx">   
    发布招聘</a></td></tr></table>
          <table width="80%" border="0" align="center" cellpadding="0"
          cellspacing="0" class="kuang"><tr>
```

```
    <td><a target="right" href="ypjob.aspx"  >   应聘管理
    </a></td></tr>
          </table></td></tr></table></td></tr></table>
<table cellspacing="0" cellpadding="0" width="158" align="center"><tr>
    <td  height="25" align="center" background="Image/lframe_t.gif"
    id="imgmenu5"  style="cursor:hand" onclick="showsubmenu(5)"  ><span
    class="bw">企业信息  </span></td>
  </tr><tr>
    <td id="submenu5"><table width="100%" height="141" border="1" align=
    "center" cellpadding="0" cellspacing="0" bordercolor="#89A5CF"><tr>
     <td height="130"><table width="80%" border="0" align="center"
     cellpadding="0" cellspacing="0" class="kuang"><tr>
    <td><a target="right"  href="Manage_jianjie.aspx">   
    企业简介
 </a></td></tr></table>
              <table width="80%" border="0" align="center" cellpadding="0"
              cellspacing="0" class="kuang"><tr>
      <td><a target="right"  href="Manage_Structure.aspx">  
       组织机构</a></td></tr></table>
   <table width="80%" border="0" align="center" cellpadding="0" cellspacing=
   "0" class="kuang"><tr>
       td><a target="right" href="Manage_cultureNewsAdd.aspx"> 
         企业文化</a></td></tr>
          </table><table width="80%" border="0" align="center" cellpadding=
          "0" cellspacing="0" class="kuang"><tr>
       <td height="18"><a target="right"  href="Manage_History.aspx">
          成长历程</a></td></tr>
          </table><table width="80%" border="0" align="center" cellpadding=
          "0" cellspacing="0" class="kuang"><tr>
<td><a target="right"  href="Manage_Contact.aspx">   
联系我们</a></td>
       </tr></table></td></tr></table></td></tr></table>
<table cellspacing="0" cellpadding="0" width="158" align="center"><tr>
    <td  height="25" align="center" background="Image/lframe_t.gif"
    id="imgmenu6"  style="cursor:hand"  onclick="showsubmenu(6)"  ><span
    class="bw">友情链接 </span></td></tr>
  <tr><td  id="submenu6"><table width="100%" height="53" border="1"
  align="center" cellpadding="0" cellspacing="0" bordercolor="#89A5CF"><tr>
        <td height="51" ><table width="80%" border="0" align="center"
        cellpadding="0" cellspacing="0" class="kuang"><tr>
          <td><a target="right"  href="FriendLinks.aspx">  
           友情链接添加</a></td></tr></table>
        <table width="80%" border="0" align="center" cellpadding="0"
        cellspacing="0" class="kuang"><tr>
       <td><a target="right"  href="MFriendLinks.aspx">   
       友情链接管理 </a></td></tr></table></td></tr></table></td></tr>
       </table>
<table cellspacing="0" cellpadding="0" width="158" align="center"><tr>
```

```
    <td  height="25" align="center" background="Image/lframe_t.gif" id=
    "imgmenu7"  style="cursor:hand"  onclick="showsubmenu(7)"  ><span
    class="bw">版权信息 </span></td>
  </tr><tr>
    <td  id="submenu7"><table width="100%" height="53" border="1" align=
    "center" cellpadding="0" cellspacing="0" bordercolor="#89A5CF"><tr>
        <td height="51" ><table width="80%" border="0" align="center"
        cellpadding="0" cellspacing="0" class="kuang"><tr>
            <td>     朝阳科技</td></tr>
        </table></td></tr></table></td></tr></table>
<p> </p><p> </p></BODY></html>
```

附录 实验指导

第 1 单元

练习 1-1 管理菜单和工具栏

在 Visual Studio2010 中，用户可以对 Visual Studio 的开发环境进行设置，以符合自身学习和工作的需要。用户不仅可以对软件中的菜单和工具栏进行设置和修改，还可以自行添加新的菜单、工具及其他功能，本练习就将对其开发环境进行设置。

Visual Studio 界面中的菜单和工具栏不是固定不变的，用户可以根据自身的需求对菜单和工具栏进行管理，如：为菜单和工具栏添加或删除命令、添加新菜单等。

1 在 Visual Studio2010 中执行【工具】|【自定义】命令，弹出【自定义】对话框，如图 1-1 所示。

2 在【自定义】对话框中，选择【命令】选项卡。选择【菜单栏】单选按钮，并在【菜单栏】选项卡中选择【菜单栏】，如图 1-2 所示。

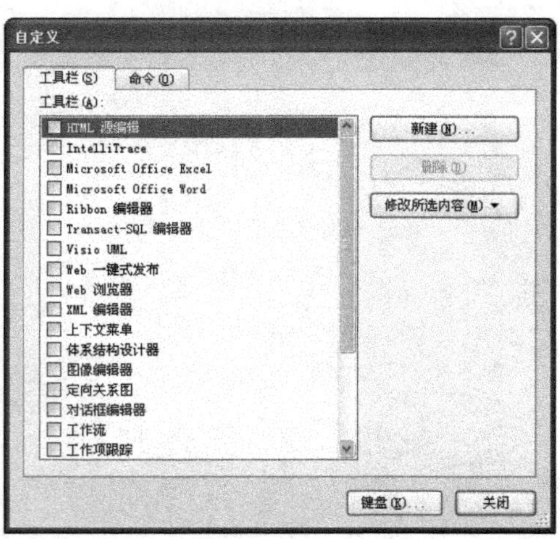

图 1-1 【自定义】对话框

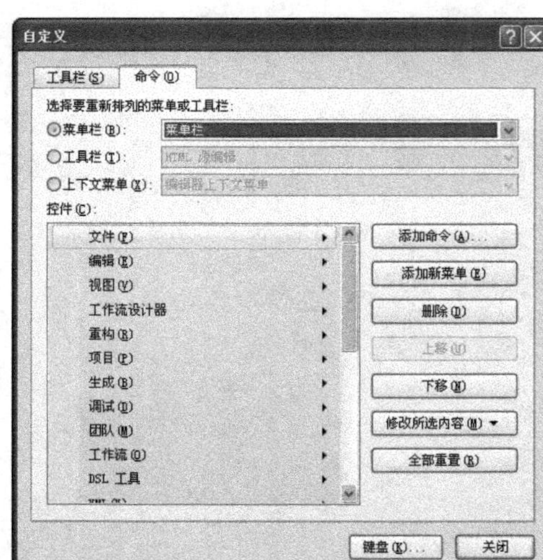

图 1-2 【命令】选项卡

3 然后，单击【添加命令】按钮，为所选菜单添加命令。并在弹出的【添加命令】对话框中，选择需要添加的命令，单击【确定】按钮即可完成命令的添加，如图 1-3 所示。

4 返回【命令】选项卡，单击【添加新菜单】按钮，【控件】列表框中就会显示名为【新菜单】的菜单。然后，再单击【修改所选内容】按钮，在【名称】文本框中为新添加的菜单设置名称，如图 1-4 所示。

5 在【控件】列表框中，选择某一菜单或工具后，还可以单击【上移】或【下移】按钮对菜单或工具栏的顺序进行调整，如图 1-5 所示。

6 选择【工具栏】选项卡，单击【新建】按钮，在弹出的【新建工具栏】对话框中输入工具栏名称，添加新工具栏，如图 1-6 所示。

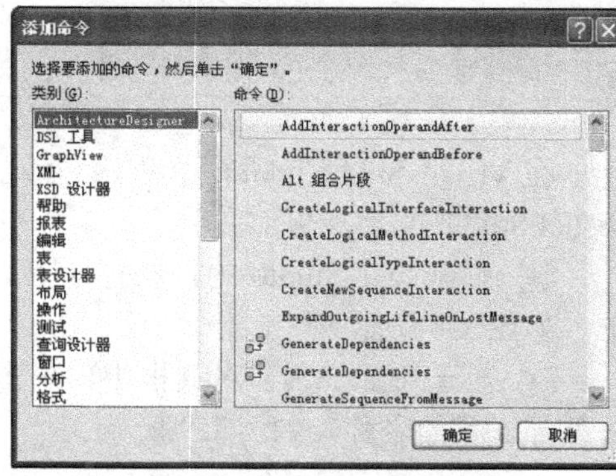

图 1-3　添加命令

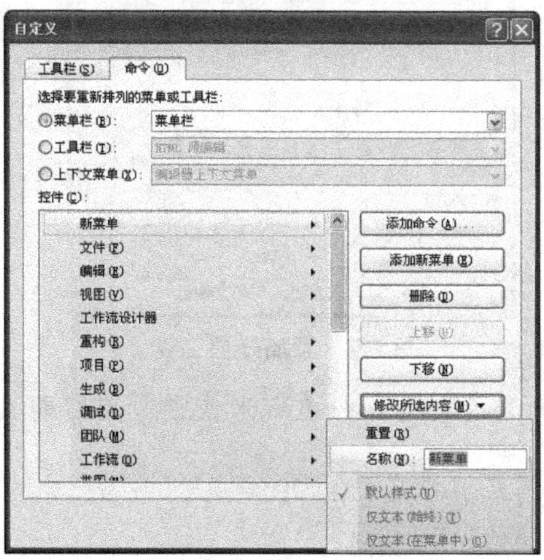

图 1-4　添加新菜单

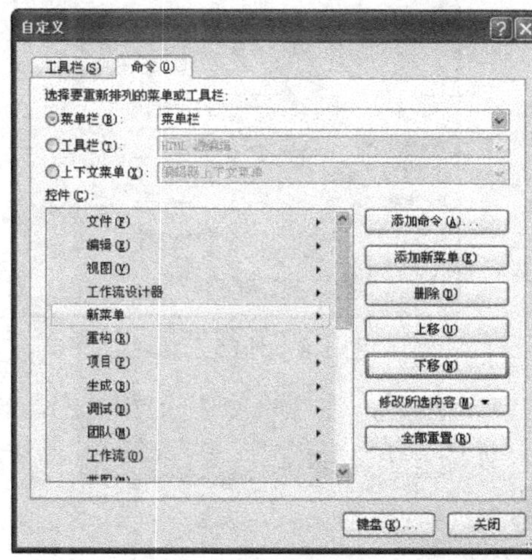

图 1-5　调整菜单或工具栏顺序

7 然后，选择名为【自定义 1】的工具栏，单击【修改所选内容】按钮，设置所选工具栏的名称或停靠位置，如图 1-7 所示。

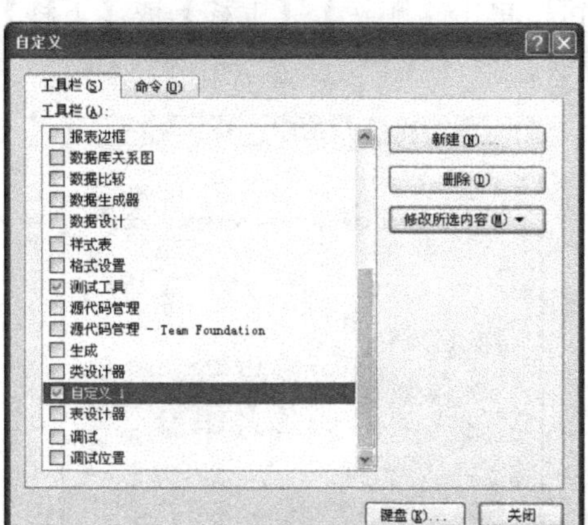

图 1-6　新建工具栏

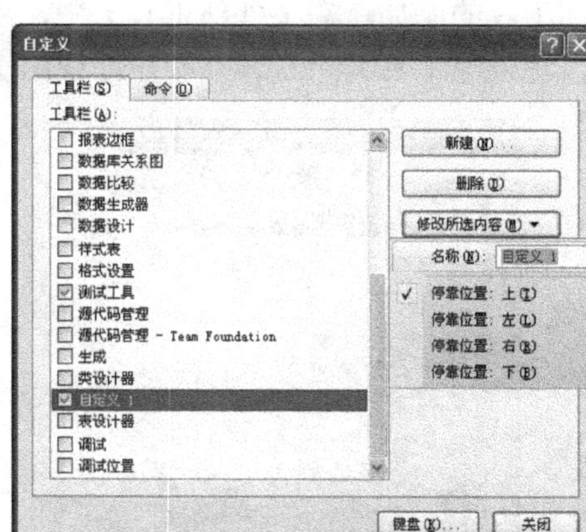

图 1-7　修改工具栏

练习 1-2　添加和使用外部工具

在 Visual Studio2010 中允许用户添加外部工具，极大地方便了用户的操作，也使得 Visual Studio 的功能更加完善。

1 在 Visual Studio 中，执行【工具】|【外部工具】命令，弹出【外部工具】对话框，如图 1-8 所示。

2 在【外部工具】对话框中，单击【添加】按钮，并在【标题】文本框中输入新添外部工具的名称，如图 1-9 所示。

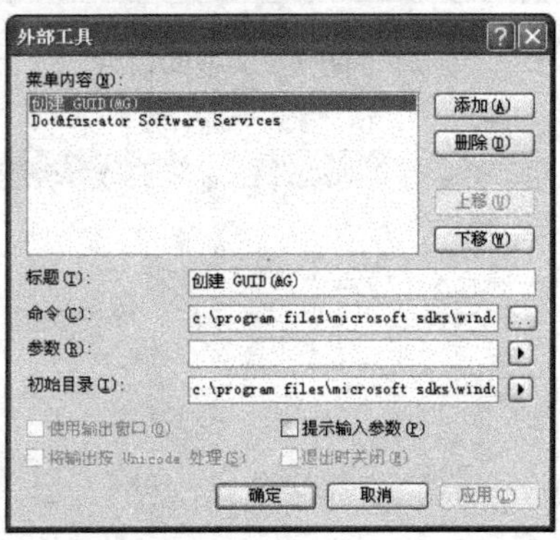

图 1-8　外部工具对话框

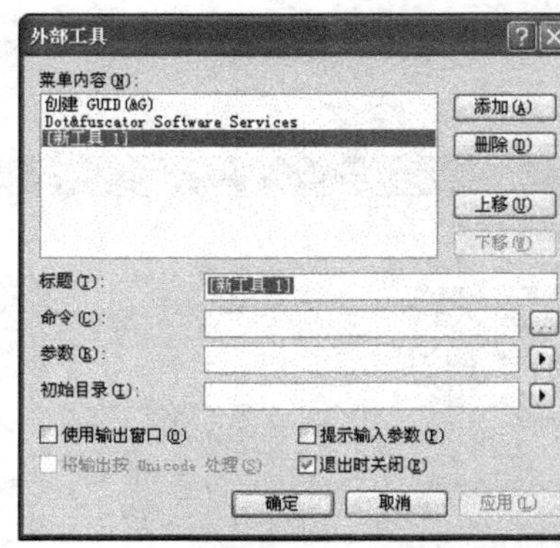

图 1-9　添加外部工具

3 然后，在【命令】文本框中，输入或单击【浏览】按钮...来找到所要启动的文件，如图 1-10 所示。

提 示

外部工具可以启动的文件类型有.exe、.bat、.com、.cmd 和.pif。

4 选择【使用输出窗口】和【退出时关闭】多选按钮，单击【确定】按钮，完成外部工具的添加。在【外部工具】中，用户还可以单击【删除】、【上移】或【下移】按钮，将外部工具删除或调整顺序，如图 1-11 所示。

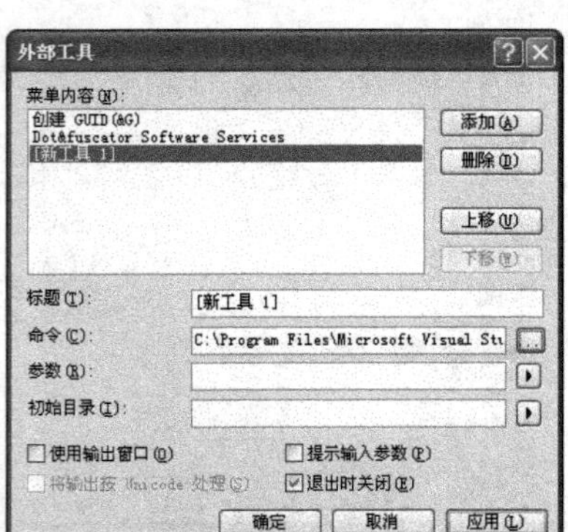

图 1-10　设置相应命令

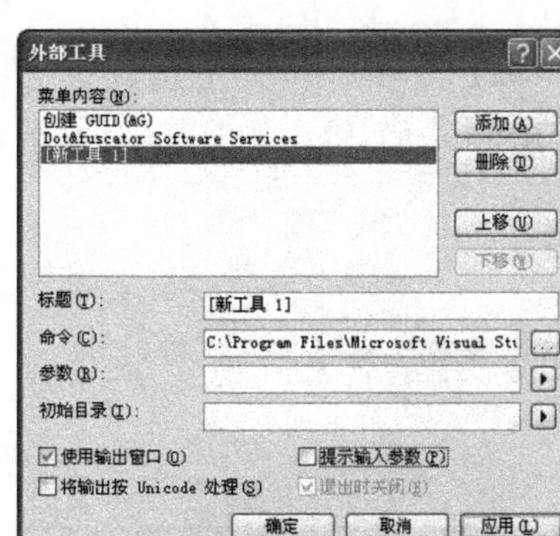

图 1-11　设置外部工具

提 示

将某个外部工具添加到【工具】菜单中并不会将相应的应用程序注册为打开此类型文件的默认工具。例如，如果希望使用自己添加的外部编辑器修改 HTML 标记，可在【选项】对话框-> “环境” -> “Web 浏览器” 设置此首选项。

练习 1-3 创建 Hello World 程序

对于学习程序设计，都是习惯于从 HelloWord 程序开始，而实践证明它的确是最有效的入门方法。下面就讲述使用 Visual Studio 创建第一个 ASP.NET 程序——HelloWord 程序，具体步骤如下所示：

1 在 Visual Studio2010 中，执行【文件】|【新建】|【网站】命令，弹出【新建网站】对话框，如图 1-12 所示。

2 在【新建网站】对话框中，选择项目模版为“ASP.NET 空网站”，并将项目名称设置为“HelloWord”，单击【确定】按钮，打开网站根目录。

3 在 Visual Studio 界面右侧的【解决方案资源管理器】面板中，会显示项目中所包含的所有内容，如图 1-13 所示。

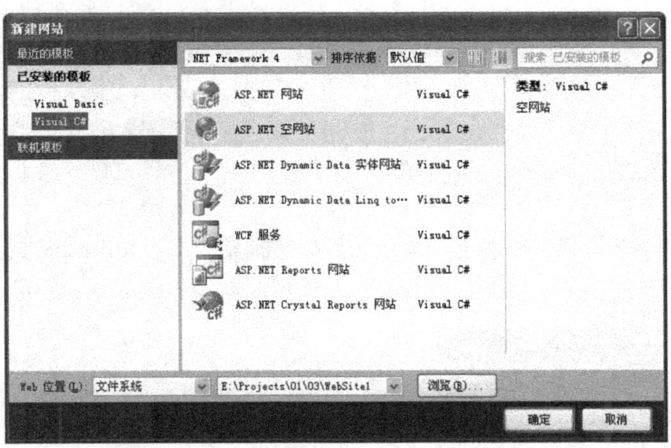

图 1-12 新建网站

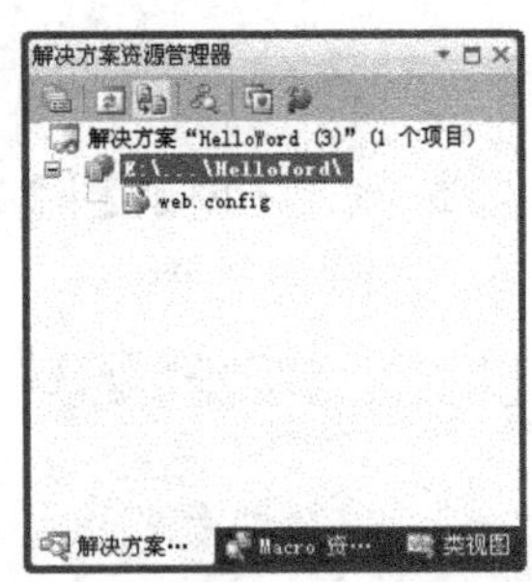

图 1-13 解决方案资源管理器

提 示

web.config 文件用于管理站点的配置设置，该文件位于站点的根文件夹中。如果在子文件夹中包含有文件，则可以通过在该文件夹中创建 Web.config 文件为这些文件维护单独的配置设置。

4 执行【文件】|【新建】|【文件】命令，弹出【添加新项】对话框。在该对话框中选择“Web 窗体”模板，并输入文件名称为 Default.aspx，如图 1-14 所示。

5 在【解决方案管理器】面板中会显示出新建的文件 Default.aspx，双击打开该文件，文件中会默认产生如下所示的代码。

```
<%@ Page Language="C#" AutoEventWireup="true" CodeFile="Default.aspx.cs"
Inherits="_Default" %>
<!DOCTYPE html PUBLIC "-//W3C//DTD XHTML 1.0 Transitional//EN" "http://
www.w3.org/TR/xhtml1/DTD/xhtml1-transitional.dtd">
<html xmlns="http://www.w3.org/1999/xhtml">
<head runat="server">
    <title></title>
</head>
<body>
    <form id="form1" runat="server">
    <div>
    </div>
    </form>
</body>
</html>
```

6 将光标置于<title>标签内，输入 HelloWorld 将页面标题设置为“HelloWorld”。然后，将光标置于<div>标签内，编写一级、二级、三级标题的 HelloWorld，代码如下所示。

```
<div>
    <h1>Hello World</h1>
    <h2>Hello World</h2>
    <h3>Hello World</h3>
</div>
```

7 执行【调试】|【只执行（不调试）】命令，弹出 IE 浏览器显示 Default.aspx 页面效果，如图 1-15 所示。

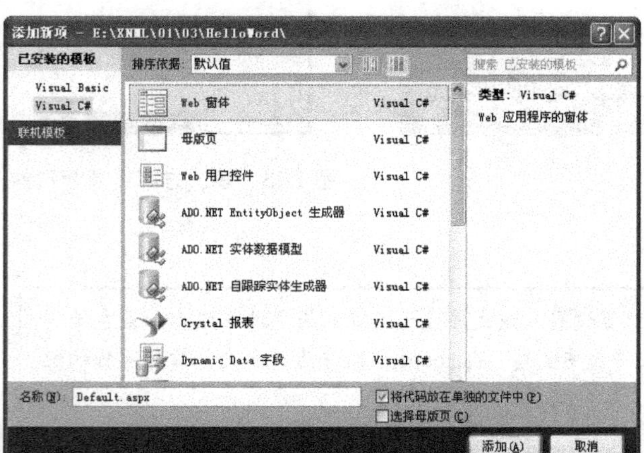

图 1-14　添加新项

图 1-15　显示 HelloWorld

第 2 单元

练习 2-1　打印斐波那契数列

斐波那契数列中从第三项开始，每一项都等于前两项的和。在本例中设定求出斐波那契数列中的前 20 项，下面就来使用 For 循环语句循环打印斐波那契数列，具体步骤如下所示：

1 首先，在 Visual Studio 中创建名为 Fibonacci 的控制台应用程序项目。然后，在 Visual Studio 界面中，打开 Program.cs 文件。

2 设计程序斐波那契数列是从第 3 项开始，等于前两项的和，说明该数列的前两项是固定的，已经设置好的，剩下的 18 项只需在 For 循环中循环求出第 3 项的和以及新的前两项数字。

3 将光标置于 Program.cs 文件的 main()函数内，声明两个变量分别代表第一项和第二项，并打印出来，代码如下所示。

```
class Program
{
    static void Main(string[] args)
    {
        int i1 = 1;
        int i2 = 1;
        Console.Write("  " + i1 + "  " + i2);
……
    }
}
```

4 然后，编写 for 循环语句循环求出剩下的 18 项数字，并根据 if 判断来将显示的数据自动换行，代码如下所示。

```
for (int i = 3; i < 21;i++ )
{
    int i3 = i1 + i2;
    Console.Write("  "+i3);
    i1 = i2;
    i2 = i3;
    if(i%5==0)
    {
        Console.WriteLine();
    }
}
```

5 执行【调试】|【开始执行（不调试）】命令，命令行显示执行结果如图 2-1 所示。

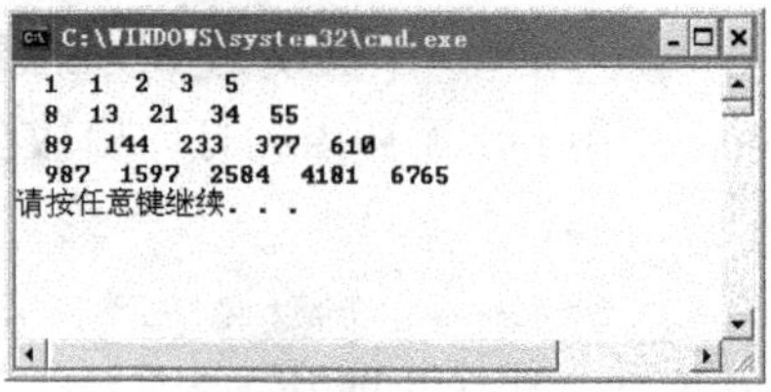

图 2-1　执行结果

练习 2-2 创建图书结构

本练习将使用 Struct 来创建图书结构，图书的信息包括图书编号、图书名称、作者、出版社、出版日期、价格等，因此在创建图书结构时就需要将图书的这些信息设置为图书结构的属性，具体步骤如下所示：

1 首先，在 Visual Studio 中创建名为 BookStruct 的控制台应用程序。然后，打开该应用程序中的 Program.cs 文件。

2 在 Program.cs 中，创建名为 BookInfo 的图书结构，并定义各种属性，如图书编号、名称、作者等，代码如下所示。

```
struct BookInfo
{
    public String BookMark;       //图书编号
    public String BookName;       //图书名称
    public String publishier;     //出版社
    public String Author;         //作者
    public String dtPublish;      //出版时间
    public float price;           //价格
}
```


3 然后，在 main()函数中，创建两个 BookInfo 类型的变量来表示两本书，并设置两个变量的属性，代码如下所示。

```
BookInfo bi1 = new BookInfo();
bi1.BookMark="B001";
bi1.BookName="狂人日记";
bi1.publishier="清华大学出版社";
bi1.Author = "鲁迅";
bi1.dtPublish = "2004-05-12";
bi1.price = 23.5f;
BookInfo bi2 = new BookInfo();
bi2.BookMark = "B002";
bi2.BookName = "西游记";
bi2.publishier = "清华大学出版社";
bi2.Author = "吴承恩";
bi2.dtPublish = "2009-11-02";
bi2.price = 20.0f;
```

4 创建一个类型为 BookInfo 的数组，并将之前创建的两个变量添加至数组中。然后，使用 For 循环语句打印出数组中的所有数据，代码如下所示。

```
BookInfo[] bi = new BookInfo[2]{bi1,bi2};
Console.WriteLine("图书信息");
Console.WriteLine("---------------------------------------------------");
for (int i = 0; i < bi.Length;i++ )
{
```

```
    Console.WriteLine(bi[i].BookMark + "|" + bi[i].BookName + "|" +
    bi[i].publishier + "|" + bi[i].Author + "|" + bi[i].dtPublish + "|"
    + bi[i].price);
    Console.WriteLine("------------------------------------------");
}
```

5 执行该程序，在命令行中会显示出在程序中定义的两本书的所有信息，如图 2-2 所示。

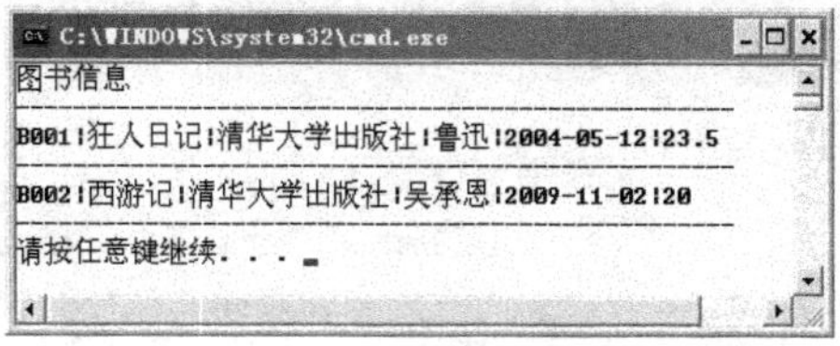

图 2-2　执行结果

第 3 单元

练习 3-1　求平均值

求平均值是在编写计算机程序时经常会遇到的，例如班级所有学生的平均成绩、员工的平均工资等，许多有关统计的程序经常都会用到。

在该程序中，用户首先通过输出数据的数量来决定要对多少个数据求平均值，然后依次输入这些数据并作为字符串存储在 ArrayList 集合中，最后对这些数据进行计算，求出平均值。

1 要求用户输入待计算的数据个数，然后使用 for 循环获取所有等待计算的数据，并添加到数组列表中，代码如下所示。

```
class Program
{
    static ArrayList arrList = new ArrayList();
    static void Main(string[] args)
    {
        System.Console.Write("请输入要求平均值数据的个数：");
        //待计算的数据个数
        int count = int.Parse(System.Console.ReadLine());
        //循环输入各个数据
        for (int i = 0; i < count; i++)
        {
            string strNumber = System.Console.ReadLine();
            arrList.Add(strNumber);
        }
        //计算平均值
        showAverage();
    }
}
```

2 在上述代码中调用 ShowAverage()方法是用来计算出这些数据的平均值，并将其输出，代码如下所示。

```
//计算平均值
public static void showAverage()
{
    double sum = 0;
    int count = 0;
    IEnumerator enumerator = arrList.GetEnumerator();
    while (enumerator.MoveNext())
    {
        string strTemp = enumerator.Current.ToString();
        double dbTemp = double.Parse(strTemp);
        sum += dbTemp;
        count++;
    }
    double average = sum / count;
    System.Console.WriteLine("以上数据的平均值为：{0}", average);
}
```

3 执行结果。由于使用了 ArrayList 集合来存储数据，所以在取得该集合中元素后要进行类型转换，然后才能进行数值运算。该实例的执行结果如图 3-1 所示。

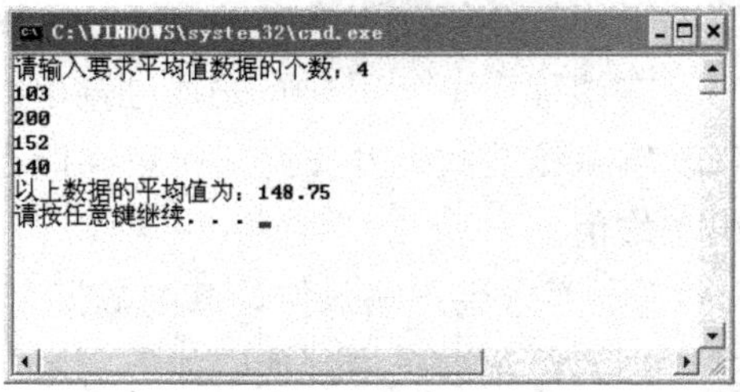

图 3-1 执行结果

练习 3-2 数字排序

在编写计算机程序时，经常会需要对一些数据进行排序，通常会采用的方法是冒泡排序法，它是一类具有“交换”性质的排序方法。

冒泡排序的基本思想是将序列中的第 1 个元素与第 2 个元素进行比较，若前者小于后者，则将两元素进行交换，否则不交换；然后再将第 2 个元素与第 3 个元素以上的方法进行判断，依此类推，直至比较到最后的元素为止。

1 在 Program.cs 的 main()函数中，定义数组 point（成绩）及其数组项，代码如下所示。

```
class Program
{
    static void Main(string[] args)
    {
        //定义数组
        int[] point = new int[5] {76,84,68,95,73};
    }
}
```

2 接着使用冒泡排序法进行排序。本次排序使用嵌套 for 循环比较相邻的元素，将较小的元素向后移动，直到数组中没有任何一对元素需要进行比较，代码如下所示。

```
    for (int i = 0; i<point.Length;i++ )
    {
        int temp;
        for (int j = 0; j < point.Length - i-1;j++ )
        {
            if(point[j] < point[j+1])
            {
                temp = point[j+1];
                point[j + 1] = point[j];
                point[j] = temp;
            }
        }
    }
    for (int h = 0; h < point.Length;h++ )
    {
        Console.Write(point[h]+" ");
    }
```

3 执行该程序，命令行中会显示出该程序的排序结果，该程序的执行结果如图 3-2 所示。

图 3-2 执行结果

第 4 单元

练习 4-1 旅游景点介绍

本例将制作一个旅游景点介绍页面，在该页面中会根据用户选择的景点小图片而动态显示出景点大图片及介绍。本例的功能主要是使用 javascript 脚本获取用户鼠标经过事件而实现的，具体步骤如下所示：

1 在 Visual Studio2010 中，执行【文件】|【新建】|【网站】命令，新建名为 ShowContent 的 ASP.NET 空网站。

2 执行【文件】|【新建文件】命令，新建名为 Default.aspx 的 Web 窗体文件，【解决方案资源管理器】面板中会显示 Default.aspx 以及它的代码页 Default.aspx.cs。

3 在【解决方案资源管理器】面板中，双击“Default.aspx”树状菜单元素，打开 Default.aspx。在该文件中，将光标置于<title>标签内，将页面标题设置为“旅游景点介绍”。

4 将光标置于<div>标签内，设置该 Div 的样式 text-align 为句中显示，代码如下所示。

```
<div style="text-align:center;">
</div>
```

5 然后，向 Div 中添加一个三级标题，标题内容为“旅游景点介绍”。然后，添加一个 1 行 5 列的表格，并向表格的每一列中添加图片，代码如下所示。

```
<div style="text-align:center;">
<h3>旅游景点介绍</h3>
<table runat="server">
    <tr>
        <td><img alt="天安门" src="sm/sm_1.jpg" id='sm1'/></td>
        <td><img alt="千岛湖" src="sm/sm_2.jpg"/></td>
        <td><img alt="泰山" src="sm/sm_3.jpg"/></td>
        <td><img alt="桂林山水" src="sm/sm_4.jpg"/></td>
        <td><img alt="九寨沟" src="sm/sm_5.jpg"/></td>
    </tr>
</table>
</div>
```

6 然后，在<head>标签内，编写<style>标签。在<style>标签内定义页面中 table 的样式为没有边框、居中显示、背景颜色为浅灰色（#777），代码如下所示。

```
<style type="text/css">
    table
    {
     border:0px;
     margin:0 auto;
     background-color:#777;
    }
</style>
```


7 单击窗体底部的【设计】按钮来显示窗体的设计视图。此时的窗口中会显示 Default.aspx 的页面效果，如图 4-1 所示。

图 4-1 设计视图

8 然后，单击窗体下方的【源】按钮进入源代码视图。在<form>标签内再次添加一个 id 为 showBg 的 Div，并在<style>标签内对样式进行设置，代码如下所示。

```
#showBg
{
   position:absolute;
   left:0px;
   top:0px;
```

```
    z-index:999;
    border:4px solid #777;
    width:408px;
    color:#444;
    font-family:@Adobe 仿宋 Std R;
    font-size:12px;
    display:none;
}
```

9 在<body>标签外添加<script>标签，编写 javascript 脚本。在该标签内，定义全局变量 bg，并定义两个函数 pageX()和 pageY，用于获取所传参数在页面中的 X 轴坐标和 Y 轴坐标，而且该参数只能是页面中的元素，代码如下所示。

```
<script type="text/javascript">
    var bg = document.getElementById('showBg');
    function pageX(elem) {
      return elem.offsetParent?(elem.offsetLeft+pageX(elem. offsetParent)):
       elem.offsetLeft;
    }
    function pageY(elem) {
      return elem.offsetParent?(elem.offsetTop+pageY(elem. offsetParent)):
       elem.offsetTop;
    }
</script>
```


10 定义函数 showPic()，参数为整型数字。该函数用于当用户将鼠标放置在景点小图片上时，显示一个大的景点图片及介绍。首先，在该函数中需要将名为 showBg 的 Div 显示出来，然后使用 pageX()和 pageY()函数获取第一张小景点图片的位置，代码如下所示。

```
function showPic(num) {
    bg.style.display = "block";
    var content = "";
    var img1 = document.getElementById('sm1');
    var x = pageX(img1);
    var y = pageY(img1);
```

11 然后，使用 for 循环语句，根据第一张景点小图片的位置计算得出 showBg 的显示位置，代码如下所示。

```
for (i = 1; i <= num; i++) {
    bg.style.left = x*i-50;
    bg.style.top = y+80;
}
```

12 然后，根据 showPic()函数的参数 num，设置 showBg 的 innerHtml，代码如下所示。

```
switch (num) {
```

```
    case 1:
        content = "<img src='bg/bg_1.jpg'/></br>天安门位于中华人民共和国……";
        break;
    case 2:
        content = "<img src='bg/bg_2.jpg'/>千岛湖，位于浙江省淳安县境内……";
        break;
    case 3:
        content = "<img src='bg/bg_3.jpg'/>泰山是我国的“五岳”之首，有“……";
        break;
    case 4:
        content = "<img src='bg/bg_4.jpg'/>桂林，位于广西东北部，是世界著……";
        break;
    case 5:
        content = "<img src='bg/bg_5.jpg'/>九寨沟位于四川省阿坝藏族羌族……";
}
bg.innerHTML = content;
```

13 定义函数 hiddenDiv()，用于当用户将鼠标离开景点小图片时隐藏景点大图片，代码如下所示。

```
function hiddenDiv() {
    bg.style.display = "none";
}
```


14 执行【调试】|【只执行（不调试）】命令，弹出 IE 浏览器显示旅游景点介绍页面，如图 4-2 所示。

图 4-2　旅游景点介绍页面

练习 4-2　制作导航条

本练习将制作一款包括子菜单的导航条，当用户将鼠标滑过该导航条中的某一项菜单时，就会在下方显示子菜单，并且当用户鼠标离开子菜单时随机消失。该练习主要使用 css 定义样式，并使用 javascript 脚本来控制用户鼠标事件实现以上功能，具体步骤如下所示：

1 在 Visual Studio 中，创建名为 Navigation 的 ASP.NET 应用程序。执行【文件】|【新建】|【文件】命令创建一个名为 Default.aspx 的 aspx 页面，并打开该页面。

2 将 Default.aspx 页面标题设置为“导航栏”，然后设置系统默认创建的 DIV 的 id 设置为 nav，并在该<div>标签内添加 3 组<div>标签，代码如下所示。

```
<div id='nav'>
    <div id='nav_left'></div>
    <div id='nav_main></div>
    <div id='nav_right'></div>
</div>
```

3 将光标置于 id 为 nav_main 的 DIV 标签内，并向该 DIV 中添加一组项目列表，代码如下所示。

```
<div id='nav_main'>
    <ul>
        <li>首页</li>
        <li>企业新闻</li>
        <li>产品推荐</li>
        <li>售后服务</li>
        <li>关于我们</li>
    </ul>
</div>
```

4 在<li>标签内添加<a>标签，将项目列表中的每一个列表项都设置为链接，并为每一个列表项都设置鼠标经过和离开事件，代码如下所示。

```
<li><a href='#' id="a">首页</a></li>
<li onmouseover="move(2)" onmouseout="out(2)"><a href='#'>企业新闻</a><li>
<li onmouseover="move(3)" onmouseout="out(3)"><a href='#'>产品推荐</a><li>
<li onmouseover="move(4)" onmouseout="out(4)"><a href='#'>售后服务</a><li>
<li onmouseover="move(5)" onmouseout="out(5)"><a href='#'>关于我们</a><li>
```

5 在<head>标签内编写<style>标签，在<style>标签内定义 body 的背景颜色为浅灰色（#b2b1b1）；设置 id 为 nav 的 DIV 的页面边距、宽度和高度等，代码如下所示。

```
body
{
    background-color: #b2b1b1;
}

#nav
{
    margin: 0px auto;/* 居中显示*/
    width: 600px;
    height: 45px;
}
```

6 然后，为 id 分别为 nav_left、nav_main、nav_right 的 DIV 添加样式，设置这些 Div 的宽度、高度、浮动方式和背景图片等，代码如下所示。

```
#nav #nav_left
{
    width: 10px;
    height: 45px;
    float: left;
    background-image: url(images/left.png);
    background-repeat: no-repeat;
}
#nav #nav_main
{
    float: left;
    width: 550px;
    height: 45px;
    background-image: url(images/bg.png);
    background-repeat: repeat-x;
    color: #452206;
}
#nav #nav_right
{
    float: left;
    background-image: url(images/right.png);
    background-repeat: no-repeat;
    width: 10px;
    height: 45px;
}
```


7 为 nav_main 中的项目列表及列表项设置 CSS 样式，为其设置宽度、高度、列表类型和行高等，代码如下所示。

```
#nav #nav_main #big
{
    margin: 0px;
    width: 550px;
    height: 45px;
    list-style: none;
}
#nav #nav_main #big li
{
    display: block;
    width: 100px;
    height: 40px;
    line-height: 40px;
    float: left;
}
```

8 为项目列表中的链接设置 CSS 样式，为链接设置显示方式、字体、宽度和高度等，为鼠标经过链接设置链接背景颜色和背景重复方式，代码如下所示。

```
#nav #nav_main #big li a
{
    display: block;
    width: 80px;
    height: 40px;
    text-decoration: none;
    color: #452206;
    font-family: "黑体";
    text-align: center;
}
#nav #nav_main #big li a:hover
{
    background-image: url(images/move.png);
    background-repeat: repeat-x;
}
```

9 在 id 为 big 的项目列表的第 2 个列表项内添加 id 为 showSMenu_2 的 Div 标签，并向该 Div 内添加 3 个分别为 sTop_2、sMain_2、sBottom_2 的 id，代码如下所示。

```
<div id="showSMenu_2">
    <div id="sTop_2">
    </div>
    <div id="sMain_2">
    </div>
    <div id="sBottom_2">
    </div>
</div>
```

10 将这段 Div 代码粘贴在第 3 至第 5 个列表项内，并将 id 进行修改，如第 3 个列表项中的外层 Div 的 id 为 showSMenu_3。

11 为刚刚创建的 Div 标签设置相同的 Class，都为 showSMenu、sTop、sMain 和 sBottom。

12 在 class 为 showSMenu、sTop、sMain 和 sBottom 的 Div 设置其宽度、高度、背景图片和浮动方式等，代码如下所示。

```
.showSMenu
{
    width: 141px;
    display: none;
    position: absolute;
}
.showSMenu .sTop
{
    width: 141px;
    height: 10px;
    background-image: url(images/div_top.png);
```

```
    float: left;
}
.showSMenu .sMain
{
    width: 141px;
    height: 100px;
    background-image: url(images/div_bg.png);
    background-repeat: repeat-y;
    float: left;
}
.showSMenu .sBottom
{
    width: 141px;
    height: 15px;
    background-image: url(images/div_bottom.png);
    float: left;
}
```

13 在<body>标签外添加<script>标签，编写 javascript 脚本。在该标签内，定义全局变量 bg，并定义两个函数 pageX()和 pageY，用于获取所传参数在页面中的 X 轴坐标和 Y 轴坐标，而且该参数只能是页面中的元素，代码如下所示。


```
<script type="text/javascript">
    function pageX(elem) {
    return elem.offsetParent ? (elem.offsetLeft + pageX(elem.
    offsetParent)) : elem.offsetLeft;
    }
    function pageY(elem) {
    return elem.offsetParent ? (elem.offsetTop + pageY(elem.
    offsetParent)) : elem.offsetTop;
    }
</script>
```

14 定义 move()函数，参数为触发事件元素传过来的整型数字，该函数用于当用户鼠标经过导航栏中的菜单项时显示子菜单。在该函数中，首先需要根据传来的参数判断应该显示的是哪一个子菜单，且根据第 1 个菜单项的位置设置子菜单的位置，代码如下所示。

```
function move(num) {
    var sm = document.getElementById('showSMenu_' + num);
    sm.style.display = "block";
    var a = document.getElementById('a');
    var x = pageX(a);
    var y = pageY(a);
    sm.style.left = x + (num - 1) * 100;
    sm.style.top = y + 40;
```

15 根据用户选择菜单项的不同（即传送来的参数不同），设置子菜单的显示内容，代码如下所示。

```
var content = "";
switch (num) {
    case 2:
        content = "<ul id='little'><li><a href='#' title = ''>新闻速递
        </a></li><li><a href='#' title = ''>每日快讯</a></li><li><a
        href='#' title = ''>新闻列表</a></li></ul>";
        break;
    case 3:
        content = "<ul id='little'><li><a href='#' title = ''>最新产品
        </a></li><li><a href='#' title = ''>产品推荐</a></li></ul>";
        break;
    case 4:
        content = "<ul id='little'><li><a href='#' title = ''>服务咨询
        </a></li><li><a href='#' title = ''>服务推荐</a></li></ul>";
        break;
    case 5:
        content = "<ul id='little'><li><a href='#' title = ''>公司历史
        </a></li><li><a href='#' title = ''>公司简介</a></li><li><a
        href='#' title = ''>企业文化</a></li></ul>";
        break;
}
var sma = document.getElementById("sMain_" + num);
sma.innerHTML = content;
```

16 定义函数 out()，参数为触发事件元素传送过来的整型数字，该函数的作用是当用户鼠标离开菜单项时，该菜单项的子菜单也隐藏，代码如下所示。

```
function out(num) {
    var sm = document.getElementById('showSMenu_' + num);
    sm.style.display = "none";
}
```

17 在 id 为 little 的项目列表及列表项定义 CSS 样式，设置其字体、文本颜色、页面内边距等，代码如下所示。

```
#little
{
    list-style: none;
    color: White;
    font-size: 12px;
    width: 100px;
    margin: 0px;
    padding: 15px 0px;
}
#little li
{
    line-height:30px!important;
```

```
    height:30px!important;
}
#little li a
{
    line-height:12px!important;
    color:#fff!important;
}
```

18 执行【调试】|【只执行（不调试）】命令，弹出 IE 浏览器显示程序效果，如图 4-3 所示。

图 4-3　导航栏

第 5 单元

练习 5-1　用户登录页

本练习将制作用户登录页，该页面需要用户输入用户名和密码进行身份认证。如果用户名和密码都正确时，才能进入系统。在本练习中需要使用 Reponse 对象转到主页面，并使用 Request 对象获取地址栏参数，具体步骤如下所示：

1 在 Visual Studio 中创建名为 login 的 ASP.NET 应用程序，然后创建 Default.aspx 页面，并打开该页面。

2 然后，将系统默认创建的 Div 标签的 id 设置为 login，并在该 Div 标签内添加 3 个 id 分别为 l_left、l_main、l_right 的 Div 标签，代码如下所示。

```
<div id="l_left"></div>
<div id="l_main"></div>
<div id="l_right"></div>
```

3 在 id 为 l_main 的 Div 标签内添加两个 id 分别为 main 和 reg 的 Div 标签，代码如下所示。

```
<div id="l_main">
    <div id='main'></div>
    <div id='reg'></div>
</div>
```

4 在 head 标签内添加 Style 标签，为 body 标签设置背景颜色、文本颜色及字体，为 p 标签设置字体大小，为 input 标签设置边框样式，代码如下所示。

```
body
{
    background-color:#f2f1ec;
    color:#897f67;
    font-family:"黑体";
}
p
{
 font-size:24px;
}
input
{
    border:2px solid #777;
}
```


5 在 id 为 login、l_left、l_main 的 Div 标签设置宽度、高度、浮动方式、背景图片等，代码如下所示。

```
#login
{
    width:600px;
    height:300px;
    margin:100px auto;
}
#l_left
{
    width:33px;
    height:300px;
    background-image:url(images/login_left.png);
    background-repeat:no-repeat;
    float:left;
}
#login #l_main
{
    width:534px;
    height:300px;
    background-image:url(images/login_main.png);
    background-repeat:repeat-x;
    float:left;
}
```

6 然后，在 id 为 main 的 Div 标签设置 CSS 样式，为其设置宽度、高度以及浮动方式等，代码如下所示。

```
#login #l_main #main
{
    width:280px;
    height:300px;
    float:left;
}
```

7 在 id 为 main 的 Div 标签内添加两个 p 标签，并设置第二个 p 标签的 id 为 sm，代码如下所示。

```
<p>登录</p>
用户名密码
<p id='sm'>忘了密码？<a href='#'>请点击</a></p>
```

8 在 Style 标签内，设置 id 为 sm 的 p 标签及该标签内的链接设置字体颜色、字体大小、文本方向以及文本样式等，代码如下所示。

```
#login #l_main #main #sm
{
    font-size:16px;
    color:#a9abac;
    text-align:center;
    margin-top:30px;
}
#login #l_main #main #sm a
{
    color:#5bbfed;
    text-decoration:none;
}
```


9 在 id 为 reg 的 Div 标签内添加两个 P 标签，并将 id 分别设置为 regP 和 regC，代码如下所示。

```
<p id='regP'>免费注册</p>
<p id='regC'>我们诚挚的邀请您注册成为我们网站的会员</p>
```

10 在 Style 标签内设置 id 为 reg、l_right 的 Div 标签以及 id 分别为 regP 和 regC 的 p 标签设置 CSS 样式，代码如下所示。

```
#login  #l_main #reg #regP
{
    color:#ffe000;
    font-size:24px;
    text-align:center;
}
#login #l_main #reg #regC
```

```
{
    color:White;
    text-indent:2em;
    font-size:16px;
    margin-left:10px;
}
#l_right
{
    width:33px;
    height:300px;
    background-image:url(images/login_right.png);
    float:left;
}
```

11 单击窗体底部的【设计】按钮，进入窗体的设计视图，并将光标置于文本“用户名”的右侧并单击换行。然后，从【工具箱】面板中拖出 TextBox 控件至文本“用户名”的右侧，如图 5-1 所示。

12 用同样的方式添加密码框，并在【属性】面板中设置 TextMode 属性为 Password，即输入的文本以圆点方式显示。然后，将用户名 TextBox 和密码 TextBox 的 Columns 属性设置为 30。

13 将光标置于密码框右侧，单击换行。从【工具箱】面板中拖出 Button 控件，并在【属性】面板中设置其 Text 属性为登录。然后，用同样的方式添加重置按钮，并将 Text 属性设置为重置，如图 5-2 所示。

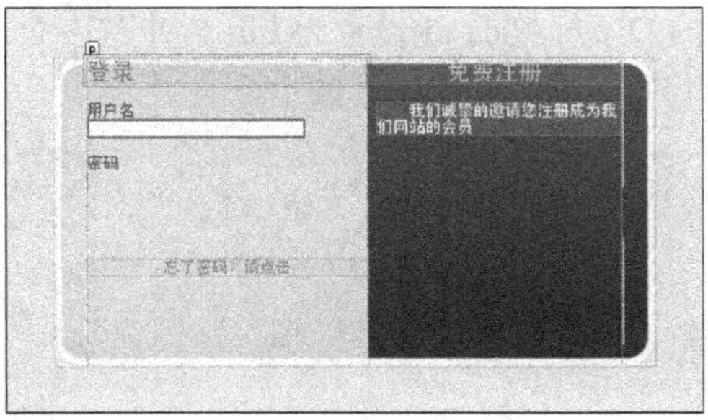

图 5-1　添加 TextBox 控件

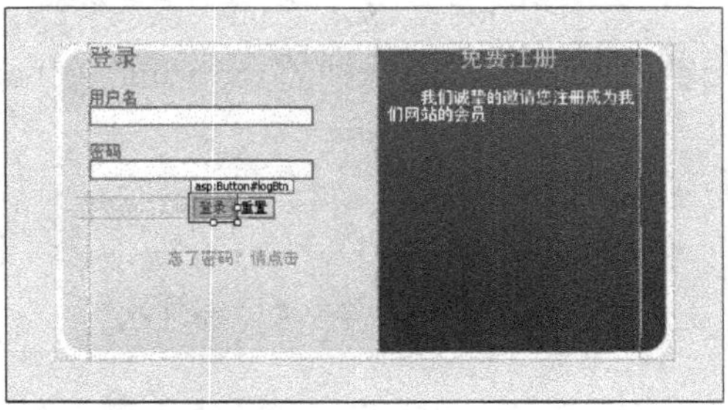

图 5-2　添加 Button 控件

14 双击【重置】按钮，进入 Default.aspx.cs 代码页，该代码页中已为【重置】按钮定义了单击事件触发函数 resetBtn_Click()。然后，在该函数内设置用户名和密码 TextBox 的 Text 值为空，代码如下所示。

```
protected void resetBtn_Click(object sender, EventArgs e)
{
    username.Text = "";
    psw.Text = "";
}
```

15 然后，再双击【登录】按钮，为【登录】按钮添加单击事件触发函数 logBtn_Click()。

该函数用于当用户单击【登录】按钮后，系统会进行判断用户是否已输入用户名和密码以及是否都是正确的，如果正确，则使用 Response 对象进入系统主页面，代码如下所示。

```
protected void logBtn_Click(object sender, EventArgs e)
{
    if (username.Text == "" || psw.Text == "")
    {
        this.ClientScript.RegisterStartupScript(this.GetType(), "", "
        <script>alert('用户名或密码不能为空!');</script>");
    }
    else {
        if (username.Text == "admin" && psw.Text == "123")
        {
            this.Response.Redirect("index.aspx?userName=" + username.
            Text);
        }
        else {
            this.ClientScript.RegisterStartupScript(this.GetType(), "", "
            <script>alert('用户名或密码输入错误，请重新输入!');</script>");
        }
    }
}
```


16 从 logBtn_Click()函数可以看出，如果用户输入正确的登录信息，则会进入系统主页面 index.aspx，因此还需要执行【文件】|【新建】|【文件】命令创建 index.aspx 页面。

17 打开 index.aspx 页面，将系统默认创建的 Div 标签的 id 设置为 info，并在该 Div 标签内添加 3 个 id 分别为 top、main、bottom 的 Div 标签，代码如下所示。

```
<div id="info">
    <div id='top'></div>
    <div id='main'></div>
    <div id='bottom'></div>
</div>
```

18 然后，在 head 标签内添加 Style 标签，设置 body 标签的背景颜色、字体颜色和字体大小等，代码如下所示。

```
body
{
    background-color:#f2f1ec;
    color:White;
    font-size:20px;
}
```

19 在 id 为 info、top、main、bottom 的 Div 标签设置宽度、高度、浮动方式和背景图片等，代码如下所示。

```
#info
{
```

```
    width:347px;
    margin:100px auto;
    text-align:center;
    }
#info #top
{
   width:347px;
          height:30px;
   background-image:url(images/top.png);
   background-repeat:no-repeat;
}
#info #main
{
    width:347px;
    height:100px;
    background-image:url(images/main.png);
    background-repeat:repeat-y;
}
#info #bottom
{
    width:347px;
    height:30px;
    background-image:url(images/bottom.png);
    background-repeat:no-repeat;
}
```

20 然后，单击窗体底部的【设计】按钮，进入窗体的设计视图，并将光标置于 id 为 main 的 Div 标签内，添加 4 个 Label 控件，如图 5-3 所示。

图 5-3　添加 Label 控件

21 打开 index.aspx.cs 代码页，在该页面的 Page_Load()页面中载入事件函数，判断传值是否为空，如果不为空就使用 Request 对象获取传值，并在页面中显示用户相关信息，否则就转到用户登录页面，代码如下所示。

```
protected void Page_Load(object sender, EventArgs e)
{
    if(!Page.IsPostBack)
    {
        if (Request.QueryString["username"] != null)
        {
            Label3.Text = Request.QueryString["username"];
            Label4.Text = DateTime.Now.ToString();
        }
        else {
            this.ClientScript.RegisterStartupScript(this.GetType(), "", "
            <script>alert('您还未登录，请先登录!');</script>");
```

```
            this.Response.Redirect("Default.aspx");
        }
    }
}
```

22 执行【调试】|【只执行（不调试）】命令，弹出 IE 浏览器显示程序效果，如图 5-4 所示。

图 5-4 执行结果

练习 5-2 制作购物车

在购物网站中，购物车是一个非常常用的工具，它可以记录用户的消费过程，使用户的购买更加的方便、快捷。本实例就会使用 Session 对象来建立一个简单的购物车程序，具体步骤如下所示：

在 Visual Studio 中，创建名为 Shopping 的 ASP.NET 应用程序。该程序共包括商品选择页面、查看商品信息、查看购物列表 3 个页面。

1. 查看商品信息

1 执行【文件】|【新建】|【文件】命令，创建名为 info 的 aspx 页面，并打开该页面。

2 复制 Default.aspx 页面中的内容，粘贴至 info.aspx 页面中。然后，将 id 为 main 的 Div 标签内的内容删除。

3 在 id 为 main 的 Div 标签内，添加 id 为 pimg 的 Image 控件，并设置其宽度、高度均为 300，并添加 id 为 pinfo 的 Div 标签，代码如下所示。

```
<div id='main'>
    <asp:Image ID="pimg" Width="300" Height="300" runat="server">
    </asp:Image>
    <div id="pinfo">
    </div>
</div>
```

4 在 id 为 pinfo 的 Div 标签内，添加 id 分别为 pname、size、color、price 的 Div 标签，添加 id 为 ImageButton1 的 ImageButton 控件，代码如下所示。

```
商品：<asp:Label ID="pname" runat="server" Text=""></asp:Label><br />
尺码：<asp:Label ID="size" runat="server" Text=""></asp:Label><br />
颜色：<asp:Label ID="color" runat="server" Text=""></asp:Label><br />
价格：<asp:Label ID="price" runat="server" Text=""></asp:Label><br />
<asp:ImageButton ID="ImageButton1" runat="server" ImageUrl="images/
button.png/>
```

5 在 Style 标签内对 Image 控件及 id 为 pinfo 的 Div 标签的 CSS 样式进行设置，代码如下所示。

```
#content #main img
{
    margin:10px 10px;
    float:left;
    border:3px solid #ccc;
}
#content #main #pinfo
{
    margin:10px 20px;
    float:left;
    width:500px;
    height:300px;
    border:1px solid #e6e6e6;
    background-color:#f9f9f9;
    padding:10px;
    line-height:40px;
}
```


6 打开 info.aspx.cs 代码页，将光标置于 Page_Load()函数中。该函数用于根据用户在商品选择页中选择的商品而在该页显示相应的商品信息，代码如下所示。

```
protected void Page_Load(object sender, EventArgs e)
{
    if (Request.QueryString["pid"] != null)
    {
        String pid = Request.QueryString["pid"];
        switch(pid)
        {
            case "1":
                pname.Text = "夏日清新精品凉拖";
                pimg.ImageUrl="products/"+pid+".jpg";
                size.Text = "37/38-MISI 版";
                color.Text = "黑/白色";
                price.Text = "￥15.8";
                break;
            case "2":
                pname.Text = "卡通绚丽活力凉拖";
                pimg.ImageUrl="products/"+pid+".jpg";
                size.Text = "37/38-MISI 版";
                color.Text = "粉/白色";
                price.Text = "￥11.8";
                break;
            case "3":
                pname.Text = "XX 最新款韩版女拖";
                pimg.ImageUrl = "products/" + pid + ".jpg";
```

```
                size.Text = "37/38-MISI版";
                color.Text = "黑/红色";
                price.Text = "¥45.0";
                break;
……
            }
        }
        else
        {
            this.Response.Redirect("Default.aspx");
        }
    }
```

7 为 ImageButton1 添加单击事件触发函数 ImageButton1_Click()，该函数用于当用户单击 ImageButton1 时将商品信息存储至 Session 中，并打开查看购物信息列表页面，代码如下所示。


```
protected void ImageButton1_Click(object sender, ImageClickEventArgs e)
{
    string name = pname.Text;
    string psize = size.Text;
    string pcolor = color.Text;
    string pprice = price.Text;
    if (Session["name"]!=null && Session["name"]!="")
    {
        Session["name"] = Session["name"] + "," + name;
        Session["size"] = Session["size"] + "," + psize;
        Session["color"] = Session["color"] + "," + pcolor;
        Session["price"] = Session["price"] + "," + pprice;
    }
    else {
        Session["name"] = name;
        Session["size"] = psize;
        Session["color"] = pcolor;
        Session["price"] = pprice;
    }
    this.Response.Redirect
    ("infolist.aspx");
}
```

8 执行以上程序，在商品选择页面中选择某一商品进入查看商品信息页面，如图 5-5 所示。

图 5-5　查看商品信息页面

2. 查看购物列表

1 创建名为 infolist.aspx 的文件，并打开该文件。将 info.aspx 页面的内容复制到该页面中，并删除 id 为 main 的 Div 标签中的内容。

2 在 id 为 main 的 Div 标签内添加 id 为 buyinfo 的 Div 标签，并在该标签内添加 id 为 goodslist 的表格控件。然后，在该表格控件中添加标题行和 4 列标题列，代码如下所示。

```
<div id="buyinfo">
    <asp:Table ID="goodslist" CellSpacing="0" runat="server">
        <asp:TableHeaderRow>
            <asp:TableHeaderCell>商品名称</asp:TableHeaderCell>
            <asp:TableHeaderCell>尺码</asp:TableHeaderCell>
            <asp:TableHeaderCell>颜色</asp:TableHeaderCell>
            <asp:TableHeaderCell>价格</asp:TableHeaderCell>
        </asp:TableHeaderRow>
    </asp:Table>
</div>
```

3 然后，在 Style 标签内，对 id 为 buyinfo 的 Div 以及其中的表格、表格标题行和表格行的 CSS 样式进行设置，代码如下所示。

```
#content #main #buyinfo
{
    width:500px;
    height:200px;
    margin:50px auto;
    font-size:14px;
    border:1px solid #e6e6e6;
    background-color:#f2f2f2;
    padding:10px;
    line-height:25px;
}
#content #main #buyinfo table
{
    width:450px;
    border:3px solid #3495cb;
    margin:0px auto;
}
#content #main #buyinfo table th
{
    background-color:#c6e9fc;
    border:3px solid #3495cb;
    margin:0px auto;
}
#content #main #buyinfo table td
{
    border:3px solid #3495cb;
    margin:0px auto;
}
```

4 打开 infolist.aspx.cs 代码页，将光标置于 Page_Load()函数中。该函数用于将获取的 Session 值显示在该页面的表格控件中，代码如下所示。

```
protected void Page_Load(object sender, EventArgs e)
{
    object ses=Session["name"];
    if (ses != "" && ses != null)
    {
        String[] name = Session["name"].ToString().Split(',');
        String[] size = Session["size"].ToString().Split(',');
        String[] color = Session["color"].ToString().Split(',');
        String[] price = Session["price"].ToString().Split(',');
         for (int i = 0; i < name.Length; i++)
        {
            TableRow tr = new TableRow();
            for (int j = 0; j < 4; j++)
            {
                TableCell tc = new TableCell();
                switch(j)
                {
                    case 0:
                        tc.Text = name[i];
                        break;
                    case 1:
                        tc.Text = size[i];
                        break;
                    case 2:
                        tc.Text = color[i];
                        break;
                    case 3:
                        tc.Text = price[i];
                        break;
                }
                tr.Cells.Add(tc);
            }
           goodslist.Rows.Add(tr);
        }
    }
    else {
        Response.Redirect("Default.aspx");
    }
}
```

5 执行以上程序，在查看商品信息页面中单击【加入购物车】按钮，进入查看购物列表页面，如图 5-6 所示。

图 5-6　查看购物列表页面

第 6 单元

练习 6-1　制作试题页面

在网页中制作试题内容，用户需要使用许多控件。通过这些控件可以实现单选题、多选题、填空题和问答题等格式，还可以将这些内容提交到代码页进行判断，输出结果。

1 制作试题页，通过添加服务器控件来完成，并且通过单击【交卷】按钮，将所有选项结果提交到代码面。例如，双击 index.aspx 文件，在编辑器中制作试题页，详细代码如下。

```
<body>
    <form id="form1" runat="server" action="">
    <div id="content">
        <div id="header"></div>
            <div id="main">
            <div id="attention" class="attention">满分 100 分  单选题 40 分  多
            选题 60 分</div>
            <div id="answer">
                <h4>一、单选题（总分 40 分，答错不得分）</h4>
                <h5>1.中国历史上在位时间最长的皇帝是谁？</h5>
                <asp:RadioButtonList id="RadioButtonList1" runat=
                "server">
                    <asp:ListItem>唐太宗</asp:ListItem>
                    <asp:ListItem>康熙</asp:ListItem>
                    <asp:ListItem>乾隆</asp:ListItem>
```

```
                <asp:ListItem>汉武帝</asp:ListItem>
            </asp:RadioButtonList>
            <h5>2.下列发明，其最初目的是为了提高人类生活质量的是？</h5>
            <asp:RadioButtonList id="RadioButtonList2" runat=
            "server">
                <asp:ListItem>珍妮机</asp:ListItem>
                <asp:ListItem>蒸汽机</asp:ListItem>
                <asp:ListItem>耐用电灯泡</asp:ListItem>
                <asp:ListItem>坦克</asp:ListItem>
            </asp:RadioButtonList>
            <h4>二、多选题（总分 60 分，答错不得分）</h4>
            <h5>1.宋代为儒学的发展作出巨大贡献的思想家？</h5>
            <asp:CheckBoxList id="CheckBoxList1" runat="server">
                <asp:ListItem>程颐</asp:ListItem>
                <asp:ListItem>程颢</asp:ListItem>
                <asp:ListItem>朱熹</asp:ListItem>
                <asp:ListItem>王阳明</asp:ListItem>
            </asp:CheckBoxList>
            <h5>2.三大宗教的创始人包括？</h5>
            <asp:CheckBoxList id="CheckBoxList2" runat="server">
                <asp:ListItem>释迦牟尼</asp:ListItem>
                <asp:ListItem>耶稣</asp:ListItem>
                <asp:ListItem>穆罕默德</asp:ListItem>
                <asp:ListItem>马丁路德</asp:ListItem>
            </asp:CheckBoxList>
            <div id="Div1" class="attention">
                <asp:Button ID="smBtn" runat="server" Text="交卷"
                onclick="smBtn_Click" style="height: 21px"/>
                <asp:Button ID="exitBtn" runat="server" Text="退出考试"
                onclick="exitBtn_Click" />
                <asp:Label ID="scoreLabel" runat="server" Text="您的得
                分为：" Visible="False"></asp:Label>
                <asp:Label ID="score" runat="server" Visible=
                "False"></asp:Label>
            </div>
        </div>
    </div>
  </div>
  </form>
</body>
```

2 执行上述代码后，显示已经设计的试题内容，如图 6-1 所示。对于 CSS 样式，并没有在上述代码中显示，用户可以通过该文件源代码查看。

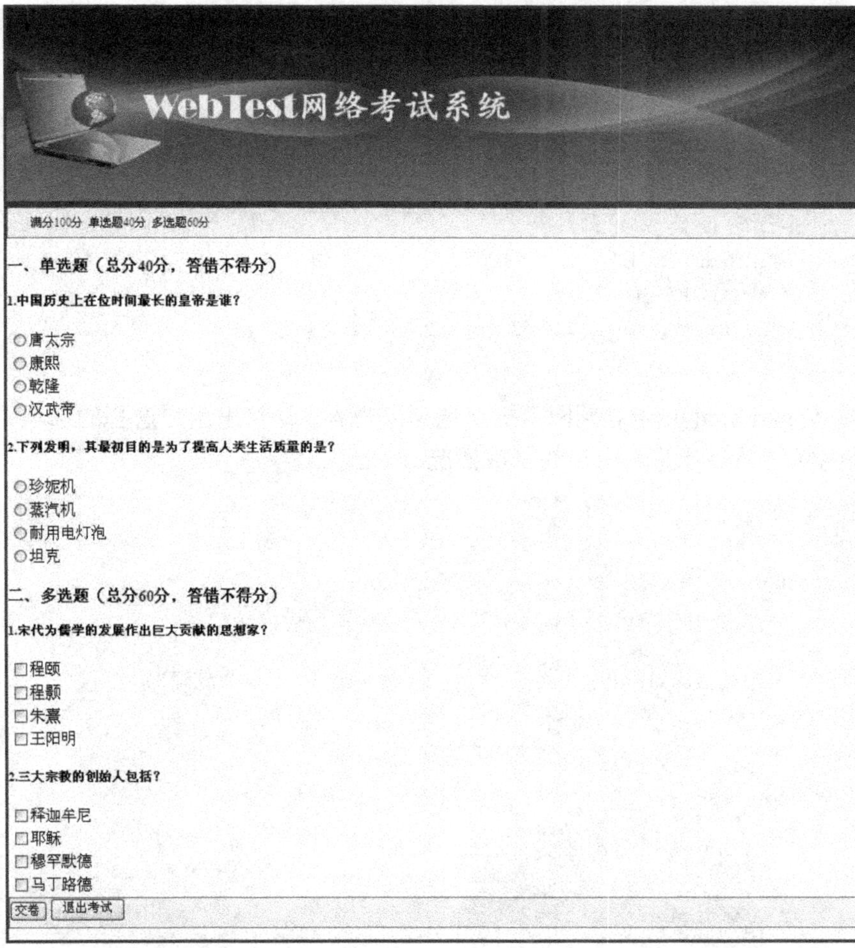

图 6-1 设置的试题页面

3 双击 index.aspx.cs 文件，并添加对 index.aspx 页面提交的信息进行判断，并显示结果，代码如下。

```
using System;
using System.Collections.Generic;
using System.Linq;
using System.Web;
using System.Web.UI;
using System.Web.UI.WebControls;
public partial class index : System.Web.UI.Page
{
protected void Page_Load(object sender, EventArgs e)
{
}
```

4 添加【交卷】按钮的事件，并在该事件中实例化对象和设置属性值。其中，“int point=getPoint()”是将 getPoint 属性赋予 point 变量，同时执行该属性。而

“score.Text=point.ToString();”语句，是将 getPoint()返回的值，通过 score 标签控件显示出来。

```
protected void smBtn_Click(object sender, EventArgs e)
{
   int point= getPoint();
    smBtn.Visible = false;
    scoreLabel.Visible = true;
    score.Visible = true;
    score.Text = point.ToString();
}
```

5 定义 getPoint()属性，判断所提交选项的内容，计算出用户选择的选项是否正确。通过这些判断结果，计算出用户的分数情况。

```
protected int getPoint()
{
    int one=0, two=0, three=0, four=0;
    if (RadioButtonList1.SelectedIndex > -1)
    {
        if (RadioButtonList1.SelectedItem.Text=="乾隆")
       {
           one = 20;
       }
    }
    if (RadioButtonList2.SelectedIndex > -1)
    {
        if (RadioButtonList2.SelectedItem.Text == "耐用电灯泡")
        {
            two = 20;
        }
    }
    string[] answer1 = new string[] { "程颐", "程颢", "朱熹" };
    string[] answer2 = new string[] { "释迦牟尼", "耶稣", "穆罕默德" };
    int count1 = 0;
    int count2 = 0;
    for (int i = 0; i < CheckBoxList1.Items.Count;i++ )
    {
        if (CheckBoxList1.Items[i].Selected)
        {
            for (int j = 0; j < answer1.Length; j++)
            {
                if (CheckBoxList1.Items[i].Text == answer1[j])
                {
                    count1++;
                }
            }
        }
```

```
    }
    for (int i = 0; i < CheckBoxList2.Items.Count; i++)
    {
        if (CheckBoxList2.Items[i].Selected)
        {
            for (int j = 0; j < answer2.Length;j++ )
            {
                    if (CheckBoxList2.Items[i].Text == answer2[j])
                    {
                        count2++;
                    }
            }
        }
    }
    if(count1==3)
    {
        three = 30;
    }
    if(count2==3)
    {
        four = 30;
    }
return   one + two + three + four;
}
```


6 定义【退出考试】按钮的事件，当用户单击该按钮时，将执行该事件，并转换到另外的页面。

```
    protected void exitBtn_Click(object sender, EventArgs e)
    {
        this.Response.Redirect("#");                    //#代表一个空的链接
    }
}
```

练习 6-2 统计在线人数

在设计网站时，网站被访问和用户使用这两种情况是网站设计的一个重点。利用 Application 对象和 Session 对象可以统计当前在线用户数量。

1 新建一个网站，在 Default.aspx 文件中添加 Label 控件，用来显示统计在线人数，代码如下。

```
<%@ Page Language="C#" AutoEventWireup="true" CodeFile="Default.aspx.cs"
Inherits="_Default" %>
<!DOCTYPE html PUBLIC "-//W3C//DTD XHTML 1.0 Transitional//EN"
"http://www.w3.org/TR/xhtml1/DTD/xhtml1-transitional.dtd">
<html xmlns="http://www.w3.org/1999/xhtml">
<head runat="server">
```

```
    <title></title>
</head>
<body>
    <form id="form1" runat="server">
    <div>
        <asp:Label ID="Label1" runat="server" Text="在线人数"></asp:Label>
        <asp:Label ID="Label2" runat="server" Text=" "></asp:Label>
    </div>
    </form>
</body>
</html>
```

2 在该网站中的【解决方案资源管理器】中，右击目录结构，并执行【添加新项】命令。在弹出的【添加新项】对话框中，选择【Visual C#】模板，并选择【全局应用程序类】选项，如图 6-2 所示。单击【添加】按钮，创建一个 Global.asax 全局应用程序文件。

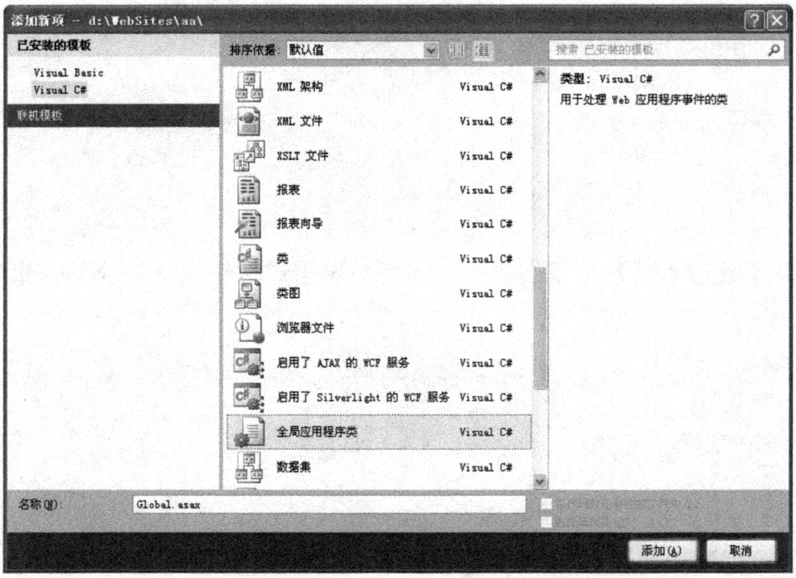

图 6-2　添加全局应用程序类

3 在 Global.asax 全局应用程序类中，设置当应用程序启动时初始化计数器，代码如下。

```
void Application_Start(object sender, EventArgs e)
    {
        // 在应用程序启动时运行的代码
        //初始化
        Application["counter"] = 0;
    }
```

4 在新会话启动时，实现计数器加 1，代码如下。

```
void Session_Start(object sender, EventArgs e)
    {
        // 在新会话启动时运行的代码
        //对 Application 加锁以防并行性
        Application.Lock();
        //增加一个在线人数
        Application["counter"] = (int)Application["counter"] + 1;
        //解锁
        Application.UnLock();
    }
```

5 在会话结束时，实现计数器减 1，代码如下。

```
void Session_End(object sender, EventArgs e)
    {
        // 在会话结束时运行的代码。
        // 注意：只有在 Web.config 文件中的 sessionstate 模式设置为
        // InProc 时，才会引发 Session_End 事件。如果会话模式设置为 StateServer
           或 SQLServer，则不会引发该事件。
        //对 Application 加锁以防并行性
        Application.Lock();
        //减少一个在线人数
        Application["counter"] = (int)Application["counter"] - 1;
        //解锁
        Application.UnLock();
    }
```

6 在 Default.aspx.cs 文件中，添加“Application[“counter”].ToString ()”语句，并赋予 Labe2.Text 标签控件，实现在界面上显示在线人数，其代码如下。

```
using System;
using System.Collections.Generic;
using System.Linq;
using System.Web;
using System.Web.UI;
using System.Web.UI.WebControls;
public partial class _Default : System.Web.UI.Page
{
    protected void Page_Load
    (object sender, EventArgs e)
    {
        Label2.Text = Application
        ["counter"].ToString();
    }
}
```

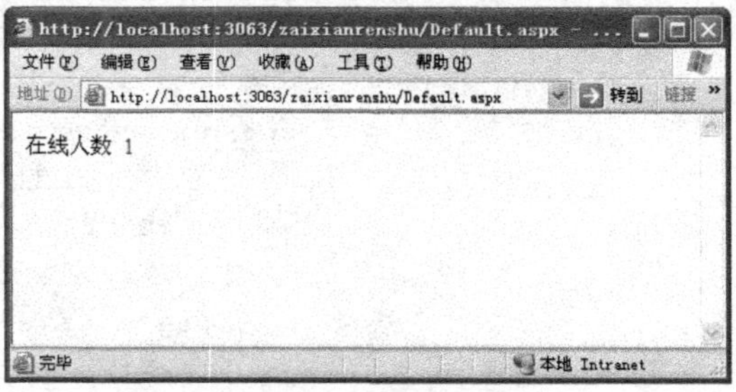

图 6-3　显示在线人数

7 单击工具栏中的【启动调试】按钮，即浏览并显示在线人数内容，如图 6-3 所示。

第 7 单元

练习 7-1　制作注册页面

用户需要完成注册页面的设计，必须在页面中添加表单，而表单中需要插入大量的 Table、TextBox、checkBox 等控件内容。另外，在代码页面中，还需要获取这些控件的内容，并且在控件中还可以进行必要的内容验证等操作。

1 在页面的<head></head>标签之间，添加头部内容，如页面的名称、加载外部 CSS 样式文件。

```
<%@ Page Language="C#" AutoEventWireup="true" CodeFile="Default.aspx.cs"
Inherits="_Default" %>
<!DOCTYPE html PUBLIC "-//W3C//DTD XHTML 1.0 Transitional//EN"
"http://www.w3.org/TR/xhtml1/DTD/xhtml1-transitional.dtd">
<html xmlns="http://www.w3.org/1999/xhtml">
<head runat="server">
  <title>三国争霸---账号注册</title>
  <link href="styles/main.css" rel="stylesheet" type="text/css"/>
</head>
```


2 设计用户注册信息，包含账户信息、密码信息、邮箱信息等，并且通过验证控件，进行验证内容是否正确。

```
<body>
    <form id="form1" runat="server">
    <div id="banner"></div>
    <div id="topPartitionLine"></div>
    <div id="mainFrame">
    <div class="separator">注册游戏账号</div>
        <div id="registerInfo">
            <table>
                <tr>
                   <td class="style1">注册账号：</td><td class="style2">
                   <asp:TextBox ID="Account" runat="server" Columns="40">
                   </asp:TextBox></td>
                    <td>
                   <asp:RequiredFieldValidator ID="RequiredFieldValidator1"
                   ControlToValidate="Account" runat="server" ErrorMessage="
                   注册账号不能为空！"></asp:RequiredFieldValidator>
                        <asp:RegularExpressionValidator ID="Regular-
                        ExpressionValidator1" ControlToValidate="Account"
                        ValidationExpression="^[A-Za-z0-9]+$" runat=
                        "server" ErrorMessage="注册账号必须是字母或数字！">
                        </asp:RegularExpressionValidator>
```

```
            </td>
        </tr>
        <tr>
            <td class="style1">密码：</td><td class="style2">
            <asp:TextBox ID="psw"
             runat="server" Columns="40" TextMode="Password">
             </asp:TextBox></td>
            <td>
                <asp:RequiredFieldValidator ID="Required-
                FieldValidator2" ControlToValidate="psw" runat=
                "server" ErrorMessage="密码不能为空！">
                </asp:RequiredFieldValidator>
            </td>
        </tr>
        <tr>
            <td class="style1">确认密码：</td><td class="style2">
            <asp:TextBox ID="enPsw" runat="server" Columns="40"
            TextMode="Password"></asp:TextBox></td>
            <td>
               <asp:RequiredFieldValidator ID="RequiredField-
               Validator3" ControlToValidate="enPsw" runat="server"
               ErrorMessage="确认密码不能为空！">
               </asp:RequiredFieldValidator>
                <asp:CompareValidator ID="CompareValidator1"
                ControlToValidate="enPsw" ControlToCompare="psw"
                runat="server" ErrorMessage="确认密码与密码不符！">
                </asp:CompareValidator>
            </td>
        </tr>
        <tr>
          <td class="style1">邮箱：</td><td class="style2">
          <asp:TextBox ID="EMail" runat="server" Columns=
          "40"></asp:TextBox></td>
            <td>
                <asp:RequiredFieldValidator ID="Required-
                FieldValidator4" ControlToValidate="EMail"
                runat="server" ErrorMessage="密码不能为空！">
                </asp:RequiredFieldValidator>
    <asp:RegularExpressionValidator ID="RegularExpression-
    Validator2" ControlToValidate="EMail" ValidationExpression=
    "^([0-9a-zA-Z]+[-._+&])*[0-9a-zA-Z]+@([-0-9a-zA-Z]+[.])+
    [a-zA-Z]{2,6}$" runat="server" ErrorMessage="邮箱地址格式有误！">
    </asp:RegularExpressionValidator>
            </td>
        </tr>
    </table>
</div>
```

3 上述代码，显示的效果如图 7-1 所示。用户可以输入账户、密码等内容，进行验证的测试。

图 7-1 账户注册信息验证

4 再设计角色的注册信息，其中角色名、性别、国度、角色类型等内容，并且对 TextBox 控件、RadioButtonList 控件、Button 控件等应用，以及验证。

```
<div class="separator">设置游戏角色</div>
     <div id="roleInfo">
         <table>
             <tr>
          <td class="style1">角色名：</td><td class="style2">
          <asp:TextBox ID="roleName" runat="server" Columns=
          "40"></asp:TextBox></td>
                 <td>
                   <asp:RequiredFieldValidator ID="RequiredField-
                   Validator5" ControlToValidate="roleName"
                   runat="server" ErrorMessage="角色名不能为空！">
                   </asp:RequiredFieldValidator>
                     <asp:RegularExpressionValidator ID="RegularExpr-
                     essionValidator3" ControlToValidate="roleName"
                     ValidationExpression="^([\u4E00-\uFA29]|[\uE7C7-
                     \uE7F3])*$"  runat="server" ErrorMessage="角色名只能
                     是中文或英文"></asp:RegularExpressionValidator>
                 </td>
             </tr>
             <tr>
                 <td class="style1">性别：</td>
                 <td class="style2">
                     <asp:RadioButtonList ID="RadioButtonList1" runat=
                     "server"
```

```
                    RepeatDirection="Horizontal">
                    <asp:ListItem Selected="True">男</asp:ListItem>
                    <asp:ListItem>女</asp:ListItem>
                </asp:RadioButtonList>
            </td>
            <td></td>
        </tr>
        <tr>
            <td class="style1">国度:</td>
            <td class="style2">
                <asp:RadioButtonList ID="RadioButtonList2" runat=
                "server"
                    RepeatDirection="Horizontal">
                    <asp:ListItem Selected="True" Value="0">魏国
                    </asp:ListItem>
                    <asp:ListItem Value="1">蜀国</asp:ListItem>
                    <asp:ListItem Value="2">吴国</asp:ListItem>
                </asp:RadioButtonList>
            </td>
            <td></td>
        </tr>
        <tr>
            <td class="style1">角色类型:</td>
            <td class="style2">
                <asp:RadioButtonList ID="RadioButtonList3" runat=
                "server"
                    RepeatDirection="Horizontal">
                   <asp:ListItem Selected="True">骑兵</asp:ListItem>
                    <asp:ListItem>弓兵</asp:ListItem>
                    <asp:ListItem>刀盾兵</asp:ListItem>
                    <asp:ListItem>策士</asp:ListItem>
                </asp:RadioButtonList>
            </td>
            <td></td>
        </tr>
        <tr>
            <td colspan="3" align="center">
                <asp:Button ID="entBtn" Text="确定" runat="server"
                Width="100px" onclick="enterRole"></asp:Button>
            </td>
        </tr>
    </table>
  </div>
</div>
<div id="bottomPartitionLine"></div>
<div id="copyright">
</div>
</form>
```

```
</body>
</html>
```

5 通过上述代码，用户可以浏览窗体页，查看设计的效果，并通过验证控件进行内容验证，如图 7-2 所示。

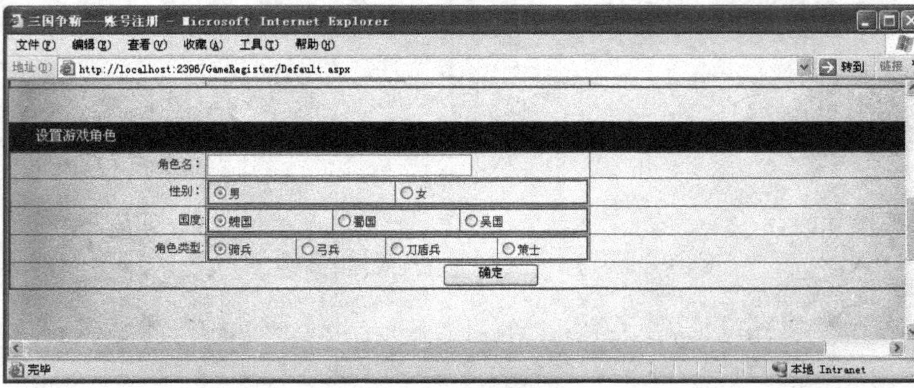

图 7-2 添加角色

练习 7-2 用户登录及验证

在网站开发过程中，一般带有用户管理和后台管理的系统，登录功能是不可缺少的。简单的用户登录主要包含有用户名、密码和验证码三项内容。当用户输入用户名、密码和验证码之后，需要对用户名、密码和验证码进行验证及判断用户是否存在。

1 创建 login_check 站点，并添加窗体页、生成验证码的页以及连接数据的类文件，如图 7-3 所示。

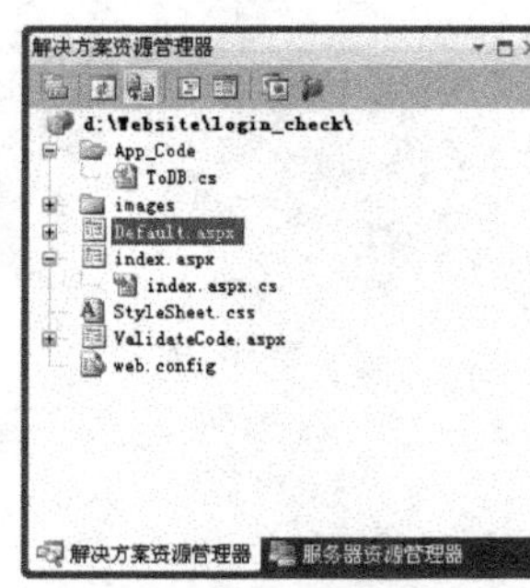

图 7-3 添加网站文件

2 双击打开 ValidateCode.aspx.cs 文件，并在该代码文件中添加生成验证码的代码内容。详细代码如下：

```
using System;
using System.Collections.Generic;
using System.Linq;
using System.Web;
using System.Web.UI;
using System.Web.UI.WebControls;
using System.Drawing;
using System.IO;
public partial class ValidateCode : System.Web.UI.Page
{
    protected void Page_Load(object sender, EventArgs e)
    {
        this.ValidateCodea();
```

```
    }
    public void ValidateCodea()
    {
        string VNum = RndNum(4);          //这里的数字 4 代表 4 位的验证字符串！
       int Gheight = (int)(VNum.Length * 11.5);//根据字符长度自动更改图片宽度
        Bitmap Img = new System.Drawing.Bitmap(Gheight, 20);
        Graphics g = Graphics.FromImage(Img);
        g.DrawString(VNum, new System.Drawing.Font("Arial", 10), new
        System.Drawing.SolidBrush(Color.Red), 3, 3);
        MemoryStream ms = new System.IO.MemoryStream();
                        //在矩形内绘制字串（字串，字体，画笔颜色，左上 x.左上 y）
        Img.Save(ms, System.Drawing.Imaging.ImageFormat.Png);
        Response.ClearContent();          //需要输出图象信息 要修改 HTTP 头
        Response.ContentType = "image/Png";
        Response.BinaryWrite(ms.ToArray());
        g.Dispose();
        Img.Dispose();
        Response.End();
    }
  /*随机生成数
   * 从数组中（Vchar 数组）随机抽取
   * 字母区分大小写
   */
    public string RndNum(int VcodeNum)
    {
        string Vchar = "0,1,2,3,4,5,6,7,8,9,A,B,C,D,E,F,G,H,I,J,K,L,M,
        N,O,P,Q,R,S,T,U,W,X,Y,Z";
        string[] VcArray = Vchar.Split(',');
        string VNum = "";           //由于字符串很短，就不用 StringBuilder 了
        int temp = -1;              //记录上次随机数值，避免生产几个一样的随机数
       Random rand = new Random();  //采用一个简单的算法以保证生成随机数的不同
        for (int i = 1; i < VcodeNum + 1; i++)
        {
            if (temp != -1)
            {
                rand = new Random(i * temp * unchecked((int)DateTime.
                Now.Ticks));
            }
            int t = rand.Next(35);
            if (temp != -1 && temp == t)
            {
                return RndNum(VcodeNum);
            }
            temp = t;
            VNum += VcArray[t];
        }
        Session["yan"]=VNum;          //将生成的字符串，赋予 Session 变量
        return VNum;
```

```
    }
}
```

3 单击工具栏中的【启动调试】按钮，可以浏览窗体页所显示验证码内容，如图 7-4 所示。如果该代码直接添加到主页面的代码文件中，则浏览主页时，将只显示验证码内容。

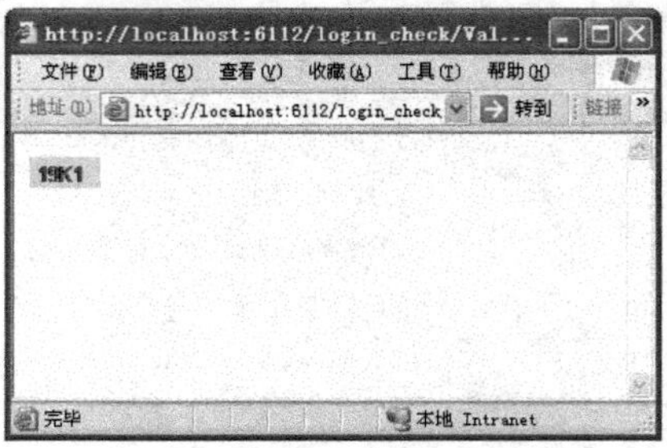

图 7-4 显示验证码

4 双击 ToDB.cs 类文件，并在该文件中编写连接数据库以及获取数据集的代码。

```
using System;
using System.Collections.Generic;
using System.Linq;
using System.Web;
using System.Data.SqlClient;
public class ToDB
{
    SqlConnection con;
    SqlCommand cmd;
    SqlDataReader dr;
    public SqlConnection DB()
    {
        con = new SqlConnection("Data Source=WHF;Initial Catalog=user;
        Integrated Security=True;Pooling=False");
        return con;
    }
    public SqlDataReader read(string sql)
    {
        this.DB();
        con.Open();
        cmd = new SqlCommand(sql, con);
        dr = cmd.ExecuteReader();
        return dr;
    }
}
```

5 双击 Default.aspx 窗体页，并设计用户登录页面，并且在代码中添加用户验证页。

```
<%@ Page Language="C#" AutoEventWireup="true" CodeFile="Default.aspx.cs"
Inherits="_Default" %>
<!DOCTYPE html PUBLIC "-//W3C//DTD XHTML 1.0 Transitional//EN"
"http://www.w3.org/TR/xhtml1/DTD/xhtml1-transitional.dtd">
<html xmlns="http://www.w3.org/1999/xhtml">
<head runat="server">
    <title></title>
    <link href="StyleSheet.css" rel="stylesheet" type="text/css"/>
</head>
<body>
```

```
    <form id="form1" runat="server">
    <div id="shang">
        <div id="bg1"></div>
        <div id="bg2"></div>
        <div id="bg3"></div>
    </div>
    <div id="zhong">
        <div id="bg4"></div>
        <div id="bg5">
        <div id="table" >
                <table>
                    <tr><td>
         <asp:Label ID="Label1" runat="server" Text="用户名：" Font-Size=
         "12px"></asp:Label></td><td colspan="2">
         <asp:TextBox ID="name" runat="server" Width="140px"></asp:
         TextBox></td></tr>
                    <tr><td>
         <asp:Label ID="Label2" runat="server" Text="密　码：" Font-Size=
         "12px"></asp:Label></td><td colspan="2">
         <asp:TextBox ID="ps" runat="server" TextMode="Password" ></asp:
         TextBox></td></tr>
                            <tr><td>
       <asp:Label ID="Label3" runat="server" Text="验证码：" Font-Size=
       "12px"></asp:Label></td>
                                <td style="width:60px">
       <asp:TextBox ID="yan" runat="server" Width="60px"></asp:
       TextBox></td><td><asp:image id="Image1" runat="server" ImageUrl=
       "ValidateCode.aspx"></asp:image>
</td></tr></table>
                <table width="200px"><tr><td id="td"><asp:Button ID=
                "Button1" runat="server" Text="提交" onclick="Button1_
                Click" /></td><td id="td"><asp:Button ID="Button2"
                runat="server" Text="重置" onclick="Button2_Click"/>
                </td></tr></table></div>
         <div id="zhuche"><a href="#" alt="用户注册"><img src=
         "images/zhuche.gif" width="160px" border="0px"; /></a></div>
        </div>
        <div id="bg6"></div>
    </div>
    <div id="xia">
        <div id="bg7"></div>
        <div id="bg8"></div>
        <div id="bg9"></div>
    </div>
    </form>
</body>
</html>
```

6 在上述代码中，主要用来布局登录页面的效果，并且 DiV 样式代码都存储在 StyleSheet.css 文件中。然后，单击工具栏中的【启动调试】按钮，可以浏览登录页面，如图 7-5 所示。

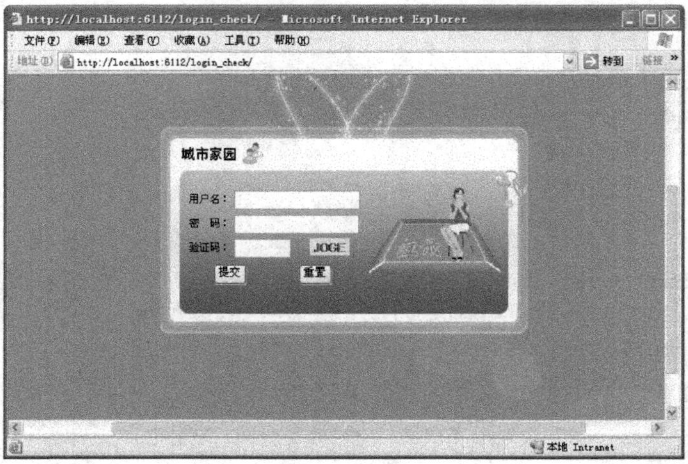

图 7-5　登录页面

7 在编辑器中，分别双击【提交】和【重置】按钮，添加两个按钮的事件内容。通过 Default.aspx.cs 代码文件中的代码，对用户名、密码和验证码等信息进行校验。

```
using System;
using System.Collections.Generic;
using System.Linq;
using System.Web;
using System.Web.UI;
using System.Web.UI.WebControls;
using System.Drawing;
using System.Data.SqlClient;
public partial class _Default : System.Web.UI.Page
{
    string username;                                   //定义用户名
    string userps;                                     //定义用户密码
    string useryan;                                    //定义验证码
    Boolean ncheck = false;                            //判断用户名和密码是否为空
    Boolean yancheck = false;                          //判断验证码是否正确
    Boolean dbcheck = false; //判断数据表中是否存在该用户，以及用户密码是否正确
    protected void Page_Load(object sender, EventArgs e)
    {
    }
    protected void Button2_Click(object sender, EventArgs e)
    {
        name.Text = "";                                //重置按钮效果
        ps.Text = "";
        yan.Text = "";
    }
```

```
protected void Button1_Click(object sender, EventArgs e)
{
   username = name.Text;                           //获取用户输出的信息
   userps = ps.Text;
   useryan = yan.Text;
   if (!this.n_check())                            //逐个方法进行判断
   {
      if (!this.yan_check())
      {
         this.u_check();
      }
   }
}
public Boolean n_check()
{
    if (username == "" && userps == "")
    {
       Response.Write("<script>alert('用户名和密码不能为空！')
       </script>");
       ncheck = true;
    }
    else if (username == "" || userps == "")
    {
       Response.Write("<script>alert('用户名或密码不能为空！')
       </script>");
       ncheck = true;
    }
    return ncheck;
}
public Boolean yan_check()
{
    if (!useryan.Equals(Session["yan"].ToString()))
    {
       Response.Write("<script>alert('验证码错误！')</script>");
       yancheck = true;
    }
    return yancheck;
}
public Boolean u_check()
{
    ToDB tdb = new ToDB();
    string sql = "SELECT * FROM userinfo WHERE (name = '" + username
    + "')";
    SqlDataReader dr = tdb.read(sql);
    if (dr.Read())
    {
       if (dr["ps"].ToString()!= userps)
       {
```

```
                Response.Write("<script>alert('用户密码错误！')</script>");
                dbcheck = true;
            }
            else
            {
                Response.Redirect("index.aspx");
            }
        }
        else
        {
            Response.Write("<script>alert('无此用户！')</script>");
            dbcheck = true;
        }
        return dbcheck;
    }
}
```

第 8 单元

练习 8-1　自定义数据库连接控件

通过自定义控件，用户可以将自己设计的用户界面和其他功能都封装到可复用的包中，并编译成服务器端控件。下面通过定义一个数据库连接控件，将连接数据库的功能封闭到一个控件中，用户在连接数据库或者对数据库进行操作时，只需定义数据库连接类型以及进行操作 SQL 语句。

1 执行【文件】|【新建项目】命令，并在弹出的【新建项目】对话框中，选择 Web 模板。然后，再选择【ASP.NET 服务器控件】选项，并修改【名称】为 DbMp，单击【确定】按钮，如图 8-1 所示。

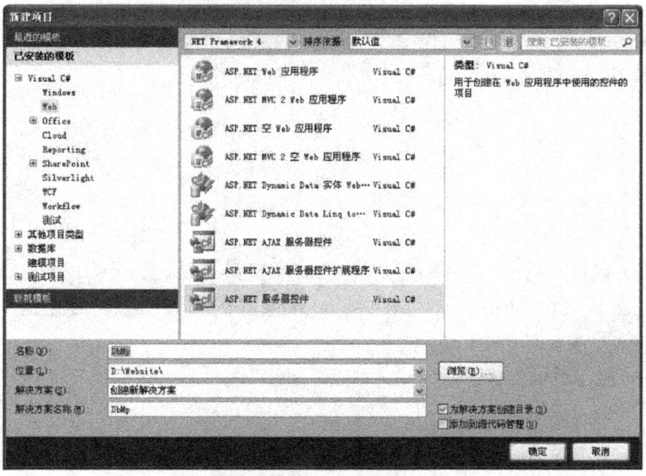

图 8-1　创建服务器控件

2 在【解决方案资源管理器】中，右击【ServerControl1.cs】目录选项，并修改为【DbMp.cs】名称，如图 8-2 所示。

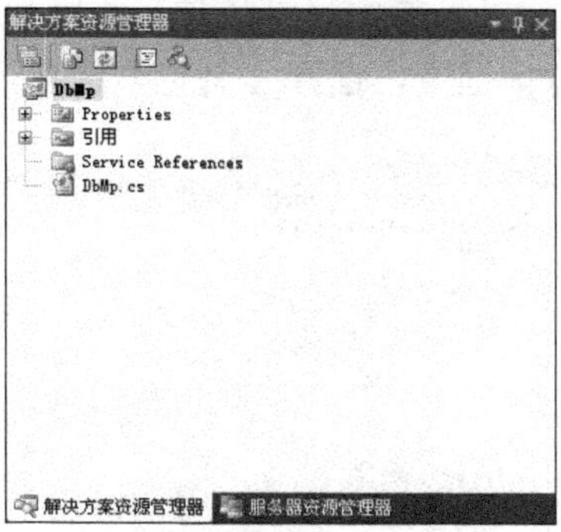

图 8-2 修改控件的文件名

3 双击 DbMp.cs 文件，并在编辑器中编写进行数据库连接的代码。详细代码如下：

```
using System;
using System.Collections.Generic;
using System.ComponentModel;
using System.Linq;
using System.Text;
using System.Web;
using System.Web.UI;
using System.Web.UI.WebControls;
using System.Data.SqlClient;
    public class DbMp : WebControl
    {
        SqlConnection con = null;
        SqlDataReader tr = null;
        public SqlConnection ToDB(string dbpath)          //创建数据库连接
        {
            con = new SqlConnection(dbpath);
            return con;
        }
        public SqlDataReader dbmp(string sql)             //读取数据集
        {
            con.Open();
            SqlCommand cmd = new SqlCommand(sql, con);
            tr = cmd.ExecuteReader();
            return tr;
        }
    }
```

4 执行【生成】|【生成 DbMp】命令，并将该控件生成控件，如图 8-3 所示。

5 创建 Todbdata Web 项目，并添加 Default.aspx 窗体页，如图 8-4 所示。

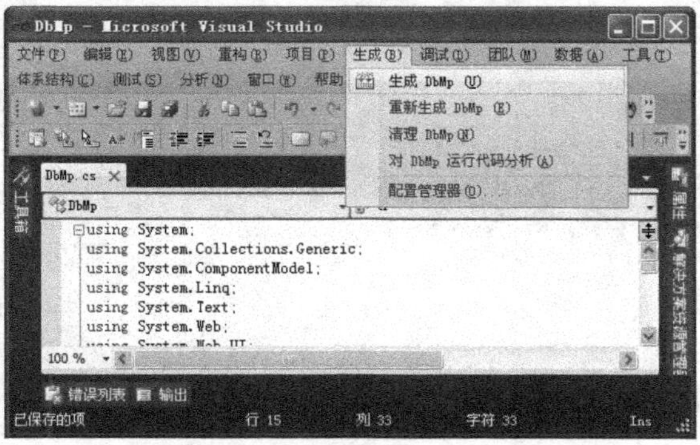
图 8-3 生成控件

图 8-4 创建 Web 项目

6 右击目录选项，并执行【添加引用】命令，如图 8-5 所示。在弹出的【添加引用】对话框中，选择【浏览】选项，并选择已经创建的 DbMp.dll 控件，如图 8-6 所示。

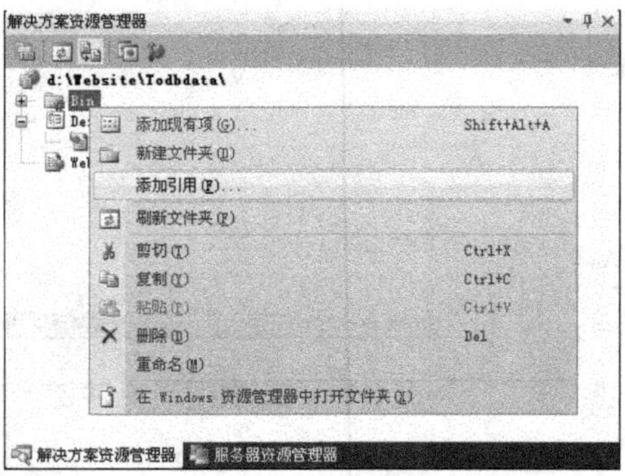

图 8-5　添加引用

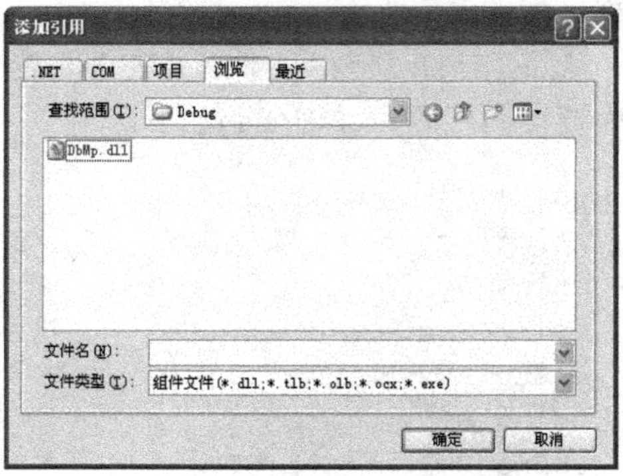

图 8-6　选择自定义控件

7 双击【Default.aspx.cs】代码文件，并在编辑器中添加连接数据，以及显示数据库内容的代码。

```
using System;
using System.Collections.Generic;
using System.Linq;
using System.Web;
using System.Web.UI;
using System.Web.UI.WebControls;
using System.Data.SqlClient;
public partial class _Default : System.Web.UI.Page
{
    protected void Page_Load(object sender, EventArgs e)
    {
        //定义变量，如实例化控件中的类、连接数据类型、SQL 查询语句
        DbMp db = new DbMp();
        string dbpath = "Data Source=WHF;Initial Catalog=tushu;Integrated
        Security=True";
        string sql = "SELECT * FROM tushu";
         //连接数据
        db.ToDB(dbpath);
         //获取数据集
        SqlDataReader dr=db.dbmp(sql);
        if (dr.Read())
        {
            Response.Write("*******------图书名称-----**********---价格
            ---*******---作者---**************  ");
            Response.Write("</br>");
            while (dr.Read())
            {
                //label1.Text = dr["Title"].ToString();
                if (dr["Title"].ToString().Length > 13)
```

```
                {
                    string tt = dr["Title"].ToString();
                  Response.Write(tt.Substring(0, 13)+"........");
                }
                else
                {
                    string kg = "";
                    int lt=dr["Title"].ToString().Length;
                    for (int i =0; i <= (16-lt)*3.5; i++)
                    {
                        kg = kg + " ";
                    }
                        Response.Write(dr["Title"].ToString()+kg);
                }
                Response.Write("      
                "+"|"+"     ");
                Response.Write("￥"+dr["ListPrice"].ToString());
                Response.Write("      " +
                "|" + "     ");
                Response.Write(dr["Authors"].ToString());
                Response.Write("</br>");
                Response.Write("------------------------------------");
                Response.Write("</br>");
            }
        }
        else
        {
            Response.Write ("没有数据！");
        }
    }
}
```


8 单击【启动调试】按钮，可以浏览数据库中的信息，如图 8-7 所示。在该网页中，所有显示数据，通过代码文件来实现。

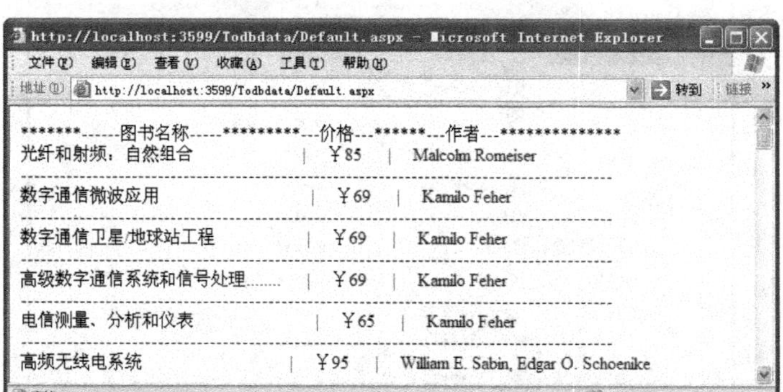

图 8-7 显示数据库内容

练习 8-2　树型列表用户控件

Web 用户控件在网站开发过程中比较常用，用户可以根据应用程序的需要使用与编写。例如，可以将经常使用的用户注册、用户登录、后台管理列表、产品的展示等一些常用的功能模块开发成用户控件。这样，无论用户开发什么样的网站，只需要这些功能，就可以直接将控件加载到相关页面。

1 执行【文件】|【新建网站】命令，并在弹出的【新建网站】对话框中，选择【Visual C#】模板，再选择【ASP.NET 空网站】选项，并修改【Web 位置】为“D:\Website\list”，单击【确定】按钮，如图 8-8 所示。

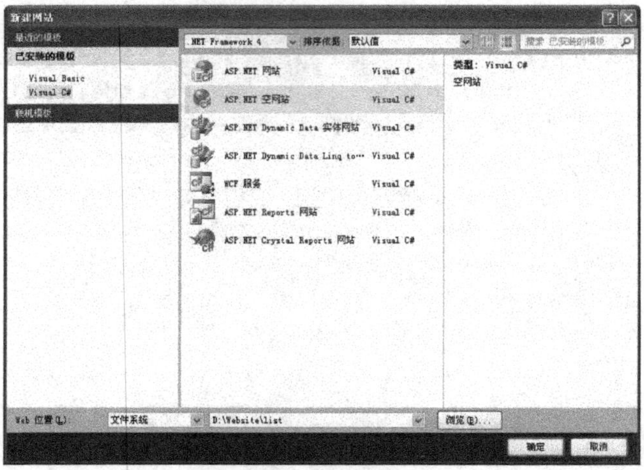

图 8-8　创建空网站

2 右击【解决方案资源管理器】中的目录选项，并执行【添加新项】命令。然后，在弹出的【添加新项】对话框中，选择【Visual C#】模板，并选择【Web 窗体】选项，单击【添加】按钮，如图 8-9 所示。

图 8-9　添加窗体项

3 右击【解决方案资源管理器】中的目录选项，并执行【添加新项】命令。在弹出的【添加新项】对话框中，选择【Visual C#】模板，并选择【Web 用户控件】选项，单击【添加】按钮，如图 8-10 所示。

图 8-10　添加用户控件项

4 双击【list.ascx.cs】代码文件，在该文件中编写用于连接数据库和显示数据表中内容。然后，将这些内容按照数据表中定义的级别结构显示，详细代码如下。

```
using System;
using System.Collections.Generic;
using System.Linq;
using System.Web;
using System.Web.UI;
using System.Web.UI.WebControls;
using System.Data.SqlClient;
public partial class WebUserControl : System.Web.UI.UserControl
{
    protected void Page_Load(object sender, EventArgs e)
    {
    }
    SqlConnection con=null;
    SqlDataReader dr = null,dr2=null,dr3=null;
    Boolean ToDB_check=false;
     //连接数据库
    public Boolean ToDB()
    {
    con = new SqlConnection("Data Source=WHF;Initial Catalog=list;
    Integrated Security=True");
        ToDB_check=true;
```

```
        return ToDB_check;
    }
    //获取数据集
    public SqlDataReader Reader(string sql)
    {
        con.Open();
        SqlCommand cmd = new SqlCommand(sql, con);
        dr=cmd.ExecuteReader();
        return dr;
    }
    //输出一级目录内容
    public void show_data()
    {
        string sql = "SELECT * FROM list where show='1' and Paren='0' ";
        if (ToDB())
        {
            dr2 = Reader(sql);
            int i = 1;
            while (dr2.Read())
            {
                Response.Write("<img src='images/lin.gif'><a href=
                '#'style='font-weight:bold;'>");
                Response.Write(dr2["name"].ToString());
                Response.Write("</a></img>");
                Response.Write("</br>");
                Response.Write("<div id='nr" + i + "'>"+nr(dr2["id"].
                ToString())+"</div>");
                i++;
            }
        }
        else
        {
            Response.Write("数据库连接有误！");
        }
        con.Close();
    }
    //输出二级目录内容
    public string nr(string id)
    {
      string sql = "SELECT * FROM list where show='1' and Paren='" + id +
      "'order by id";
        string nra = "";
        if (ToDB())
        {
            dr3=Reader(sql);
            while (dr3.Read())
            {
                nra="<img src='images/lin2.gif'><a href='#'>"+dr3
```

```
                ["name"].ToString()+"</a></img></br>"+nra;
            }
        }
        return nra;
    }
}
```

5 再双击【list.ascx】控件文件，并在该文件中定义显示的列表框，以及数据库内容的样式，详细代码如下。

```
<%@ Control Language="C#" AutoEventWireup="true" CodeFile="list.ascx.cs"
Inherits="WebUserControl" %>
    <style  type="text/css"  runat="server">
        #wb
        {
           border-width:0px;
           background-image:url(images/bg.gif);
           border-style:solid;
           width:200px;
           height:300px;
        }
        #wb#nb
        {
            width:196px;
            height:296px;
            margin-bottom:2px;
            margin-left:2px;
            margin-right:2px;
            background-color:White;
            font-size:14px;
            padding:5px;
            padding-left:15px;
            font-family:宋体;
        }
        a:link /* 未访问的链接 */
        {
            color:#000000;
            text-decoration:none;
        }
        a:visited  /* 已访问的链接 */
        {
            color: #000000;
            text-decoration:none;
        }
        a:hover /* 鼠标移动到链接上 */
        {
            color: #bc054e;
            text-decoration:none;
```

```
            }
            a:active /* 选定的链接 */
            {
                color: #0000FF;
                text-decoration:none;
            }
          #wb#title
          {
              width:200px;
              height:26px;
              text-align:center;
              background-color:#17b6f3;
              padding-top:5px;
              font-family:新宋体;
              font-size:16px;
          }
    </style>
<div id="wb">
    <div id="title">信息管理列表</div>
    <div id="nb">
    <% this.show_data(); %>
    </div>
</div>
```


6 双击【Default.aspx】文件，并在该文件中修改代码，以及添加引用控件的代码。

```
<%@ Page Language="C#" AutoEventWireup="true" CodeFile="Default.aspx.cs"
Inherits="_Default" %>
<%@ Register TagPrefix="cc" TagName="list" Src="~/list.ascx" %>
<!DOCTYPE html PUBLIC "-//W3C//DTD XHTML 1.0 Transitional//EN"
"http://www.w3.org/TR/xhtml1/DTD/xhtml1-transitional.dtd">
<html xmlns="http://www.w3.org/1999/
xhtml">
<head runat="server">
    <title></title>
</head>
<body>
    <div>
    <cc:list ID="list1" runat="server" />
    </div>
</body>
</html>
```

7 单击【启动调试】按钮，浏览该窗体页中所引用的用户控件。然后，通过数据表中内容的级别，显示树型结构，如图 8-11 所示。

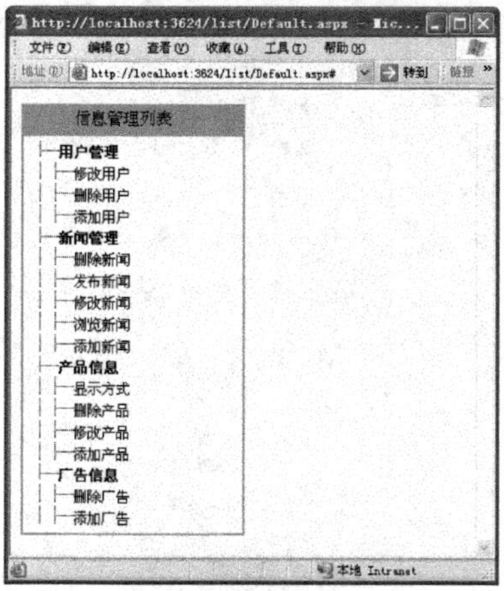

图 8-11　显示树型目录结构

第 9 单元

练习 9-1　实现分页效果

在 ASP.NET 中，用户不仅可以通过分页控件显示数据库内容，还可以通过绑定控件实现分页效果。下面的实例中，通过自己编写一个简单的代码，来实现数据分页的效果。虽然，代码并不是最优化效果，但对初学者还是比较容易理解的。

1 创建 paging 站点，右击【解决方案资源管理器】中的目录选项，并执行【添加新项】命令。在弹出的【添加新项】对话框中，选择【Visual C#】模板，并选择【Web 窗体】选项，单击【添加】按钮，如图 9-1 所示。

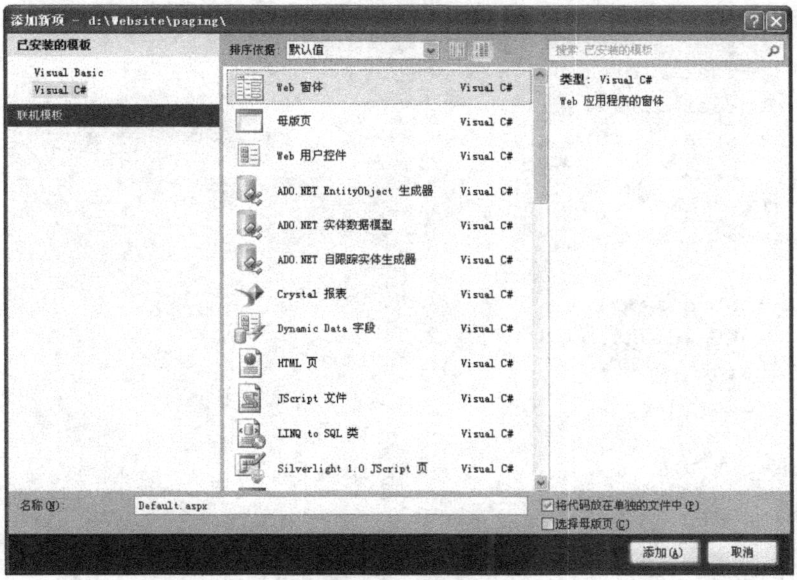

图 9-1　添加窗体

2 再左击目录，执行【新建文件夹】命令，并修改文件夹的名称为 images，如图 9-2 所示。

3 双击 Default.aspx 文件，并在编辑器中，编写显示数据内容的样式格式，如下代码所示。

```
<%@ Page Language="C#" AutoEventWireup=
"true" CodeFile="Default.aspx.cs"
Inherits="paging" %>
<!DOCTYPE html PUBLIC "-//W3C//DTD XHTML
1.0 Transitional//EN" "http://www.
w3.org/TR/xhtml1/DTD/xhtml1-transition
al.dtd">
```

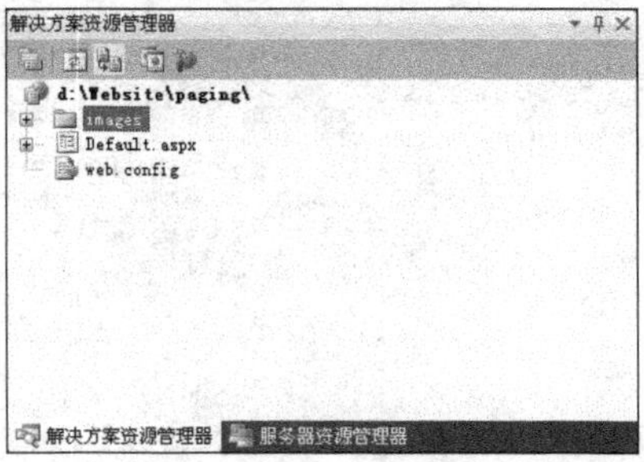

图 9-2　添加文件夹

```
<html xmlns="http://www.w3.org/1999/xhtml">
<head runat="server">
    <title></title>
    <!-- 添加CSS样式内容-->
    <style type="text/css">
    #wb{ width:600px;}
    #table
    {
       border-color:#6f7cda;
       border-width:2px;
       border-style:solid;
       margin:0px;
       width:600px;
    }
    td
    {
       border-color:#bbd1e9;
       border-width:1px;
       border-style:solid;
       text-align:center;
    }
    #td1
    {

       font-size:14px;
       font-weight:bold;
       height:20px;
       padding:0px;
     }
     #td2
     {

       font-size:12px;
       height:20px;
       padding:0px;
     }
     #ti
     {
        border-color:#6f7cda;
        border-left-width:2px;
        border-top-width:2px;
        border-right-width:2px;
        border-bottom-width:1px;
        border-style:solid;
        height:30px;
        background-color:#d5daff;
        padding-top:5px;
        padding-left:5px;
```

```
        font-size:14px;
        font-weight:bold;
        font-family:华文细黑;
      }
      #end
      {
         border-color:#6f7cda;
        border-left-width:2px;
        border-top-width:1px;
        border-right-width:2px;
        border-bottom-width:2px;
        border-style:solid;
        height:30px;
        background-color:#d5daff;
        padding-top:5px;
        font-size:14px;
        text-align:center;
      }
    </style>
</head>
<body>
    <form id="form1" runat="server">
    <div id="wb">
        <div id="ti"><img src="images/biao.gif" width="12px" height=
        "12px" alt="图书信息"/>   图书信息</div>
        <!--显示数据信息-->
        <table id="table">
            <tr id="td1"><td>图书名称</td><td>价格</td><td>作者</td></tr>
            <% this.show_page();%>
        </table>
        <!--添加分页的信息内容 -->
        <div id="end"><%this.end(); %></div>
    </div>
    </form>
</body>
</html>
```

4 再双击 Default.aspx.cs 代码文件，在编辑器中，编写分页及提取数据信息的代码。在该代码中，先定义需要用的变量及对象内容，用户也可以边使用边定义变量。然后，用户再分别创建不同的方法，用于实现相应的功能，如连接数据、获取数据集、显示数据内容、计算总记录数等。

```
using System;
using System.Collections.Generic;
using System.Linq;
using System.Web;
using System.Web.UI;
```

```
using System.Web.UI.WebControls;
using System.Data.SqlClient;
public partial class paging : System.Web.UI.Page
{
    //对象及变量定义
    SqlConnection con = null;
    SqlDataReader dr = null, dr1 = null, dr2 = null;
    int page_t = 10;
    int page_c;
    int page_y;
    int page_start = 1;
    protected void Page_Load(object sender, EventArgs e)
    {
    }
    //连接数据库
    public SqlConnection ToDB()
    {
   con = new SqlConnection("Data Source=WHF;Initial Catalog=tushu;
   Integrated Security=True");
        return con;
    }
    //获取数据集
    public SqlDataReader read(string sql)
    {
        SqlCommand cmd = new SqlCommand(sql, con);
        dr = cmd.ExecuteReader();
        return dr;
    }
    //计算总数据记录数
    public int count()
    {
       this.ToDB();
        con.Open();
        int page_count=1;
        SqlCommand cmd = new SqlCommand("select * from tushu", con);
        dr2=cmd.ExecuteReader();
        while(dr2.Read())
        {
            page_count++;
        }
        page_count--;
        con.Close();
        return page_count;
    }
    //计算需要显示的页数
    public int page_ye()
    {
        page_c = count();
```

```
        int page_my = page_c / page_t;
        if (page_c % page_t != 0)
        {
            page_my = page_my + 1;
        }
        return page_my;
    }
    //当前显示的页数
    public int start()
    {
        string page_i = Request.QueryString["page_i"];
        if (page_i == null) { page_i = "1"; }
        page_start = page_t*(int.Parse(page_i) - 1);
        return page_start;
    }
    //显示数据内容
    public void show_page()
    {
        string sql = "select top " + page_t + "*  from  tushu WHERE  ID   not
        in(select   top " + start() + " ID   FROM tushu order by id asc)  order
        by id asc";
        this.ToDB();
        con.Open();
        dr1 = this.read(sql);
        while (dr1.Read())
        {
            Response.Write("<tr id='td2'><td>" + dr1["Title"].ToString() +
            "</td><td>" + dr1["ListPrice"].ToString() + "</td><td>" +
            dr1["Authors"].ToString() + "</td></tr>");
        }
    }
    //显示分页内容
    public void end()
    {
        page_y = page_ye();
        for (int i = 1; i <= page_y; i++)
        {
            Response.Write("<a href='default.aspx?page_i=" + i + "'><img
            src='images/d" + i + ".gif' alt='第" + i + "页' border=
            '0'/></a>  ");
        }
       Response.Write("共计：" + count() + "条   共计：" + page_y + "页");
    }
}
```

5 单击工具栏中的【启动调试】按钮，显示数据内容，并且显示当前记录条数和页数内容，如图 9-3 所示。

图 9-3　显示分页效果

练习 9-2　设计展示模块

在前面的实例中，已经通过列表的方式显示过数据内容，如实现分页效果。列表方式是通过一条记录一条记录的显示数据表中的记录，而在众多网站中需要分块显示数据内容，如产品信息等。

1 创建 Product 站点，右击【解决方案资源管理器】中的目录选项，并执行【添加新项】命令。在弹出的【添加新项】对话框中，选择 Visual C#模板，并选择【Web 窗体】选项，单击【添加】按钮。

2 再左击目录，并执行【新建文件夹】命令，分别创建 images 文件夹和 pic 文件夹，如图 9-4 所示。显示 images 文件夹用来存放网页中所使用的图片，而 pic 文件夹存放数据中所需要的图片。

图 9-4　创建文件夹

3 双击 Default.aspx 文件，在编辑器中，编写显示数据内容的样式格式，如下代码所示。

```
<%@ Page Language="C#" AutoEventWireup="true" CodeFile="Default.aspx.cs"
Inherits="_Default" %>
<!DOCTYPE html PUBLIC "-//W3C//DTD XHTML 1.0 Transitional//EN"
"http://www.w3.org/TR/xhtml1/DTD/xhtml1-transitional.dtd">
<html xmlns="http://www.w3.org/1999/xhtml">
<head runat="server">
    <title></title>
     <link href="StyleSheet.css" rel="stylesheet" type="text/css"/>
</head>
<body>
```

```
    <form id="form1" runat="server">
    <div id="biankuan">
        <div id="show"><img src="images/t_p.gif" />图书信息</div>
        <div id="snr">
            <div id="pic"><asp:Image ID="Image1" runat="server" /></div>
            <div id="nr">
                 <table>
                     <tr><td>图书名称：</td><td>
                     <asp:Label ID="name" runat="server" Text="Label"></asp:
                     Label></td></tr>
                     <tr><td>作       者：</td><td>
                 <asp:Label ID="Authors" runat="server" Text="Label">
                 </asp:Label></td></tr>
                     <tr><td>出版时间：</td><td>
                <asp:Label ID="PubYear" runat="server" Text="Label">
                </asp:Label></td></tr>
                     <tr><td>零       售：</td><td>
                 <asp:Label ID="ListPrice" runat="server" Text="Label">
                 </asp:Label></td></tr>
                     <tr><td>优惠价格：</td><td>
                       <asp:Label ID="yh" runat="server" Text="Label">
                       </asp:Label></td></tr>
                     <tr><td>库 存 量：</td><td>
                     <asp:Label ID="cl" runat="server" Text="Label">
                     </asp:Label></td></tr>
<tr><td>现在订购：</td><td><a href="#"><img src="images/gm.gif"
border='0'/></a></td></tr>
                </table>
           </div>
           <div id="fk">
                <div id="fk_t">
                <div style=" text-align:left; font-weight:bold; float:
                left;">内容简介：</div><div style=" color:Red;
                text-align:right;"><a href="#">...更多</a></div></div>
                <div style=" font-size:12px; padding-top:1px;"><asp:Label
                ID="jianjie" runat="server" Text="Label"></asp:Label></div>
          </div>
        </div>
        <div id="snr">
            <div id="pic"><asp:Image ID="Image2" runat="server" /></div>
            <div id="nr">
                <table>
                    <tr><td>图书名称：</td><td>
                   <asp:Label ID="name1" runat="server" Text="Label">
                   </asp:Label></td></tr>
                    <tr><td>作       者：</td><td>
                <asp:Label ID="Authors1" runat="server" Text="Label">
                </asp:Label></td></tr>
```

```
            <tr><td>出版时间：</td><td>
    <asp:Label ID="PubYear1" runat="server" Text="Label">
    </asp:Label></td></tr>
            <tr><td>零       售：</td><td>
      <asp:Label ID="ListPrice1" runat="server" Text="Label">
      </asp:Label></td></tr>
            <tr><td>优惠价格：</td><td>
       <asp:Label ID="yh1" runat="server" Text="Label">
       </asp:Label></td></tr>
            <tr><td>库 存 量：</td><td>
      <asp:Label ID="cl1" runat="server" Text="Label">
      </asp:Label></td></tr>
            <tr><td>现在订购：</td><td><a href="#"><img src="images/
            gm.gif"  border='0'/></a></td></tr></table>
    </div>
    <div id="fk">
       <div id="fk_t">
       <div style=" text-align:left; font-weight:bold; float:
       left;">内容简介：</div><div style=" color:Red; text-
       align:right;"><a href="#">...更多</a></div></div><div
       style=" font-size:12px;padding-top:1px;"><asp:Label ID=
       "jianjie1" runat="server" Text="Label"></asp:Label></div>
  </div>
</div>
<div id="snr">
    <div id="pic"><asp:Image ID="Image3" runat="server" /></div>
     <div id="nr">
         <table>
            <tr><td>图书名称：</td><td>
      <asp:Label ID="name2" runat="server" Text="Label">
      </asp:Label></td></tr>
            <tr><td>作       者：</td><td>
      <asp:Label ID="Authors2" runat="server" Text="Label">
      </asp:Label></td></tr>
            <tr><td>出版时间：</td><td>
      <asp:Label ID="PubYear2" runat="server" Text="Label">
      </asp:Label></td></tr>
            <tr><td>零       售：</td><td>
      <asp:Label ID="ListPrice2" runat="server" Text="Label">
      </asp:Label></td></tr>
            <tr><td>优惠价格：</td><td>
     <asp:Label ID="yh2" runat="server" Text="Label">
     </asp:Label></td></tr>
            <tr><td>库 存 量：</td><td>
      <asp:Label ID="cl2" runat="server" Text="Label">
      </asp:Label></td></tr>
            <tr><td>现在订购：</td><td><a href="#"><img src=
            "images/gm.gif"  border='0'/></a></td></tr></table>
```

```
        </div>
        <div id="fk">
            <div id="fk_t">
            <div style=" text-align:left; font-weight:bold; float:left;
            ">内容简介：</div><div style=" color:Red; text-align:
            right;"><a href="#">...更多</a></div></div>
            <div style=" font-size:12px;padding-top:1px;"><asp:Label
            ID="jianjie2" runat="server" Text="Label"></asp:Label></div>
       </div>
     </div>
     <div id="snr">
        <div id="pic"><asp:Image ID="Image4" runat="server" /></div>
         <div id="nr">
            <table>
                <tr><td>图书名称：</td><td>
             <asp:Label ID="name3" runat="server" Text="Label">
             </asp:Label></td></tr>
                <tr><td>作       者：</td><td>
            <asp:Label ID="Authors3" runat="server" Text="Label">
            </asp:Label></td></tr>
                <tr><td>出版时间：</td><td>
           <asp:Label ID="PubYear3" runat="server" Text="Label">
           </asp:Label></td></tr>
                <tr><td>零       售：</td><td>
           <asp:Label ID="ListPrice3" runat="server" Text="Label">
           </asp:Label></td></tr>
                <tr><td>优惠价格：</td><td>
              <asp:Label ID="yh3" runat="server" Text="Label">
              </asp:Label></td></tr>
                <tr><td>库 存 量：</td><td>
                 <asp:Label ID="cl3" runat="server" Text="Label">
              </asp:Label></td></tr>
                <tr><td>现在订购：</td><td><a href="#"><img src="images/
                gm.gif"  border='0'/></a></td></tr>
            </table>
        </div>
        <div id="fk">
            <div id="fk_t">
            <div style=" text-align:left; font-weight:bold; float:left;
            ">内容简介：</div><div style=" color:Red; text-align:right;
            "><a href="#">...更多</a></div></div>
            <div style=" font-size:12px;padding-top:1px;"><asp:Label
            ID="jianjie3" runat="server" Text="Label"></asp:Label></div>
       </div>
     </div>
  </div>
  </form>
</body>
</html>
```

4 在【解决方案资源管理器】中，右击目录选项，并执行【添加项】命令。在弹出的【添加项】中，选择 Visual C#模板中的【样式表】选项，并单击【添加】按钮，如图 9-5 所示。

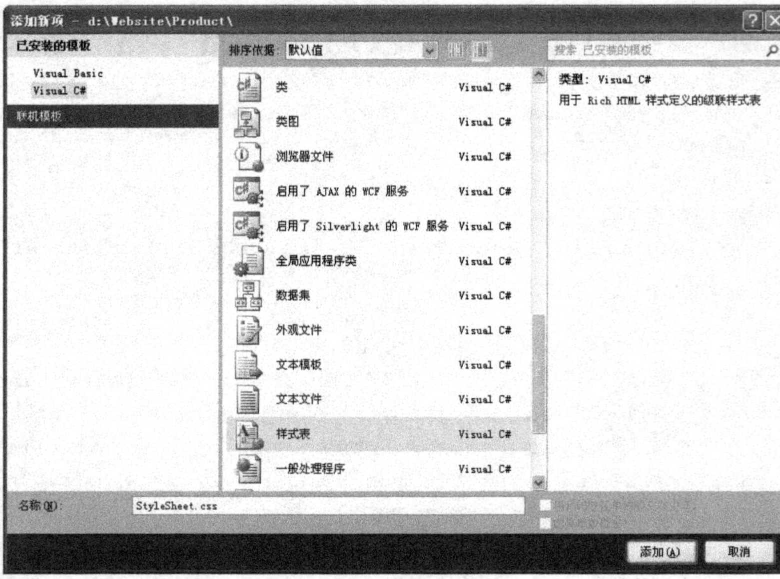

图 9-5　添加样式文件

5 双击 StyleSheet.css 文件，并在编辑器中，添加 Default.aspx 窗体页中所设计的内容样式，如图 9-6 所示。

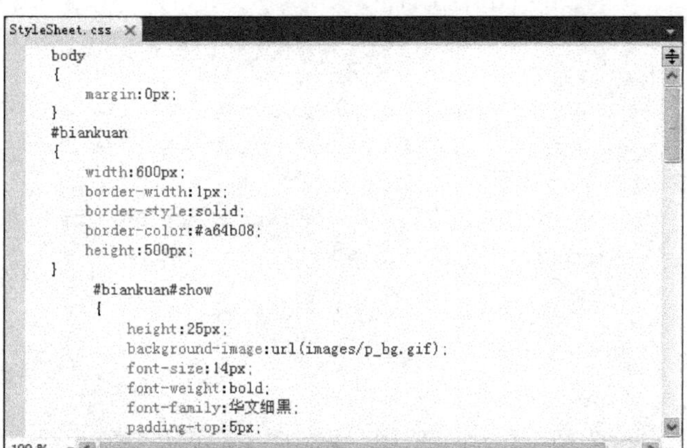

图 9-6　添加 CSS 样式代码

6 再双击 Default.aspx.cs 代码文件，在编辑器中，编写显示各块内容的代码。其中，通过 for 语句控件来显示的块内容，而 switch 语句控件来显示某块内容，详细的代码如下。

```
using System;
using System.Collections.Generic;
```

```
using System.Linq;
using System.Web;
using System.Web.UI;
using System.Web.UI.WebControls;
using System.Data.SqlClient;
public partial class _Default : System.Web.UI.Page
{
    SqlConnection con = null;
    SqlDataReader dr = null, dr2 = null;
    protected void Page_Load(object sender, EventArgs e)
    {
        this.p_show();
    }
    public SqlConnection ToDB()
    {
   con = new SqlConnection("Data Source=WHF;Initial Catalog=tushu;
   Integrated Security=True");
        return con;
    }
    public SqlDataReader read(string sql)
    {
        SqlCommand cmd = new SqlCommand(sql, con);
        dr = cmd.ExecuteReader();
        return dr;
    }
    public void p_show()
    {
        string sql = "select * from tushu ";
        this.ToDB();
        con.Open();
        dr2 = read(sql);
        for (int i = 1; i <= 4; i++)
        {
            dr2.Read();
            switch (i)
            {
                case 1:
                    Image1.ImageUrl = "pic/" + dr2["ISBN"].ToString() + ".jpg";
                    if (dr2["Title"].ToString().Length > 8)
                    {
                        name.Text = dr2["Title"].ToString().Substring(0, 7)
                        + "...";
                    }
                    else
                    {
                        name.Text = dr2["Title"].ToString();
                    }
                    Authors.Text = dr2["Authors"].ToString();
```

```
        PubYear.Text = dr2["PubYear"].ToString();
        ListPrice.Text ="￥"+dr2["ListPrice"].ToString()+"元";
      yh.Text= "￥"+(double.Parse(dr2["ListPrice"].
      ToString())*0.8).ToString()+"元";
        cl.Text = "123";
        if (dr2["jianjie"].ToString().Length > 90)
        {
            jianjie.Text = "     
               " + dr2["jianjie"].ToString().
            Substring(0, 88) + "...";
        }
        else
        {
            jianjie.Text = "     
               " + dr2["jianjie"].ToString();
        }
        break;
    case 2:
        Image2.ImageUrl = "pic/" + dr2["ISBN"].ToString() + ".jpg";
        if (dr2["Title"].ToString().Length > 8)
        {
            name1.Text = dr2["Title"].ToString().Substring(0,
            7)+"...";
        }
        else
        {
            name1.Text = dr2["Title"].ToString();
        }
        Authors1.Text = dr2["Authors"].ToString();
        PubYear1.Text = dr2["PubYear"].ToString();
        ListPrice1.Text ="￥"+dr2["ListPrice"].ToString()+"元";
      yh1.Text= "￥"+(double.Parse(dr2["ListPrice"].ToString())
      *0.8).ToString()+"元";
        cl1.Text = "85";
        if (dr2["jianjie"].ToString().Length > 90)
        {
            jianjie1.Text = "     
               " + dr2["jianjie"].ToString().
            Substring(0, 88) + "...";
        }
        else
        {
            jianjie1.Text = "     
               " + dr2["jianjie"].ToString();
        }
        break;
    case 3:
       Image3.ImageUrl = "pic/" + dr2["ISBN"].ToString() + ".jpg";
```

```
    if (dr2["Title"].ToString().Length > 8)
    {
        name2.Text = dr2["Title"].ToString().Substring(0,
        7) + "...";
    }
    else
    {
        name2.Text = dr2["Title"].ToString();
    }
    Authors2.Text = dr2["Authors"].ToString();
    PubYear2.Text = dr2["PubYear"].ToString();
   ListPrice2.Text ="￥"+dr2["ListPrice"].ToString()+"元";
yh2.Text= "￥"+(double.Parse(dr2["ListPrice"].ToString())
*0.8).ToString()+"元";
    cl2.Text = "142";
    if (dr2["jianjie"].ToString().Length > 90)
    {
        jianjie2.Text = "     
           " + dr2["jianjie"].ToString().
        Substring(0, 88) + "...";
    }
    else
    {
        jianjie2.Text = "     
           " + dr2["jianjie"].ToString();
    }
    break;
case 4:
    Image4.ImageUrl = "pic/" + dr2["ISBN"].ToString() + ".jpg";
    if (dr2["Title"].ToString().Length > 8)
    {
        name3.Text = dr2["Title"].ToString().Substring
        (0,7)+"...";
    }
    else
    {
        name3.Text = dr2["Title"].ToString();
    }
    Authors3.Text = dr2["Authors"].ToString();
    PubYear3.Text = dr2["PubYear"].ToString();
   ListPrice3.Text ="￥"+dr2["ListPrice"].ToString()+"元";
yh3.Text= "￥"+(double.Parse(dr2["ListPrice"].ToString())
*0.8).ToString()+"元";
    cl3.Text = "230";
    if (dr2["jianjie"].ToString().Length > 90)
    {
        jianjie3.Text = "     
           " + dr2["jianjie"].ToString().
```

```
                    Substring(0, 88) + "...";
                }
                else
                {
                    jianjie3.Text = "     
                       " + dr2["jianjie"].ToString();
                }
                break;
            }
        }
    }
}
```

7 单击工具栏中的【启动调试】按钮，可以显示各块的数据。这样，可以实现同时显示 4 本图书的信息，并且可以再添加分页功能，实现更好的效果，如图 9-7 所示。

图 9-7 分块显示图书信息

第 10 单元

练习 10-1 添加 FormView 控件

在前面的章节内容中，已经详细介绍了添加 GridView 和 DataList 等绑定控件的应用。而在 ASP.NET 中，除这两个控件以外，还包含有其他的绑定控件。用户也可以通过其他的控件，来显示数据库中的数据。

1 创建 BoundControl 站点，并添加 Default.aspx 窗体文件，如图 10-1 所示。

2 打开 Default.aspx 文件的【设计】视图，并选择工具箱【数据】组中的 ForaView 控件，拖至 div 标签中，如图 10-2 所示。

3 在【FormView 任务】框中，单击【选择数据源】后面的列表，并选择【<新建数据源...>】选项，如图 10-3 所示。

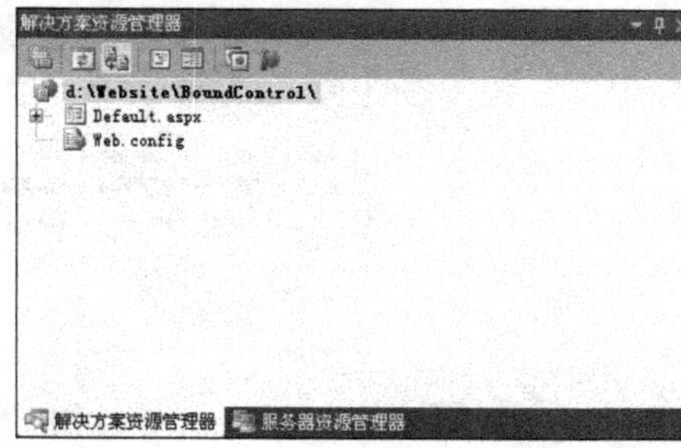

图 10-1 创建站点

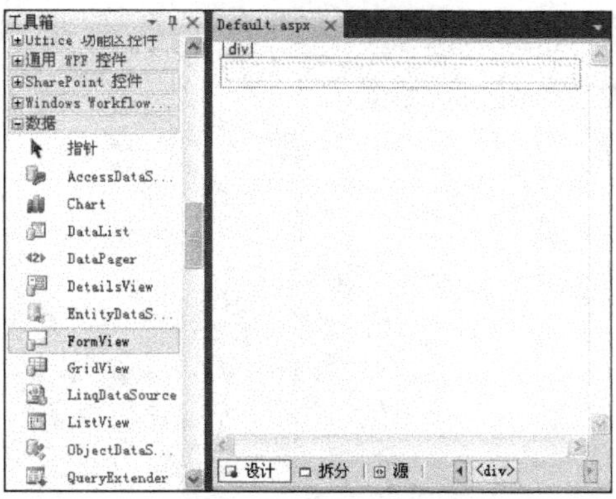

图 10-2 添加控件

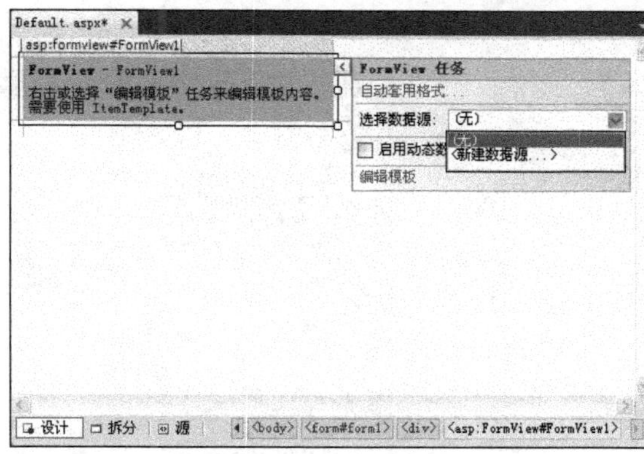

图 10-3 添加数据源

4 在【数据源配置向导】对话框中，选择【SQL 数据库】图标，并自动创建数据源 ID 名称，如图 10-4 所示。

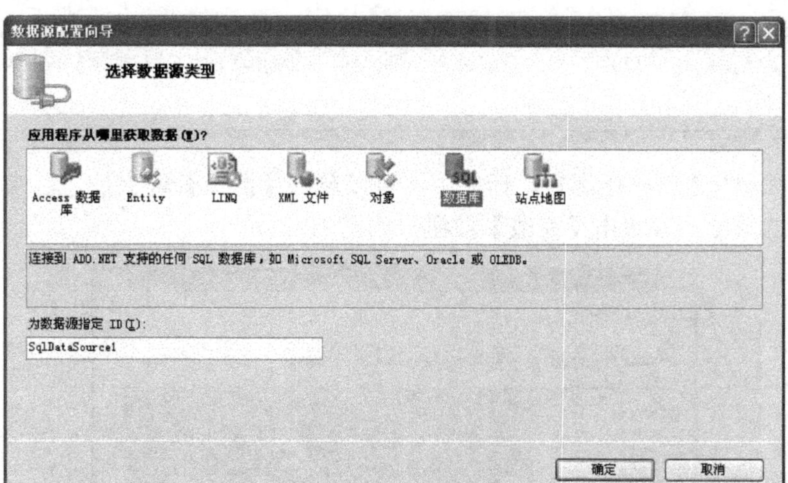

图 10-4 选择数据类型

5 单击【确定】按钮，在弹出的【配置数据源】对话框中，选择已经创建的数据连接项，并单击【下一步】按钮，如图 10-5 所示。

图 10-5 添加连接选项

6 在弹出的【配置 Select 语句】对话框中，可以指定表或视图的列（字段），单击【下一步】按钮，如图 10-6 所示。

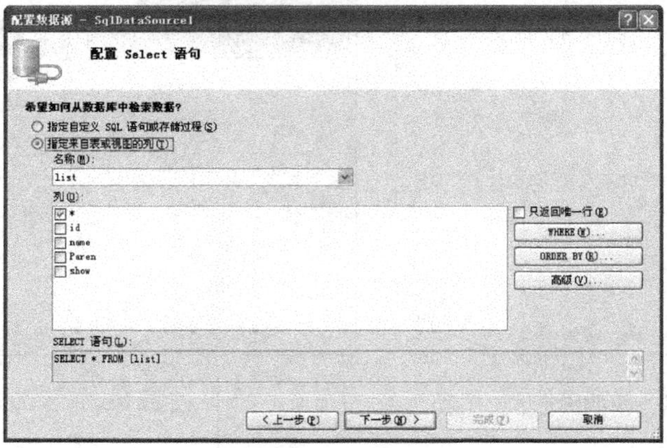

图 10-6 添加列内容

提 示

在该对话框中，用户还可以分别单击 WHERE、ORDER BY 和【高级】按钮来限制显示的数据内容。

7 在弹出的【测试查询】对话框中，可以单击【测试查询】按钮，来查看在页面中所要显示的数据，并单击【完成】按钮，如图 10-7 所示。

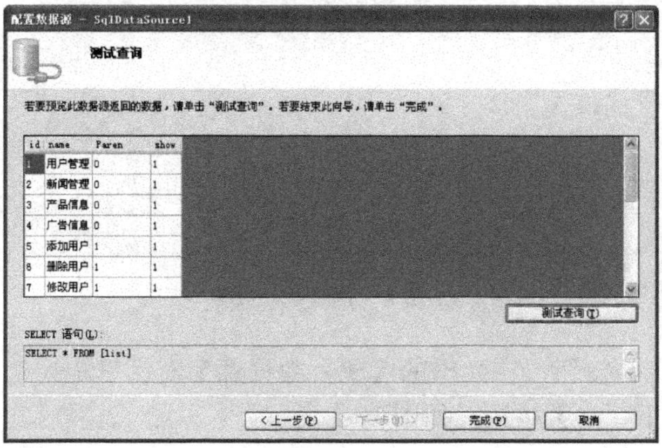

图 10-7 显示连接的数据

8 在【FormView 任务】框中，启用【启用分页】复选框，并在数据绑定的项下面显示分页结果，如图 10-8 所示。

图 10-8　添加分页功能

9 选择【源】设计模式，并修改 id、name、Paren、show 等字段名为中文名称，如图 10-9 所示。

10 单击【启动调试】按钮，并通过浏览器查看所显示的数据信息，如图 10-10 所示。在显示的内容中，可以看到添加分页后，则每条记录将为一页内容进行显示。

图 10-9　修改字段列名称

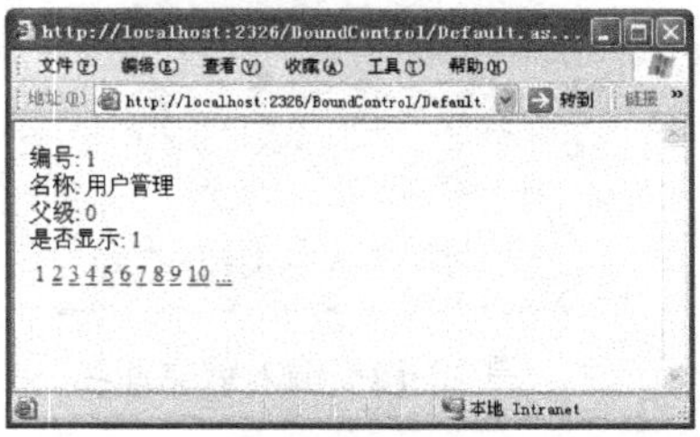

图 10-10　显示数据内容

练习 10-2　通过资源管理器创建数据库

“服务器资源管理器”和“数据库资源管理器”都是 Visual Studio 的服务器管理控制台。使用此窗口可打开数据连接，登录服务器，浏览它们的系统服务。

使用“服务器资源管理器”可以查看和检索连接到的所有数据库中的信息，如列出数据库表可、视图、存储过程和函数，展开各个表可以列出它们的列和触发器，右击一个表可以从其快捷菜单执行操作等。

下面就通过“服务器资源管理器”来创建数据库，并添加数据内容。

1 在项目文件中，可以右键单击【服务器资源管理器】中的【数据连接】选项，并执行【创建新 SQL Server 数据库...】选项，如图 10-11 所示。

2 在弹出的【创建新的 SQL Server 数据库】对话框中，单击【服务器名】下拉列表框，并选择 WHF 服务器，如图 10-12 所示。

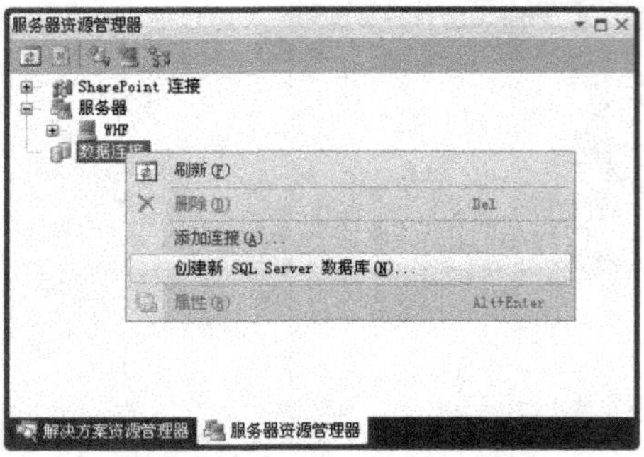

图 10-11　创建数据库

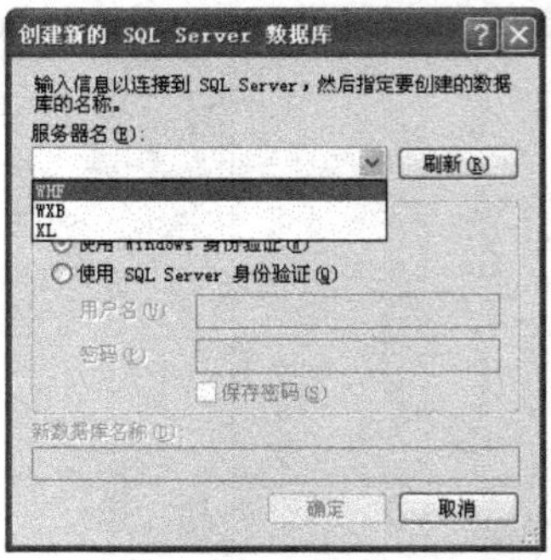

图 10-12　选择服务器

3 再在【新数据库名称】对话框中，输入数据库名称，如 user，单击【确定】按钮，如图 10-13 所示。

4 展开所创建的数据库，如 whf.user.dbo 选项，并右击【表】选项，执行【添加新表】命令，如图 10-14 所示。

图 10-13　输入数据库名

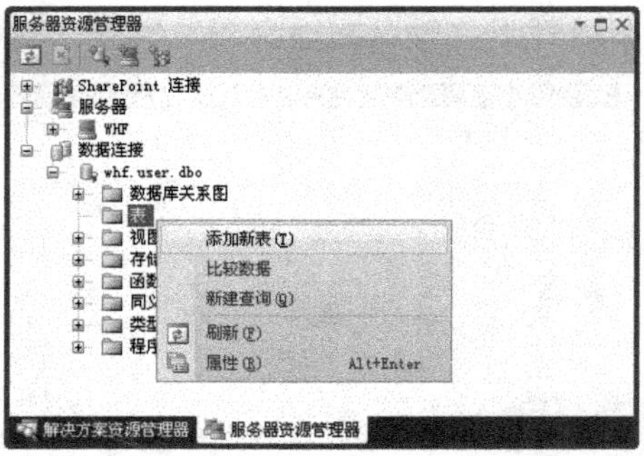

图 10-14　添加数据表

5 此时，在编辑器区域，将打开【dbo.Table1:表 (whf.user)】选项卡，并显示数据表的设计视图方式，如图 10-15 所示。

6 在数据表设计视图中，输入数据表的字段内容，并设置字段类型，如图 10-16 所示。

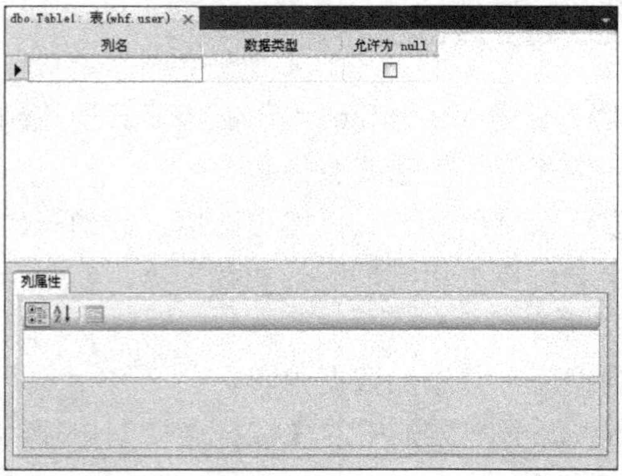

图 10-15　数据表设计视图

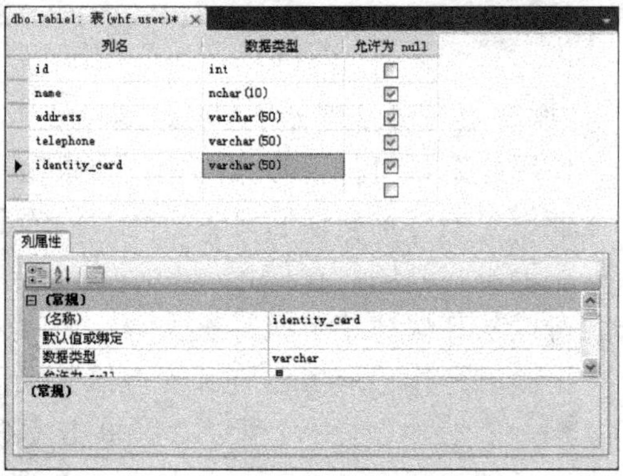

图 10-16　输入字段内容

7 单击工具栏中的【保存】按钮，并在弹出的【选择名称】对话框中，输入出数据表的名称，如 userinfo 名称，单击【确定】按钮，如图 10-17 所示。

8 现在在【服务器资源管理器】的【表】选项中，将显示已经创建的数据表，并且可以展开 userinfo 数据表，查看该表的字段内容，如图 10-18 所示。

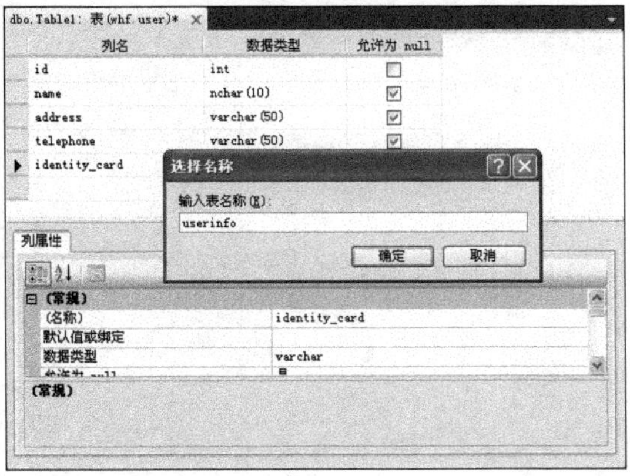

图 10-17　输入数据表名称

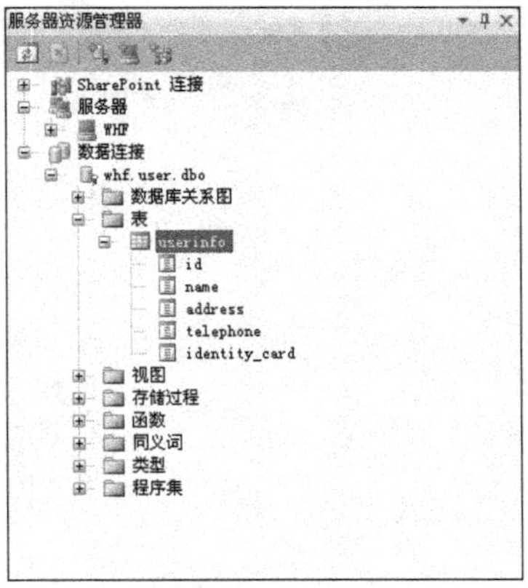

图 10-18　查看数据表及结构